从相干态到压缩态

范洪义　袁洪春　著

中国科学技术大学出版社

内 容 简 介

相干态与压缩态是量子论中的两个重要概念. 本书用作者自己发明的有序算符内的积分(IWOP)技术以崭新的视角系统地阐述了与量子力学相干态有关的理论,并自然地过渡到压缩态;不但建立了多种有物理背景的广义相干态和形形色色的压缩态,讨论了其物理性质及应用,而且用量子纠缠的思想发展了纠缠相干态和多模压缩态. 作者还另辟蹊径地讨论了相干态、压缩态和混沌光场的退相干. 对于一些传统的基本课题,作者也以新观点和新方法作了分析.

本书可供高等院校物理学专业和光学专业的本科生和相关专业的研究生阅读,也可供从事量子光学以及基础物理研究和应用的科研人员参考与借鉴.

图书在版编目(CIP)数据

从相干态到压缩态/范洪义,袁洪春著.—合肥:中国科学技术大学出版社,2012.3

ISBN 978-7-312-02802-1

Ⅰ.从…　Ⅱ.①范…②袁…　Ⅲ.①相干态—研究②量子光学—研究　Ⅳ.O431

中国版本图书馆 CIP 数据核字(2012)第 016204 号

出版发行　中国科学技术大学出版社
安徽省合肥市金寨路 96 号,230026
http://press.ustc.edu.cn

印　　刷　安徽省瑞隆印务有限公司

经　　销　全国新华书店

开　　本　710 mm×960 mm　1/16

印　　张　19.25

字　　数　345 千

版　　次　2012 年 3 月第 1 版

印　　次　2012 年 3 月第 1 次印刷

定　　价　35.00 元

序

早在 1951 年, 爱因斯坦写道: “All the fifty years of conscious brooding havc brought mc no closer to the answer to the question: ‘what are light quanta?’ Of course today every rascal thinks he knows the answer, but he is deluding himself.” 爱因斯坦逝世后约 10 年, 伴随着激光器的制作成功, 诞生了量子光学. 顾名思义, 量子光学是涉及那些光学现象（光的非经典性质）—— 只能用光束是一串光子（光子小涓流）的理论（而非经典电磁波的理论）解释 —— 的一门学问,（涓流可以让人联想到这样一句英语所描写的场景: There was a stream of people coming out of the theatre.）而激光器在一定阈值发出的光展现了扑朔迷离的非经典性质, 人们用什么量子态来描写这种光场呢? 这就是相干态. 那么为何称之为相干态呢? 相干是描述光的稳定性的物理概念, 如同在声学中, 音叉被敲击时, 产生几乎纯质的音调, 其音量经久不衰（稳定）. 在经典电磁理论中, 光被视为电磁波, 人们自然认为最稳定的光是一束完全相干的光, 有确定的频率、振幅和位相. 激光是一束经典的单色电磁波的量子对应, 故而被称为相干态.

为了进一步理解相干态的意义, 首先要回顾一下经典光学中什么是光的相干. 例如, 人们看到的光的稳定的干涉现象是由光的相干性引起的, 相干分为时间相干和空间相干等等. 量子光学对光的分析主要针对时间相干而言. 光的时间相干性由 “相干时间” 而定量化. 相干时间 τ 由光的谱线宽度 $\Delta\omega$ 决定: $\tau = 1/\Delta\omega$. 以一个放电管发光为例, 由于很多原子被随机地电激发而辐射出有一定位相的光, 原子间的相互碰撞使得位相不稳定, 所以带热噪声源发出的白光只有很短的相干时间, 而完全单色光是相干性最好的, 理论上有无限长的相干时间. 介于这两者之间的称为部分相干光, 例如由放电灯发出的单谱线（有限宽 $\Delta\omega$).

利用相干态, 物理学家们可以从理论上阐述光的非经典性质, 这正应了爱因斯坦早在撰写光电效应的论著时就指出的: “用连续空间函数进行工作的光的波动理论, 在描述纯光学现象时, 曾显得非常合适, 或许完全没有用另一种理论来代替的必要, 但是必须看到, 一切光学观察都和时间平均值有关, 而和瞬时值无关, 而且尽管衍射、反射、折射、色散等理论完全为实验所证实, 但还是可以设想, 用连续空间函数进行工作的光的理论, 当应用于光的产生和转化等现象时, 会导致与经典相矛盾的结果. …… 在我看来 …… 有关光的产生和转化的现象所得到的各种观察结果, 如用光的能量在空间中不是连续分布的这种假说来说明, 似乎更容易理解." 爱因斯坦的这段话暗示了量子光学这门学科的必然诞生. 因此, 隶属于量子光学范畴的相干态理论应着重讨论它的光子数行为和统计规律. 根据量子力学对应原理, 也必定存在讨论量子光学与经典光学之间对应的可能性.

单色光波作为一个电磁场, 对仪器敏感的是电场, 把电场分解为两个正交分量, 分别比例于 $\cos\omega$ 和 $\sin\omega$. 作为单色光波的量子对应的相干态, 其两个正交分量的量子涨落相等且等于真空的零点涨落, 这说明即便是激光, 它也有量子噪声. 所以当人们用激光来传输信号时, 就会带来量子噪声, 零点涨落是降低信号中噪声的量子极限. 为了摆脱这个量子极限的限制, 从 20 世纪 70 年代起物理学家们就着手研究压缩态, 设计制作了压缩光. 处于压缩态的光场的一个正交分量的量子涨落减小 (其代价是另一个正交分量的量子涨落增大), 以及用压缩光量子涨落小的正交相来传递信息, 则可以降低量子噪声. 在本书中, 作者将在理论上给出如何从相干态过渡到压缩态的捷径.

相干态 [1~4] 最重要的功能是作为量子光学中的一个核心概念, 是激光理论的重要支柱, 而且是理论物理学中的一个有效方法. 但相干态的作用并不局限于此, 在其他物理分支中相干态也会应运而生, 例如, 它可以非常自然地解释一个微观量子系统怎样能够表现出宏观的集体模式, 从而给出经典力学和量子力学的对应, 也便利于启迪量子力学的经典直觉. 古人云: "万物各异理, 而道尽稽万物之理." 探寻各个物理分支中各种不同的相干态和压缩态的共性, 并用作者自己发明的有序算符内的积分技术 (the technique of integration within an ordered product of operators, 简称为 IWOP 技术) [5~7] 去发展这套理论, 是本书写作的动机.

相干态在群表示论中也十分有意义 [8,9], 例如, 著名的海森伯–外尔 (Heisenberg-Weyl) 代数的巴格曼 (Bargmann) 表示使得许多物理问题得以简化. 相干态在规范场理论中也日益受到重视. 例如, 可以用相干态来处理量子电动力学的红外发散. 现在相干态已被广泛地应用于物理学中的各个领域: 量子光学和量子信息、原子核物理、凝聚态、路径积分、夸克禁闭模型、统计物理与超导等. 相干态的应用范围也不断扩大, 甚至在受人注目的超弦理论中也占有重要地位 [10]; 在其他学科, 例如生物医学、化学物理的研究中, 相干态的应用也得到了重视 [11].

相干态这一物理概念最初是由薛定谔在 1926 年提出的 [12]. 他指出要在一个给定位势下找某个量子力学态, 这个态遵从与经典粒子类似的运动规律, 所谓最接近经典的态, 可以从海森伯的测不准不等式 $\Delta x\Delta p \geqslant \hbar/2$ 取等号来判别. 对于谐振子位势, 他找到了这样的态. 直到 60 年代初, 克劳德 (Klauder) 先从量子力学的数理基础考虑, 建立正则相干态 [1], 1963 年格劳伯 (Glauber) 等系统地建立起光子相干态 [13,14], 并研究它的相干性与非经典性, 开创了量子光学的先河. 接着, 人们又证明了相干态是谐振子湮灭算符的本征态, 而且是使测不准关系取极小值的态. 鉴于相干态固有的特点, 例如, 它是一个不正交的态, 因而具有过完备性 (overcompleteness), 于是从一个算符的相干态平均值就可以确定该算符本身; 又例如, 它是一个量子力学态, 而又最接近于经典情况, 因此人们对相干态理论的研究与应用的兴趣与日俱增, 对相干态概念的推广也做了多种尝试: 人们先后提出了角动量相干态 [15]、带电玻色子相干态 [16]、费米子相干态 [17]、一般位势下的相干态 [18]、有确定电荷与超荷的相干态 [19]、一般李群的相干态 [20]、非线性相干态 [21]、热不变相干态 [22] 等. 近年来, 作者发现, 相干态也可以与量子纠缠关联起来研究, 如建立相干纠缠态. 关于压缩态, 我们将介绍单–双模组合压缩态、平移和压缩参量关联的压缩态等. 本书的重点是向读者介绍构建新相干态和压缩态的方法, 至于如何用实验仪器制备它们, 请读者参看其他参考书.

本书的特色是利用范洪义创造的有序算符内的积分技术构建相干态和压缩态, 并给出其广泛的应用. 这是目前在量子光学领域一个最 “elegant” 和先进的方法, 因为它是推动发展狄拉克符号法的理论. 相干态理论的首创者之一约翰 · 克劳德也十分欣赏它, 他曾写道:

In all of life there is no greater pleasure than finding a “kindred spirit”, someone who shares the same values, beliefs, and goals. In you, good friend, I have found such a person, and I am happy to add that coherent states and the I.W.O.P. are just two of the many interests we have in common.

I wish you all success in your future career.

作者之一范洪义自 1978 年起开始自学相干态理论, 很快就发现这是一个既优美又有实际应用的理论, 并创造了 IWOP 技术, 从而推陈出新, 别开生面. 因此,

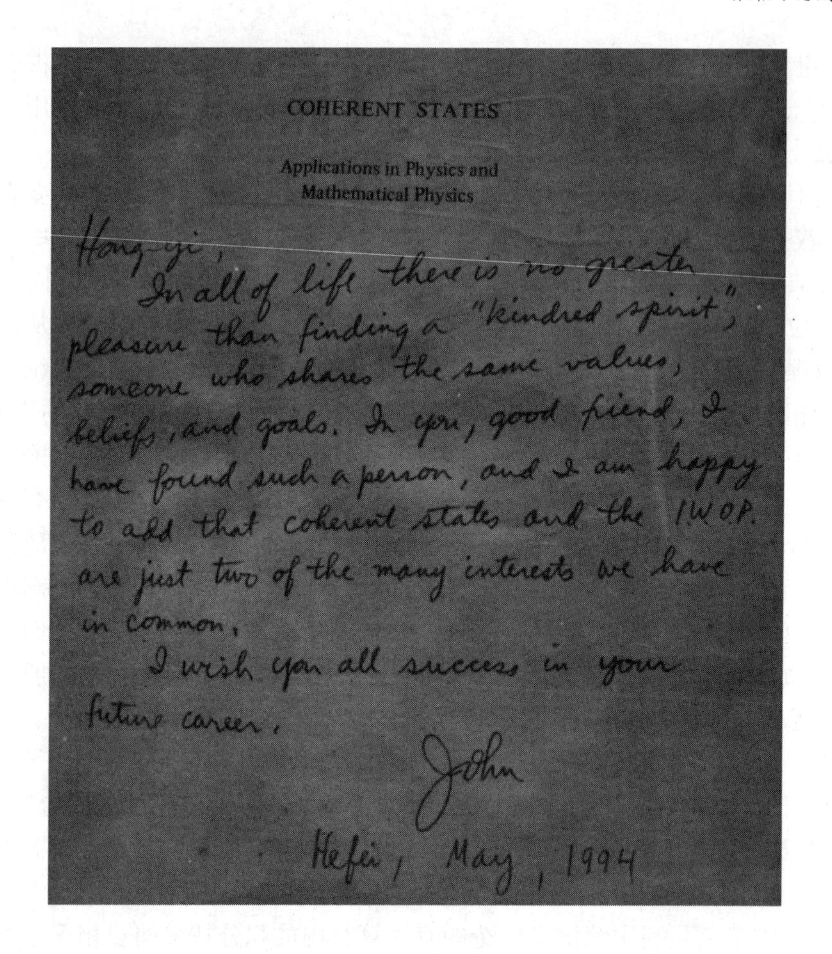
COHERENT STATES

Applications in Physics and
Mathematical Physics

Hong-yi,
In all of life there is no greater pleasure than finding a "kindred spirit", someone who shares the same values, beliefs, and goals. In you, good friend, I have found such a person, and I am happy to add that coherent states and the IWOP are just two of the many interests we have in common.
I wish you all success in your future career.

John

Hefei, May, 1994

本书得到了中国科学技术大学研究生教育创新计划项目的资助. 在写作过程中, 作者范洪义得到了中国科学技术大学校长侯建国、副校长张淑林和研究生院古继宝、倪瑞、万洪英的支持, 在此谨致谢意. 每当夜深人静, 身心疲倦想偷点儿懒时, 范洪义脑子里就会闪现慈母毛婉珍五十多年前在灯下为小学生批阅作文时边读边改时的情景, 她那清瘦的脸庞和慈祥的目光浮现在儿子眼前, 鞭策着他再打起精神, 坚持工作一会儿. 作者范洪义也感谢曾在门下求学的研究生们, "后生可畏" 对于师长也是一种鞭策. 另一作者袁洪春在写作过程中得到了常州工学院光电工程学院的支持和妻子李恒梅的帮助, 在此深表感谢.

我国历史上著名画家唐伯虎在 50 岁时曾有诗句: "诗赋自惭称作者, 众人多道我神仙. 些须做得功夫处, 莫损心头一寸天." 惭愧称为本书作者的我们, 写作中尽量学习唐寅作画时的认真, 穷研物理, 训练智慧, 追求学术境界, 但终受学识疏浅所囿, 有误之处, 望四方读者不吝指教.

参考文献

[1] Klauder J R, Skagerstam B S. Coherent States: Applications in Physics and Mathematical Physics [M]. Singapore: World Scientific, 1985.

[2] Klauder J R, Sudarshan E C G. Fundamentals of Quantum Optics [M]. New York: Benjamin, 1968.

[3] Perelomov A M. Generalized Coherent States and Their Applications [M]. Berlin: Springer, 1986.

[4] Zhang W M. Coherent states: Theory and some applications [J]. Rev. Mod. Phys., 1990, 62 (4): 867~927.

[5] Fan H Y. Operator ordering in quantum optics theory and the development of Dirac's symbolic method [J]. J. Opt. B: Quantum Semiclass. Opt., 2003, 5: R147~R163.

[6] Fan H Y. Entangled states, squeezed states gained via the route of developing Dirac's symbolic method and their applications [J]. Int. J. Mod. Phys. B, 2004, 18 (10/11): 1387~1455.

[7] Fan H Y, Lu H L, Fan Y. Newton-Leibniz integration for ket-bra operators in quantum mechanics and derivation of entangled state representations [J]. Ann. Phys., 2006, 321: 480~494.

[8] Onofri E. A note on coherent state representations of Lie groups [J]. J. Math. Phys., 1975, 16 (5): 1087~1089.

[9] Jurčo B, Števiček P. Coherent states for quantum compact groups [J]. Comm. Math. Phys., 1996, 182: 221~251.

[10] Scherk J. An introduction to the theory of dual models and strings [J]. Rev. Mod. Phys., 1975, 47 (1): 123~164.

[11] Davies M J, Heller E J. Multidimensional wave functions from classical trajectories [J]. J. Chem. Phys., 1981, 75: 3919~3924.

[12] Schrödinger E. Quantization as a problem of eigenvalue [J]. Naturwissenschaften, 1926, 14: 664~666.

[13] Glauber R J. The quantum theory of optical coherence [J]. Phys. Rev., 1963, 130: 2529~2539.

[14] Glauber R J. Coherent and incoherent states of the radiation field [J]. Phys. Rev., 1963, 131: 2766~2788.

[15] Arecchi F T, Courtens E, Gilmore R, et al. Atomic coherent states in quantum optics [J]. Phys. Rev. A, 1972, 6 (6): 2211~2237.

[16] Bhaumik D, Bhaumik K, Dutta-Roy B. Charged bosons and the coherent state [J]. J. Phys. A: Math. Gen., 1976, 9 (9): 1507~1512.

[17] Ohnuki Y, Kashiwa T. Coherent states of Fermi operators and the path integral [J]. Prog. Theor. Phys., 1978, 60 (2): 548~564.

[18] Michael M N, Simmons L M. Coherent states for general potentials. I. Formalism [J]. Phys. Rev. D, 1979, 20: 1321~1331.

[19] Fan H Y, Ruan T N. SU(3) charged and hypercharged coherent state and the color quantum number [J]. Commun. Theor. Phys. 1883, 2 (5): 1405~1417.

[20] Perelomov A M. Coherent states for arbitrary Lie groups [J]. Comm. Math. Phys., 1972, 26: 222~236.

[21] Sivakumar S. Studies on nonlinear coherent states [J]. J. Opt. B: Quantum Semiclass. Opt., 2000, 2: R61~R75.

[22] Xu X F, Fan H Y. On the thermo-invarant coherent state in thermo field dynamics [J]. Mod. Phys. Lett. A, 2006, 21: 911.

目　次

第 1 章　从牛顿–莱布尼茨积分到对狄拉克符号的积分

1.1　从量子力学的表象完备性谈起

量子力学表象理论是狄拉克奠基的, 是符号法的核心 [1]. 狄拉克从工科教学中的投影矢量的方法得到启示, 把坐标空间薛定谔波函数 $\psi(x)$ 看做态矢量 $|\psi\rangle$ 在坐标空间中的一个投影, 表达为 $\langle x|\psi\rangle$, $\langle\,|\,\rangle$ 是普通数 (c 数), 而 $|\,\rangle\langle\,|$ 就是一个算符 (狄拉克称之为 q 数). 注意, 这样一来就引入了坐标 x 表象. 另一方面, 让右矢 $|\,\rangle$ 代表列矩阵, $\langle\,|$ 代表行矩阵, 用狄拉克符号就可把海森伯矩阵算符简化为 $|\,\rangle\langle\,|$, 而 $\langle x|p\rangle$ 即代表表象变换. 如果说物理学家玻恩为了实现使粒子和波两种描述自洽起来, 他在概率波概念中发现了衔接的桥梁, 那么狄拉克就是用符号法把薛定谔形式和海森伯形式两者衔接起来的.

表象 (representation) 原指客观事物在人类大脑中的映象, 用以描述不同 “坐标系” 下微观粒子体系的状态和力学量的具体表示形式. 狄拉克把抽象空间中的态矢量用一组 “坐标系” 基矢和相应的展开系数表示, 系统状态的波函数看成态矢量在某一 “坐标系” 中的投影, 从而成功地引入了 q 数和表象理论, “用抽象的方式直接地处理有根本重要意义的一些量”, 使得贴切地表达量子物理中的一系列新概念并进一步加以运算成为可能. 狄拉克符号业已成为量子力学的标准语言, 它既能深刻反映物理概念, 又能节约人们的脑力.

完备性是基矢成为表象的必要条件, 但完备性的证明则因其烦琐和缺乏普适而有力的积分方法而成为历来困扰物理学家的一个难题, 极大地限制了量子力学新表象的发现. 虽然针对不同的问题选取适当的表象进行求解往往可以达到事半功倍的效果，但新表象的缺乏也使得对量子力学中某些问题的探讨变得异常困难. 范洪义提出的有序算符内积分 (IWOP) 技术 (国际同行称为范氏方法 [2]), 恰恰提供了证明完备性的简捷方法. 它赋予基本的坐标、动量表象的完备关系以清晰的数学内涵并将其化为某种算符排序的纯高斯积分的形式；它也可以简化相干态完备性的证明，人们因此得到启发，如何引入可以反映量子纠缠的连续变量的纠缠态表象；它也为找到多粒子系统的新表象开辟了路径. 在介绍 IWOP 技术之前，我们需要回顾一些原有的基本的量子力学表象基础知识.

令 $\hat{X},\hat{P}$ 分别为厄米 (Hermite) 坐标和动量算符，它们满足海森伯正则对易关系 ($\hbar$ 为普朗克常数)

$$[\hat{X},\hat{P}]=\mathrm{i}\hbar. \tag{1.1}$$

记 $\hat{X}$ 和 $\hat{P}$ 的本征态分别是 $|x\rangle$ 和 $|p\rangle$, 则有

$$\begin{aligned}\hat{X}\left|x\right\rangle=x\left|x\right\rangle,\quad \left\langle x\right|x'\rangle=\delta(x-x'),\\ \hat{P}\left|p\right\rangle=p\left|p\right\rangle,\quad \left\langle p\right|p'\rangle=\delta(p-p'),\end{aligned} \tag{1.2}$$

且

$$\left\langle x\right|\hat{P}=-\mathrm{i}\hbar\frac{\mathrm{d}}{\mathrm{d}x}\left\langle x\right|,\quad \left\langle p\right|\hat{X}=\mathrm{i}\hbar\frac{\mathrm{d}}{\mathrm{d}p}\left\langle p\right|. \tag{1.3}$$

狄拉克指出 $\langle x|$ 与 $|p\rangle$ 的内积是

$$\left\langle x\right|p\rangle=(2\pi\hbar)^{-\frac{1}{2}}\,\mathrm{e}^{\frac{\mathrm{i}}{\hbar}xp}. \tag{1.4}$$

这恰是傅里叶 (Fourier) 变换的核. 在这里，我们进一步看到狄拉克符号法的优点：

(1) $|x\rangle\langle x|$ 是一个纯态密度算符，为今后量子统计中混合态的引入作了铺垫.

(2) $|x\rangle\langle x|$ 是一个测量算符，将它作用于 $|\psi\rangle$ 而得到 $\psi(x)|x\rangle$, 所以狄拉克记号可以简洁地描述量子测量.

(3) 全体测量是完备的，故有

$$\int_{-\infty}^{+\infty}\mathrm{d}x\left|x\right\rangle\left\langle x\right|=1,\quad \int_{-\infty}^{+\infty}\mathrm{d}p\left|p\right\rangle\left\langle p\right|=1. \tag{1.5}$$

狄拉克给出的完备性关系也可理解为在全空间找到粒子的概率为 1 的物理要求.

(4) $\int_{-\infty}^{+\infty}\mathrm{d}x\left|x\right\rangle\left\langle x\right|=1$ 的使用十分方便，它可以插入到任意其他态矢量的前后，相当于表象变换. 表象不但起到“坐标系”的作用，而且对不同的动力学问题，

选取适当的表象可以求出系统的能级, 所以选择一个好的表象进行求解问题往往可以达到事半功倍的效果.

由于受测不准原理的制约, 坐标本征态 $|x\rangle$ 和动量本征态 $|p\rangle$ 都只是理想的态, 它们都可以归一化为 δ 函数, 其物理应用也有限. 于是福克 (Fock) 引入了粒子数表象.

对谐振子哈密顿 (Hamilton) 量

$$\hat{H}=\frac{1}{2m}\hat{P}^2+\frac{1}{2}m\omega^2\hat{X}^2, \tag{1.6}$$

利用因式分解法 (factorization method), 即利用 $\hat{X}$, $\hat{P}$ 定义湮灭算符 a 和产生算符 $a^\dagger$:

$$a=\frac{1}{\sqrt{2}}\left(\sqrt{\frac{m\omega}{\hbar}}\hat{X}+\mathrm{i}\frac{\hat{P}}{\sqrt{m\hbar\omega}}\right), \tag{1.7}$$

$$a^\dagger=\frac{1}{\sqrt{2}}\left(\sqrt{\frac{m\omega}{\hbar}}\hat{X}-\mathrm{i}\frac{\hat{P}}{\sqrt{m\hbar\omega}}\right). \tag{1.8}$$

根据式 (2.1), 易得

$$\left[a,a^\dagger\right]=1. \tag{1.9}$$

于是一维谐振子的哈密顿量因式分解为

$$\hat{H}=\hbar\omega\left(a^\dagger a+\frac{1}{2}\right). \tag{1.10}$$

定义粒子数算符 $\hat{N}=a^\dagger a$, 记它的本征态为 $|n\rangle$, 即

$$\hat{N}|n\rangle=n|n\rangle. \tag{1.11}$$

$|n\rangle$ 张成的空间是完备的:

$$\sum_{n=0}^{+\infty}|n\rangle\langle n|=1. \tag{1.12}$$

由式 (1.9), 就可证明

$$a|n\rangle=\sqrt{n}|n-1\rangle,\quad a^\dagger|n\rangle=\sqrt{n+1}|n+1\rangle. \tag{1.13}$$

有了升、降算符的概念, 就能把谐振子相邻能级的本征态联系起来. 由于 $\langle n|\hat{N}|n\rangle=|a|n\rangle|^2\geqslant 0$, 且其最低能级态 $|0\rangle$ 为基态, 必然有 $a|0\rangle=0$. $|n\rangle$ 态由 n 次产生算符 $a^\dagger$ 作用于基态生成:

$$|n\rangle=\frac{a^{\dagger n}}{\sqrt{n!}}|0\rangle, \tag{1.14}$$

其中 $1/\sqrt{n!}$ 是归一化系数.

从量子力学基本表象可导出一些有用的数学变换. 例如, 根据式 (1.3), 有

$$\langle x|\mathrm{e}^{\mathrm{i}g\hat{P}}|f\rangle=\mathrm{e}^{g\frac{\mathrm{d}}{\mathrm{d}x}}f(x)=f(x+g), \tag{1.15}$$

所以

$$\langle x|\mathrm{e}^{\mathrm{i}g\hat{P}}=\langle x+g| \quad \text{或} \quad \mathrm{e}^{-\mathrm{i}g\hat{P}}|x\rangle=|x+g\rangle. \tag{1.16}$$

另外, 由高斯积分

$$\mathrm{e}^{-g\hat{P}^2}=\int_{-\infty}^{+\infty}\frac{\mathrm{d}v}{\sqrt{\pi}}\mathrm{e}^{-v^2+2\sqrt{-g}v\hat{P}}, \tag{1.17}$$

可得

$$\begin{aligned}\langle x|\mathrm{e}^{-g\hat{P}^2}|f\rangle&=\mathrm{e}^{g\frac{\mathrm{d}^2}{\mathrm{d}x^2}}f(x)\\&=\int_{-\infty}^{+\infty}\frac{\mathrm{d}v}{\sqrt{\pi}}\mathrm{e}^{-v^2}\langle x|\mathrm{e}^{2\sqrt{-g}v\hat{P}}|f\rangle\\&=\int_{-\infty}^{+\infty}\frac{\mathrm{d}v}{\sqrt{\pi}}\mathrm{e}^{-v^2}f\left(x+2\sqrt{-g}v\right).\end{aligned} \tag{1.18}$$

对上式的右边作积分变换, 有

$$\mathrm{e}^{g\frac{\mathrm{d}^2}{\mathrm{d}x^2}}f(x)=\frac{1}{2\sqrt{-\pi g}}\int_{-\infty}^{+\infty}\mathrm{e}^{-\frac{(x-\xi)^2}{4g}}f(\xi)\,\mathrm{d}\xi. \tag{1.19}$$

式 (1.19) 的右边称为高斯 (Gauss) 变换. 当取 $|f\rangle=|x'\rangle$ 时,

$$\langle x|\mathrm{e}^{-gP^2}|x'\rangle=\int_{-\infty}^{+\infty}\frac{\mathrm{d}v}{\sqrt{\pi}}\mathrm{e}^{-v^2}\delta\left(x'-x-2\sqrt{-g}v\right)=\frac{1}{2\sqrt{-\pi g}}\mathrm{e}^{-\frac{(x-x')^2}{4g}}. \tag{1.20}$$

进一步, 取 $g=\mathrm{i}t/(2m)$, 上式即为自由粒子的费恩曼 (Feynman) 转换矩阵元.

1.2　坐标表象与动量表象完备性的纯高斯积分形式——范氏形式

这里用一种简洁的方法, 即在正规乘积内直接证明坐标表象与动量表象的完备性. 所谓正规乘积, 就是利用玻色算符对易关系 $[a,a^\dagger]=1$, 将任意函数 $f(a,a^\dagger)$ 中所有的产生算符 $a^\dagger$ 都移到所有湮灭算符 a 的左边, 这时我们称 $f(a,a^\dagger)$ 已被排列成正规乘积形式, 以 $:\,:$ 标记. 其主要性质之一是在正规乘积内部玻色算符相互对易, 即 $:a^\dagger a:\,=a^\dagger a=:aa^\dagger:$, 也就是说, 要把 $:aa^\dagger:$ 中的 $:\,:$ 删去, 必须事先把它写成 $:a^\dagger a:$, 再去掉 $:\,:$. 这个性质十分重要, 因为它起到了一个"模糊"算符与普通数的明显界限的作用. 在经典力学中人们处理的是数, 而在量子力学中遇到的一般是互不对易的算符, 而借助于正规乘积记号, 就可以在若干种运算中 (例如积分) 把算符作为可对易的参数对待, 但算符的本性并不丧失. 这就是有序算符内积分技术的灵魂所在. 由式 (1.7) 和 (1.8), 易知

$$\hat{X}=\frac{1}{\sqrt{2}}(a+a^\dagger),\quad \hat{P}=\frac{1}{\mathrm{i}\sqrt{2}}(a-a^\dagger), \tag{1.21}$$

这里为方便起见, 已取自然单位 $m=\omega=\hbar=1$. 再利用贝克–豪斯多夫 (Baker-Hausdorff) 公式 [3]

$$\mathrm{e}^{A+B}=\mathrm{e}^A\mathrm{e}^B\mathrm{e}^{-\frac{1}{2}[A,B]}=\mathrm{e}^B\mathrm{e}^A\mathrm{e}^{-\frac{1}{2}[B,A]} \tag{1.22}$$

(A,B 满足 $[[A,B],A]=[[A,B],B]=0$), 易得到 $\mathrm{e}^{\xi\hat{X}}$ 的正规乘积形式

$$\mathrm{e}^{\xi\hat{X}}=\mathrm{e}^{\frac{\xi}{\sqrt{2}}(a+a^\dagger)}=\mathrm{e}^{\frac{\xi}{\sqrt{2}}a^\dagger}\mathrm{e}^{\frac{\xi}{\sqrt{2}}a}\mathrm{e}^{\frac{\xi^2}{4}}=:\mathrm{e}^{\frac{\xi^2}{4}+\xi\hat{X}}:. \tag{1.23}$$

同样地, $\mathrm{e}^{\xi\hat{P}}$ 的正规乘积形式为

$$\mathrm{e}^{\xi\hat{P}}=\mathrm{e}^{\frac{\xi}{\mathrm{i}\sqrt{2}}(a-a^\dagger)}=\mathrm{e}^{-\frac{\xi}{\mathrm{i}\sqrt{2}}a^\dagger}\mathrm{e}^{\frac{\xi}{\mathrm{i}\sqrt{2}}a}\mathrm{e}^{-\frac{\xi^2}{4}}=:\mathrm{e}^{-\frac{\xi^2}{4}+\xi\hat{P}}:. \tag{1.24}$$

考虑到坐标测量算符 $|x\rangle\langle x|$ 只是在 x 处测得数据, 故有

$$|x\rangle\langle x|=\delta(x-\hat{X}). \tag{1.25}$$

另外, 根据傅里叶变换和式 (1.23), 有

$$
\begin{aligned}
\delta(x-\hat{X}) &= \frac{1}{2\pi}\int_{-\infty}^{+\infty} \mathrm{d}p e^{\mathrm{i}p(x-\hat{X})} \\
&= \frac{1}{2\pi}\int_{-\infty}^{+\infty} \mathrm{d}p e^{\mathrm{i}px} \mathrm{e}^{-\frac{p^2}{4}} \mathrm{e}^{-\frac{\mathrm{i}}{\sqrt{2}}pa^\dagger} \mathrm{e}^{-\frac{\mathrm{i}}{\sqrt{2}}pa} \\
&= \frac{1}{2\pi}\int_{-\infty}^{+\infty} \mathrm{d}p e^{\mathrm{i}px-\frac{p^2}{4}} : \mathrm{e}^{-\frac{\mathrm{i}}{\sqrt{2}}pa^\dagger} \mathrm{e}^{-\frac{\mathrm{i}}{\sqrt{2}}pa} : \\
&= \frac{1}{2\pi}\int_{-\infty}^{+\infty} \mathrm{d}p : \mathrm{e}^{-\frac{p^2}{4}+\mathrm{i}p(x-\hat{X})} : \\
&= \frac{1}{\sqrt{\pi}} : \mathrm{e}^{-(x-\hat{X})^2} : .
\end{aligned}
\tag{1.26}
$$

在最后一步中, 我们使用了高斯积分公式 (Re 表示实部):

$$
\int_{-\infty}^{+\infty} \mathrm{e}^{-\alpha x^2+\beta x}\mathrm{d}x = \sqrt{\frac{\pi}{\alpha}}\mathrm{e}^{\frac{\beta^2}{4\alpha}} \quad (\mathrm{Re}\,\alpha > 0),
\tag{1.27}
$$

并利用了正规乘积的一个性质 (以前为人所忽视): 在正规乘积内部玻色算符 $a^\dagger$ 与 a 相互对易. 这可简单叙述如下, 即 $a^\dagger a =: a^\dagger a:$, 又因 $:aa^\dagger: = a^\dagger a$, 所以有 $:a^\dagger a: =: aa^\dagger:$. 从式 (1.25) 与 (1.26), 有

$$
|x\rangle\langle x| = \frac{1}{\sqrt{\pi}} : \mathrm{e}^{-(x-\hat{X})^2} : .
\tag{1.28}
$$

对上式进行积分并利用式 (1.27), 即得坐标表象完备性的纯高斯积分形式 (由范洪义首次得到, 故称为范氏形式):

$$
\int_{-\infty}^{+\infty} \mathrm{d}x\,|x\rangle\langle x| = \frac{1}{\sqrt{\pi}}\int_{-\infty}^{+\infty} \mathrm{d}x : \mathrm{e}^{-(x-\hat{X})^2} : = 1.
\tag{1.29}
$$

这样就实现了对算符 $|x\rangle\langle x|$ 的真正积分. 有一次英国物理学家汤姆孙在课堂上讲: "一个真正的数学家看到高斯积分时, 就如同看到了 $2\times 2=4$ 一般觉得显然." 现在我们通过对 ket-bra 算符积分, 把完备性公式转换成正规乘积内部的高斯积分, 所以汤姆孙的这个说法对于量子物理学家同样适用. 同理, 可以得到

$$
|p\rangle\langle p| = \delta(p-\hat{P}) = \frac{1}{\sqrt{\pi}} : \mathrm{e}^{-(p-\hat{P})^2} : ,
\tag{1.30}
$$

$$
\int_{-\infty}^{+\infty} \mathrm{d}p\,|p\rangle\langle p| = \frac{1}{\sqrt{\pi}}\int_{-\infty}^{+\infty} \mathrm{d}p : \mathrm{e}^{-(p-\hat{P})^2} : = 1.
\tag{1.31}
$$

用纯高斯积分形式来表达坐标表象与动量表象的完备性, 体现了狄拉克符号法的内在简洁美, 并有很多潜在的应用, 值得每一个学习和研究量子力学的人了解. 尤其是理科学生, 在学习高等教学时, 应该知道牛顿–莱布尼茨积分的一个新发展方向是对狄拉克符号组成的算符积分.

1.3　粒子数态波函数推导的新方法

粒子数态波函数 $\langle x|\, n\rangle$ 在量子光学中会被广泛用到. $\langle x|$ 是坐标算符 $\hat{X}$ 的本征态, $|n\rangle$ 是光子数态:

$$\langle x|\, n\rangle = \langle x|\, \frac{a^{\dagger n}}{\sqrt{n!}}\, |0\rangle, \tag{1.32}$$

其中 $a^{\dagger}$ 是光子产生算符, $|0\rangle$ 是真空态. 但 $\langle x|\, n\rangle$ 在以往的文献中或是直接解谐振子的薛定谔方程, 或是先算出 $\langle x|\, 0\rangle$, 然后用数学归纳法推出, 如狄拉克书中所述 [1]. 本节将给出一种新方法, 即用坐标表象的纯高斯形式即式 (1.28) 来实现这一目标. 我们的方法简明易懂, 而且可以推广到其他表象.

由厄米多项式的母函数

$$\mathrm{e}^{2\lambda x-\lambda^2} = \sum_{m=0}^{+\infty} \frac{\lambda^m}{m!} \mathrm{H}_m(x), \tag{1.33}$$

其中

$$\mathrm{H}_m(x) = \sum_{l=0}^{[m/2]} \frac{(-1)^l m!}{l!(m-2l)!} (2x)^{m-2l} \tag{1.34}$$

是厄米多项式, 把式 (1.28) 改写为

$$|x\rangle\langle x| = \frac{1}{\sqrt{\pi}} \mathrm{e}^{-x^2} : \mathrm{e}^{2x\hat{X}-\hat{X}^2} : = \frac{1}{\sqrt{\pi}} \mathrm{e}^{-x^2} \sum_{m=0} : \frac{\hat{X}^m}{m!} \mathrm{H}_m(x) : . \tag{1.35}$$

如记住在正规乘积内部玻色算符 $a^{\dagger}$ 与 a 相互对易, 则由此给出

$$\langle n\,|x\rangle\langle x|\,0\rangle = \frac{1}{\sqrt{\pi}} \mathrm{e}^{-x^2} \sum_{m=0}^{+\infty} \frac{\mathrm{H}_m(x)}{m!} \langle n| : \left(\frac{a+a^{\dagger}}{\sqrt{2}}\right)^m : |0\rangle$$

$$
\begin{aligned}
&= \frac{1}{\sqrt{\pi}} \mathrm{e}^{-x^2} \sum_{m=0}^{+\infty} \frac{\mathrm{H}_m(x)}{\sqrt{2^m m!}} \langle n| a^{\dagger m} |0\rangle \\
&= \frac{1}{\sqrt{\pi}} \mathrm{e}^{-x^2} \sum_{n=0}^{+\infty} \frac{\mathrm{H}_m(x)}{\sqrt{2^m m!}} \langle n| m\rangle \\
&= \frac{1}{\sqrt{\pi}} \mathrm{e}^{-x^2} \frac{\mathrm{H}_n(x)}{\sqrt{2^n n!}}.
\end{aligned} \tag{1.36}
$$

考虑到当 $n=0$ 时,

$$
|\langle x| 0\rangle|^2 = \frac{1}{\sqrt{\pi}} \mathrm{e}^{-x^2}, \tag{1.37}
$$

即

$$
\langle x| 0\rangle = \pi^{-1/4} \mathrm{e}^{-x^2/2}, \tag{1.38}
$$

所以

$$
\langle x| n\rangle = \langle n |x\rangle = \mathrm{e}^{-x^2/2} \frac{\mathrm{H}_n(x)}{\sqrt{\sqrt{\pi} 2^n n!}}. \tag{1.39}
$$

这就是坐标表象中的光子数态波函数.

我们也可以在动量表象中求光子数态波函数. 利用动量表象的纯高斯形式即式 (1.30), 类似于式 (1.35)~(1.39) 的计算步骤, 可导出

$$
\begin{aligned}
\langle n |p\rangle \langle p| 0\rangle &= \frac{1}{\sqrt{\pi}} \mathrm{e}^{-p^2} \sum_{m=0}^{+\infty} \frac{\mathrm{H}_m(p)}{m!} \langle n| : \left(\frac{a - a^\dagger}{\sqrt{2}\mathrm{i}} \right)^m : |0\rangle \\
&= \frac{1}{\sqrt{\pi}} \mathrm{e}^{-p^2} \sum_{m=0}^{+\infty} \frac{\mathrm{H}_m(p)\, \mathrm{i}^n}{\sqrt{2^m} m!} \langle n| a^{\dagger m} |0\rangle \\
&= \frac{1}{\sqrt{\pi}} \mathrm{e}^{-p^2} \frac{\mathrm{i}^n \mathrm{H}_n(p)}{\sqrt{2^n n!}},
\end{aligned} \tag{1.40}
$$

因此

$$
\langle n |p\rangle = \mathrm{e}^{-p^2/2} \frac{\mathrm{i}^n \mathrm{H}_n(p)}{\sqrt{\sqrt{\pi} 2^n n!}}, \tag{1.41}
$$

或

$$
\langle p| n\rangle = \mathrm{e}^{-p^2/2} \frac{(-\mathrm{i})^n \mathrm{H}_n(p)}{\sqrt{\sqrt{\pi} 2^n n!}}. \tag{1.42}
$$

作为光子数态波函数的应用, 很容易导出坐标与动量本征态的福克表象形式. 根据粒子数态表象完备性以及式 (1.33) 和 (1.39), 有

$$\begin{aligned}|x\rangle &= \sum_{n=0}^{+\infty}|n\rangle\langle n|x\rangle \\ &= \sum_{n=0}^{+\infty}\frac{1}{\sqrt{\sqrt{\pi}2^n n!}}\mathrm{e}^{-x^2/2}\mathrm{H}_n(x)|n\rangle \\ &= \pi^{-1/4}\mathrm{e}^{-\frac{x^2}{2}+\sqrt{2}xa^\dagger-\frac{a^{\dagger 2}}{2}}|0\rangle.\end{aligned} \tag{1.43}$$

这就是坐标本征态 $|x\rangle$ 的福克表象形式. 同样地, 由式 (1.33) 和 (1.41), 有

$$\begin{aligned}|p\rangle &= \sum_{n=0}^{+\infty}|n\rangle\langle n|p\rangle \\ &= \pi^{-1/4}\mathrm{e}^{-\frac{p^2}{2}}\sum_{n=0}^{+\infty}\frac{\left(\mathrm{i}a^\dagger/\sqrt{2}\right)^n}{n!}\mathrm{H}_n(p) \\ &= \pi^{-1/4}\mathrm{e}^{-\frac{p^2}{2}+\mathrm{i}\sqrt{2}pa^\dagger+\frac{a^{\dagger 2}}{2}}|0\rangle.\end{aligned} \tag{1.44}$$

这就是动量本征态 $|p\rangle$ 的福克表象形式.

1.4　$|0\rangle\langle 0|$ 的正规乘积形式

把 $\hat{X}=\frac{1}{\sqrt{2}}(a+a^\dagger)$ 代入 $|x\rangle\langle x|=\frac{1}{\sqrt{\pi}}:\mathrm{e}^{-(x-\hat{X})^2}:$, 得到

$$\begin{aligned}|x\rangle\langle x| &= \pi^{-1/2}:\mathrm{e}^{-x^2+\sqrt{2}x(a^\dagger+a)-\frac{a^{\dagger 2}+a^2}{2}-a^\dagger a}: \\ &= \pi^{-1/2}\mathrm{e}^{-\frac{x^2}{2}+\sqrt{2}xa^\dagger-\frac{a^{\dagger 2}}{2}}:\mathrm{e}^{-a^\dagger a}:\mathrm{e}^{-\frac{x^2}{2}+\sqrt{2}xa-\frac{a^2}{2}}.\end{aligned} \tag{1.45}$$

另外, 从式 (1.43), 可知

$$|x\rangle\langle x| = \pi^{-1/2}\mathrm{e}^{-\frac{x^2}{2}+\sqrt{2}xa^\dagger-\frac{a^{\dagger 2}}{2}}|0\rangle\langle 0|\mathrm{e}^{-\frac{x^2}{2}+\sqrt{2}xa-\frac{a^2}{2}}. \tag{1.46}$$

比较式 (1.45) 和 (1.46), 可发现

$$|0\rangle\langle 0| =: \mathrm{e}^{-a^\dagger a}: . \tag{1.47}$$

这就是 $|0\rangle\langle 0|$ 的正规乘积形式, 后面我们还将用别的方法严格证明之. 根据式 (1.47) 和 (1.14), 很容易验证由粒子数态 $|n\rangle$ 张成的空间是完备的, 即

$$\begin{aligned}\sum_{n=0}^{+\infty}|n\rangle\langle n| &= \sum_{n=0}^{+\infty}\frac{a^{\dagger n}}{\sqrt{n!}}|0\rangle\langle 0|\frac{a^n}{\sqrt{n!}} = \sum_{n=0}^{+\infty}\frac{a^{\dagger n}}{\sqrt{n!}}: \mathrm{e}^{-a^\dagger a}: \frac{a^n}{\sqrt{n!}} \\ &= \sum_{n=0}^{+\infty}: \frac{a^{\dagger n}}{\sqrt{n!}}\mathrm{e}^{-a^\dagger a}\frac{a^n}{\sqrt{n!}}: =: \mathrm{e}^{a^\dagger a}\mathrm{e}^{-a^\dagger a}: = 1.\end{aligned} \tag{1.48}$$

这里已利用了在正规乘积内部玻色算符$a^\dagger$ 与 a 相互对易的性质.

1.5 坐标 – 动量中介表象的自然引入

范洪义曾引入坐标 – 动量中介表象 (它在量子断层照相法 (tomography) 理论中有重要的应用[4,5]). 假设 $|q\rangle_{\mu,\nu}$ 是算符 $\mu\hat{X}+\nu\hat{P}$ 的本征态 (μ,ν 是实参数), 满足本征方程

$$(\mu\hat{X}+\nu\hat{P})|q\rangle_{\mu,\nu} = q|q\rangle_{\mu,\nu}. \tag{1.49}$$

可以看出, 当 $\nu=0$ 或者 $\mu=0$ 时, $|q\rangle_{\mu,\nu}$ 就分别变成上述的坐标表象与动量表象, 故称 $|q\rangle_{\mu,\nu}$ 为坐标 – 动量中介表象. 那么, 如何知道 $|q\rangle_{\mu,\nu}$ 的具体形式呢? 参考式 (1.28) 与 (1.30), 我们构建纯高斯算符函数:

$$\frac{1}{\sqrt{\pi(\mu^2+\nu^2)}}: \mathrm{e}^{-\frac{1}{\mu^2+\nu^2}\left[q-(\mu\hat{X}+\nu\hat{P})\right]^2}: \equiv O. \tag{1.50}$$

它在 $\nu=0,\mu=1$ 或者 $\mu=0,\nu=1$ 时分别约化为 $|x\rangle\langle x||_{x=q}$ 和 $|p\rangle\langle p||_{p=q}$. 将 $\hat{X}=(a+a^\dagger)/\sqrt{2}$ 和 $\hat{P}=(a-a^\dagger)/(\mathrm{i}\sqrt{2})$ 代入上式, 可得

$$O = \frac{1}{\sqrt{\pi(\mu^2+\nu^2)}}: \mathrm{e}^{-\frac{q^2}{\mu^2+\nu^2}+2q\frac{\mu\hat{X}+\nu\hat{P}}{\mu^2+\nu^2}-\frac{(\mu\hat{X}+\nu\hat{P})^2}{\mu^2+\nu^2}}:$$

$$
\begin{aligned}
&= \frac{1}{\sqrt{\pi(\mu^2+\nu^2)}} : \mathrm{e}^{-\frac{q^2}{\mu^2+\nu^2}+\frac{\sqrt{2}qa^\dagger}{\mu-\mathrm{i}\nu}-\frac{(\mu+\mathrm{i}\nu)a^{\dagger 2}}{2(\mu-\mathrm{i}\nu)}-a^\dagger a+\frac{\sqrt{2}qa}{\mu+\mathrm{i}\nu}-\frac{(\mu-\mathrm{i}\nu)a^2}{2(\mu+\mathrm{i}\nu)}} : \\
&= \frac{1}{\sqrt{\pi(\mu^2+\nu^2)}} \mathrm{e}^{-\frac{q^2}{2(\mu^2+\nu^2)}+\frac{\sqrt{2}qa^\dagger}{\mu-\mathrm{i}\nu}-\frac{(\mu+\mathrm{i}\nu)a^{\dagger 2}}{2(\mu-\mathrm{i}\nu)}} : \mathrm{e}^{-a^\dagger a} : \mathrm{e}^{-\frac{q^2}{2(\mu^2+\nu^2)}+\frac{\sqrt{2}qa}{\mu+\mathrm{i}\nu}-\frac{(\mu-\mathrm{i}\nu)a^2}{2(\mu+\mathrm{i}\nu)}} \\
&\equiv |q\rangle_{\mu,\nu}\ {}_{\nu,\mu}\langle q| .
\end{aligned} \tag{1.51}
$$

根据式 (1.50), 可得 $|q\rangle_{\mu,\nu}$ 的具体形式为

$$
|q\rangle_{\mu,\nu} = \left[\pi\left(\mu^2+\nu^2\right)\right]^{-\frac{1}{4}} \mathrm{e}^{-\frac{q^2}{2(\mu^2+\nu^2)}+\frac{\sqrt{2}qa^\dagger}{\mu-\mathrm{i}\nu}-\frac{a^{\dagger 2}}{2}\frac{\mu+\mathrm{i}\nu}{\mu-\mathrm{i}\nu}} |0\rangle, \tag{1.52}
$$

恰好满足本征方程 (1.49), 它也满足完备性

$$
\begin{aligned}
\int_{-\infty}^{+\infty} \mathrm{d}q\, |q\rangle_{\mu,\nu}\ {}_{\nu,\mu}\langle q| &= \frac{1}{\sqrt{\pi(\mu^2+\nu^2)}} \int_{-\infty}^{+\infty} \mathrm{d}q : \mathrm{e}^{-\frac{1}{\mu^2+\nu^2}\left[q-\left(\mu\hat{X}+\nu\hat{P}\right)\right]^2} : \\
&= 1 .
\end{aligned} \tag{1.53}
$$

于是我们就用 IWOP 技术简捷地导出了坐标 – 动量中介表象.

我们也可以用类似于上面的方法求出在坐标 – 动量中介表象中的光子数态波函数. 用厄米多项式的母函数公式对式 (1.49) 作以下展开:

$$
|q\rangle_{\mu,\nu}\ {}_{\nu,\mu}\langle q| = \frac{1}{\sqrt{\pi(\mu^2+\nu^2)}} \mathrm{e}^{-\frac{q^2}{\mu^2+\nu^2}} \sum_{m=0}^{+\infty} \frac{\mathrm{H}_m\left(\frac{q}{\sqrt{\mu^2+\nu^2}}\right)}{m!} : \left(\frac{\mu\hat{X}+\nu\hat{P}}{\sqrt{\mu^2+\nu^2}}\right)^m : , \tag{1.54}
$$

取其如下矩阵元:

$$
\begin{aligned}
\langle n\,|q\rangle_{\mu,\nu}\ {}_{\nu,\mu}\langle q|\,0\rangle &= \frac{\mathrm{e}^{-\frac{q^2}{\mu^2+\nu^2}}}{\sqrt{\pi(\mu^2+\nu^2)}} \sum_{m=0}^{+\infty} \frac{\mathrm{H}_m\left(\frac{q}{\sqrt{\mu^2+\nu^2}}\right)}{m!} \langle n| \left[\frac{(\mu+\mathrm{i}\nu)a^\dagger}{\sqrt{2(\mu^2+\nu^2)}}\right]^m |0\rangle \\
&= \frac{\mathrm{e}^{-\frac{q^2}{\mu^2+\nu^2}}}{\sqrt{\pi(\mu^2+\nu^2)}\,n!} \left(\frac{\mu+\mathrm{i}\nu}{\sqrt{2(\mu^2+\nu^2)}}\right)^n \mathrm{H}_n\left(\frac{q}{\sqrt{\mu^2+\nu^2}}\right).
\end{aligned} \tag{1.55}
$$

当 $n=0$ 时, 上式给出了 $\langle 0|q\rangle_{\mu,\nu}$ 的值, 所以在坐标 – 动量中介表象中光子数态波函数为

$$
\langle n\,|q\rangle_{\mu,\nu} = \frac{\mathrm{e}^{-\frac{q^2}{2(\mu^2+\nu^2)}}}{\left[\pi(\mu^2+\nu^2)\right]^{1/4}\sqrt{n!}} \left(\frac{\mu+\mathrm{i}\nu}{\sqrt{2(\mu^2+\nu^2)}}\right)^n \mathrm{H}_n\left(\frac{q}{\sqrt{\mu^2+\nu^2}}\right). \tag{1.56}
$$

1.6 从牛顿 – 莱布尼茨积分到对狄拉克符号的积分 —— 范氏积分方法 (IWOP 技术)

以上我们初步体会到了正规乘积内积分法的优点. 本节在此基础上再系统地阐述有序算符内的积分方法, 以发展狄拉克的符号法. 虽然正规乘积起源于量子场论, 并在路易塞尔 (Louisell) 的著作 [6] 中有所介绍, 但我们觉得其有关性质还需作进一步阐明. 由玻色算符 $a^\dagger$ 和 a 组成的任何多项式函数, 不失一般性可写为

$$f(a,a^\dagger)=\sum_j\cdots\sum_m a^{\dagger j}a^k a^{\dagger l}\cdots a^m f(j,k,l,\cdots,m), \tag{1.57}$$

其中 $j,k,l,\cdots,m$ 是正整数或零. 利用玻色算符对易关系 $\left[a,a^\dagger\right]=1$, 总可以将所有的产生算符 $a^\dagger$ 都移到所有湮灭算符 a 的左边, 这时我们称 $f(a,a^\dagger)$ 已被排列成正规乘积形式, 以 $:\ :$ 标记. 其有关性质是 [7,8]:

(1) 在正规乘积内部玻色算符相互对易, 即 $a^\dagger a =: a^\dagger a:$. 又因 $:aa^\dagger:=a^\dagger a$, 所以有 $:a^\dagger a:=:aa^\dagger:$.

(2) c 数可以自由出入正规乘积记号.

(3) 由性质 (1), 可对正规乘积内的 c 数进行积分或微分运算, 前者要求积分收敛.

(4) 正规乘积内的正规乘积记号可以取消.

(5) 正规乘积 $:W:$ 与正规乘积 $:V:$ 之和为 $:W+V:$.

(6) 真空投影算符 $|0\rangle\langle 0|$ 的正规乘积展开式是

$$|0\rangle\langle 0|=:\mathrm{e}^{-a^\dagger a}:. \tag{1.58}$$

下面给出其严格证明. 设 $|0\rangle\langle 0|=:W:$ (W 待定), 由粒子数态的完备性, 可得

$$\begin{aligned}1&=\sum_{n=0}^{+\infty}|n\rangle\langle n|=\sum_{n,m=0}^{+\infty}|n\rangle\langle m|\frac{1}{\sqrt{n!m!}}\left(\frac{\mathrm{d}}{\mathrm{d}z^*}\right)^n z^{*m}\bigg|_{z^*=0}\\&=\mathrm{e}^{a^\dagger\frac{\mathrm{d}}{\mathrm{d}z^*}}|0\rangle\langle 0|\mathrm{e}^{z^*a}\Big|_{z^*=0}\end{aligned}$$

$$
\begin{aligned}
&=:\mathrm{e}^{a^\dagger \frac{\mathrm{d}}{\mathrm{d}z^*}} W \mathrm{e}^{z^* a}: \Big|_{z^*=0} \\
&=:\mathrm{e}^{a^\dagger a} W:=:\mathrm{e}^{a^\dagger a}:W::,
\end{aligned} \tag{1.59}
$$

即 $|0\rangle\langle 0| =:\mathrm{e}^{-a^\dagger a}:$ 成立 (值得提到的是, 在文献 [6] 中, 路易塞尔曾给出 $|0\rangle\langle 0| = \lim\limits_{\varepsilon\to 1}:\mathrm{e}^{-\varepsilon a^\dagger a}:$). 利用这个关系, 可得粒子数算符 $N=a^\dagger a$ 满足

$$
\begin{aligned}
N(N-1)\cdots(N-l+1) &= \sum_{n=0}^{+\infty} n(n-1)\cdots(n-l+1)|n\rangle\langle n| \\
&= \sum_{n=l}^{+\infty}:\frac{a^{\dagger n}a^n}{(n-l)!}\mathrm{e}^{-a^\dagger a}:=a^{\dagger l}a^l,
\end{aligned} \tag{1.60}
$$

以及

$$
\begin{aligned}
|0\rangle\langle 0| &= \sum_{l=0}^{+\infty}\frac{(-1)^l a^{\dagger l}a^l}{l!} \\
&= 1-N+\frac{1}{2!}N(N-1)-\frac{1}{3!}N(N-1)(N-2)+\cdots.
\end{aligned} \tag{1.61}
$$

(8) 厄米共轭操作可以进入 $::$ 内部进行, 即 $:(W\cdots V):^\dagger =:(W\cdots V)^\dagger:$. 这条也与性质 (1) 密切相关, 例如, $:(a^n a^{\dagger m}):^\dagger =: a^m a^{\dagger n}: = a^{\dagger n}a^m$.

(9) 在正规乘积内部以下两个等式成立, 它们也来源于性质 (1):

$$
\begin{aligned}
\left[a, :f(a,a^\dagger):\right] &=: \frac{\partial}{\partial a^\dagger}f(a,a^\dagger):, \\
\left[:f(a,a^\dagger):, a^\dagger\right] &=: \frac{\partial}{\partial a}f(a,a^\dagger):.
\end{aligned} \tag{1.62}
$$

对于多模情况, 上式可作如下推广:

$$
:\frac{\partial}{\partial a_i}\frac{\partial}{\partial a_j}f(a_i,a_j,a_i^\dagger,a_j^\dagger): = [[:f(a_i,a_j,a_i^\dagger,a_j^\dagger):, a_j^\dagger], a_i^\dagger]. \tag{1.63}
$$

正因为有了正规乘积的这一系列性质, 我们就可以很顺利地将形如

$$
\int_{-\infty}^{+\infty}\mathrm{d}x\,|f(x)\rangle\langle x| \tag{1.64}
$$

(ket-bra 型算符) 的被积算符函数化成正规乘积内的积分形式, 将 $::$ 内的玻色算符作积分参数处理, 使积分得以实现 (只要此积分收敛). 当然, 在积分过程中及

积分后的结果中都含有 $: \ :$ 记号. 如果要进一步将记号 $: \ :$ 去掉, 就应先把积分结果的算符排成正规乘积形式, 再去掉 $: \ :$. 我们称此技术为正规乘积内的积分技术, 它是 IWOP 技术的一种, 因为除了这种正规乘积内的积分技术, 还有反正规乘积 (用 $\vdots \ \vdots$ 标记)、外尔 (Weyl) 编序乘积 (用 $\vdots \ \vdots$ 标记) 算符内的积分技术, 而对于费米算符也有相应的 IWOP 技术.

根据上述的对狄拉克的 ket-bra 算符的积分思想, 作为例子处理如下积分:

$$U_1 = \int_{-\infty}^{+\infty} \mathrm{d}x \left| x \right\rangle \left\langle -x \right|, \tag{1.65}$$

看是否能使原有的狄拉克表象理论更实用、更完美. 现将式 (1.43) 代入式 (1.65), 得到

$$U_1 = \pi^{-1/2} \int_{-\infty}^{+\infty} \mathrm{d}x \mathrm{e}^{-\frac{x^2}{2} + \sqrt{2}xa^\dagger - \frac{a^{\dagger 2}}{2}} \left|0\right\rangle \left\langle 0\right| \mathrm{e}^{-\frac{x^2}{2} - \sqrt{2}xa - \frac{a^2}{2}}. \tag{1.66}$$

把 $\left|0\right\rangle \left\langle 0\right| =: \mathrm{e}^{-a^\dagger a}:$ 代入, 得

$$U_1 = \pi^{-1/2} \int_{-\infty}^{+\infty} \mathrm{d}x \mathrm{e}^{-\frac{x^2}{2} + \sqrt{2}xa^\dagger - \frac{a^{\dagger 2}}{2}} : \mathrm{e}^{-a^\dagger a} : \mathrm{e}^{-\frac{x^2}{2} - \sqrt{2}xa - \frac{a^2}{2}}. \tag{1.67}$$

可以看出, $: \mathrm{e}^{-a^\dagger a}:$ 的左边全是产生算符函数, 右边全是湮灭算符函数. 因此, 整个被积的算符函数已经是正规乘积形式, 所以可将左边的 $:$ 移到第一个 exp 函数前, 将右边的 $:$ 移到第三个 exp 函数后. 根据性质 (1), 即在 $: \ :$ 内所有玻色子算符相互对易, 就可以将三个 exp 函数进行指数上的普通加法. 于是式 (1.67) 可写成

$$U_1 = \pi^{-1/2} \int_{-\infty}^{+\infty} \mathrm{d}x : \mathrm{e}^{-x^2 + \sqrt{2}x(a^\dagger - a) - \frac{a^{\dagger 2}}{2} - a^\dagger a - \frac{a^2}{2}} : . \tag{1.68}$$

现在 $: \ :$ 内 a 和 $a^\dagger$ 对易, 可被视为普通积分参数, 利用性质 (3) 积分, 得

$$\begin{aligned} U_1 &= \pi^{-1/2} \int_{-\infty}^{+\infty} \mathrm{d}x : \mathrm{e}^{-x^2 + \sqrt{2}(a^\dagger - a)x - \frac{(a^\dagger + a)^2}{2}} : \\ &=: \mathrm{e}^{\frac{(a^\dagger - a)^2}{2} - \frac{(a^\dagger + a)^2}{2}} : \ =: \mathrm{e}^{-2a^\dagger a} : . \end{aligned} \tag{1.69}$$

为了去掉式 (1.69) 中的记号 $: \ :$, 首先, 利用正规乘积性质 (1), (2) 和 (5) 导出算符恒等式

$$\mathrm{e}^{\lambda a^\dagger a} = \sum_{n=0}^{+\infty} \mathrm{e}^{\lambda n} \left|n\right\rangle \left\langle n\right| = \sum_{n=0}^{+\infty} \mathrm{e}^{\lambda n} \frac{a^{\dagger n}}{\sqrt{n!}} \left|0\right\rangle \left\langle 0\right| \frac{a^n}{\sqrt{n!}}$$

$$=\sum_{n=0}^{+\infty}\colon\frac{\left(\mathrm{e}^{\lambda}a^{\dagger}a\right)^{n}}{n!}\mathrm{e}^{-a^{\dagger}a}\colon=\colon\mathrm{e}^{(\mathrm{e}^{\lambda}-1)a^{\dagger}a}\colon. \tag{1.70}$$

再将式 (1.70) 与 (1.69) 作比较, 得 $\mathrm{e}^{\lambda}=-1$, 即 $\lambda=\mathrm{i}\pi$, 所以

$$U_1=\mathrm{e}^{\mathrm{i}\pi a^{\dagger}a}=(-1)^{\hat{N}},\quad \hat{N}=a^{\dagger}a. \tag{1.71}$$

这样就实现了不对称的投影算符积分. 同时在坐标表象下得到了宇称算符 U_1 的显式. 这是因为

$$(-1)^{\hat{N}}|x\rangle=|-x\rangle \tag{1.72}$$

就是空间的反演变换 $|x\rangle\mapsto|-x\rangle$, 另外,

$$(-1)^{\hat{N}}\hat{X}(-1)^{\hat{N}}=-\hat{X}. \tag{1.73}$$

事实上, 用狄拉克的动量本征态也可构造出宇称算符:

$$U_1=\int_{-\infty}^{+\infty}\mathrm{d}p\,|p\rangle\langle -p|=\mathrm{e}^{\mathrm{i}\pi a^{\dagger}a}=(-1)^{\hat{N}}, \tag{1.74}$$

以及

$$(-1)^{\hat{N}}|p\rangle=|-p\rangle,\quad (-1)^{\hat{N}}\hat{P}(-1)^{\hat{N}}=-\hat{P}. \tag{1.75}$$

类似地, 由式 (1.43) 和 (1.44), 并利用 IWOP 技术以及 $|0\rangle\langle 0|=\colon\mathrm{e}^{-a^{\dagger}a}\colon$, 能够积出下面的 ket-bra 型积分:

$$\begin{aligned}
U_2&=\int_{-\infty}^{+\infty}\mathrm{d}x\,|x\rangle\,\langle p|\big|_{p=x}\\
&=\frac{1}{\sqrt{\pi}}\int_{-\infty}^{+\infty}\mathrm{d}x\colon\mathrm{e}^{-x^2+\sqrt{2}(a^{\dagger}-\mathrm{i}a)x+\frac{1}{2}(a^2-a^{\dagger 2})-a^{\dagger}a}\colon\\
&=\colon\mathrm{e}^{-(\mathrm{i}+1)a^{\dagger}a}\colon=\mathrm{e}^{-\mathrm{i}\frac{\pi}{2}\hat{N}}.
\end{aligned} \tag{1.76}$$

这样可以得到 $|x\rangle$ 与 $|p\rangle$ 之间的相互变换:

$$\mathrm{e}^{-\mathrm{i}\frac{\pi}{2}\hat{N}}|x\rangle=|p\rangle\big|_{p=x},\quad \mathrm{e}^{-\mathrm{i}\frac{\pi}{2}\hat{N}}|p\rangle=|-x\rangle\big|_{x=p}, \tag{1.77}$$

以及

$$\mathrm{e}^{\mathrm{i}\frac{\pi}{2}\hat{N}}\hat{X}\mathrm{e}^{-\mathrm{i}\frac{\pi}{2}\hat{N}}=\hat{P},\quad \mathrm{e}^{\mathrm{i}\frac{\pi}{2}\hat{N}}\hat{P}\mathrm{e}^{-\mathrm{i}\frac{\pi}{2}\hat{N}}=-\hat{X}. \tag{1.78}$$

这在经典力学中也有正则变换与之对应.

1.7 正则变换 $(x_1,x_2)\mapsto(Ax_1+Bx_2,Cx_1+Dx_2)$ 的量子对应

在量子力学发展史上，狄拉克曾突发奇想，把量子对易子与经典泊松 (Poisson) 括号相对应. 那么我们要问，对经典坐标空间作如下的正则变换 $(x_1,x_2)\mapsto(Ax_1+Bx_2,Cx_1+Dx_2)$，相应的量子变换算符是什么呢? 用狄拉克坐标本征态的结构，把它映射成量子力学希尔伯特 (Hilbert) 空间中的量子力学幺正算符 [9]：

$$U_3=\int_{-\infty}^{+\infty}\mathrm{d}x_1\mathrm{d}x_2\left|\begin{pmatrix}A&B\\C&D\end{pmatrix}\begin{pmatrix}x_1\\x_2\end{pmatrix}\right\rangle\left\langle\begin{pmatrix}x_1\\x_2\end{pmatrix}\right|,\tag{1.79}$$

其中 A,B,C,D 都是实数，且满足 $AD-BC=1$; $\left|\begin{pmatrix}x_1\\x_2\end{pmatrix}\right\rangle\equiv|x_1\rangle|x_2\rangle$. 若能把此积分积出，则得到 U_3 的显式. 将式 (1.43) 代入式 (1.79)，并利用 IWOP 技术以及 $|00\rangle\langle00|=\colon\mathrm{e}^{-a_1^\dagger a_1-a_2^\dagger a_2}\colon$，可以积分：

$$\begin{aligned}U_3=&\frac{1}{\pi}\int_{-\infty}^{+\infty}\mathrm{d}x_1\mathrm{d}x_2\colon\exp\Big\{-\frac{1}{2}[(Ax_1+Bx_2)^2+(Cx_1+Dx_2)^2]\\&+\sqrt{2}(Ax_1+Bx_2)a_1^\dagger+\sqrt{2}(Cx_1+Dx_2)a_2^\dagger-\frac{1}{2}\left(x_1^2+x_2^2\right)\\&+\sqrt{2}(x_1a_1+x_2a_2)-\frac{1}{2}(a_1^{\dagger2}+a_2^{\dagger2}+a_1^2+a_2^2)-a_1^\dagger a_1-a_2^\dagger a_2\Big\}\colon\\=&\frac{2}{\sqrt{L}}\exp\left[\frac{1}{2L}(A^2+B^2-C^2-D^2)(a_1^{\dagger2}-a_2^{\dagger2})+4(AC+BD)a_1^\dagger a_2^\dagger\right]\\&\times\colon\exp\left[(a_1^\dagger,a_2^\dagger)(G-I)\begin{pmatrix}a_1\\a_2\end{pmatrix}\right]\colon\mathrm{e}^{\frac{1}{2L}\left(B^2+D^2-C^2-A^2\right)\left(a_1^2-a_2^2\right)-4(AB+CD)a_1a_2},\end{aligned}\tag{1.80}$$

式中

$$L=A^2+B^2+C^2+D^2+2,\tag{1.81}$$

$$G=\frac{2}{L}\begin{pmatrix}A+D & B-C\\ C-B & A+D\end{pmatrix},\quad \det G=\frac{4}{L},$$
$$G^{-1}=\frac{1}{2}\begin{pmatrix}A+D & C-B\\ B-C & A+D\end{pmatrix},\quad I=\begin{pmatrix}1 & 0\\ 0 & 1\end{pmatrix}. \tag{1.82}$$

利用算符等式

$$:\exp\left[(a_1^\dagger,a_2^\dagger)(G-I)\begin{pmatrix}a_1\\ a_2\end{pmatrix}\right]:=\exp\left[(a_1^\dagger,a_2^\dagger)\ln G\begin{pmatrix}a_1\\ a_2\end{pmatrix}\right]\equiv T, \tag{1.83}$$

以及

$$\mathrm{e}^{\hat{A}}\hat{B}\mathrm{e}^{-\hat{A}}=\hat{B}+[\hat{A},\hat{B}]+\frac{1}{2!}[\hat{A},[\hat{A},\hat{B}]]+\cdots, \tag{1.84}$$

得到

$$\begin{aligned}Ta_1^\dagger T^{-1}&=a_1^\dagger G_{11}+a_2^\dagger G_{21}=\frac{2}{L}[a_1^\dagger(A+D)+a_2^\dagger(C-B)],\\ Ta_2^\dagger T^{-1}&=a_1^\dagger G_{12}+a_2^\dagger G_{22}=\frac{2}{L}[a_1^\dagger(B-C)+a_2^\dagger(A+D)],\end{aligned} \tag{1.85}$$

$$\begin{aligned}Ta_1T^{-1}&=G_{11}^{-1}a_1+G_{12}^{-1}a_2=\frac{1}{2}[a_1(A+D)+a_2(C-B)],\\ Ta_2T^{-1}&=G_{21}^{-1}a_1+G_{22}^{-1}a_2=\frac{1}{2}[a_1(B-C)+a_2(A+D)].\end{aligned} \tag{1.86}$$

由式 (1.80) 与 (1.85), 有

$$U_3a_1U_3^{-1}=\frac{1}{2}[(A+D)a_1+(C-B)a_2-(A-D)a_1^\dagger-(B+C)a_2^\dagger], \tag{1.87}$$

$$U_3a_2U_3^{-1}=\frac{1}{2}[(B-C)a_1+(A+D)a_2-(B+C)a_1^\dagger+(A-D)a_2^\dagger]. \tag{1.88}$$

再利用坐标算符、动量算符与产生算符、湮灭算符的关系, 立即得到

$$U_3\hat{X}_1U_3^{-1}=D\hat{X}_1-B\hat{X}_2,\quad U_3\hat{X}_2U_3^{-1}=-C\hat{X}_1+A\hat{X}_2, \tag{1.89}$$
$$U_3\hat{P}_1U_3^{-1}=A\hat{P}_1+C\hat{P}_2,\quad U_3\hat{P}_2U_3^{-1}=B\hat{P}_1+D\hat{P}_2. \tag{1.90}$$

可以看出 U_3 实现的是辛变换.

由 $AD-BC=1$ 和式 (1.79) 的定义以及幺正性 $U_3^\dagger U_3=1$, 可得

$$U_3^{-1}=\int_{-\infty}^{+\infty}\mathrm{d}x_1\mathrm{d}x_2\left|\begin{pmatrix} D & -B\\ -C & A\end{pmatrix}\begin{pmatrix} x_1\\ x_2\end{pmatrix}\right\rangle\left\langle\begin{pmatrix} x_1\\ x_2\end{pmatrix}\right|. \tag{1.91}$$

式 (1.89) 与 (1.90) 的逆变换分别为

$$U_3^{-1}\hat{X}_1U_3=A\hat{X}_1+B\hat{X}_2,\quad U_3^{-1}\hat{X}_2U_3=C\hat{X}_1+D\hat{X}_2; \tag{1.92}$$

$$U_3^{-1}\hat{P}_1U_3=D\hat{P}_1-C\hat{P}_2,\quad U_3^{-1}\hat{P}_2U_3=-B\hat{P}_1+A\hat{P}_2. \tag{1.93}$$

1.8 正则变换 $(x_1,p_2)\mapsto(Ax_1+Bp_2,Cx_1+Dp_2)$ 的量子对应

若在经典相空间作正则变换 $(x_1,p_2)\mapsto(Ax_1+Bp_2,Cx_1+Dp_2)$, 相应的算符又是什么呢? 我们构造映射到量子力学希尔伯特空间对应的量子力学幺正算符, 它可表示为 [10]

$$U_4=\int_{-\infty}^{+\infty}\mathrm{d}x_1\mathrm{d}p_2\left|\begin{pmatrix} A & B\\ C & D\end{pmatrix}\begin{pmatrix} x_1\\ p_2\end{pmatrix}\right\rangle\left\langle\begin{pmatrix} x_1\\ p_2\end{pmatrix}\right|, \tag{1.94}$$

其中 A,B,C,D 都是实数, 且满足 $AD-BC=1$; $\left|\begin{pmatrix} x_1\\ p_2\end{pmatrix}\right\rangle\equiv|x_1\rangle|p_2\rangle$, $|x_1\rangle$ 为坐标本征态, 而 $|p_2\rangle$ 为动量本征态. 将式 (1.43) 与 (1.44) 代入式 (1.94), 并利用 IWOP 技术以及 $|00\rangle\langle 00|=:\mathrm{e}^{-a_1^\dagger a_1-a_2^\dagger a_2}:$, 可以积分:

$$\begin{aligned}U_4=&\frac{2}{\sqrt{L}}\exp\left[\frac{1}{2L}\left(A^2+B^2-C^2-D^2\right)\left(a_1^{\dagger 2}+a_2^{\dagger 2}\right)+4\mathrm{i}\left(AC+BD\right)a_1^\dagger a_2^\dagger\right]\\&\times:\exp\left[(a_1^\dagger,a_2^\dagger)(H-I)\begin{pmatrix} a_1\\ a_2\end{pmatrix}\right]:\\&\times\mathrm{e}^{\frac{1}{2L}\left(B^2+D^2-C^2-A^2\right)\left(a_1^2+a_2^2\right)+4\mathrm{i}(AB+CD)a_1a_2},\end{aligned} \tag{1.95}$$

式中

$$H=\frac{2}{L}\begin{pmatrix} A+D & \mathrm{i}(C-B) \\ \mathrm{i}(C-B) & A+D \end{pmatrix},\quad \det H=\frac{4}{L}, \tag{1.96}$$

$$H^{-1}=\frac{1}{2}\begin{pmatrix} A+D & \mathrm{i}(B-C) \\ \mathrm{i}(B-C) & A+D \end{pmatrix},\quad I=\begin{pmatrix} 1 & 0 \\ 0 & 1 \end{pmatrix}. \tag{1.97}$$

令

$$\begin{aligned} T' &=:\exp\left[(a_1^\dagger,a_2^\dagger)(H-I)\begin{pmatrix} a_1 \\ a_2 \end{pmatrix}\right]: \\ &=\exp\left[(a_1^\dagger,a_2^\dagger)\ln H\begin{pmatrix} a_1 \\ a_2 \end{pmatrix}\right]. \end{aligned} \tag{1.98}$$

由式 (1.96) 和 (1.97), 得到

$$\begin{aligned} T'a_1T'^{-1} &= \frac{1}{2}[a_1(A+D)+\mathrm{i}a_2(B-C)], \\ T'a_2T'^{-1} &= \frac{1}{2}[\mathrm{i}a_1(B-C)+a_2(A+D)], \end{aligned} \tag{1.99}$$

$$\begin{aligned} T'a_1^\dagger T'^{-1} &= \frac{2}{L}[a_1^\dagger(A+D)+\mathrm{i}a_2^\dagger(C-B)], \\ T'a_2^\dagger T'^{-1} &= \frac{2}{L}[\mathrm{i}a_1^\dagger(C-B)+a_2^\dagger(A+D)]. \end{aligned} \tag{1.100}$$

再利用式 (1.95) 与 (1.99), 有

$$\begin{aligned} U_4a_1U_4^{-1} &= \frac{1}{2}\left[(A+D)a_1+(D-A)a_1^\dagger+\mathrm{i}(B-C)a_2-\mathrm{i}(B+C)a_2^\dagger\right], \\ U_4a_2U_4^{-1} &= \frac{1}{2}\left[\mathrm{i}(B-C)a_1-\mathrm{i}(B+C)a_1^\dagger+(A+D)a_2+(D-A)a_2^\dagger\right], \end{aligned} \tag{1.101}$$

$$\begin{aligned} &U_4\hat{X}_1U_4^{-1}=D\hat{X}_1-B\hat{P}_2,\quad U_4\hat{X}_2U_4^{-1}=D\hat{X}_2-B\hat{P}_1, \\ &U_4\hat{P}_1U_4^{-1}=-C\hat{X}_2+A\hat{P}_1,\quad U_4\hat{P}_2U_4^{-1}=A\hat{P}_2-C\hat{X}_1. \end{aligned} \tag{1.102}$$

相应的逆变换为

$$\begin{aligned} &U_4^{-1}\hat{X}_1U_4=A\hat{X}_1+B\hat{P}_2,\quad U_4^{-1}\hat{X}_2U_4=A\hat{X}_2+B\hat{P}_1, \\ &U_4^{-1}\hat{P}_1U_4=C\hat{X}_2+D\hat{P}_1,\quad U_4^{-1}\hat{P}_2U_4=D\hat{P}_2+C\hat{X}_1. \end{aligned} \tag{1.103}$$

利用这类幺正变换可以求解出若干动力学问题.

以上这些例子都表明了：狄拉克的符号是可以用 IWOP 技术积分的；构造有物理意义的 ket-bra 积分式并积分之, 就可以从狄拉克的基本表象出发构造出许多量子力学幺正变换, 从而定义新的量子力学态矢. 实现这类不对称的 ket-bra 型算符积分, 就为经典变换直接过渡到量子力学幺正变换搭起了一座“桥梁”. 金代文学家元好问在谈到诗歌创造时写道：“眼处心生句自神, 暗中摸索总非真. 画图临出秦川景, 亲到长安有几人？”这可以作为我们研究理论物理的借鉴. 研究理论物理光有概念是不够的, 还需要亲自作数学推导, 尤其是独创, 更须有自身计算的体验, 要“亲到长安”, 否则就会弃其本而逐其末, 有流于主观臆造的危险. 我们只有经历了数学推导 (咀嚼了真味) 才会对物理概念与原理有真实感受, 一步一个脚印, 进入到一种境界. 对狄拉克符号作过积分, 我们才能真正理解它. 人之无基本功者, 在理论物理界谓之无格, 无格则无术, 所谓寡学之辈, 则多性狂, 这就是为什么有的人无真本领, 却还夸夸其谈. 因此, 扩展研究生的数学能力与视野, 强化他们的基本功, 鼓励他们发明新的数学物理方法, 不但能使他们避免犯基本性的错误, 也会让他们一步一个脚印地面对生活与工作, 体会做真才实学之难, 鄙视科技造假之丑, 在科研中不求侥幸, 做一个老实人. 清代桐城派代表人物刘大魁在《论文偶记》中写道：“凡文笔老则简, 意真则简, 辞切则简, 理当则简, 味淡则简, 气蕴则简, 品贵则简, 神远而含藏不尽则简, 故简为文章尽境.”能传世的理论物理工作, 如狄拉克符号法及 IWOP 技术就是意真辞切的, 神远而含藏不尽的.

利用 IWOP 技术能够成功地对狄拉克符号进行积分, 此技术有以下优点：

(1) 给出了经典变换到量子幺正变换算符的捷径, 可以发现很多新的幺正算符, 为量子调控提供新思路.

(2) 在不能用群论的地方发挥作用.

(3) 从纯数学的观点看, 可以简捷地导出很多新积分公式, 甚至不用真正地去作积分.

例 从厄米多项式的母函数公式及 $\hat{X}=(a+a^{\dagger})/\sqrt{2}$, 可导出

$$
\begin{aligned}
\mathrm{H}_n(fX) &= \frac{\mathrm{d}^n}{\mathrm{d}t^n}\mathrm{e}^{2tfX-t^2}\Big|_{t=0} \\
&= (1-f^2)^{n/2}\frac{\mathrm{d}^n}{\mathrm{d}(\sqrt{1-f^2}t)^n} :\mathrm{e}^{2t\sqrt{1-f^2}\frac{fX}{\sqrt{1-f^2}}-(t\sqrt{1-f^2})^2}:\Big|_{t=0} \\
&= (1-f^2)^{n/2}:\mathrm{H}_n\left(\frac{f}{\sqrt{1-f^2}}X\right):. \qquad (1.104)
\end{aligned}
$$

另外, 利用 IWOP 技术及坐标表象完备性, 又得

$$\begin{aligned}\mathrm{H}_n(fX) &= \int_{-\infty}^{+\infty} \mathrm{d}x|x\rangle\langle x|\mathrm{H}_n(fx) \\ &= \frac{1}{\sqrt{\pi}}\int_{-\infty}^{+\infty} \mathrm{d}x : \mathrm{e}^{-(x-X)^2} : \mathrm{H}_n(fx).\end{aligned} \tag{1.105}$$

比较上面两式, 得积分公式

$$\frac{1}{\sqrt{\pi}}\int_{-\infty}^{+\infty} \mathrm{d}x\mathrm{e}^{-(x-y)^2}\mathrm{H}_n(fx) = (1-f^2)^{n/2}\mathrm{H}_n\left(\frac{fy}{\sqrt{1-f^2}}\right), \tag{1.106}$$

而无须对左边进行积分操作.

(4) 用不同的算符编序方案, 对同一个积分的结果表现形式不同, 适用于计算不同的物理量.

(5) 可以找到很多新的有用的量子力学表象, 有利于求解很多动力学方程, 尤其是通过建立连续变量的纠缠态表象, 可以阐述很多物理问题.

(6) 可以发现很多新的有望可物理制备的有特殊物性的量子态.

(7) 揭示量子力学深层次美感.

(8) 降低人们对量子力学数学物理的神秘感和过度的抽象感.

(9) 有效地促进了量子光学理论、经典光学与量子光学的相互渗透.

(10) 丰富和发展了量子相空间理论与量子断层照相法.

参考文献

[1] Dirac P A M. The Principles of Quantum Mechanics [M]. Oxford: Clarndon Press, 1930.

[2] Wünsche A. About integration within ordered products in quantum optics [J]. J. Opt. B: Quantum Semiclass. Opt., 1999, 1: R11~R21.

[3] Zhang W M. Coherent states: Theory and some applications [J]. Rev. Mod. Phys., 1990, 62 (4): 867~927.

[4] Fan H Y, Cheng H L. Two-parameter radon transformation of the Wigner operator and its inverse [J]. Chin. Phys. Lett., 2001, 18 (7): 850.

[5] Fan H Y, Guo Q. Quantum phase space theory based on intermediate coordinate-momentum representation [J]. Mod. Phys. Lett. B, 2007, 21 (27): 1831~1836.

[6] Louisell W H. Quantum Statistical Properties of Radiation [M]. New York: Wiley, 1973.

[7] Fan H Y. Representation and Tramsformation Theory in Quantum Mechanics—Progress of Dirac's Symbolic Method [M]. Shanghai: Shanghai Scientific & Technical Publishers, 1997 (in Chinese).

[8] From Quantum Mechanics to Quantum Optics—Development of the Mathematical Physics [M]. Shanghai: Shanghai Jiao Tong Univ. Press, 2005 (in Chinese).

[9] Fan H Y. General formalism for mapping of two-mode classical canonical transformations to quantum unitary operators [J]. Commun. Thoer. Phys., 1992, 17 (3): 355~360.

[10] Song T Q, Feng J, Gao Y F. The unitary operator corresponding to the general two-mode coordinate-momentum mixed transformation [J]. Commun. Thoer. Phys., 2001, 35 (1): 93~95.

第 2 章 用 IWOP 方法研究玻色子相干态表象

从 1926 年薛定谔提出相干态概念起到 60 年代初格劳伯和克劳德等人系统地建立起谐振子相干态 (或称为正则相干态) 并将之应用于描述激光的量子态, 再到用李代数发展相干态, 几十年的经历, 人们认为相干态理论已臻完美. 然而, IWOP 技术的出现使得相干态理论可有别开生面的发展, 其应用也更为广泛. 本章借助 IWOP 技术对相干态展开深入的讨论.

2.1 振子平移与相干态

最直观的思路去设想相干态的存在是让一个谐振子按经典方式摆动起来. 例如, 把它从平衡位置作一个偏离 ε, 然后释放它. 设平衡位置为基态, 量子对应为真空态 $|0\rangle$, 其波函数为 $\psi(x)=\langle x\,|0\rangle$, 则偏离平衡位置距离为 ε 的波函数为 $\psi(x-\varepsilon)$. 利用动量算符在坐标表象中的表示:

$$\langle x|\,\hat{P}=-\mathrm{i}\frac{\mathrm{d}}{\mathrm{d}x}\,\langle x| \quad (\hbar=1), \tag{2.1}$$

可知

$$\psi(x-\varepsilon)=\langle x-\varepsilon\,|0\rangle=\langle x|\,\mathrm{e}^{-\varepsilon\frac{\mathrm{d}}{\mathrm{d}x}}\,|0\rangle=\langle x|\,\mathrm{e}^{-\mathrm{i}\varepsilon\hat{P}}\,|0\rangle\,. \tag{2.2}$$

这表明存在偏离为 ε 的振子, 其量子态为 $\mathrm{e}^{-\mathrm{i}\varepsilon\hat{P}}\,|0\rangle$. 考虑到 $\hat{P}=(a-a^{\dagger})/(\mathrm{i}\sqrt{2})$, 并用贝克 – 豪斯多夫公式

$$\mathrm{e}^{\hat{A}+\hat{B}}=\mathrm{e}^{\hat{A}}\mathrm{e}^{\hat{B}}\mathrm{e}^{-\frac{1}{2}[\hat{A},\hat{B}]} \quad ([\hat{A},[\hat{A},\hat{B}]]=[\hat{B},[\hat{A},\hat{B}]]=0), \tag{2.3}$$

又因真空态为湮灭算符所湮灭, 即 $a|0\rangle=0$, 所以得到

$$\mathrm{e}^{-\mathrm{i}\varepsilon\hat{P}}|0\rangle=\mathrm{e}^{-\varepsilon\frac{a-a^{\dagger}}{\sqrt{2}}}|0\rangle=\mathrm{e}^{\frac{\varepsilon}{\sqrt{2}}a^{\dagger}}\mathrm{e}^{-\frac{\varepsilon^2}{4}}|0\rangle\equiv\left|\frac{\varepsilon}{\sqrt{2}}\right\rangle. \tag{2.4}$$

这就是 a 的本征态, 即

$$a\left|\frac{\varepsilon}{\sqrt{2}}\right\rangle=\frac{\varepsilon}{\sqrt{2}}\left|\frac{\varepsilon}{\sqrt{2}}\right\rangle, \tag{2.5}$$

也称为相干态.

以上讨论提示我们, 强迫振子的哈密顿量

$$\hat{H}=\omega a^{\dagger}a+\varepsilon(a^{\dagger}+a) \tag{2.6}$$

的本征态为相干态; 或者说, 在 $t=0$ 时刻, 振子处于基态, 那么在 t 时刻, 振子演化到一个相干态:

$$\mathrm{e}^{-\mathrm{i}\hat{H}t}|0\rangle\propto\left|\frac{\varepsilon}{\omega}(\mathrm{e}^{-\mathrm{i}\omega t}-1)\right\rangle. \tag{2.7}$$

注意, 式 (2.7) 中已把不重要的相因子略去了.

2.2 从电磁场量子化过渡到光子相干态

我们再以电磁场的量子化为例来说明相干态的引入是势在必行的. 对于电磁势算符和电场算符, 有

$$\widehat{A}(x,t)=\sum_{k,\sigma}\left(\frac{2\pi\hbar c}{V\omega_k}\right)^{1/2}\varepsilon_{k,\sigma}[a_{k,\sigma}(t)\mathrm{e}^{\mathrm{i}k\cdot x}+a_{k,\sigma}^{\dagger}(t)\mathrm{e}^{-\mathrm{i}k\cdot x}], \tag{2.8}$$

$$a_{k,\sigma}(t)=a_{k,\sigma}(0)\mathrm{e}^{-\mathrm{i}\omega_k t}, \tag{2.9}$$

$$\begin{aligned}\widehat{E}(x,t)&=-\frac{1}{c}\frac{\partial A}{\partial t}=\mathrm{i}\sum_{k,\sigma}\left(\frac{2\pi\hbar\omega_k}{V}\right)^{1/2}\varepsilon_{k,\sigma}(a_{k,\sigma}\mathrm{e}^{\mathrm{i}k\cdot x}-a_{k,\sigma}^{\dagger}\mathrm{e}^{-\mathrm{i}k\cdot x})\\&\equiv\widehat{E}^{(+)}+\widehat{E}^{(-)},\end{aligned} \tag{2.10}$$

其中 $\varepsilon_{k,\sigma}(\sigma=1,2)$ 是极化矢量, $\omega_k=kc$. 应该要求

$$\left\langle\text{经典}\right|\hat{E}\left|\text{经典}\right\rangle\to\text{经典电磁波形式},$$

这里 $\left|经典\right\rangle$ 代表允许过渡到经典极限的态. 如何来建立态 $\left|经典\right\rangle$ 呢? 显然, 如果 $\left|经典\right\rangle$ 满足

$$a\left|经典\right\rangle = z\left|经典\right\rangle, \tag{2.11}$$

则由此可导出

$$\left\langle 经典\right|\hat{E}\left|经典\right\rangle = \mathrm{i}\left(\frac{2\pi\hbar\omega_k}{V}\right)^{1/2}\varepsilon\left(z\mathrm{e}^{\mathrm{i}k\cdot x} - z^*\mathrm{e}^{-\mathrm{i}k\cdot x}\right), \tag{2.12}$$

这里无碍于说明且不紧要的下标都略去了. 上式右边正是所期待的经典电磁波形式. 再计算 $\widehat{E}$ 的均方偏差, 得

$$\langle z|\hat{E}^2|z\rangle - \left|\langle z|\hat{E}|z\rangle\right|^2 = \frac{2\pi\hbar\omega_k}{V}. \tag{2.13}$$

在经典极限下, $\hbar\to 0$, 则上式为 0. 易见, $\left|经典\right\rangle$ 即相干态

$$\exp\left(za^\dagger - z^*a\right)|0\rangle \equiv |z\rangle \quad \left(z\ 是复数\right). \tag{2.14}$$

可见, 若要求经典力学与量子力学的对应对于电磁场也适用, 则引入相干态是很自然、很必要的. 由式 (2.14) 及贝克–豪斯多夫公式 (2.3), 极易证得

$$|z\rangle = \mathrm{e}^{-|z|^2/2}\sum_{n=0}^{+\infty}\frac{z^n}{\sqrt{n!}}|n\rangle, \tag{2.15}$$

其中 $|n\rangle$ 是构成福克空间的粒子数态:

$$|n\rangle = \frac{a^{\dagger n}}{\sqrt{n!}}|0\rangle, \quad \sum_{n=0}^{+\infty}|n\rangle\langle n| = 1. \tag{2.16}$$

式 (2.15) 表明相干态包含不同量子态的叠加, 这些态是位相同步的.

2.3　从 1 的分解导出相干态表达式及其对应的巴格曼函数空间

首先, 坐标表象与动量表象的纯高斯积分形式启发我们建立如下的高斯积分:

$$\int_{-\infty}^{+\infty}\frac{\mathrm{d}p\mathrm{d}x}{2\pi} :\mathrm{e}^{-\frac{1}{2}(p-\hat{P})^2-\frac{1}{2}(x-\hat{X})^2}: = 1. \tag{2.17}$$

再注意到 $\hat{X}=(a+a^\dagger)/\sqrt{2}$ 和 $\hat{P}=(a-a^\dagger)/(\mathrm{i}\sqrt{2})$, 把式 (2.17) 中的被积函数分解为

$$\begin{aligned}
&\int_{-\infty}^{+\infty}\frac{\mathrm{d}p\mathrm{d}x}{2\pi}:\mathrm{e}^{-\frac{1}{2}(x^2+p^2)+\frac{1}{\sqrt{2}}(x+\mathrm{i}p)a^\dagger-a^\dagger a+\frac{1}{\sqrt{2}}(x-\mathrm{i}p)a}:\\
&=\int_{-\infty}^{+\infty}\frac{\mathrm{d}p\mathrm{d}x}{2\pi}\mathrm{e}^{-\frac{1}{4}(x^2+p^2)+\frac{1}{\sqrt{2}}(x+\mathrm{i}p)a^\dagger}:\mathrm{e}^{-a^\dagger a}:\mathrm{e}^{-\frac{1}{4}(x^2+p^2)+\frac{1}{\sqrt{2}}(x-\mathrm{i}p)a}\\
&=\int_{-\infty}^{+\infty}\frac{\mathrm{d}p\mathrm{d}x}{2\pi}\left|x,p\right\rangle\left\langle x,p\right|=1.
\end{aligned}\tag{2.18}$$

这里已考虑到 $\left|0\right\rangle\left\langle 0\right|=:\mathrm{e}^{-a^\dagger a}:$, 而

$$\left|x,p\right\rangle=\mathrm{e}^{-\frac{1}{4}(x^2+p^2)+\frac{1}{\sqrt{2}}(x+\mathrm{i}p)a^\dagger}\left|0\right\rangle\tag{2.19}$$

即为正则形式的相干态. 相应地, 非正交性与超完备性可分别改写为

$$\left\langle x,p\left|x',p'\right.\right\rangle=\mathrm{e}^{-\frac{1}{4}\left[(x-x')^2+(p-p')^2\right]+\frac{\mathrm{i}}{2}(px'-xp')},\tag{2.20}$$

$$\frac{1}{2\pi}\int_{-\infty}^{+\infty}\mathrm{d}p\mathrm{d}x\left|x,p\right\rangle\left\langle x,p\right|=1.\tag{2.21}$$

容易导出

$$\left\langle x,p\right|\hat{X}\left|x,p\right\rangle=x,\quad\left\langle x,p\right|\hat{P}\left|x,p\right\rangle=p.\tag{2.22}$$

式 (2.18) 说明了利用 IWOP 技术可以先构造一个积分为单位 1 的算符, 若能把此算符从结构上分解为一对共轭态矢, 那么从这个态矢量就可以构建新的量子力学表象, 因为能否构成表象的重要判据就是它是否具有量子力学完备性关系. 从式 (2.22) 看出, 正则相干态形式的优点是提供了一个表象, 这一表象把坐标算符 $\hat{X}$ 与动量算符 $\hat{P}$ 分别与它们的期望值 x 和 p 对应起来. 这就启发我们, 用正则相干态研究经典相空间中的正则变换如何向量子力学的希尔伯特空间中的幺正算符过渡是方便的.

令 $z=(x+\mathrm{i}p)/\sqrt{2}$, 代入式 (2.19), 就有熟知的归一化的相干态表达式

$$\left|z\right\rangle=\mathrm{e}^{-\frac{1}{2}|z|^2+za^\dagger}\left|0\right\rangle=D(z)\left|0\right\rangle,\tag{2.23}$$

其中平移算符

$$D(z)=\mathrm{e}^{za^\dagger-z^*a}.\tag{2.24}$$

易证 $D(z)$ 满足关系:

$$D(z)D(z')=D(z+z')\mathrm{e}^{\frac{1}{2}(zz'^*-z^*z')},\tag{2.25}$$

$$D(-z)=D^{-1}(z)=D^{\dagger}(z),\quad D^{-1}(z)aD(z)=a+z. \tag{2.26}$$

又知 $|z\rangle$ 是湮灭算符 a 的本征态：

$$a|z\rangle=z|z\rangle, \tag{2.27}$$

它是无穷多个粒子数的叠加：

$$|z\rangle=\mathrm{e}^{-\frac{|z|^2}{2}}\sum_{n=0}^{+\infty}\frac{z^n}{\sqrt{n!}}|n\rangle. \tag{2.28}$$

根据坐标本征态与动量本征态的福克形式, 再由式 (2.23), 就有

$$\langle x|\,z\rangle=\pi^{-1/4}\mathrm{e}^{-\frac{1}{2}x^2-\frac{1}{2}|z|^2+\sqrt{2}xz-\frac{z^2}{2}}, \tag{2.29}$$

$$\langle p|\,z\rangle=\pi^{-1/4}\mathrm{e}^{-\frac{1}{2}p^2-\frac{1}{2}|z|^2-\mathrm{i}\sqrt{2}pz+\frac{z^2}{2}}. \tag{2.30}$$

在文献 [1~3] 中, 相干态的超完备性证明如下: 定义复平面上整个积分. 若令 $z=r\mathrm{e}^{\mathrm{i}\theta}$, 面积元 $\mathrm{d}^2z=r\mathrm{d}r\mathrm{d}\theta$, 利用

$$\int_0^{2\pi}\mathrm{d}\theta\mathrm{e}^{\mathrm{i}(n-m)\theta}=2\pi\delta_{nm}, \tag{2.31}$$

得

$$\begin{aligned}\int\frac{\mathrm{d}^2z}{\pi}|z\rangle\langle z|&=\frac{1}{\pi}\int_0^{+\infty}r\mathrm{d}r\int_0^{2\pi}\mathrm{d}\theta\mathrm{e}^{-r^2}\sum_{n,m=0}^{+\infty}\frac{r^{n+m}\mathrm{e}^{\mathrm{i}(n-m)\theta}}{\sqrt{n!m!}}|n\rangle\langle m|\\&=\sum_{n=0}^{+\infty}|n\rangle\langle n|=1.\end{aligned} \tag{2.32}$$

而现在用 IWOP 技术, 则相干态的超完备性就可改写为高斯积分形式

$$\begin{aligned}\int\frac{\mathrm{d}^2z}{\pi}|z\rangle\langle z|&=\int\frac{\mathrm{d}^2z}{\pi}\mathrm{e}^{-\frac{1}{2}|z|^2+za^{\dagger}}|0\rangle\langle 0|\mathrm{e}^{-\frac{1}{2}|z|^2+z^*a^{\dagger}}\\&=\int\frac{\mathrm{d}^2z}{\pi}:\mathrm{e}^{-|z|^2+za^{\dagger}+z^*a-a^{\dagger}a}:\\&=:\mathrm{e}^{a^{\dagger}a-a^{\dagger}a}:=1,\end{aligned} \tag{2.33}$$

或更简练地写成

$$\int\frac{\mathrm{d}^2z}{\pi}|z\rangle\langle z|=\int\frac{\mathrm{d}^2z}{\pi}:\mathrm{e}^{-(z^*-a^{\dagger})(z-a)}:=\int\frac{\mathrm{d}^2z}{\pi}\mathrm{e}^{-|z|^2}=1. \tag{2.34}$$

相比于式 (2.32) 的证明, 可见新方法很简捷, 用 IWOP 技术处理表象的完备性体现了“更上一层楼”的效果.

相干态是不正交的, 利用式 (2.28) 及共轭表达式, 易证

$$\langle z|\, z'\rangle = \mathrm{e}^{-\frac{1}{2}(|z|^2+|z'|^2)+z^*z'},$$

故

$$|\langle z|\, z'\rangle|^2 = \mathrm{e}^{-|z-z'|^2}. \tag{2.35}$$

由此看出, 相干态随着 $|z-z'|^2$ 的增大而渐近趋于正交. 与此相关的另一重要性质是, (由式 (2.35) 可知) 一个相干态可以由别的相干态来表示:

$$|z'\rangle = \int \frac{\mathrm{d}^2 z}{\pi}\mathrm{e}^{-\frac{1}{2}(|z|^2+|z'|^2)+z^*z'}\,|z\rangle. \tag{2.36}$$

在相干态中出现 n 个粒子数的概率为

$$|\langle n|\, z\rangle|^2 = \mathrm{e}^{-|z|^2}\frac{|z|^{2n}}{n!}, \tag{2.37}$$

这是一个泊松分布. 又由 $\langle z|\hat{N}|z\rangle = |z|^2$, $\langle z|\hat{N}^2|z\rangle = |z|^2+|z|^4$, 得

$$(\Delta\hat{N})^2 = |z|^2, \quad \Delta\hat{N}/\bar{N} = \frac{1}{|z|}. \tag{2.38}$$

这表明当 $|z|$ 大 (平均光子数多) 时, 粒子数量子起伏 (能量) 变小, 接近于经典场. 从式 (2.37) 可以看出, 对激光而言, 如果激发度足够高, 则其光子统计趋近于这种分布.

对于非归一化的相干态

$$\|z\rangle = \mathrm{e}^{za^\dagger}|0\rangle, \tag{2.39}$$

可以得到

$$|n\rangle = \frac{1}{\sqrt{n!}}\frac{\partial^n}{\partial z^n}\|z\rangle\bigg|_{z=0}. \tag{2.40}$$

这个关系式以后会经常用到. 在 $\langle z\|$ 表示下, a 的作用相当于微商, 即

$$\langle z\|\, a = \frac{\partial}{\partial z^*}\langle z\|, \quad \langle z\|\, a^\dagger = z^*\langle z\|, \tag{2.41}$$

所以

$$\langle z\|\, a^\dagger a\,|n\rangle = z^*\frac{\partial}{\partial z^*}\langle z\|\, n\rangle = n\langle z\|\, n\rangle. \tag{2.42}$$

由此得到 $\langle z \| n\rangle = z^{*n}$, 它对应的粒子数态 $z^{*n}/\sqrt{n!}$ 为一个函数空间 (巴格曼函数空间) 的基函数, 满足

$$\int \frac{\mathrm{d}^2 z}{\pi} z^{*n} z^m \mathrm{e}^{-|z|^2} = n!\delta_{mn}. \tag{2.43}$$

由粒子数态公式 $|n\rangle = \dfrac{a^{\dagger n}}{\sqrt{n!}}|0\rangle$, 可知

$$\begin{aligned} 1 &= \sum_{n=0}^{+\infty} |n\rangle\langle n| = \sum_{n,n'=0}^{+\infty} |n\rangle\langle n'| \frac{1}{\sqrt{n!n'!}} \left(\frac{\mathrm{d}}{\mathrm{d}z^*}\right)^n z^{*n'} \Big|_{z^*=0} \\ &= \exp\left(a^\dagger \frac{\partial}{\partial z^*}\right)|0\rangle\langle 0| \mathrm{e}^{z^* a} \Big|_{z^*=0}, \end{aligned} \tag{2.44}$$

于是可把任一算符 $\hat{A}$ 表示为

$$\hat{A}(a^\dagger, a) = \exp\left(a^\dagger \frac{\partial}{\partial z^*}\right)|0\rangle\langle z\|\hat{A}\|z\rangle\langle 0| \exp\left(a\frac{\partial}{\partial z}\right)\Big|_{z=z^*=0}. \tag{2.45}$$

这里已考虑到 z 与 z^* 独立的事实, 即 $\dfrac{\partial}{\partial z^*}z = 0, \dfrac{\partial}{\partial z}z^* = 0$. 再由真空投影算符的正规乘积形式 $|0\rangle\langle 0| =: \mathrm{e}^{-a^\dagger a}:$ 和正规乘积的性质, 上式可进一步改写为

$$\hat{A}(a^\dagger, a) =: \exp\left(a^\dagger \frac{\partial}{\partial z^*} + a\frac{\partial}{\partial z}\right): \langle z\|\hat{A}\|z\rangle\Big|_{z=z^*=0}. \tag{2.46}$$

其具体证明如下:

$$\begin{aligned} \hat{A}(a^\dagger, a) &=: \mathrm{e}^{-a^\dagger a} \exp\left(a^\dagger \frac{\partial}{\partial z^*}\right) \sum_{n=0}^{+\infty} \frac{a^n}{n!} \frac{\partial^n}{\partial z^n} \mathrm{e}^{|z|^2} \langle z\|\hat{A}\|z\rangle\Big|_{z=z^*=0}: \\ &=: \mathrm{e}^{-a^\dagger a} \exp\left(a^\dagger \frac{\partial}{\partial z^*}\right) \sum_{n=0}^{+\infty} \frac{a^n}{n!} \sum_{l=0}^{n} C_n^l \left(\frac{\partial^l}{\partial z^l} \mathrm{e}^{|z|^2}\right)\left(\frac{\partial^{n-l}}{\partial z^{n-l}} \langle z\|\hat{A}\|z\rangle\right)\Big|_{z=z^*=0}: \\ &=: \mathrm{e}^{-a^\dagger a} \exp\left(a^\dagger \frac{\partial}{\partial z^*}\right) \mathrm{e}^{|z|^2} \sum_{n=0}^{+\infty} \frac{a^n}{n!} \left(z^* + \frac{\partial}{\partial z}\right)^n \langle z\|\hat{A}\|z\rangle\Big|_{z=z^*=0}: \\ &=: \mathrm{e}^{-a^\dagger a} \exp\left(a^\dagger \frac{\partial}{\partial z^*}\right) \mathrm{e}^{|z|^2} \exp\left[a\left(z^* + \frac{\partial}{\partial z}\right)\right] \langle z\|\hat{A}\|z\rangle\Big|_{z=z^*=0}: \\ &=: \mathrm{e}^{-a^\dagger a} \sum_{m=0}^{+\infty} \frac{a^{\dagger m}}{m!} \frac{\partial^m}{\partial z^{*m}} \mathrm{e}^{(z+a)z^*} \exp\left(a\frac{\partial}{\partial z}\right) \langle z\|\hat{A}\|z\rangle\Big|_{z=z^*=0}: \\ &=: \mathrm{e}^{-a^\dagger a} \mathrm{e}^{(z+a)z^*} \exp\left[a^\dagger\left(z + a + \frac{\partial}{\partial z^*}\right)\right] \exp\left(a\frac{\partial}{\partial z}\right) \langle z\|\hat{A}\|z\rangle\Big|_{z=z^*=0}: \end{aligned}$$

$$=:\exp\left(a^{\dagger}\frac{\partial}{\partial z^{*}}+a\frac{\partial}{\partial z}\right):\ \langle z\|\hat{A}\|z\rangle\Big|_{z=z^{*}=0}. \tag{2.47}$$

上面的计算表明, $\exp\left(a^{\dagger}\frac{\partial}{\partial z^{*}}\right)$ 的作用是把 $f(z,z^{*})$ 中的 z^{*} 变为 $a^{\dagger}$, $\exp\left(a\frac{\partial}{\partial z}\right)$ 的作用是把 $f(z,z^{*})$ 中的 z 变为 a, 从而 $\mathrm{e}^{|z|^{2}}\to\mathrm{e}^{a^{\dagger}a}$, 而且说明 $\langle z\|\hat{A}\|z\rangle$ 可决定 $\hat{A}$ 本身.

下面探讨相干态在谐振子位势下的时间演化. 由薛定谔方程知, 在 t 时刻的相干态为 (恢复 $\hbar,m,\omega$)

$$\begin{aligned}|z(t)\rangle&=\mathrm{e}^{-\mathrm{i}\hat{H}t}|z\rangle\\&=\mathrm{e}^{-\mathrm{i}(a^{\dagger}a+\frac{1}{2})\omega t}\mathrm{e}^{-\frac{|z|^{2}}{2}}\sum_{n=0}^{+\infty}\frac{z^{n}}{\sqrt{n!}}|n\rangle\\&=\mathrm{e}^{-\frac{\mathrm{i}}{2}\omega t}\mathrm{e}^{-\frac{|z|^{2}}{2}}\sum_{n=0}^{+\infty}\frac{(z\mathrm{e}^{-\mathrm{i}\omega t})^{n}}{\sqrt{n!}}|n\rangle\\&=\mathrm{e}^{-\frac{\mathrm{i}}{2}\omega t}\left|z\mathrm{e}^{-\mathrm{i}\omega t}\right\rangle.\end{aligned} \tag{2.48}$$

可见, 在谐振子势哈密顿量支配下, 初始为相干态的光场, 在任意时刻仍然是相干态, 其复振幅 $z\mathrm{e}^{-\mathrm{i}\omega t}$ 在平面上的轨迹是个圆, 即沿着经典谐振子的运动轨迹随时间演化. 把相干态看做波包, 则波包的重心为 (记 $z=|z|\mathrm{e}^{\mathrm{i}\theta}$)

$$\begin{aligned}\langle\hat{X}\rangle_{t}=\langle z(t)|\hat{X}|z(t)\rangle&=\sqrt{\frac{\hbar}{2m\omega}}\left(z\mathrm{e}^{-\mathrm{i}\omega t}+z^{*}\mathrm{e}^{\mathrm{i}\omega t}\right)\\&=\sqrt{\frac{2\hbar}{m\omega}}|z|\cos\left(\omega t-\theta\right).\end{aligned} \tag{2.49}$$

易证, $\langle\hat{X}\rangle_{t}$ 满足方程

$$\frac{\mathrm{d}^{2}}{\mathrm{d}t^{2}}\langle\hat{X}\rangle_{t}=-\omega^{2}\langle\hat{X}\rangle_{t}. \tag{2.50}$$

可见谐振子相干态波包的重心将按经典力学规律运动. 类似地, 我们可求得

$$\langle\hat{X}^{2}\rangle_{t}=\frac{\hbar}{2m\omega}(z^{2}+z^{*2}+2zz^{*}+1). \tag{2.51}$$

于是波包重心均方偏差

$$\langle(\Delta\hat{X}_{2})^{2}\rangle_{t}=\langle\hat{X}_{2}^{2}\rangle_{t}-\langle\hat{X}_{2}\rangle_{t}^{2}=\frac{\hbar}{2m\omega}. \tag{2.52}$$

它与时间无关, 可见波包并不随时间扩张.

2.4 相干态是满足极小不确定关系的量子态

海森伯测不准原理为一个态矢是否是相干态、压缩态提供了极为有效的判据. 设 $\hat{A}$ 与 $\hat{B}$ 为两个厄米算符, 则这两个可观测量的均方差 $(\Delta\hat{A})^2$ 和 $(\Delta\hat{B})^2$ 满足测不准原理

$$(\Delta\hat{A})^2(\Delta\hat{B})^2 \geqslant \frac{1}{4}\langle\hat{C}\rangle^2, \tag{2.53}$$

其中 $\hat{C}$ 是厄米算符, 满足

$$[\hat{A},\hat{B}] = \mathrm{i}\hat{C}, \tag{2.54}$$

$$(\Delta\hat{A})^2 = \int\psi^*(\hat{A}-\langle\hat{A}\rangle)^2\psi\mathrm{d}\tau = \int|(\hat{A}-\langle\hat{A}\rangle)\psi|^2\mathrm{d}\tau. \tag{2.55}$$

关系式 (2.53) 在量子力学教科书中都有证明, 这里就不再赘述. 重要的是式 (2.53) 中的等号当态矢 $|\phi\rangle$ 满足本征方程

$$(\hat{A}-\langle\hat{A}\rangle)|\phi\rangle = -\mathrm{i}\lambda(\hat{B}-\langle\hat{B}\rangle)|\phi\rangle \tag{2.56}$$

时才成立. 由此可知, 当处于 $|\phi\rangle$ 态时,

$$\begin{aligned}(\Delta\hat{A})^2+\lambda^2(\Delta\hat{B})^2 &= \mathrm{i}\lambda\int\psi^*[(\hat{A}-\langle\hat{A}\rangle)-(\hat{A}-\langle\hat{A}\rangle)(\hat{B}-\langle\hat{B}\rangle)]\psi\mathrm{d}\tau \\ &= \mathrm{i}\lambda\int\psi^*[\hat{B},\hat{A}]\psi\mathrm{d}\tau \\ &= \lambda\langle\hat{C}\rangle.\end{aligned} \tag{2.57}$$

另有

$$(\Delta\hat{A})^2-\lambda^2(\Delta\hat{B})^2 = -\mathrm{i}\lambda[\langle\hat{A}\hat{B}\rangle+\langle\hat{A}\hat{B}\rangle-2\langle\hat{A}\rangle\langle\hat{B}\rangle]. \tag{2.58}$$

由于 $(\Delta\hat{A})^2$ 与 $(\Delta\hat{B})^2$ 都是半正定的, 可见要式 (2.57) 成立, 必须要求 λ 与 $\langle\hat{C}\rangle$ 同号. 不失一般性, 取 $\lambda\geqslant 0$, $\langle\hat{C}\rangle\geqslant 0$. 此外, 由于式 (2.58) 中的 λ 为实数, 而其右边有 i 出现, 所以式 (2.58) 仅当

$$\langle\hat{A}\hat{B}\rangle+\langle\hat{A}\hat{B}\rangle = 2\langle\hat{A}\rangle\langle\hat{B}\rangle \tag{2.59}$$

时才能成立. 现在联立式 (2.57)~(2.59), 可导出

$$(\Delta\hat{A})^2=\frac{\lambda}{2}\langle\hat{C}\rangle,\quad (\Delta\hat{B})^2=\frac{1}{2\lambda}\langle\hat{C}\rangle. \tag{2.60}$$

当 $\lambda=1$ 时, $\hat{A}$ 与 $\hat{B}$ 的不确定度相同, 这是相干态的标志. 当 $\lambda<1$ 时, $(\Delta\hat{A})^2<\langle\hat{C}\rangle/2$, 称 $\hat{A}$ 的方差被压缩. 反之, 当 $\lambda>1$ 时, $(\Delta\hat{B})^2<\langle\hat{C}\rangle/2$, 称 $\hat{B}$ 的方差被压缩. 注意, 无论在哪种情形下, 都有

$$(\Delta\hat{A})^2(\Delta\hat{B})^2=\frac{1}{4}\langle\hat{C}\rangle^2. \tag{2.61}$$

进一步, 把

$$\lambda=\frac{\langle\hat{C}\rangle}{2(\Delta\hat{B})^2} \tag{2.62}$$

代入本征方程 (2.56), 得到

$$(\hat{A}-\langle\hat{A}\rangle)|\phi\rangle=-\mathrm{i}\frac{\langle\hat{C}\rangle}{2(\Delta\hat{B})^2}(\hat{B}-\langle\hat{B}\rangle)|\phi\rangle. \tag{2.63}$$

例如, 令 $\hat{A}=\hat{P}$, $\hat{B}=\hat{X}$, 则由上式给出

$$\left(\frac{\hbar}{\mathrm{i}}\frac{\mathrm{d}}{\mathrm{d}x}-\langle\hat{P}\rangle\right)|\phi\rangle=\frac{\mathrm{i}\hbar}{2(\Delta\hat{X})^2}(x-\langle\hat{X}\rangle)\,|\phi\rangle\,. \tag{2.64}$$

求解此方程, 得

$$|\phi\rangle=[2\pi(\Delta\hat{X})^2]^{-1/4}\mathrm{e}^{-\frac{(x-\langle\hat{X}\rangle)^2}{4(\Delta\hat{X})^2}+\frac{\mathrm{i}\langle\hat{P}\rangle x}{\hbar}}\,. \tag{2.65}$$

可以证明上式即为相干态的坐标表象.

现在来证明相干态是使不确定关系

$$\Delta\hat{Y}_1\Delta\hat{Y}_2\geqslant 1/4 \tag{2.66}$$

取等号的态, 其中 $\hat{Y}_1=(a+a^\dagger)/2$, $\hat{Y}_2=(a-a^\dagger)/(2\mathrm{i})$. 这是因为

$$\langle z|\,\hat{Y}_1\,|z\rangle=\frac{1}{2}(z+z^*),\quad \langle z|\,\hat{Y}_2\,|z\rangle=-\frac{1}{2\mathrm{i}}(z^*-z), \tag{2.67}$$

$$\langle z|\,\hat{Y}_1^2\,|z\rangle=\frac{1}{4}(z^2+z^{*2}+2zz^*+1), \tag{2.68}$$

$$\langle z|\,\hat{Y}_2^2\,|z\rangle=-\frac{1}{4}(z^2+z^{*2}-2zz^*-1). \tag{2.69}$$

由此导出

$$\langle(\Delta\hat{Y}_1)^2\rangle = \langle\hat{Y}_1^2\rangle - \langle\hat{Y}_1\rangle^2 = \frac{1}{4}, \tag{2.70}$$

$$\langle(\Delta\hat{Y}_2)^2\rangle = \langle\hat{Y}_2^2\rangle - \langle\hat{Y}_2\rangle^2 = \frac{1}{4}, \tag{2.71}$$

$$\Delta\hat{Y}_1\Delta\hat{Y}_2 = \sqrt{(\Delta\hat{Y}_1)^2(\Delta\hat{Y}_2)^2} = \frac{1}{4}. \tag{2.72}$$

若在保持该乘积不变的前提下, 让 $\Delta\hat{Y}_1$(或 $\Delta\hat{Y}_2$) 增大 k 倍, 则相应的 $\Delta\hat{Y}_2$(或 $\Delta\hat{Y}_1$) 就缩小到 $1/k$, 与此相应的态称为压缩态. 它由于可以在某个正交分量上具有比相干态更小的量子噪声, 因而在光通信和引力波检测中有潜在的应用.

2.5 IWOP 技术在相干态表象中的应用

根据 $|z\rangle\langle z|$ 的正规乘积展开式

$$|z\rangle\langle z| =: \mathrm{e}^{-|z|^2+za^\dagger+z^*a-a^\dagger a}:, \tag{2.73}$$

可以方便地导出

$$\begin{aligned}\frac{\partial}{\partial z^*}|z\rangle\langle z| &= \frac{\partial}{\partial z^*}:\mathrm{e}^{-|z|^2+za^\dagger+z^*a-a^\dagger a}:\\ &=:(a-z)|z\rangle\langle z|: = |z\rangle\langle z|(a-z)\end{aligned} \tag{2.74}$$

与

$$\begin{aligned}\frac{\partial}{\partial z}|z\rangle\langle z| &= \frac{\partial}{\partial z}:\mathrm{e}^{-|z|^2+za^\dagger+z^*a-a^\dagger a}:\\ &=:(a^\dagger-z^*)|z\rangle\langle z|:,\end{aligned} \tag{2.75}$$

故有关系

$$|z\rangle\langle z|a = \left(z+\frac{\partial}{\partial z^*}\right)|z\rangle\langle z|, \tag{2.76}$$

$$a^\dagger|z\rangle\langle z| = \left(z^*+\frac{\partial}{\partial z}\right)|z\rangle\langle z|. \tag{2.77}$$

把相干态超完备性和 IWOP 技术相结合, 可导出很多在量子光学中有用的公式. 在量子光学中, 把算符排成正规乘积形式是十分有用的. 这是因为可立即知道正规乘积算符的相干态期望值. 为此, 我们先给出一些数学公式:

$$\int \frac{\mathrm{d}^2 z}{\pi} \mathrm{e}^{\zeta|z|^2+\xi z+\eta z^*+f z^2+g z^{*2}}=\frac{1}{\sqrt{\zeta^2-4 f g}} \mathrm{e}^{\frac{-\zeta \xi \eta+\xi^2 g+\eta^2 f}{\zeta^2-4 f g}}, \tag{2.78}$$

其收敛条件是

$$\operatorname{Re}(\zeta+f+g)<0, \quad \operatorname{Re}\left(\frac{\zeta^2-4 f g}{f+g+\zeta}\right)<0,$$

或者

$$\operatorname{Re}(\zeta-f-g)<0, \quad \operatorname{Re}\left(\frac{\zeta^2-4 f g}{f-g-\zeta}\right)<0.$$

此外

$$\begin{aligned} & \int \frac{\mathrm{d}^2 z}{\pi} z^n z^{*m} \mathrm{e}^{A|z|^2+B z+C z^*} \\ & =\mathrm{e}^{-B C / A} \sum_{l=0} \frac{n!m!B^{m-l} C^{n-l}}{l!(n-l)!(m-l)!(-A)^{n+m-l+1}} \quad(\operatorname{Re} A<0). \end{aligned} \tag{2.79}$$

当 $C=0$ 时, 仅 $l=n$ 项留下:

$$\int \frac{\mathrm{d}^2 z}{\pi} z^n z^{*m} \mathrm{e}^{A|z|^2+B z}=\frac{m!}{(m-n)!(-A)^{m+1}} B^{m-n}; \tag{2.80}$$

而当 $B=0$ 时, 仅 $l=m$ 项留下:

$$\int \frac{\mathrm{d}^2 z}{\pi} z^n z^{*m} \mathrm{e}^{A|z|^2+C z^*}=\frac{n!}{(n-m)!(-A)^{n+1}} C^{n-m}; \tag{2.81}$$

而当 $B=C=0$ 时,

$$\int \frac{\mathrm{d}^2 z}{\pi} z^n z^{*m} \mathrm{e}^{A|z|^2}=\frac{n!}{(-A)^{n+1}} \delta_{nm}.$$

例如, 要求 $a^n a^{\dagger m}$ 的正规乘积形式, 根据式 (2.79) 和 (2.33) 以及 $a|z\rangle=z|z\rangle$, 则有

$$\begin{aligned} a^n a^{\dagger m} & =\int \frac{\mathrm{d}^2 z}{\pi} a^n|z\rangle\langle z| a^{\dagger m} \\ & =\int \frac{\mathrm{d}^2 z}{\pi} z^n z^{*m}: \exp (-|z|^2+z a^{\dagger}+z^* a-a^{\dagger} a): \end{aligned}$$

$$= (-\mathrm{i})^{m+n} : \mathrm{H}_{m,n}\left(\mathrm{i}a^{\dagger}, \mathrm{i}a\right) : , \tag{2.82}$$

这个简洁的公式最先由范洪义导出, 其中 $\mathrm{H}_{m,n}(\zeta,\xi)$ 是双变量厄米多项式:

$$\mathrm{H}_{m,n}(\zeta,\xi) = \sum_{l=0}^{\min(m,n)} \frac{(-1)^l m! n!}{l!(m-l)!(n-l)!} \zeta^{m-l} \xi^{n-l}. \tag{2.83}$$

反过来, 我们可以将反正规乘积算符 (以 $\vdots\ \vdots$ 表示)

$$\vdots\, \mathrm{H}_{n,m}(a,a^{\dagger}) \,\vdots = \int \frac{\mathrm{d}^2 z}{\pi} \mathrm{H}_{n,m}(z,z^*)|z\rangle\langle z| = \int \frac{\mathrm{d}^2 z}{\pi} \mathrm{H}_{n,m}(z,z^*) : \mathrm{e}^{-(z^*-a^{\dagger})(z-a)} :$$
$$=: a^{\dagger m} a^n : \tag{2.84}$$

化为正规乘积, 式 (2.83) 与 (2.82) 互为逆变换.

也可求 $\mathrm{e}^{fa^2}\mathrm{e}^{ga^{\dagger 2}}$ 与 $a^n \mathrm{e}^{va^{\dagger 2}}$ 的正规排列式. 由式 (2.78) 以及 $a|z\rangle = z|z\rangle$, 得

$$\begin{aligned} \mathrm{e}^{fa^2}\mathrm{e}^{ga^{\dagger 2}} &= \int \frac{\mathrm{d}^2 z}{\pi} \mathrm{e}^{fa^2} |z\rangle \langle z| \mathrm{e}^{ga^{\dagger 2}} \\ &= \int \frac{\mathrm{d}^2 z}{\pi} : \mathrm{e}^{-|z|^2 + za^{\dagger} + z^* a + fz^2 + gz^{*2} - a^{\dagger} a} : \\ &= \frac{1}{\sqrt{1-4fg}} \mathrm{e}^{\frac{g}{1-4fg} a^{\dagger 2}} \mathrm{e}^{-a^{\dagger} a \ln(1-4fg)} \mathrm{e}^{\frac{f}{1-4fg} a^2} \end{aligned} \tag{2.85}$$

和

$$\begin{aligned} a^n \mathrm{e}^{va^{\dagger 2}} &= \int \frac{\mathrm{d}^2 z}{\pi} a^n |z\rangle \langle z| \mathrm{e}^{va^{\dagger 2}} \\ &= \int \frac{\mathrm{d}^2 z}{\pi} z^n : \mathrm{e}^{-|z|^2 + za^{\dagger} + z^* a + vz^{*2} - a^{\dagger} a} : \\ &= \frac{\partial^n}{\partial t^n} \int \frac{\mathrm{d}^2 z}{\pi} : \mathrm{e}^{-|z|^2 + z\left(a^{\dagger} + t\right) + z^* a + vz^{*2} - a^{\dagger} a} : \Big|_{t=0} \\ &= \frac{\partial^n}{\partial t^n} : \mathrm{e}^{t^2 v + \left(a + 2a^{\dagger} v\right) t + va^{\dagger 2}} : \Big|_{t=0} \\ &= (\mathrm{i}\sqrt{v})^n \mathrm{e}^{va^{\dagger 2}} : \mathrm{H}_n\left(\frac{a + 2a^{\dagger} v}{\mathrm{i}2\sqrt{v}}\right) : \\ &= \mathrm{e}^{va^{\dagger 2}} \sum_{k=0}^{[h/2]} \frac{n! v^k}{k!(n-2k)!} : (a + 2a^{\dagger} v)^{n-2k} : , \end{aligned} \tag{2.86}$$

这里 $\mathrm{H}_n(x)$ 是单变量厄米多项式：

$$\mathrm{H}_n(x)=\frac{\partial^n}{\partial t^n}\,\mathrm{e}^{-t^2+2xt}\Big|_{t=0}=\sum_{k=0}^{[h/2]}\frac{(-1)^k n!(2x)^{n-2k}}{k!(n-2k)!}.$$

最后, 利用 IWOP 技术与式 (2.33), 可以方便地导出

$$\mathrm{e}^{a_i^\dagger \Omega_{ij} a_j}=\colon \exp[a_i^\dagger(\mathrm{e}^{\Omega}-I)_{ij}a_j]\colon, \tag{2.87}$$

式中 I 为 $n\times n$ 单位矩阵. 这里的重复指标代表从 1 至 n 求和. 证明如下: 记 $|z\rangle$ 为 n 模相干态, $|0\rangle$ 为 n 模真空态, 则

$$\begin{aligned}
\mathrm{e}^{a_i^\dagger \Omega_{ij} a_j}&=\int\prod_{i=1}^{n}\left(\frac{\mathrm{d}^2 z_i}{\pi}\right)\mathrm{e}^{a_i^\dagger \Omega_{ij} a_j}\mathrm{e}^{a_i^\dagger z_i-\frac{1}{2}z_i z_l^*}\left|0\right\rangle\left\langle z\right|r\\
&=\int\prod_{i=1}^{n}\left(\frac{\mathrm{d}^2 z_i}{\pi}\right)\mathrm{e}^{a_i^\dagger \Omega_{ij} a_j}\mathrm{e}^{a_i^\dagger z_i-\frac{1}{2}z_i z_i^*}\mathrm{e}^{-\Omega_{ij}a_j}\mathrm{e}^{\Omega_{ij}a_j}\left|0\right\rangle\left\langle z\right|\\
&=\int\prod_{i=1}^{n}\left(\frac{\mathrm{d}^2 z_i}{\pi}\right)\colon \mathrm{e}^{a_i^\dagger(\mathrm{e}^{\Omega})_{il}z_l-z_i z_i^*+a_i^\dagger z_i-a_i^\dagger a_i}\colon\\
&=\colon \exp[a_i^\dagger(\mathrm{e}^{\Omega}-I)_{ij}a_j]\colon,
\end{aligned}\tag{2.88}$$

这里已考虑

$$\mathrm{e}^{a_i^\dagger \Omega_{ij} a_j}a_l^\dagger \mathrm{e}^{-a_i^\dagger \Omega_{ij} a_j}=a_l^\dagger(\mathrm{e}^{\Omega})_{il}, \tag{2.89}$$

$$\mathrm{e}^{a_i^\dagger \Omega_{ij} a_j}\left|0\right\rangle=\left|0\right\rangle. \tag{2.90}$$

可见用 IWOP 技术可使求算符正规排列的问题大大简化.

2.6 两个弱耦合谐振子的配分函数

为了证实上述公式的可行性与正确性, 我们来处理两个弱耦合谐振子理论, 其哈密顿量

$$\hat{H}=\omega_1 a_1^\dagger a_1+\omega_2 a_2^\dagger a_2+\gamma a_1^\dagger a_2+\gamma^* a_2^\dagger a_1. \tag{2.91}$$

在文献 [4] 中, 路易塞尔通过构建四个耦合微分方程来求该系统的时间演化, 其考虑的特殊情况是 $\gamma=\gamma^*$. 这里, 我们采用 IWOP 技术来求解. 将式 (2.91) 改写为

$$\hat{H}=\left(a_1^\dagger,a_2^\dagger\right)\Lambda\begin{pmatrix}a_1\\a_2\end{pmatrix}=a_i^\dagger\Lambda_{ij}a_j,\quad \Lambda\equiv\begin{pmatrix}\omega_1&\gamma\\\gamma^*&\omega_2\end{pmatrix}, \tag{2.92}$$

这里的重复指标代表从 1 至 2 求和. 利用贝克–豪斯多夫公式, 可以导出

$$\exp(a_i^\dagger\Lambda_{ij}a_j)a_k^\dagger\exp(-a_i^\dagger\Lambda_{ij}a_j)=a_i^\dagger\left(\mathrm{e}^{\Lambda}\right)_{il}. \tag{2.93}$$

由此可得

$$\mathrm{e}^{-\mathrm{i}\hat{H}t}a_l^\dagger\mathrm{e}^{\mathrm{i}\hat{H}t}=a_i^\dagger\left(\mathrm{e}^{-\mathrm{i}t\Lambda}\right)_{il}. \tag{2.94}$$

根据式 (2.88) 的结果, 很容易得到 $\mathrm{e}^{-\mathrm{i}\hat{H}t}$ 的正规乘积展开式:

$$\begin{aligned}\mathrm{e}^{-\mathrm{i}\hat{H}t}&=\exp(-\mathrm{i}ta_i^\dagger\Lambda_{ij}a_j)\\&=:\exp\left[a_i^\dagger\left(\mathrm{e}^{-\mathrm{i}t\Lambda}-1\right)_{ij}a_j\right]:\\&=:\exp\left\{(a_1^\dagger,a_2^\dagger)\left[\exp\left[-\mathrm{i}t\begin{pmatrix}\omega_1&\gamma\\\gamma^*&\omega_2\end{pmatrix}\right]-1\right]\begin{pmatrix}a_1\\a_2\end{pmatrix}\right\}:.\end{aligned} \tag{2.95}$$

矩阵 $\begin{pmatrix}\omega_1&\gamma\\\gamma^*&\omega_2\end{pmatrix}$ 的本征值为

$$\lambda_\pm=\frac{1}{2}(\omega_1+\omega_2\pm g),\quad g\equiv\sqrt{(\omega_1-\omega_2)^2+4|\gamma|^2}. \tag{2.96}$$

由凯莱–哈密顿 (Cayley-Hamilton) 理论, 有

$$\exp\left[-\mathrm{i}t\begin{pmatrix}\omega_1&\gamma\\\gamma^*&\omega_2\end{pmatrix}\right]=\begin{pmatrix}\eta\omega_1+\kappa&\gamma\eta\\\gamma^*\eta&\eta\omega_2+\kappa\end{pmatrix}, \tag{2.97}$$

其中

$$\eta=\frac{1}{g}\left(\mathrm{e}^{-\mathrm{i}t\lambda_+}-\mathrm{e}^{-\mathrm{i}t\lambda_-}\right),\quad \kappa=\frac{1}{g}\left(\lambda_+\mathrm{e}^{-\mathrm{i}t\lambda_-}-\lambda_-\mathrm{e}^{-\mathrm{i}t\lambda_+}\right). \tag{2.98}$$

当系统的初态为双模相干态 $|z_1,z_2\rangle$ 时, 任意时刻 t 的演化为

$$\begin{aligned}
&\mathrm{e}^{-\mathrm{i}\hat{H}t}|z_1,z_2\rangle\\
&=\exp\left\{(a_1^\dagger,a_2^\dagger)\left[\begin{pmatrix}\eta\omega_1+\kappa & \gamma\eta\\ \gamma^*\eta & \eta\omega_2+\kappa\end{pmatrix}-1\right]\begin{pmatrix}z_1\\ z_2\end{pmatrix}\right\}|z_1,z_2\rangle\\
&=\mathrm{e}^{-(|z_1|^2+|z_2|^2)/2}\exp\left\{\left(a_1^\dagger,a_2^\dagger\right)\begin{pmatrix}\eta\omega_1+\kappa & \gamma\eta\\ \gamma^*\eta & \eta\omega_2+\kappa\end{pmatrix}\begin{pmatrix}z_1\\ z_2\end{pmatrix}\right\}|0,0\rangle.
\end{aligned}\tag{2.99}$$

可见, 系统仍然保持相干态.

另外, 可以很方便地导出式 (2.92) 的系统的配分函数. 根据式 (2.97), 并令 $\mathrm{i}t\mapsto\beta$, 有

$$\exp\left[-\beta\begin{pmatrix}\omega_1 & \gamma\\ \gamma^* & \omega_2\end{pmatrix}\right]=\begin{pmatrix}\mu\omega_1+\nu & \gamma\mu\\ \gamma^*\mu & \mu\omega_2+\nu\end{pmatrix},\tag{2.100}$$

式中

$$\mu=\frac{1}{g}\left(\mathrm{e}^{-\beta\lambda_+}-\mathrm{e}^{-\beta\lambda_-}\right),\qquad \nu=\frac{1}{g}\left(\lambda_+\mathrm{e}^{-\beta\lambda_-}-\lambda_-\mathrm{e}^{-\beta\lambda_+}\right).\tag{2.101}$$

从式 (2.100) 和 (2.95), 我们得到

$$\begin{aligned}
Z&=\mathrm{tr}\ \mathrm{e}^{-\beta\hat{H}}=\int\frac{\mathrm{d}^2z_1\mathrm{d}^2z_2}{\pi^2}\langle z_1,z_2|\mathrm{e}^{-\beta\hat{H}}|z_1,z_2\rangle\\
&=\int\frac{\mathrm{d}^2z_1\mathrm{d}^2z_2}{\pi^2}\langle z_1,z_2|:\exp\left\{\left(a_1^\dagger,a_2^\dagger\right)\left[\exp\begin{pmatrix}\mu\omega_1+\nu & \gamma\mu\\ \gamma^*\mu & \mu\omega_2+\nu\end{pmatrix}-1\right]\right.\\
&\quad\left.\times\begin{pmatrix}a_1\\ a_2\end{pmatrix}:|z_1,z_2\rangle\right.\\
&=\int\frac{\mathrm{d}^2z_1\mathrm{d}^2z_2}{\pi^2}\exp\left[-\sum_{i=1}^{2}|z_i|^2+(z_1^*,z_2^*)\begin{pmatrix}\mu\omega_1+\nu & \gamma\mu\\ \gamma^*\mu & \mu\omega_2+\nu\end{pmatrix}\begin{pmatrix}z_1\\ z_2\end{pmatrix}\right]\\
&=\left[1-(\mu\omega_1+\nu)-(\mu\omega_2+\nu)+(\mu\omega_1+\nu)(\mu\omega_2+\nu)-|\gamma|^2\mu^2\right]^{-1}.
\end{aligned}\tag{2.102}$$

将式 (2.96) 和 (2.101) 代入式 (2.102), 则有

$$Z=\left[1-2\mathrm{e}^{-\frac{\beta}{2}(\omega_1+\omega_2)}\cosh\frac{g\beta}{2}+\mathrm{e}^{-\beta(\omega_1+\omega_2)}\right]^{-1}.\tag{2.103}$$

特别地, 当 $\gamma=\gamma^*=0$ 时,

$$g=\omega_1-\omega,\ \ \lambda_+=\omega_1,\ \lambda_-=\omega_2,\ \ \mu\omega_1+\nu=\mathrm{e}^{-\beta\omega_1},\ \ (\mu\omega_2+\nu)=\mathrm{e}^{-\beta\omega_2},\tag{2.104}$$

$$Z\mapsto\left[\left(1-\mathrm{e}^{-\beta\omega_1}\right)\left(1-\mathrm{e}^{-\beta\omega_2}\right)\right]^{-1}.\tag{2.105}$$

这正是两个独立耦合谐振子的配分函数. 利用

$$U=-\frac{\partial}{\partial\beta}\ln Z,\tag{2.106}$$

可以导出系统的内能

$$U=Z\left[\cosh\frac{g\beta}{2}-g\sinh\frac{g\beta}{2}-\mathrm{e}^{-\frac{\beta}{2}(\omega_1+\omega_2)}\right](\omega_1+\omega_2)\,\mathrm{e}^{-\frac{\beta}{2}(\omega_1+\omega_2)}.\tag{2.107}$$

2.7　激发相干态的归一化系数

光子激发相干态首先由阿加瓦尔 (Agarwal) 和塔拉 (Tara) 提出 [5], 它是对相干态 $|z\rangle$ 进行了连续 m 次单光子增加 (激发) 的结果, 其定义为

$$|z,m\rangle=C_{z,m}a^{\dagger m}|z\rangle,\tag{2.108}$$

式中 $C_{z,m}$ 为归一化系数. 当取极限 $z\to0$ $(m\to0)$ 时, $|z,m\rangle$ 就变成了福克态 (相干态), 所以 $|z,m\rangle$ 是介于福克态与相干态之间的中介态. 根据式 (2.82), $a^na^{\dagger m}=(-\mathrm{i})^{m+n}:\mathrm{H}_{m,n}\left(\mathrm{i}a^\dagger,\mathrm{i}a\right):$, 很容易求出归一化系数 $C_{z,m}$, 即 [6]

$$\begin{aligned}C_{z,m}^{-2}&=\langle z|\,a^ma^{\dagger m}\,|z\rangle=\langle z|\,(-\mathrm{i})^{m+m}:\mathrm{H}_{m,m}\left(\mathrm{i}a^\dagger,\mathrm{i}a\right):\,|z\rangle\\&=(-1)^m\,\mathrm{H}_{m,m}\left(\mathrm{i}z^*,\mathrm{i}z\right)=m!\mathrm{L}_m(-|z|^2),\end{aligned}\tag{2.109}$$

其中 $\mathrm{L}_m(x)$ 是 m 阶拉盖尔 (Laguerre) 多项式:

$$\mathrm{L}_m(x)=\sum_{l=0}^{m}\frac{(-1)^lm!x^l}{(l!)^2(m-l)!}.\tag{2.110}$$

从式 (2.83) 看出, 它与双变量厄米多项式的关系如下:

$$\mathrm{H}_{m,m}\left(\xi,\eta\right)=m!(-1)^m\mathrm{L}_m\left(\xi\eta\right).\tag{2.111}$$

由两相干态的内积 $\langle z|z'\rangle = \exp\left(-\frac{1}{2}|z|^2 - \frac{1}{2}|z'|^2 + z^* z'\right)$ 及式 (2.82), 导出

$$\langle z| a^n a^{\dagger m} |z'\rangle = (-\mathrm{i})^{n+m} \mathrm{H}_{m,n}(\mathrm{i}z^*, \mathrm{i}z') \mathrm{e}^{-\frac{1}{2}|z|^2 - \frac{1}{2}|z'|^2 + z^* z'}, \tag{2.112}$$

$$\langle z| a^m a^{\dagger m} |z'\rangle = m! \mathrm{L}_m(-z^* z') \mathrm{e}^{-\frac{1}{2}|z|^2 - \frac{1}{2}|z'|^2 + z^* z'}, \tag{2.113}$$

$$\langle z| a^m a^{\dagger m} |-z\rangle = m! \exp(-2|z|^2) \mathrm{L}_m(|z|^2). \tag{2.114}$$

根据上述结果, 可得激发相干态的内积为

$$\langle z,m| z',m\rangle = \frac{\mathrm{e}^{-\frac{1}{2}|z|^2 - \frac{1}{2}|z|^2 + z^* z'} \mathrm{L}_m(-z^* z')}{\sqrt{\mathrm{L}_m(-|z|^2)\mathrm{L}_m(-|z'|^2)}} \tag{2.115}$$

和

$$\langle z,m| -z,m\rangle = \frac{\mathrm{e}^{-2|z|^2} \mathrm{L}_m(|z|^2)}{\mathrm{L}_m(-|z|^2)}. \tag{2.116}$$

2.8 利用 IWOP 技术实现态的纯化

给定一个量子系统 1, 其密度矩阵为 ρ_1, 有可能引入另一个系统 2, 使得 1 与 2 的组合系统可以用一个纯态 $|\psi\rangle$ 描述, 而 $\rho_1 = \mathrm{tr}_2(|\psi\rangle\langle\psi|)$. 这个过程在量子信息理论中称为纯化, 而引入的系统 2 不一定必须有物理意义. 以下阐述 IWOP 技术可以帮助我们实现态的纯化 [7,8].

以混沌光场为例, 其

$$\rho_{\mathrm{c}} = (1 - \mathrm{e}^{-\beta\hbar\omega}) \mathrm{e}^{-\beta\hbar\omega a^\dagger a}, \tag{2.117}$$

其中 $\beta = 1/(k_{\mathrm{B}}T)$($k_{\mathrm{B}}$ 为玻尔兹曼常数, T 为系统的温度). 先把 $\mathrm{e}^{-\beta\hbar\omega a^\dagger a}$ 写成正规乘积形式, 即

$$\mathrm{e}^{-\beta\hbar\omega a^\dagger a} =: \exp\left[(\mathrm{e}^{-\beta\hbar\omega} - 1)a^\dagger a\right]:. \tag{2.118}$$

再用 IWOP 技术, 将上式改写为

$$: \mathrm{e}^{(\mathrm{e}^{-\beta\hbar\omega} - 1)a^\dagger a} : = \int \frac{\mathrm{d}^2 z}{\pi} : \mathrm{e}^{-|z|^2 + z^* a^\dagger \mathrm{e}^{-\beta\hbar\omega/2} + za\mathrm{e}^{-\beta\hbar\omega/2} - a^\dagger a} : . \tag{2.119}$$

由于 $|0\rangle\langle 0| =: \mathrm{e}^{-a^\dagger a}:$, 故上式可改写为

$$
\begin{aligned}
:\mathrm{e}^{(\mathrm{e}^{-\beta\hbar\omega}-1)a^\dagger a}: &= \int \frac{\mathrm{d}^2 z}{\pi} \mathrm{e}^{z^* a^\dagger \mathrm{e}^{-\beta\hbar\omega/2}} |0\rangle\langle 0| \mathrm{e}^{z a \mathrm{e}^{-\beta\hbar\omega/2}} \langle\tilde{z}|\tilde{0}\rangle\langle\tilde{0}|\tilde{z}\rangle \\
&= \int \frac{\mathrm{d}^2 z}{\pi} \langle\tilde{z}| \mathrm{e}^{z^* a^\dagger \mathrm{e}^{-\beta\hbar\omega/2}} |0\tilde{0}\rangle\langle 0\tilde{0}| \mathrm{e}^{z a \mathrm{e}^{-\beta\hbar\omega/2}} |\tilde{z}\rangle \\
&= \int \frac{\mathrm{d}^2 z}{\pi} \langle\tilde{z}| \mathrm{e}^{\tilde{a}^\dagger a^\dagger \mathrm{e}^{-\beta\hbar\omega/2}} |0\tilde{0}\rangle\langle 0\tilde{0}| \mathrm{e}^{\tilde{a} a \mathrm{e}^{-\beta\hbar\omega/2}} |\tilde{z}\rangle,
\end{aligned} \tag{2.120}
$$

式中 $|\tilde{z}\rangle$ 是在虚模空间的相干态:

$$
|\tilde{z}\rangle = \mathrm{e}^{z\tilde{a}^\dagger - z^*\tilde{a}} |\tilde{0}\rangle, \quad \tilde{a}|\tilde{z}\rangle = z|\tilde{z}\rangle, \quad \langle\tilde{0}|\tilde{z}\rangle = \mathrm{e}^{-|z|^2/2}. \tag{2.121}
$$

由式 (2.120) 与 (2.121), 知

$$
(1-\mathrm{e}^{-\beta\hbar\omega}) \int \frac{\mathrm{d}^2 z}{\pi} \langle\tilde{z}| \mathrm{e}^{\tilde{a}^\dagger a^\dagger \mathrm{e}^{-\beta\hbar\omega/2}} |0\tilde{0}\rangle\langle 0\tilde{0}| \mathrm{e}^{\tilde{a} a \mathrm{e}^{-\beta\hbar\omega/2}} |\tilde{z}\rangle = \widetilde{\mathrm{tr}}\left[|0(\beta)\rangle\langle 0(\beta)|\right], \tag{2.122}
$$

这里

$$
|0(\beta)\rangle = \sqrt{1-\mathrm{e}^{-\beta\hbar\omega}}\, \mathrm{e}^{\tilde{a}^\dagger a^\dagger \mathrm{e}^{-\beta\hbar\omega/2}} |0\tilde{0}\rangle \tag{2.123}
$$

是一个双模纯态, $\widetilde{\mathrm{tr}}$ 表示对虚模求迹. 式 (2.123) 表明单模混沌场 (混合态) 可以直接表示为对一个双模纯态的虚模求迹的结果. 这就是态的纯化. 若设

$$
\tanh\theta = \mathrm{e}^{-\frac{\hbar\omega}{2k_\mathrm{B}T}} = \mathrm{e}^{-\frac{\beta\hbar\omega}{2}}, \tag{2.124}
$$

那么

$$
|0(\beta)\rangle = \mathrm{sech}\,\theta\, \mathrm{e}^{\tilde{a}^\dagger a^\dagger \tanh\theta} |0\tilde{0}\rangle \tag{2.125}
$$

在形式上是一个双模压缩态 (见下文). 可以直接用 $|0(\beta)\rangle$ 计算 ρ_c 的平均值, 与以下系综平均的结果一致, 即

$$
\begin{aligned}
\langle a^\dagger a\rangle &= \mathrm{tr}(\rho_\mathrm{c} a^\dagger a) \\
&= \mathrm{tr}_1\left[(1-\mathrm{e}^{-\beta\hbar\omega}) \sum_{n=0}^{+\infty} \mathrm{e}^{-n\beta\hbar\omega} |n\rangle\langle n| a^\dagger a\right] \\
&= (\mathrm{e}^{\frac{\hbar\omega}{k_\mathrm{B}T}} - 1)^{-1},
\end{aligned} \tag{2.126}
$$

这就是玻色–爱因斯坦 (Bose-Einstein) 分布公式.

下面计算混沌光场的熵. 根据熵的表达式及相干态的完备性, 得

$$\begin{aligned}k_{\mathrm{B}}\mathrm{tr}\left(\rho\ln\rho\right)&=k_{\mathrm{B}}\left(1-\mathrm{e}^{-\beta\omega}\right)\mathrm{tr}\{\mathrm{e}^{-\beta\omega a^{\dagger}a}\left[\ln\left(1-\mathrm{e}^{-\beta\omega}\right)-\beta\omega a^{\dagger}a\right]\}\\&=k_{\mathrm{B}}\left(1-\mathrm{e}^{-\beta\omega}\right)\left[\ln\left(1-\mathrm{e}^{-\beta\omega}\right)\mathrm{tr}\,\mathrm{e}^{-\beta\omega a^{\dagger}a}-\beta\omega\mathrm{tr}(\mathrm{e}^{-\beta\omega a^{\dagger}a}a^{\dagger}a)\right].\end{aligned}\tag{2.127}$$

上式方括号中的第一项

$$\begin{aligned}\ln(1-\mathrm{e}^{-\beta\omega})\mathrm{tr}\ \mathrm{e}^{-\beta\omega a^{\dagger}a}&=\ln(1-\mathrm{e}^{-\beta\omega})\int\frac{\mathrm{d}^2z}{\pi}\langle z|:\ \exp\left[(\mathrm{e}^{-\beta\omega}-1)a^{\dagger}a\right]:|z\rangle\\&=(1-\mathrm{e}^{-\beta\omega})^{-1}\ln(1-\mathrm{e}^{-\beta\omega});\end{aligned}\tag{2.128}$$

第二项

$$\begin{aligned}-\beta\omega\mathrm{tr}(\mathrm{e}^{-\beta\omega}a^{\dagger}\mathrm{e}^{-\beta\omega a^{\dagger}a}a)&=-\beta\omega\mathrm{e}^{-\beta\omega}\int\frac{\mathrm{d}^2z}{\pi}\langle z|a^{\dagger}:\ \exp\left[(\mathrm{e}^{-\beta\omega}-1)a^{\dagger}a\right]:a|z\rangle\\&=-\beta\omega\mathrm{e}^{-\beta\omega}\int\frac{\mathrm{d}^2z}{\pi}|z|^2\exp\left[(\mathrm{e}^{-\beta\omega}-1)|z|^2\right]\\&=-\frac{\beta\omega\mathrm{e}^{-\beta\omega}}{(\mathrm{e}^{-\beta\omega}-1)^2}.\end{aligned}\tag{2.129}$$

把式 (2.128) 和 (2.129) 代入式 (2.127), 得熵为

$$k_{\mathrm{B}}\mathrm{tr}(\rho\ln\rho)=k_{\mathrm{B}}\left[\ln(1-\mathrm{e}^{-\beta\omega})+\frac{\beta\omega\mathrm{e}^{-\beta\omega}}{\mathrm{e}^{-\beta\omega}-1}\right].\tag{2.130}$$

请读者思考如何用 $|0(\beta)\rangle$ 来计算上述结果.

2.9 利用 IWOP 技术实现辛群变换的量子算符对应

根据辛变换 $(z,\,z^*)\mapsto(sz-rz^*,\,-r^*z+s^*z^*)(ss^*-rr^*=1)$, 再由相干态

$$\begin{aligned}|sz-rz^*\rangle&=\exp\left[-\frac{1}{2}|sz-rz^*|^2+(sz-rz^*)a^{\dagger}\right]|0\rangle\\&\equiv\left|\begin{pmatrix}s&-r\\-r^*&s^*\end{pmatrix}\begin{pmatrix}z\\z^*\end{pmatrix}\right\rangle,\end{aligned}\tag{2.131}$$

可建立 ket-bra 算符

$$U_1(r,s) \equiv \sqrt{s}\int \frac{\mathrm{d}^2 z}{\pi}\left|sz-rz^*\right\rangle \langle z|. \tag{2.132}$$

利用 IWOP 技术, 可得

$$U_1(r,s) = \exp\left(-\frac{r}{2s^*}a^{\dagger 2}\right)\exp\left[\left(a^\dagger a+\frac{1}{2}\right)\ln\frac{1}{s^*}\right]\exp\left(\frac{r^*}{2s^*}a^2\right). \tag{2.133}$$

这就实现了辛群变换的量子算符对应. 可以证明 $U_1(r,s)$ 对应经典光学中的菲涅耳 (Fresnel) 变换 [9,10], 所以称它是菲涅耳算符.

2.10 平移福克态

把平移算符 $D(z)$ 作用在粒子数态 $|n\rangle$ 上, 即 [11]

$$\|z,n\rangle = D(z)|n\rangle, \tag{2.134}$$

称为平移福克态. 当 $|n\rangle$=$|0\rangle$ 时, 它即为普通谐振子相干态. 根据 $D(z)=\exp\left(za^\dagger - z^* a\right)$ 以及相干态 $|z\rangle = \mathrm{e}^{-\frac{|z|^2}{2}}\sum\limits_{n=0}^{+\infty}\frac{z^n}{\sqrt{n!}}|n\rangle$, 可得

$$\|z,n\rangle = \frac{1}{\sqrt{n!}}(a^\dagger - z^*)^n |z\rangle. \tag{2.135}$$

由此并用 IWOP 技术, 可以十分方便地证明平移福克态的超完备性并对式 (2.82) 积分, 即

$$\begin{aligned}\int\frac{\mathrm{d}^2 z}{\pi}\parallel z,m\rangle\langle z,n\parallel &= \frac{1}{\sqrt{n!m!}}\int\frac{\mathrm{d}^2 z}{\pi}:(a^\dagger - z^*)^m(a-z)^n \mathrm{e}^{-(z^*-a^\dagger)(z-a)}:\\ &= \frac{1}{\sqrt{n!m!}}\int\frac{\mathrm{d}^2 z}{\pi}z^{*m}z^n\mathrm{e}^{-|z|^2}(-1)^{m+n}\\ &= \delta_{mn}I,\end{aligned} \tag{2.136}$$

这里已考虑到 $a^\dagger$ 与 a 由于在正规乘积内部对易, 故而可看做参数, 允许作积分变量移动 $\left(z^*-a^\dagger \mapsto z^*, a-z\mapsto z\right)$. 相比文献 [12] 中式 (4.1) 的推导, 我们的方法非常简单.

我们也可以评估算符 $|z,m\rangle\langle z,n|$ 的傅里叶变换. 类似于推导式 (2.136), 即

$$
\begin{aligned}
&\int \frac{\mathrm{d}^2 z}{\pi} \parallel z,m\rangle\langle z,n \parallel \mathrm{e}^{\lambda z^*-\lambda^* z} \\
&= \frac{1}{\sqrt{n!m!}} \int \frac{\mathrm{d}^2 z}{\pi} : (a^\dagger - z^*)^m (a-z)^n \mathrm{e}^{-(z^*-a^\dagger)(z-a)+\lambda z^*-\lambda^* z} : \\
&= \frac{(-1)^{m+n}}{\sqrt{n!m!}} \int \frac{\mathrm{d}^2 z}{\pi} : z^{*m} z^n \mathrm{e}^{-|z|^2-\lambda^* z+\lambda z^*+\lambda a^\dagger-\lambda^* a} : ,
\end{aligned} \tag{2.137}
$$

再根据数学公式 (2.83), 即

$$
\mathrm{H}_{m,n}(\xi,\eta) = (-1)^m \mathrm{e}^{\xi\eta} \int \frac{\mathrm{d}^2 z}{\pi} z^{*m} z^n \mathrm{e}^{-|z|^2-\xi z+\eta z^*} \tag{2.138}
$$

与

$$
\mathrm{e}^{\hat{A}+\hat{B}} = \mathrm{e}^{\hat{A}} \mathrm{e}^{\hat{B}} \mathrm{e}^{-\frac{1}{2}[\hat{A},\hat{B}]} \quad ([\hat{A},[\hat{A},\hat{B}]] = [\hat{B},[\hat{A},\hat{B}]] = 0), \tag{2.139}
$$

有

$$
\begin{aligned}
\int \frac{\mathrm{d}^2 z}{\pi} \parallel z,m\rangle\langle z,n \parallel \mathrm{e}^{\lambda z^*-\lambda^* z} &= \frac{(-1)^n \mathrm{e}^{-|\lambda|^2}}{\sqrt{n!m!}} \mathrm{H}_{m,n}(\lambda^*,\lambda) : \mathrm{e}^{\lambda a^\dagger-\lambda^* a} : \\
&= \frac{(-1)^n}{\sqrt{n!m!}} \mathrm{H}_{m,n}(\lambda^*,\lambda) \mathrm{e}^{\frac{-|\lambda|^2}{2}} \mathrm{e}^{\lambda a^\dagger-\lambda^* a}.
\end{aligned} \tag{2.140}
$$

其逆变换为

$$
(-1)^n \int \frac{\mathrm{d}^2 \lambda}{\pi} \frac{1}{\sqrt{n!m!}} \mathrm{H}_{m,n}(\lambda^*,\lambda) \mathrm{e}^{\frac{-|\lambda|^2}{2}+\lambda(a^\dagger-z^*)-\lambda^*(a-z)} = \parallel z,m\rangle\langle z,n \parallel . \tag{2.141}
$$

作为习题, 读者可探讨 $a^m \parallel z,n\rangle$ 的性质.

2.11 相干态的动力学的产生

现在讨论相干态的产生机制, 即什么样的力学系统将某个初态 (例如真空态) 演化为相干态. 最简单的系统是由一个带外源的哈密顿量来描述的 ($\hbar = 1$) [13]:

$$
\hat{H} = \omega a^\dagger a + f(t) a + f^*(t) a^\dagger. \tag{2.142}
$$

第一种做法是直接利用海森伯方程:

$$\frac{\mathrm{d}a(t)}{\mathrm{d}t}=\frac{1}{\mathrm{i}}[a,H]=-\mathrm{i}\left[\omega a+f^*(t)\right]. \tag{2.143}$$

由初始条件 $a(t)|_{t=0}=a(0)$, 得到它的解为

$$a(t)=a(0)\mathrm{e}^{-\mathrm{i}\omega t}-\mathrm{i}\int_0^t f^*(\tau)\mathrm{e}^{-\mathrm{i}\omega(t-\tau)}\mathrm{d}\tau. \tag{2.144}$$

可以求得满足 $S^\dagger(t)a(0)S(t)=a(t)$, $S^\dagger(t)a^\dagger(0)S(t)=a^\dagger(t)$, 且精确到任意一个相因子范围的幺正演化算符 $S(t)$ 为

$$\begin{aligned}S(t)&=\mathrm{e}^{-\mathrm{i}\omega a^\dagger a t}\mathrm{e}^{-\mathrm{i}(\eta^* a^\dagger+\eta a)}\\&=\mathrm{e}^{-\frac{1}{2}|\eta(t)|^2}\mathrm{e}^{-\mathrm{i}\eta^*(t)a^\dagger\mathrm{e}^{-\mathrm{i}\omega t}}\mathrm{e}^{-\mathrm{i}\omega a^\dagger a}\mathrm{e}^{-\mathrm{i}\eta(t)a},\end{aligned} \tag{2.145}$$

式中

$$a=a(0),\quad a^\dagger=a^\dagger(0),\quad \eta(t)=\int_0^t \mathrm{d}\tau f(\tau)\mathrm{e}^{-\mathrm{i}\omega\tau}. \tag{2.146}$$

若 $t=0$ 时系统处于真空态 $|0\rangle$, 则 t 时刻系统状态为

$$|\psi(t)\rangle=S(t)|0\rangle=\mathrm{e}^{-\frac{1}{2}|\eta(t)|^2}\mathrm{e}^{-\mathrm{i}\eta^*(t)a^\dagger\mathrm{e}^{-\mathrm{i}\omega t}}|0\rangle=|\alpha\rangle. \tag{2.147}$$

这就是相干态, 其中 $\alpha=-\mathrm{i}\eta^*(t)\mathrm{e}^{-\mathrm{i}\omega t}$.

第二种做法是利用相干态平均方法在相互作用表象中求解薛定谔方程:

$$\mathrm{i}\frac{\partial}{\partial t}U(t)=H(t)U(t). \tag{2.148}$$

令

$$U(t)=\mathrm{e}^{-\mathrm{i}\omega a^\dagger a t}U^I(t), \tag{2.149}$$

则 $U^I(t)$ 满足

$$\begin{aligned}\mathrm{i}\frac{\partial}{\partial t}U^I(t)&=\mathrm{e}^{\mathrm{i}\omega a^\dagger a t}\left[f(t)a+f^*(t)a^\dagger\right]\mathrm{e}^{-\mathrm{i}\omega a^\dagger a t}\\&=\left[f(t)a\mathrm{e}^{-\mathrm{i}\omega t}+f^*(t)a^\dagger\mathrm{e}^{\mathrm{i}\omega t}\right]U^I(t).\end{aligned} \tag{2.150}$$

对式 (2.150) 两边取相干态 $|z\rangle$ 平均, 这等价于作变换:

$$a^\dagger\mapsto z^*,\quad a\mapsto z+\frac{\partial}{\partial z^*}, \tag{2.151}$$

即

$$\mathrm{i}\frac{\partial}{\partial t}U^I(z,z^*,t)=\left[f(t)\mathrm{e}^{-\mathrm{i}\omega t}\left(z+\frac{\partial}{\partial z^*}\right)+f^*(t)\mathrm{e}^{\mathrm{i}\omega t}z^*\right]U^I(z,z^*,t). \tag{2.152}$$

注意到初始条件 $U^I(z,z^*,t)\big|_{t=0}^{1}=1$, 可求得

$$U^I(z,z^*,t)=\mathrm{e}^{-B(t)}\mathrm{e}^{-\mathrm{i}\eta^*(t)z^*-\mathrm{i}\eta(t)z}, \tag{2.153}$$

式中

$$B(t)=\int_0^t \mathrm{d}\tau\int_0^\tau \mathrm{d}t' f(\tau)f^*(t')\mathrm{e}^{-\mathrm{i}\omega(\tau-t')}. \tag{2.154}$$

从而有

$$U^I(t)=\mathrm{e}^{-B(t)}:\mathrm{e}^{-\mathrm{i}\eta^*(t)a^\dagger-\mathrm{i}\eta(t)a}:. \tag{2.155}$$

将上式代回式 (2.149), 得到

$$U(t)=\mathrm{e}^{-B(t)}:\mathrm{e}^{-\mathrm{i}\eta^*(t)\mathrm{e}^{-\mathrm{i}\omega t}a^\dagger}:\mathrm{e}^{-\mathrm{i}\omega a^\dagger at}\mathrm{e}^{-\mathrm{i}\eta(t)a}, \tag{2.156}$$

其中 $\eta(t)$ 由式 (2.146) 给出.

比较式 (2.145) 与 (2.156), 可见 $S(t)$ 与 $U(t)$ 的区别在于差一个含时的相因子. 为了说明这一点, 利用积分恒等式

$$\int_0^t \mathrm{d}\tau\int_0^\tau \mathrm{d}t' f(\tau)\mathrm{e}^{-\mathrm{i}\omega(\tau-t')}f^*(t')=\int_0^t \mathrm{d}t'\int_0^\tau \mathrm{d}\tau f(\tau)f^*(t')\mathrm{e}^{-\mathrm{i}\omega(\tau-t')}, \tag{2.157}$$

把 $|\eta(t)|^2$ 改写为

$$\begin{aligned}|\eta(t)|^2&=\left(\int_0^t \mathrm{d}\tau\int_0^\tau \mathrm{d}t'+\int_0^t \mathrm{d}t'\int_0^\tau \mathrm{d}\tau\right)f(\tau)f^*(t')\mathrm{e}^{-\mathrm{i}\omega(\tau-t')}\\&=B(t)+B^*(t),\end{aligned} \tag{2.158}$$

所以

$$B(t)=\frac{1}{2}|\eta(t)|^2+\mathrm{i}\,\mathrm{Im}\,B(t) \tag{2.159}$$

(Im 表示虚部), 于是 $S(t)$ 与 $U(t)$ 的关系是

$$U(t)=S(t)\mathrm{e}^{-\mathrm{i}\,\mathrm{Im}\,B(t)}. \tag{2.160}$$

这表明第二种处理方法严格.

2.12　用相干态计算谐振子的转换矩阵元

在式 (2.35) 中, 令 $z=u+\mathrm{i}v, z'=u'+\mathrm{i}v'$, 再作如下积分:

$$\iint_{-\infty}^{+\infty}\mathrm{d}v\mathrm{d}v'\left\langle z\left|z'\right.\right\rangle=(2\pi)^{3/2}\mathrm{e}^{-u^2/2}\delta\left(u-u'\right)$$

$$=2\left(\pi\right)^{3/2}\frac{\mathrm{e}^{-u^2/2}}{\sqrt{\omega}}\delta\left(x-x'\right)\quad\left(x=\frac{u}{\sqrt{2\omega}}\right).\tag{2.161}$$

这启示我们 $\left(\frac{\omega}{\pi}\right)^{1/4}\frac{\mathrm{e}^{u^2/4}}{\sqrt{2\pi}}\int_{-\infty}^{+\infty}\mathrm{d}v\left|z\right\rangle$ 是一个正交归一的态. 事实上, 由式 (2.23), 得到

$$\int_{-\infty}^{+\infty}\mathrm{d}v\left|z\right\rangle=\sqrt{2\pi}\mathrm{e}^{-(a^\dagger-u)^2/2}\left|0\right\rangle,\tag{2.162}$$

由此给出

$$a\int_{-\infty}^{+\infty}\mathrm{d}v\left|z\right\rangle=(u-a^\dagger)\int_{-\infty}^{+\infty}\mathrm{d}v\left|z\right\rangle.\tag{2.163}$$

利用 $\hat{X}=\frac{1}{\sqrt{2w}}(a+a^\dagger)(m=\hbar=1)$, 可得

$$\hat{X}\int_{-\infty}^{+\infty}\mathrm{d}v|z\rangle=x\int_{-\infty}^{+\infty}\mathrm{d}v|z\rangle,\tag{2.164}$$

从而知坐标本征态 $|x\rangle$ 与相干态有以下关系 [14]:

$$\left|x\right\rangle=\pi^{-1/4}\frac{\mathrm{e}^{u^2/4}}{\sqrt{2\pi}}\int_{-\infty}^{+\infty}\mathrm{d}v\left|z\right\rangle\quad(u=\sqrt{2\omega}x).\tag{2.165}$$

用类似的方法也可以得到相干态和归一化的动量本征态的关系:

$$\left|p\right\rangle=(\omega\pi)^{-1/4}\frac{\mathrm{e}^{u^2/4}}{\sqrt{2\pi}}\int_{-\infty}^{+\infty}\mathrm{d}u\left|z\right\rangle\quad(v=\sqrt{2/\omega}p).\tag{2.166}$$

式 (2.165) 对于计算费恩曼转换矩阵元很有用, 即

$$\left\langle x't'\left|xt\right.\right\rangle=\left(\frac{\omega}{\pi}\right)^{1/2}\frac{\mathrm{e}^{(u^2+u'^2)/4}}{2\pi}\iint_{-\infty}^{+\infty}\mathrm{d}v\mathrm{d}v'\left\langle z't'\left|zt\right.\right\rangle.\tag{2.167}$$

例如, 极易求得谐振子的相干态转换矩阵元:

$$
\begin{aligned}
\langle z't' \,|zt\rangle &= \langle z'|\,\mathrm{e}^{-\mathrm{i}\omega\left(a^\dagger a+\frac{1}{2}\right)\left(t'-t\right)}\,|z\rangle \\
&= \mathrm{e}^{-\frac{\mathrm{i}}{2}\omega T}\,\langle z'|\sum_{n=0}^{+\infty}\frac{\left(\mathrm{e}^{-\mathrm{i}\omega T}-1\right)^l}{l!}a^{\dagger l}a^l\,|z\rangle \\
&= \mathrm{e}^{-\frac{|z|^2+|z'|^2}{2}+\mathrm{e}^{-\mathrm{i}\omega T}z'^*z-\frac{\mathrm{i}\omega T}{2}},
\end{aligned}
\tag{2.168}
$$

式中 $T=t'-t$, 也用到了算符恒等式

$$
\mathrm{e}^{\lambda a^\dagger a} =: \exp\left[\left(\mathrm{e}^{\lambda}-1\right)a^\dagger a\right]: . \tag{2.169}
$$

把式 (2.168) 代入式 (2.167), 并作高斯积分, 就立刻得到

$$
\langle x't' \,|xt\rangle = \left(\frac{\omega}{2\pi\mathrm{i}\sin\omega T}\right)^{1/2}\exp\left\{\frac{\mathrm{i}\omega}{2\sin\omega T}\left[\left(x^2+x'^2\right)\cos\omega T-2xx'\right]\right\}. \tag{2.170}
$$

2.13 相干态在微扰论中的应用

以非简谐振子为例, 我们考察相干态在微扰论中的用途. 令

$$
\hat{H}=\frac{\hat{P}^2}{2}+\frac{\hat{X}^2}{2}+\lambda\hat{X}^m \tag{2.171}
$$

为非简谐振子的哈密顿量, 其中 m 是正整数, λ 是满足微扰适用条件的小的实参数 (必须注意, 即使 λ 十分小, 只要量子数 n 充分大, 也会使微扰论不能使用), 即 $\hat{H}'=\lambda\hat{X}^m$ 是微扰. 由于非简谐振子在凝聚态物理等各个领域中都有应用, 因此研究它的文章也不少. 以下我们指出, 用上述正规乘积法及相干态的性质就可以严格地导出 $\langle n'|\,\hat{H}'\,|n\rangle$ 的解析表达式, 并给出对于任意给定的 n',n 与 m, $\hat{H}'=\lambda\hat{X}^m$ 的选择定则. 用厄米多项式的母函数公式, 可以导出

$$
\mathrm{e}^{-\lambda X} =: \mathrm{e}^{-\lambda X}:\mathrm{e}^{\lambda^2/4} =: \mathrm{e}^{\lambda^2/4-\lambda X} := \sum_{n=0}^{+\infty}\frac{(\mathrm{i}\lambda/2)^n}{n!}:\mathrm{H}_n(\mathrm{i}X):.
$$

比较 $\mathrm{e}^{-\lambda\hat{X}}$ 的幂级数展开, 可得

$$\hat{X}^m = (2\mathrm{i})^{-m} : \mathrm{H}_m(\mathrm{i}\hat{X}) : .$$

另外, 由 IWOP 技术和坐标表象的完备性, 可得

$$\begin{aligned}\hat{X}^m &= \int_{-\infty}^{+\infty} \mathrm{d}x x^m |x\rangle\langle x| \\ &= \int_{-\infty}^{+\infty} \frac{\mathrm{d}x}{\sqrt{\pi}} : x^m \mathrm{e}^{-(x-\hat{X})^2} : \\ &= (2\mathrm{i})^{-m} : \mathrm{H}_m(\mathrm{i}\hat{X}) : .\end{aligned} \tag{2.172}$$

这就表明存在积分公式

$$\int_{-\infty}^{+\infty} \frac{\mathrm{d}x}{\sqrt{\pi}} x^m \mathrm{e}^{-(x-y)^2} = (2\mathrm{i})^{-m} \mathrm{H}_m(\mathrm{i}y). \tag{2.173}$$

根据正规乘积和相干态的性质:

$$\langle z'| f(a^\dagger, a) |z\rangle = f(z'^*, z) \mathrm{e}^{-\frac{1}{2}(|z|^2 + |z'|^2) + z'^* z}, \tag{2.174}$$

立刻得到

$$\langle z'| \hat{X}^m |z\rangle = (2\mathrm{i})^{-m} \mathrm{H}_m\left(\mathrm{i}\frac{z'^* + z}{\sqrt{2}}\right) \mathrm{e}^{-\frac{1}{2}(|z|^2 + |z'|^2) + z'^* z}. \tag{2.175}$$

利用相干态完备性公式 (2.34) 与 (2.175)、相干态与粒子数态的内积

$$\langle n|z\rangle = \mathrm{e}^{-\frac{|z|^2}{2}} \frac{z^n}{\sqrt{n!}}, \tag{2.176}$$

以及式 (1.34), 可以把微扰哈密顿量的矩阵元写为

$$\begin{aligned}\langle n'| \hat{H}' |n\rangle &= \lambda \int \frac{\mathrm{d}^2 z \mathrm{d}^2 z'}{\pi^2} \langle n'|z'\rangle\langle z'| \hat{X}^m |z\rangle\langle z|n\rangle \\ &= \lambda (2\mathrm{i})^{-m} \int \frac{\mathrm{d}^2 z \mathrm{d}^2 z'}{\pi^2} \frac{z^{*n} z'^{n'}}{\sqrt{n! n'!}} \mathrm{H}_m\left(\mathrm{i}\frac{z'^* + z}{\sqrt{2}}\right) \mathrm{e}^{-|z|^2 - |z'|^2 + z'^* z} \\ &= \lambda \sum_{l=0}^{[m/2]} \sum_{k=0}^{m-2l} \frac{m! \int \frac{\mathrm{d}^2 z \mathrm{d}^2 z'}{\pi^2} z'^{*m-2l-k} z'^{n'} z^k z^{*n} \mathrm{e}^{-|z|^2 - |z'|^2 + z'^* z}}{2^{\frac{m}{2}+l} \sqrt{n! n'!} l! (m-2l-k)! k!}.\end{aligned} \tag{2.177}$$

利用积分公式：

$$\int \frac{\mathrm{d}^2 z}{\pi} z^{*n} \mathrm{e}^{\lambda|z|^2+cz} = (-1)^{n+1} \lambda^{-(n+1)} c^n \quad (\mathrm{Re}\,\lambda < 0), \tag{2.178}$$

$$\int \frac{\mathrm{d}^2 z}{\pi} z^{*n} z^k \mathrm{e}^{\lambda|z|^2+cz} = (-1)^{n+1} \lambda^{-(n+1)} \frac{n!}{(n-k)!} c^{n-k} \quad (\mathrm{Re}\,\lambda < 0, k \leqslant n), \tag{2.179}$$

可对式 (2.178) 积分, 得到

$$\begin{aligned}\langle n'|\hat{H}'|n\rangle &= \lambda \sum_{l=0}^{[m/2]} \sum_{k=0}^{m-2l} \frac{m!\sqrt{n!n'!}\delta_{m+n-2l-2k,n'}}{2^{\frac{m}{2}+l} l!(m-2l-k)!k!(n-k)!} \\ &= \lambda \sum_{l=0}^{[m/2]} \frac{m!\sqrt{n!n'!}}{2^{\frac{m}{2}+l} l! \left(\frac{m-n+n'}{2}-l\right)! \left(\frac{m+n-n'}{2}-l\right)! \left(\frac{n-m+n'}{2}+l\right)!},\end{aligned} \tag{2.180}$$

其中 l 的取值应保证在分母中不出现负整数阶乘因子. 注意到

$$\langle n'|\hat{H}'|n\rangle = \langle n|\hat{H}'|n'\rangle, \tag{2.181}$$

由式 (2.180), 可以看到微扰矩阵元不为零的选择定则为

$$|n-n'| \leqslant m, \tag{2.182}$$

这里 $m+(n-n')$ 为偶数. 可见用相干态确实可以严格而又方便地给出非简谐振子的一级微扰. 读若可进一步思考是否还有更好的方法来计算 $\langle n'|\hat{H}'|n\rangle$.

2.14 相干态在量子转动中的应用

角动量与转动矩阵在量子论中有很重要的地位, 本节将用相干态方法来导出转动算符的正规乘积形式, 作为其应用, 进一步给出 D 函数中的系数 $d^j_{m'm}$ 及坐标、动量表象中的转动矩阵元. 我们采用施温格 (Schwinger) 的二维谐振子的湮灭、产生算符来表示角动量算符：

$$J_x = \frac{1}{2}\left(a^\dagger b + b^\dagger a\right), \quad J_y = \frac{1}{2\mathrm{i}}\left(a^\dagger b - b^\dagger a\right), \quad J_z = \frac{1}{2}\left(a^\dagger a - b^\dagger b\right), \tag{2.183}$$

其中 $b,b^\dagger$ 分别是第二个模的谐振子的湮灭、产生算符, 满足 $\left[b,b^\dagger\right]=1,\left[a,b^\dagger\right]=0,[a,b]=0$. 容易证明 J_y 有以下性质:

$$\left[J_y,a^\dagger\right]=\frac{\mathrm{i}}{2}b^\dagger,\quad \left[J_y,b^\dagger\right]=-\frac{\mathrm{i}}{2}a^\dagger,\quad \mathrm{e}^{-\mathrm{i}J_y\theta}\left|00\right\rangle=\left|00\right\rangle. \tag{2.184}$$

由此给出关系:

$$\frac{\partial}{\partial\theta}\left(\mathrm{e}^{-\mathrm{i}J_y\theta}a^\dagger\mathrm{e}^{\mathrm{i}J_y\theta}\right)=-\mathrm{i}\mathrm{e}^{-\mathrm{i}J_y\theta}\left[J_y,a^\dagger\right]\mathrm{e}^{\mathrm{i}J_y\theta}=\frac{1}{2}\mathrm{e}^{-\mathrm{i}J_y\theta}b^\dagger\mathrm{e}^{\mathrm{i}J_y\theta}, \tag{2.185}$$

$$\frac{\partial}{\partial\theta}\left(\mathrm{e}^{-\mathrm{i}J_y\theta}b^\dagger\mathrm{e}^{\mathrm{i}J_y\theta}\right)=-\mathrm{i}\mathrm{e}^{-\mathrm{i}J_y\theta}\left[J_y,b^\dagger\right]\mathrm{e}^{\mathrm{i}J_y\theta}=-\frac{1}{2}\mathrm{e}^{-\mathrm{i}J_y\theta}a^\dagger\mathrm{e}^{\mathrm{i}J_y\theta}. \tag{2.186}$$

这两个方程的解分别为

$$\mathrm{e}^{-\mathrm{i}J_y\theta}a^\dagger\mathrm{e}^{\mathrm{i}J_y\theta}=a^\dagger\cos\frac{\theta}{2}+b^\dagger\sin\frac{\theta}{2}, \tag{2.187}$$

$$\mathrm{e}^{-\mathrm{i}J_y\theta}b^\dagger\mathrm{e}^{\mathrm{i}J_y\theta}=b^\dagger\cos\frac{\theta}{2}-a^\dagger\sin\frac{\theta}{2}. \tag{2.188}$$

记双模谐振子相干态为 $\left|z_1z_2\right\rangle=\left|z_1\right\rangle_a\left|z_2\right\rangle_b$, 满足

$$\left|z_1z_2\right\rangle=\mathrm{e}^{-\frac{1}{2}\left(|z_1|^2+|z_2|^2\right)+z_1a^\dagger+z_2b^\dagger}\left|00\right\rangle, \tag{2.189}$$

$$\int\frac{\mathrm{d}^2z_1\mathrm{d}^2z_2}{\pi^2}\left|z_1z_2\right\rangle\left\langle z_1z_2\right|=1, \tag{2.190}$$

相应的真空态的正规乘积形式是

$$\left|00\right\rangle\left\langle 00\right|=:\mathrm{e}^{-a^\dagger a-b^\dagger b}:,\quad a\left|00\right\rangle=b\left|00\right\rangle=0. \tag{2.191}$$

利用式 (2.184), (2.187), (2.188) 以及过完备关系式 (2.190), 可以把转动算符 $\mathrm{e}^{-\mathrm{i}J_y\theta}$ 表示成

$$\begin{aligned}\mathrm{e}^{-\mathrm{i}J_y\theta}&=\int\frac{\mathrm{d}^2z_1\mathrm{d}^2z_2}{\pi^2}\mathrm{e}^{-\mathrm{i}J_y\theta}\left|z_1z_2\right\rangle\left\langle z_1z_2\right|\\&=\int\frac{\mathrm{d}^2z_1\mathrm{d}^2z_2}{\pi^2}\\&\quad\times:\mathrm{e}^{-|z_1|^2-|z_2|^2+z_1\left(a^\dagger\cos\frac{\theta}{2}+b^\dagger\sin\frac{\theta}{2}\right)+z_2\left(b^\dagger\cos\frac{\theta}{2}-a^\dagger\sin\frac{\theta}{2}\right)+z_1^*a+z_2^*b-a^\dagger a-b^\dagger b}:\\&=:\mathrm{e}^{\left(\cos\frac{\theta}{2}-1\right)\left(a^\dagger a+b^\dagger b\right)+\sin\frac{\theta}{2}\left(b^\dagger a-a^\dagger b\right)}:,\end{aligned} \tag{2.192}$$

或写成矩阵形式:

$$\mathrm{e}^{-\mathrm{i}J_y\theta}=:\exp\left[\left(a^\dagger,b^\dagger\right)\begin{pmatrix}\cos\frac{\theta}{2}-1 & -\sin\frac{\theta}{2}\\ \sin\frac{\theta}{2} & \cos\frac{\theta}{2}-1\end{pmatrix}\begin{pmatrix}a\\ b\end{pmatrix}\right]:. \tag{2.193}$$

此即转动算符 $\mathrm{e}^{-\mathrm{i}J_y\theta}$ 的正规乘积形式. 作为其应用, 我们来导出转动态矩阵元 $d_{m'm}^j$. 先由式 (2.192) 给出 $\mathrm{e}^{-\mathrm{i}J_y\theta}$ 的相干态矩阵元:

$$\langle z_1'z_2'|\mathrm{e}^{-\mathrm{i}J_y\theta}|z_1z_2\rangle=\mathrm{e}^{\cos\frac{\theta}{2}(z_1'^*z_1+z_2'^*z_2)+\sin\frac{\theta}{2}(z_2'^*z_1-z_1'^*z_2)-\frac{1}{2}(|z_1|^2+|z_2|^2+|z_1'|^2+|z_2'|^2)},\tag{2.194}$$

其中已用了相干态内积性质. 在转动问题中关键是系数 $d_{m'm}^j$, 其定义为

$$d_{m'm}^j\equiv\langle jm'|\mathrm{e}^{-\mathrm{i}J_y\theta}|jm\rangle,\tag{2.195}$$

式中 $|jm\rangle$ 是 J^2,J_x 的本征态, 其表示为

$$|jm\rangle=\frac{\left(a^\dagger\right)^{j+m}\left(b^\dagger\right)^{j-m}}{\sqrt{(j+m)!(j-m)!}}|00\rangle\quad\left(j=0,\frac{1}{2},1,\frac{3}{2},2,\cdots\right),\tag{2.196}$$

满足

$$J_+|jm\rangle=a^\dagger b|jm\rangle=[j(j+1)-m(m+1)]^{1/2}|jm+1\rangle,\tag{2.197}$$

$$J_-|jm\rangle=b^\dagger a|jm\rangle=[j(j+1)-m(m-1)]^{1/2}|jm-1\rangle.\tag{2.198}$$

它与相干态 $\langle z_1z_2|$ 的内积为

$$\langle z_1z_2|jm\rangle=\mathrm{e}^{-\frac{1}{2}\left(|z_1|^2+|z_2|^2\right)}\frac{z_1^{*j+m}z_2^{*j-m}}{\sqrt{(j+m)!(j-m)!}}.\tag{2.199}$$

由式 (2.196),(2.199),(2.194) 及相干态的过完备性, 可把 $d_{m'm}^j$ 表示为

$$\begin{aligned}d_{m'm}^j&=\int\frac{\mathrm{d}^2z_1\mathrm{d}^2z_2\mathrm{d}^2z_1'\mathrm{d}^2z_2'}{\pi^4}\langle jm'|z_1'z_2'\rangle\langle z_1'z_2'|\mathrm{e}^{-\mathrm{i}J_y\theta}|z_1z_2\rangle\langle z_1z_2|jm\rangle\\&=\int\frac{\mathrm{d}^2z_1\mathrm{d}^2z_2\mathrm{d}^2z_1'\mathrm{d}^2z_2'}{\pi^4}\mathrm{e}^{-|z_1|^2-|z_2|^2-|z_1'|^2-|z_2'|^2+\cos\frac{\theta}{2}(z_1'^*z_1+z_2'^*z_2)+\sin\frac{\theta}{2}(z_2'^*z_1-z_1'^*z_2)}\\&\quad\times z_1'^{j+m}z_2'^{j-m'}z_1^{*j+m}z_2^{*j-m}[(j+m')!(j-m')!(j+m)!(j-m)!]^{-1/2}\\&=\sum_{l=0}\frac{(-1)^l\sqrt{(j+m')!(j-m')!(j+m)!(j-m)!}}{l!(j+m'-l)!(j-m-l)!(m-m'+l)!}\\&\quad\times\left(\cos\frac{\theta}{2}\right)^{2l+m'-m-2l}\left(\sin\frac{\theta}{2}\right)^{2l+m-m'}.\end{aligned}\tag{2.200}$$

这里已利用以下数学公式:

$$\int\frac{\mathrm{d}^2z}{\pi}f(z^*)\mathrm{e}^{\lambda|z|^2+cz}=-\frac{1}{\lambda}f\left(-\frac{c}{\lambda}\right)\quad(\mathrm{Re}\,\lambda<0),\tag{2.201}$$

$$\int \frac{\mathrm{d}^2 z}{\pi} z^m z^{*n} \mathrm{e}^{\lambda|z|^2} = \delta_{mn} m! (-1)^{m+1} \left(\frac{1}{\lambda}\right)^{m+1} \quad (\mathrm{Re}\,\lambda < 0). \tag{2.202}$$

考虑到

$$d^j_{m'm}(\theta) = (-1)^{m'-m} d^j_{m'm}(\theta), \tag{2.203}$$

因此式 (2.200) 即为文献 [14] 中给出的结果. 这样我们就从相干态理论给出了角动量态的矩阵元.

注意到一个三维转动一般可以用相继的三次转动 $\mathrm{e}^{-\mathrm{i}\alpha J_x}, \mathrm{e}^{-\mathrm{i}\theta J_y}, \mathrm{e}^{-\mathrm{i}\gamma J_z}$ 来达到. 仿照上述做法, 可以用相干态方法导出转动矩阵的正规乘积形式

$$\begin{aligned} &\mathrm{e}^{-\mathrm{i}\alpha J_x} \mathrm{e}^{-\mathrm{i}\theta J_y} \mathrm{e}^{-\mathrm{i}\gamma J_z} \\ &\quad =: \exp\left[(a^\dagger, b^\dagger) \begin{pmatrix} \mathrm{e}^{-\frac{\mathrm{i}}{2}(\alpha+\gamma)} \cos\frac{\theta}{2} - 1 & -\mathrm{e}^{-\frac{\mathrm{i}}{2}(\alpha-\gamma)} \sin\frac{\theta}{2} \\ \mathrm{e}^{\frac{\mathrm{i}}{2}(\alpha-\gamma)} \sin\frac{\theta}{2} & \mathrm{e}^{\frac{\mathrm{i}}{2}(\alpha+\gamma)} \cos\frac{\theta}{2} - 1 \end{pmatrix} \begin{pmatrix} a \\ b \end{pmatrix} \right] :. \end{aligned} \tag{2.204}$$

特别地, 令 $\theta \mapsto 2\theta$, 取 $\alpha = -\gamma = -\varphi$, 则

$$\mathrm{e}^{\mathrm{i}\varphi J_x} \mathrm{e}^{-\mathrm{i}2\theta J_y} \mathrm{e}^{\mathrm{i}\varphi J_z} =: \exp\left[(a^\dagger, b^\dagger)(M - I) \begin{pmatrix} a \\ b \end{pmatrix} \right] :, \tag{2.205}$$

式中 I 为单位矩阵,

$$M \equiv \begin{pmatrix} \cos\theta & -\mathrm{e}^{\mathrm{i}\varphi} \sin\theta \\ \mathrm{e}^{-\mathrm{i}\varphi} \sin\theta & \cos\theta \end{pmatrix}. \tag{2.206}$$

这个算符也可以用来描述入射光模 a_i 经过一个光分束器 (参数为 θ 与 φ) 后变为出射光模 a_i' 的过程:

$$a_i^{\dagger\prime} = \sum_k M_{ik} a_k^\dagger. \tag{2.207}$$

参考文献

[1] Walls D F, Milburn G J. Quantum Optics [M]. Berlin: Spring-Verlag, 1994.

[2] Orszag M. Quantum Optics [M]. Berlin: Spring-Verlag, 2000.

[3] Scully M O, Zubairy M S. Quantum Optics [M]. Cambridge: Cambridge Univ. Press, 1997.

[4] Louisell W H. Quantum Statistical Properties of Radiation [M]. New York: Wiley, 1973.

[5] Agarwal G S, Tara K. Nonclassical properties of states generated by the excitations on a coherent state [J]. Phys. Rev. A, 1991, 43 (1): 492～497.

[6] Yuan H C, Hu L Y. Comment on "Single-mode excited entangled coherent states" [J]. J. Phys. A: Math. Theor., 2010, 43: 018001.

[7] Hu L Y, Fan H Y. Generalized thermo vacuum state derived by the partial trace method [J]. Chin. Phys. Lett., 2009, 26 (9): 090307.

[8] Fan H Y, Tang X B, Hu L Y. Partial trace method for deriving density operators of light field [J]. Commun. Theor. Phys., 2010, 53 (1): 45～48.

[9] Fan H Y, Lu H L. Wave-function transformations by general SU(1,1) single-mode squeezing and analogy to Fresnel transformations in wave optics [J]. Opt. Commun., 2006, 258: 51～58.

[10] Fan H Y, Lu H L. 2-mode Fresnel operator and entangled Fresnel transform [J]. Phys. Lett. A, 2005, 334: 132～139.

[11] Fan H Y, Weng H G. Simple approach for discussing the properties of displaced Fock states [J]. Quantum Opt., 1992, 4: 265～270.

[12] Wünsche A. Displaced Fock states and their connection to quasiprobabilities [J]. Quantum Opt., 1991, 3: 359～383.

[13] Howard S, Roy S K. Coherent states of a harmonic oscillator [J]. Am. J. Phys., 1987, 55 (12): 1109～1117.

[14] Fan H Y, Ruan T N. General holomorphic functional integral and its evolution to the Feynman kernel [J]. Commun. Thoer. Phys., 1984, 3 (4): 443～456.

第 3 章　单模压缩态

光场的压缩态在光通信、高精度干涉测量以及弱信号检测等方面有着潜在的重要应用, 它是一类非经典光场, 呈现非经典性质, 如反聚束效应、亚泊松分布等. 读者可以从专门的量子光学书中了解, 我们在这里主要介绍如何用 IWOP 技术通过对狄拉克符号积分来发展压缩态理论, 即提出新的压缩机制和各种压缩态.

3.1　从相干态到压缩态

我们已知道, 相干态是极小测不准态, 而且两个正交位相振幅算符有着相同的起伏. 在相空间中, 相干态的起伏呈圆形, 在相空间平移或者转动时此圆保持不变. 而压缩态是泛指一个正交相位振幅算符的起伏比相干态相应分量的起伏小的量子态, 其代价是另一个正交相位振幅算符的起伏增大, 但两者的乘积等同于相干态的相应量. 如何直接从相干态过渡到压缩态呢? 捷径是用正则相干态

$$\left|\begin{pmatrix} x \\ p \end{pmatrix}\right\rangle \equiv |x,p\rangle = \exp[\mathrm{i}(p\hat{X}-x\hat{P})]|0\rangle$$

$$= \exp\left(-\frac{p^2+x^2}{4}+\frac{x+\mathrm{i}p}{\sqrt{2}}a^\dagger\right)|0\rangle, \tag{3.1}$$

构建 ket-bra 算符

$$\sqrt{\cosh\lambda}\int \mathrm{d}x\,\mathrm{d}p\left|\begin{pmatrix} 1/\mu & 0 \\ 0 & \mu \end{pmatrix}\begin{pmatrix} x \\ p \end{pmatrix}\right\rangle\left\langle\begin{pmatrix} x \\ p \end{pmatrix}\right| \quad (\mu=\mathrm{e}^\lambda). \tag{3.2}$$

利用 IWOP 技术积分后, 就得到压缩算符, 这是相空间中经典标度变换 $x\mapsto x/\mu, p\mapsto \mu p$ 的量子力学对应. 下面可以看出, 在坐标表象中让 $|x\rangle\mapsto|x/\mu\rangle$ 也对应量子力学压缩变换.

基于这一物理考虑, 构造如下 ket-bra 积分形式 [1,2]:

$$S_1\equiv\int_{-\infty}^{+\infty}\frac{\mathrm{d}x}{\sqrt{\mu}}\left|\frac{x}{\mu}\right\rangle\langle x|. \tag{3.3}$$

根据坐标本征态的福克形式 (见第 1 章, $\hbar=m=\omega=1$), 并利用 IWOP 技术对上述的算符函数进行积分, 再由 $|0\rangle\langle 0|=:\mathrm{e}^{-a^\dagger a}:$, 得到

$$\begin{aligned}S_1&=\int_{-\infty}^{+\infty}\frac{\mathrm{d}x}{\sqrt{\pi\mu}}\mathrm{e}^{-\frac{x^2}{2\mu^2}+\sqrt{2}\frac{x}{\mu}a^\dagger-\frac{a^{\dagger 2}}{2}}|0\rangle\langle 0|\mathrm{e}^{-\frac{x^2}{2}+\sqrt{2}xa-\frac{a^2}{2}}\\&=\int_{-\infty}^{+\infty}\frac{\mathrm{d}x}{\sqrt{\pi\mu}}:\mathrm{e}^{-\frac{x^2}{2}\left(1+\frac{1}{\mu^2}\right)+\sqrt{2}x\left(\frac{a^\dagger}{\mu}+a\right)-\frac{1}{2}(a^\dagger+a)^2}:\\&=\mathrm{sech}^{1/2}\lambda:\mathrm{e}^{-\frac{a^{\dagger 2}}{2}\tanh\lambda+(\mathrm{sech}\,\lambda-1)a^\dagger a+\frac{a^2}{2}\tanh\lambda}:,\end{aligned} \tag{3.4}$$

其中

$$\mu=\mathrm{e}^{\lambda},\quad \mathrm{sech}\lambda=\frac{2\mu}{1+\mu^2},\quad \tanh\lambda=\frac{\mu^2-1}{1+\mu^2}. \tag{3.5}$$

再根据 $\mathrm{e}^{\lambda a^\dagger a}=:\mathrm{e}^{(\mathrm{e}^\lambda-1)a^\dagger a}:$, 去掉式 (3.4) 中的记号 : :, 即

$$S_1=\mathrm{e}^{-\frac{a^{\dagger 2}}{2}\tanh\lambda}\mathrm{e}^{\left(a^\dagger a+\frac{1}{2}\right)\ln\mathrm{sech}\lambda}\mathrm{e}^{\frac{a^2}{2}\tanh\lambda}. \tag{3.6}$$

对上式两边关于参数 λ 求微商, 并利用下列算符恒等式:

$$\mathrm{e}^{\gamma a^{\dagger 2}}a=\left(a-2\gamma a^\dagger\right)\mathrm{e}^{\gamma a^{\dagger 2}}, \tag{3.7}$$

$$\mathrm{e}^{\gamma a^{\dagger 2}}a^2=\left(a^2+4\gamma^2a^{\dagger 2}-4\gamma a^\dagger a-2\gamma\right)\mathrm{e}^{\gamma a^{\dagger 2}}, \tag{3.8}$$

可导出

$$\frac{\partial}{\partial\lambda}S_1=\frac{\lambda}{2}\left(a^2-a^{\dagger 2}\right)S_1. \tag{3.9}$$

注意到边界条件是 $S_1|_{\lambda=0}=1$, 因此方程 (3.9) 的解为

$$S_1=\exp\left[\frac{\lambda}{2}\left(a^2-a^{\dagger 2}\right)\right]. \tag{3.10}$$

把它改写为 $\hat{X}\hat{P}$(乘积) 算符, 即

$$\mathrm{e}^{\frac{\lambda}{2}(a^2-a^{\dagger 2})}=\mathrm{e}^{\frac{\lambda}{4}[(\hat{X}+\mathrm{i}\hat{P})^2-(\hat{X}-\mathrm{i}\hat{P})^2]}$$

$$= \mathrm{e}^{\mathrm{i}\frac{\lambda}{2}(\hat{X}\hat{P}+\hat{P}\hat{X})} = \mathrm{e}^{\mathrm{i}\lambda(\hat{X}\hat{P}-\frac{\mathrm{i}}{2})}. \tag{3.11}$$

造成压缩效应的算符是 $\mathrm{e}^{\mathrm{i}\lambda(\hat{X}\hat{P}-\frac{\mathrm{i}}{2})}$. 另外, 由坐标本征态的完备性, 有

$$S_1^{\dagger}|x\rangle = \sqrt{\mu}|\mu x\rangle, \quad S_1|x\rangle = 1/\sqrt{\mu}|x/\mu\rangle. \tag{3.12}$$

故 $S_1 \equiv \int_{-\infty}^{+\infty} \frac{\mathrm{d}x}{\sqrt{\mu}} \left|\frac{x}{\mu}\right\rangle \langle x|$ 为单模压缩算符, 且有如下性质:

(1) 幺正性. 根据 $\langle x|\,x'\rangle = \delta(x-x')$, 有

$$\begin{aligned} S_1 S_1^{\dagger} &= \int_{-\infty}^{+\infty} \frac{\mathrm{d}x\mathrm{d}x'}{\mu} \left|\frac{x}{\mu}\right\rangle \left\langle \frac{x'}{\mu}\right| \delta(x-x') \\ &= \int_{-\infty}^{+\infty} \mathrm{d}x\,|x\rangle\langle x| = 1 = S_1^{\dagger} S_1. \end{aligned} \tag{3.13}$$

(2) 压缩性. 利用算符恒等式

$$\mathrm{e}^{\hat{A}}\hat{B}\mathrm{e}^{-\hat{A}} = \hat{B} + [\hat{A},\hat{B}] + \frac{1}{2!}[\hat{A},[\hat{A},\hat{B}]] + \frac{1}{3!}[\hat{A},[\hat{A},[\hat{A},\hat{B}]]] + \cdots, \tag{3.14}$$

诱导出压缩变换:

$$S_1 a S_1^{\dagger} = a\cosh\lambda + a^{\dagger}\sinh\lambda, \quad S_1 a^{\dagger} S_1^{\dagger} = a^{\dagger}\cosh\lambda + a\sinh\lambda. \tag{3.15}$$

这就是著名的博戈柳博夫 (Bogolyubov) 变换 (也称为压缩变换), 被广泛地应用于量子光学、超导理论和原子核理论中. 上述讨论表明, 利用狄拉克坐标本征态按式 (3.3) 构造算符, 并用 IWOP 技术积分后就能给出诱导博戈柳博夫变换的幺正算符. 即在经典相空间中的尺度变换 $|x\rangle \mapsto |x/\mu\rangle$ 能够反映出量子幺正变换 $S_1\hat{X}S_1^{\dagger} = \mu\hat{X}$, $S_1\hat{P}S_1^{\dagger} = \hat{P}/\mu$. 事实上, 利用狄拉克动量本征态也能构造出单模压缩算符

$$\sqrt{\mu}\int_{-\infty}^{+\infty} \mathrm{d}p\,|\mu p\rangle\langle p| = \mathrm{e}^{\frac{\lambda}{2}(a^2-a^{\dagger 2})}. \tag{3.16}$$

上述讨论表明狄拉克符号是可以用 IWOP 技术积分的. 构造有物理意义的 ket-bra 积分式并积分之, 就可以从狄拉克基本表象出发构造出许多量子力学幺正变换, 从而定义新的量子力学态矢.

根据式 (3.6) 的结果, 易得

$$S_1|0\rangle = \mathrm{sech}^{1/2}\lambda\,\mathrm{e}^{-\frac{a^{\dagger 2}}{2}\tanh\lambda}|0\rangle, \tag{3.17}$$

这就是单模压缩真空态, 也可以转化为

$$S_1|0\rangle=\operatorname{sech}^{1/2}\lambda\sum_{n=0}^{+\infty}\frac{\sqrt{2n!}}{n!2^n}(-\tanh\lambda)^n|2n\rangle. \tag{3.18}$$

它包含偶光子数态的叠加, 故也称为双光子态. 很容易算出场的两个正交分量 $\hat{Y}_1=(a+a^\dagger)/2$, $\hat{Y}_2=(a-a^\dagger)/(2\mathrm{i})$ 在压缩真空态的平均值, 即

$$\langle 0|S_1^\dagger\hat{Y}_1S_1|0\rangle=\langle 0|S_1^\dagger\hat{Y}_2S_1|0\rangle=0, \tag{3.19}$$

而

$$\langle 0|S_1^\dagger\hat{Y}_1^2S_1|0\rangle=\frac{\mathrm{e}^{2\lambda}}{4}, \tag{3.20}$$

$$\langle 0|S_1^\dagger\hat{Y}_2^2S_1|0\rangle=\frac{\mathrm{e}^{-2\lambda}}{4}. \tag{3.21}$$

由此导出

$$\langle(\Delta\hat{Y}_1)^2\rangle=\langle\hat{Y}_1^2\rangle-\langle\hat{Y}_1\rangle^2=\frac{\mathrm{e}^{2\lambda}}{4}, \tag{3.22}$$

$$\langle(\Delta\hat{Y}_2)^2\rangle=\langle\hat{Y}_2^2\rangle-\langle\hat{Y}_2\rangle^2=\frac{\mathrm{e}^{-2\lambda}}{4}, \tag{3.23}$$

$$\Delta\hat{Y}_1\Delta\hat{Y}_2=\sqrt{(\Delta\hat{Y}_1)^2(\Delta\hat{Y}_2)^2}=\frac{1}{4}. \tag{3.24}$$

这表明压缩态的一个正交分量具有比相干态小的量子起伏, 其代价是另一正交分量的量子起伏增大. 由于它可以在某个正交分量上具有比相干态更小的量子噪声, 因而在光通信和引力波检测中有潜在的应用.

3.2 压缩机制的分析

$\mathrm{e}^{\mathrm{i}\lambda(\hat{X}\hat{P}-\frac{\mathrm{i}}{2})}$ 是压缩算符, 这一点对我们有什么启示呢? 从一般形式的哈密顿量 $\hat{H}=\dfrac{\hat{P}^2}{2m}+V(\hat{X})$ 给出海森伯方程

$$\mathrm{i}\frac{\mathrm{d}}{\mathrm{d}t}\hat{X}^2=[\hat{X}^2,\hat{H}]=\left[\hat{X}^2,\frac{\hat{P}^2}{2m}+V(\hat{X})\right]=\frac{\mathrm{i}}{m}(\hat{X}\hat{P}+\hat{P}\hat{X}), \tag{3.25}$$

可见 $\hat{X}^2$ 的变化受 $\hat{X}\hat{P}$ 的支配. 这启发我们当谐振子的质量从 m 改变到 $m+\epsilon$ 时, 哈密顿量 $\hat{H}$ 多了附加项 $\epsilon\hat{X}^2$, 这个变换与压缩机制有关. 再看 $\hat{X}^2$ 的涨落, 由艾伦菲斯特 (Erenfest) 定理:

$$\frac{\mathrm{d}}{\mathrm{d}t}\langle\hat{X}\rangle = -\frac{\langle\hat{P}\rangle}{m}, \tag{3.26}$$

可得

$$\begin{aligned}\frac{\mathrm{d}}{\mathrm{d}t}\langle(\Delta\hat{X})^2\rangle &= \frac{\mathrm{d}}{\mathrm{d}t}(\langle\hat{X}^2\rangle - \langle\hat{X}\rangle^2)\\ &= \frac{\mathrm{d}}{\mathrm{d}t}\langle\hat{X}^2\rangle - 2\langle\hat{X}\rangle\frac{\mathrm{d}}{\mathrm{d}t}\langle\hat{X}\rangle\\ &= \frac{1}{m}\langle\hat{X}\hat{P}+\hat{P}\hat{X}\rangle - \frac{2}{m}\langle\hat{P}\rangle\langle\hat{X}\rangle.\end{aligned} \tag{3.27}$$

所以对某个量子态 $|\rangle$ 作压缩变换, 等价于 $\hat{X}\mapsto\mu\hat{X}, \hat{P}\mapsto\hat{P}/\mu$, 而 $\langle\hat{X}\hat{P}\rangle$ 不变. 从式 (3.27) 可见, $\hat{X}^2$ 的涨落不随态的压缩变换而改变.

进一步, 我们令

$$\hat{\mathcal{P}} \equiv \frac{1}{2}(\hat{X}\hat{P}+\hat{P}\hat{X}) = \hat{X}\hat{P} - \frac{\mathrm{i}}{2},$$

则有

$$[\hat{X},\hat{\mathcal{P}}] = \mathrm{i}\hat{X}, \quad \mathrm{e}^{\mathrm{i}\lambda\hat{\mathcal{P}}}\hat{X}\mathrm{e}^{-\mathrm{i}\lambda\hat{\mathcal{P}}} = \hat{X}\mathrm{e}^{\lambda},$$

或

$$\mathrm{e}^{\mathrm{i}\lambda\hat{P}}\ln\hat{X}\mathrm{e}^{-\mathrm{i}\lambda P} = \ln\hat{X} + \lambda.$$

设 $\hat{\mathcal{P}}$ 有本征态, 记为 $|k\rangle_s, \hat{\mathcal{P}}|k\rangle_s = k|k\rangle_s$ (k 为实数), 以下我们初步分析 $|k\rangle_s$ 态的具体形式. 为此, 在坐标表象 $\langle x|$ 中考察

$$\langle x|\hat{\mathcal{P}}|k\rangle_s = k\langle x|k\rangle_s = -\mathrm{i}\left(\frac{1}{2}+x\frac{\mathrm{d}}{\mathrm{d}x}\right)\langle x|k\rangle_s.$$

当 $x>0$ 时, 令 $x=\mathrm{e}^{y_1}$, 上式变为

$$-\mathrm{i}\frac{\mathrm{d}}{\mathrm{d}y_1}\langle\mathrm{e}^{y_1}|k\rangle_s = \left(k+\frac{\mathrm{i}}{2}\right)\langle\mathrm{e}^{y_1}|k\rangle_s;$$

当 $x<0$ 时, 令 $x=-\mathrm{e}^{y_2}$, 上式变为

$$-\mathrm{i}\frac{\mathrm{d}}{\mathrm{d}y_2}\langle -\mathrm{e}^{y_2}|k\rangle_s=\left(k+\frac{\mathrm{i}}{2}\right)\langle -\mathrm{e}^{y_2}|k\rangle_s.$$

综合这两种情况, 可知微分方程的解为

$$\langle x|k\rangle_s\propto |x|^{\mathrm{i}k-\frac{1}{2}}.$$

由坐标表象的完备性, 得 $\hat{P}$ 的本征态的形式为

$$|k\rangle_s\propto\int_{-\infty}^{+\infty}\mathrm{d}x|x|^{\mathrm{i}k-\frac{1}{2}}|x\rangle.$$

压缩算符是 $\mathrm{e}^{\mathrm{i}\lambda(\hat{X}\hat{P}-\frac{\mathrm{i}}{2})}$, 这启发我们联想到量子力学的位力定理, 这个定理是说, 当哈密顿量为 $\dfrac{\tilde{P}^2}{2m}+V(\hat{X})$ 时, 动能平均值与势能平均值之间的关系是

$$2\langle T\rangle=-\langle\hat{X}F\rangle,\quad F=-\frac{\mathrm{d}V}{\mathrm{d}\hat{X}},\quad T=\frac{\hat{P}^2}{2m}.$$

那么当哈密顿量含有坐标与动量的耦合项时, 位力定理应如何修正呢? 令这种情形下的哈密顿量为

$$H_1=\frac{\hat{P}^2}{2m}+\frac{m\omega^2}{2}\hat{X}^2+f(\hat{P}\hat{X}+\hat{X}\hat{P}),$$

则可以证明

$$\langle(\hat{P}\hat{X}+\hat{X}\hat{P})\rangle=-\frac{4f}{m\omega^2}\langle\hat{P}^2\rangle=-4mf\langle\hat{X}^2\rangle,$$

坐标–动量耦合项的贡献为

$$\langle f(\hat{P}\hat{X}+\hat{X}\hat{P})\rangle_n=-\frac{4f^2}{\omega^2-4f^2}E_n\quad(E_n=\langle H_1\rangle_n).$$

3.2.1 振子质量改变导致的压缩态

接下来, 我们直观地讨论压缩态产生的物理背景. 考虑谐振子, 其哈密顿量为

$$\hat{H}=\frac{\hat{P}^2}{2m}+\frac{m\omega^2}{2}\hat{X}^2. \tag{3.28}$$

振动中若振子的质量从 m 突然变成 m'(例如在振动时一个外附加物突然粘到振子上), 那么其哈密顿量从 $\hat{H}$ 变成了

$$\hat{H}' = \frac{\hat{P}^2}{2m'} + \frac{m'\omega^2}{2}\hat{X}^2. \tag{3.29}$$

令 $\mathrm{e}^{\mu} = \sqrt{m/m'}$, 相应的幺正变换为

$$S_1^{-1}\hat{X}S_1 = \mathrm{e}^{-\mu}\hat{X}, \quad S_1^{-1}\hat{P}S_1 = \mathrm{e}^{\mu}\hat{P}, \tag{3.30}$$

以及

$$S_1^{-1}\hat{H}S_1 = \hat{H}', \tag{3.31}$$

那么真空态 $|0\rangle$ 的波函数 ${}_m\langle x\,|0\rangle$, 就变换成 ${}_{m'}\langle x\,|0\rangle$:

$$|x\rangle_m = \left(\frac{m\omega}{\pi}\right)^{1/4} \mathrm{e}^{-\frac{m\omega}{2}x^2 + \sqrt{2m\omega}xa^\dagger - \frac{1}{2}a^{\dagger 2}}|0\rangle \quad (\hbar = 1), \tag{3.32}$$

这里 $|x\rangle_m$ 是坐标本征矢在福克空间中的表达式, 满足 $\hat{X}\,|x\rangle_m = x|x\rangle_m$. 在 S_1 作用下, 有 $S_1|x\rangle_m = |x\rangle_{m'}$. 当质量发生变化, 即

$$|x\rangle_{m'} = \left(\frac{m'\omega}{\pi}\right)^{1/4} \mathrm{e}^{-\frac{m'\omega}{2}x^2 + \sqrt{2m'\omega}xa^\dagger - \frac{1}{2}a^{\dagger 2}}|0\rangle \tag{3.33}$$

时, 根据坐标表象的完备性并利用 IWOP 技术积分, S_1 可表示为 [3, 4]

$$S_1 = \int_{-\infty}^{+\infty} \mathrm{d}x\,|x\rangle_{m'}\,{}_m\langle x|. \tag{3.34}$$

再用 IWOP 技术积分, 发现

$$S_1 = \mathrm{e}^{-\frac{\tanh\mu}{2}a^{\dagger 2}}\mathrm{e}^{\left(a^\dagger a + \frac{1}{2}\right)\ln \operatorname{sech}\mu}\mathrm{e}^{\frac{\tanh\mu}{2}a^2}. \tag{3.35}$$

这就说明 S_1 是一个压缩算符, 可以描述分子振动光谱的弗兰克–康登 (Franck-Condon) 跃迁理论.

进一步, 设质量是时间的函数: $m(t)$, 则 S_1 可以写成 $S_1(t,0)$, 也是一个时间演化算符. 对式 (3.35) 关于时间作微商, 得到

$$\mathrm{i}\frac{\partial}{\partial t}S_1(t,0) = \frac{\mathrm{i}}{4m(t)}\frac{\mathrm{d}m(t)}{\mathrm{d}t}\left(a^{\dagger 2} - a^2\right)S_1(t,0). \tag{3.36}$$

读者可以证明哈密顿量

$$\hat{\mathcal{H}}=\omega\left(a^{\dagger}a+\frac{1}{2}\right)+\frac{\mathrm{i}}{4m(t)}\frac{\mathrm{d}m(t)}{\mathrm{d}t}\left(\mathrm{e}^{-\mathrm{i}2\omega t}a^{\dagger 2}-\mathrm{e}^{\mathrm{i}2\omega t}a^{2}\right) \tag{3.37}$$

具有连续地产生压缩的机制.

类似以上压缩机制, 也可以从微扰论来分析. 我们设谐振子受到微扰项 $\frac{\epsilon}{2}(a^{\dagger}\mathrm{e}^{-\mathrm{i}wt}+a\mathrm{e}^{\mathrm{i}wt})^2$ 的作用, 其哈密顿量变为

$$H=H_0+\frac{\epsilon}{2}(a^{\dagger}\mathrm{e}^{-\mathrm{i}wt}+a\mathrm{e}^{\mathrm{i}wt})^2 \quad (H_0=wa^{\dagger}a), \tag{3.38}$$

那么在相互作用表象下, 谐振子的基态就变为 $\mathrm{e}^{-\mathrm{i}\epsilon t\hat{X}^2}|0\rangle$. 实际上, $\mathrm{e}^{-\mathrm{i}\epsilon t\hat{X}^2}$ 也可作为压缩算符. 结合 IWOP 技术, 由坐标表象完备性和式 (2.7), 并令 $\lambda=\mathrm{i}\epsilon t$, 就有

$$\begin{aligned}\mathrm{e}^{-\lambda\hat{X}^2}&=\frac{1}{\sqrt{\pi}}\int_{-\infty}^{+\infty}\mathrm{d}x\colon \mathrm{e}^{-(x-\hat{X})^2-\lambda x^2}\colon\\&=\frac{1}{\sqrt{1+\lambda}}\colon\exp\left(-\frac{\lambda}{1+\lambda}\hat{X}^2\right)\colon\quad\left(\hat{X}=\frac{a+a^{\dagger}}{\sqrt{2}}\right),\end{aligned} \tag{3.39}$$

$\mathrm{e}^{-\lambda\hat{X}^2}$ 作用在真空态 $|0\rangle$ 上, 得

$$\mathrm{e}^{-\lambda\hat{X}^2}|0\rangle=\frac{1}{\sqrt{1+\lambda}}\mathrm{e}^{-\frac{\lambda}{2(1+\lambda)}a^{\dagger 2}}|0\rangle. \tag{3.40}$$

这是一个压缩真空态.

3.2.2 一维阻尼振子中的压缩态

在量子力学中, 对于一个哈密顿量 $\hat{H}$, 其动力学方程为

$$\mathrm{i}\frac{\partial}{\partial t}|\psi(t)\rangle=\hat{H}|\psi(t)\rangle. \tag{3.41}$$

引进算符 $u(t)$, 使得 $|\phi\rangle=u(t)|\psi(t)\rangle$, 满足

$$\mathrm{i}\frac{\partial}{\partial t}|\phi\rangle=\hat{\mathcal{H}}|\phi\rangle, \tag{3.42}$$

其中

$$\hat{\mathcal{H}}=u(t)\hat{H}u^{-1}(t)-\mathrm{i}u(t)\frac{\partial u^{-1}(t)}{\partial t}. \tag{3.43}$$

若给定一维阻尼振子哈密顿量 ($\hbar=1$)

$$\hat{H}=\frac{1}{2}\mathrm{e}^{-2\gamma t}\hat{P}^2+\frac{1}{2}\omega_0^2\mathrm{e}^{2\gamma t}\hat{X}^2, \tag{3.44}$$

式中 γ 为阻尼系数, 则当选择的 $u(t)$ 满足如下的变换时,

$$\begin{aligned} u(t)\hat{X}u^{-1}(t)&=\mathrm{e}^{-\gamma t}\hat{X},\\ u(t)\hat{P}u^{-1}(t)&=\mathrm{e}^{\gamma t}\hat{P}-\gamma\mathrm{e}^{\gamma t}\hat{X}, \end{aligned} \tag{3.45}$$

由式 (3.43), 得

$$\hat{\mathcal{H}}=\frac{\hat{P}^2}{2}+\frac{\omega^2}{2}\hat{X}^2, \tag{3.46}$$

式中 $\omega^2=\omega_0^2-\gamma^2$. 从而式 (3.44) 变成了一个不显含时间的哈密顿量.

为了寻找 $u(t)$, 回顾对于经典变换 [5]：

$$\begin{pmatrix} x\\ p \end{pmatrix}\mapsto\begin{pmatrix} A(t) & B(t)\\ C(t) & D(t) \end{pmatrix}\begin{pmatrix} x\\ p \end{pmatrix}, \tag{3.47}$$

可利用正则相干态表象找到其量子力学的对应算符

$$\begin{aligned} &u(A,B,C,t)\\ &=\sqrt{\frac{1}{2}[A+D-\mathrm{i}(B-C)]}\int\frac{\mathrm{d}x\mathrm{d}p}{2\pi}\left|\begin{pmatrix} A(t) & B(t)\\ C(t) & D(t) \end{pmatrix}\begin{pmatrix} x\\ p \end{pmatrix}\right\rangle\left\langle\begin{pmatrix} x\\ p \end{pmatrix}\right|, \end{aligned} \tag{3.48}$$

这里 $AD-BC=1$, 且

$$\left|\begin{pmatrix} x\\ p \end{pmatrix}\right\rangle=\mathrm{e}^{-\frac{1}{4}(x^2+p^2)+\frac{1}{\sqrt{2}}(x+\mathrm{i}p)a^\dagger}|0\rangle \tag{3.49}$$

是相干态. 利用 IWOP 技术以及 $|0\rangle\langle 0|=:\mathrm{e}^{-a^\dagger a}:$, 可以将式 (3.48) 积出：

$$\begin{aligned} u(A,B,C,t)=&\exp\left[\frac{A-D+\mathrm{i}(B+C)}{2[A+D+\mathrm{i}(B-C)]}a^{\dagger 2}\right]\\ &\times\exp\left[\left(a^\dagger a+\frac{1}{2}\right)\ln\frac{2}{A+D+\mathrm{i}(B-C)}\right]\\ &\times\exp\left\{-\frac{A-D-\mathrm{i}(B+C)}{2[A+D+\mathrm{i}(B-C)]}a^2\right\}. \end{aligned} \tag{3.50}$$

由此可得

$$u^{-1}(t)\hat{X}u(t)=A\hat{X}+B\hat{P},\quad u^{-1}(t)\hat{P}u(t)=C\hat{X}+D\hat{P}. \tag{3.51}$$

从量子变换式 (3.45) 的结果来看,

$$A=\mathrm{e}^{\gamma t},\quad B=0,\quad C=\gamma\mathrm{e}^{\gamma t},\quad D=\mathrm{e}^{-\gamma t}. \tag{3.52}$$

将式 (3.52) 代入式 (3.50), 有

$$u(t)=\mathrm{e}^{(\mathrm{e}^{\gamma t}\operatorname{sech}\lambda-1)\frac{a^{\dagger 2}}{2}}\mathrm{e}^{\left(a^{\dagger}a+\frac{1}{2}\right)\ln\operatorname{sech}\lambda}\mathrm{e}^{(\mathrm{e}^{-\gamma t}\operatorname{sech}\lambda-1)\frac{a^{2}}{2}}, \tag{3.53}$$

式中

$$\operatorname{sech}\lambda=\frac{2\mathrm{e}^{-\gamma t}}{1-\mathrm{i}\gamma+\mathrm{e}^{-2\gamma t}}, \tag{3.54}$$

所以 $u(t)$ 是一个广义单模压缩算符. 将其作用在真空态上, 得

$$u(t)\left|0\right\rangle=\operatorname{sech}^{1/2}\lambda\mathrm{e}^{(\mathrm{e}^{\gamma t}\operatorname{sech}\lambda-1)\frac{a^{\dagger 2}}{2}}\left|0\right\rangle. \tag{3.55}$$

这是一个压缩态, 其压缩参数由阻尼系数决定.

3.3 压缩粒子数态与平移压缩真空态

作为单模压缩真空态的推广, 我们讨论压缩算符作用于粒子数态的结果. 由上面的坐标表象中的压缩算符, 即

$$\left|\lambda,n\right\rangle=S_1(\lambda)\left|n\right\rangle=\int_{-\infty}^{+\infty}\frac{\mathrm{d}x}{\sqrt{\mu}}\left|\frac{x}{\mu}\right\rangle\left\langle x\right|n\rangle\quad(\mu=\mathrm{e}^{\lambda}), \tag{3.56}$$

再根据第 1 章中的

$$\left\langle x\right|n\rangle=\frac{1}{\sqrt{\sqrt{\pi}2^n n!}}\mathrm{e}^{-x^2/2}\mathrm{H}_n(x), \tag{3.57}$$

以及厄米多项式有关的积分公式:

$$\int_{-\infty}^{+\infty}\frac{\mathrm{d}x}{\sqrt{\pi}}\mathrm{H}_n(fx)\mathrm{e}^{-(x-y)^2}=\left(1-f^2\right)^{n/2}\mathrm{H}_n\left(\frac{fy}{\sqrt{1-f^2}}\right), \tag{3.58}$$

有

$$
\begin{aligned}
|\lambda,n\rangle &= \int_{-\infty}^{+\infty} \frac{\mathrm{d}x}{\sqrt{\mu\sqrt{\pi}2^n n!}} \mathrm{e}^{-x^2/2}\mathrm{H}_n(x)\left|\frac{x}{\mu}\right\rangle \\
&= \frac{1}{\sqrt{\mu\sqrt{\pi}2^n n!}} \int_{-\infty}^{+\infty} \mathrm{d}x \mathrm{e}^{-\frac{x^2}{2}\left(1+\frac{1}{\mu^2}\right)+\sqrt{2}\frac{x}{\mu}a^\dagger-\frac{a^{\dagger 2}}{2}} \mathrm{H}_n(x)|0\rangle \\
&= \mathrm{sech}^{1/2}\lambda \frac{1}{\sqrt{2^n n!}}(-\tanh\lambda)^{n/2} \mathrm{e}^{-\frac{a^{\dagger 2}}{2}\tanh\lambda} \mathrm{H}_n\left(\frac{a^\dagger}{\mathrm{i}\sqrt{\sinh 2\lambda}}\right)|0\rangle .
\end{aligned} \tag{3.59}
$$

由场的正交分量在压缩粒子数态的期望值给出的压缩行为是

$$
\langle(\Delta\hat{Y}_1)^2\rangle = \frac{1}{2\mu^2}\left(n+\frac{1}{2}\right), \tag{3.60}
$$

$$
\langle(\Delta\hat{Y}_2)^2\rangle = \frac{\mu^2}{2}\left(n+\frac{1}{2}\right), \tag{3.61}
$$

$$
\Delta\hat{Y}_1\Delta\hat{Y}_2 = \frac{1}{2}\left(n+\frac{1}{2}\right). \tag{3.62}
$$

把平移算符 $D(z)$ 和压缩算符 $S_1(\lambda)$ 作用于真空态上就得到平移压缩真空态. 根据平移算符的性质 $D(z)a^\dagger D^{-1}(z) = -z^* + a^\dagger$ 以及式 (5.8), 有

$$
\begin{aligned}
D(z)S_1(\lambda)|0\rangle &= \mathrm{sech}^{1/2}\lambda D(z)\mathrm{e}^{-\frac{a^{\dagger 2}}{2}\tanh\lambda}|0\rangle \\
&= \mathrm{sech}^{1/2}\lambda D(z)\mathrm{e}^{-\frac{a^{\dagger 2}}{2}\tanh\lambda}D^{-1}(z)|z\rangle \\
&= \mathrm{sech}^{1/2}\lambda \mathrm{e}^{-\frac{(-z^*+a^\dagger)^2}{2}\tanh\lambda}|z\rangle \\
&\equiv |z,\lambda\rangle .
\end{aligned} \tag{3.63}
$$

利用 IWOP 技术计算下面的积分:

$$
\begin{aligned}
&\int \frac{\mathrm{d}^2 z}{\pi}|z,\lambda\rangle\langle z,\lambda'| \\
&= \sqrt{\mathrm{sech}\lambda\,\mathrm{sech}\lambda'}\int\frac{\mathrm{d}^2 z}{\pi} \\
&\quad \times :\mathrm{e}^{-|z|^2+z(a^\dagger+a\tanh\lambda')+z^*(a+a^\dagger\tanh\lambda)-\frac{1}{2}\tanh\lambda(z^{*2}+a^{\dagger 2})-\frac{1}{2}\tanh\lambda'(z^2+a^2)-a^\dagger a}: \\
&= \mathrm{sech}^{1/2}(\lambda-\lambda') .
\end{aligned} \tag{3.64}
$$

因此, 不同压缩参数的压缩态也可以形成完备集, 即

$$
\cosh^{1/2}(\lambda-\lambda')\int\frac{\mathrm{d}^2 z}{\pi}|z,\lambda\rangle\langle z,\lambda'| = 1. \tag{3.65}
$$

3.4 非线性压缩态

以上讲到的

$$\int_{-\infty}^{+\infty}\frac{\mathrm{d}x}{\sqrt{\mu}}\left|\frac{x}{\mu}\right\rangle\langle x| = \mathrm{e}^{\frac{\lambda}{2}(a^2-a^{\dagger 2})} \tag{3.66}$$

是使 $|x\rangle\mapsto|x/\mu\rangle$ 的幺正线性压缩算符, 这种变换可以在量子光学实验中实现.

现在进一步考虑变换 $|x\rangle\mapsto|x/(1-gx)\rangle$, 这是一种非线性压缩变换. 引起这种变换的算符是 $\mathrm{e}^{\mathrm{i}g\hat{X}^2\hat{P}}$. 事实上,

$$\langle x|\mathrm{e}^{\mathrm{i}g\hat{X}^2\hat{P}}|f\rangle = \mathrm{e}^{gx^2\frac{\mathrm{d}}{\mathrm{d}x}}f(x). \tag{3.67}$$

令 $x=\dfrac{1}{y}$, $\dfrac{\mathrm{d}}{\mathrm{d}x}=\dfrac{\mathrm{d}y}{\mathrm{d}x}\dfrac{\mathrm{d}}{\mathrm{d}y}=-\dfrac{1}{x^2}\dfrac{\mathrm{d}}{\mathrm{d}y}$, 则

$$\mathrm{e}^{gx^2\frac{\mathrm{d}}{\mathrm{d}x}}f(x)=\mathrm{e}^{-g\frac{\mathrm{d}}{\mathrm{d}y}}f\left(\frac{1}{y}\right)=f\left(\frac{1}{y-g}\right)=f\left(\frac{x}{1-gx}\right). \tag{3.68}$$

可见

$$\mathrm{e}^{\mathrm{i}g\hat{X}^2\hat{P}}\sim\int_{-\infty}^{+\infty}\mathrm{d}x\left|\frac{x}{1-gx}\right\rangle\langle x|. \tag{3.69}$$

这是一个非线性压缩算符. 类似地, 我们可以看出

$$\mathrm{e}^{-\mathrm{i}g\hat{P}^2\hat{X}}\sim\int\mathrm{d}p\left|\frac{p}{1-gp}\right\rangle\langle p|. \tag{3.70}$$

3.5 带电粒子在变化电场中的压缩相干态

带电粒子在变化电场中运动, 其哈密顿量为

$$\hat{H}=\alpha(t)\hat{P}^2+\beta(t)\hat{X}+\gamma, \tag{3.71}$$

式中 $\beta(t)\hat{X}$ 代表电场的贡献; 其薛定谔方程是

$$\mathrm{i}\frac{\partial}{\partial t}U=\hat{H}U, \tag{3.72}$$

其中 U 是演化算符. 由于 $[\hat{P}^2,\hat{X}]=-2\mathrm{i}\hat{P}$, 所以总可以有

$$U=\mathrm{e}^{\lambda\hat{P}^2}\mathrm{e}^{\sigma\hat{X}}\mathrm{e}^{\tau\hat{P}}. \tag{3.73}$$

将上式代入式 (3.72), 得

$$\begin{aligned}\mathrm{i}\frac{\partial}{\partial t}U&=\mathrm{i}\frac{\partial\lambda}{\partial t}\hat{P}^2U+\mathrm{e}^{\lambda\hat{P}^2}\mathrm{i}\frac{\partial\sigma}{\partial t}\hat{X}\mathrm{e}^{\tau\hat{P}}+\mathrm{e}^{\lambda\hat{P}^2}\mathrm{e}^{\sigma\hat{X}}\mathrm{i}\frac{\partial\tau}{\partial t}\hat{P}\mathrm{e}^{\tau\hat{P}}\\&=\mathrm{i}\left[\frac{\partial\lambda}{\partial t}\hat{P}^2+\frac{\partial\sigma}{\partial t}(\hat{X}-2\mathrm{i}\lambda\hat{P})+(\hat{P}+\mathrm{i}\sigma)\right]U\\&=[\alpha(t)\hat{P}^2+\beta(t)\hat{X}+\gamma]U.\end{aligned} \tag{3.74}$$

比较方程两边, 得微分方程组

$$\mathrm{i}\frac{\partial\lambda}{\partial t}=\alpha(t),\quad \mathrm{i}\frac{\partial\sigma}{\partial t}=\beta(t), \tag{3.75}$$

$$\frac{\partial\tau}{\partial t}+\sigma=\gamma, \tag{3.76}$$

$$\frac{\partial\tau}{\partial t}-2\mathrm{i}\lambda\frac{\partial\sigma}{\partial t}=0. \tag{3.77}$$

由 α,β,γ 可导出 λ,σ,τ. 设初态为真空态, t 时刻态演化为 $\mathrm{e}^{\lambda\hat{P}^2}\mathrm{e}^{\sigma\hat{X}}\mathrm{e}^{\tau\hat{P}}|0\rangle$, 它是一个压缩相干态, 因为 $\mathrm{e}^{\sigma\hat{X}}\mathrm{e}^{\tau\hat{P}}$ 起了平移的作用, 而 $\mathrm{e}^{\lambda\hat{P}^2}$ 起了压缩的作用. 由

$$\begin{aligned}\mathrm{e}^{\lambda\hat{P}^2}&=\frac{1}{\sqrt{\pi}}\int_{-\infty}^{+\infty}\mathrm{d}p\colon \mathrm{e}^{-(p-\hat{P})^2+\lambda p^2}\colon\\&=\frac{1}{\sqrt{1-\lambda}}\colon\exp\left(\frac{\lambda}{1-\lambda}\hat{P}^2\right)\colon,\end{aligned} \tag{3.78}$$

再将 $\mathrm{e}^{\lambda\hat{P}^2}$ 作用在真空态 $|0\rangle$ 上, 可得

$$\mathrm{e}^{\lambda\hat{P}^2}|0\rangle=\frac{1}{\sqrt{1-\lambda}}\mathrm{e}^{-\frac{\lambda}{2(1-\lambda)}a^{\dagger2}}|0\rangle. \tag{3.79}$$

这是一个压缩真空态.

3.6 介观电路的数—相量子化方案与相算符的表示

当电子器件与仪器的尺寸逐渐变小, 电路的量子化效应就会彰显出来. 以最简单的电感–电容 (LC) 量子化为例, 其哈密顿量为 (包括电容储存能量 $Q^2/(2C)$ 与电感储存能量 $\Phi^2/(2L)$)

$$H=\frac{Q^2}{2C}+\frac{\Phi^2}{2L}\quad\left(\frac{1}{LC}=\omega^2\right), \tag{3.80}$$

其中 $\Phi=LI$ 是电感磁通, ω 是电路的谐振频率. 介观电路的量子化方案最先是由路易塞尔提出的, 他让电荷 Q 量子化为正则坐标, $L\dfrac{\mathrm{d}Q}{\mathrm{d}t}$ 量子化为正则动量. 但在本节中, 我们介绍范洪义采取的另一个更为物理直观的量子化方案. 考虑到电量等于移动电荷数 n 乘单电子的电量 e, 所以很自然地把电子数 n 量子化为算符 $\hat{n}=a^\dagger a$(粒子数算符), 算符 $\hat{Q}=e\hat{n}$ 为电量电荷, 那么相应的正则共轭算符是什么呢? 根据法拉第定理:

$$-\frac{\mathrm{d}\Phi}{\mathrm{d}t}=V=\frac{Q}{C}, \tag{3.81}$$

若把 Φ 量子化为算符 $\hat{\Phi}$, 则由海森伯方程

$$\mathrm{i}\frac{\mathrm{d}\hat{\Phi}}{\mathrm{d}t}=[\hat{\Phi},\hat{H}]=\left[\hat{\Phi},\frac{\hat{Q}^2}{2C}\right], \tag{3.82}$$

再根据式 (3.81), 必须要求

$$\mathrm{i}\left[\hat{\Phi},\frac{\hat{Q}^2}{2C}\right]=\mathrm{i}\left[\hat{\Phi},\frac{e^2\hat{n}^2}{2C}\right]=\frac{e\hat{n}}{C}. \tag{3.83}$$

这就表明

$$[\hat{\Phi},\hat{Q}]=-\mathrm{i}\quad(\hbar=1). \tag{3.84}$$

可见与 $\hat{Q}$ 共轭的算符为 $\hat{\Phi}$, 即 $\hat{\Phi}$ 可视为介观 LC 量子电路中的正则动量. 由于 $\hat{n}$ 是数算符, 令 $\hat{\Phi}=\hat{\theta}/e,\hat{\theta}$ 可称为相算符. 由式 (3.84), 可知 $[\hat{\theta},\hat{n}]=-\mathrm{i}$,

$$\mathrm{e}^{\mathrm{i}\hat{\theta}}\hat{n}\mathrm{e}^{-\mathrm{i}\hat{\theta}}=\hat{n}+1. \tag{3.85}$$

为了求得算符 $\mathrm{e}^{\mathrm{i}\theta}$, 用 $\hat{Q}=e\hat{n}$ 改写上式, 并比较下式:

$$\frac{1}{\sqrt{\hat{n}+1}}a(a^{\dagger}a)a^{\dagger}\frac{1}{\sqrt{\hat{n}+1}}=\hat{n}+1, \tag{3.86}$$

可见

$$\mathrm{e}^{\mathrm{i}\hat{\theta}}=\frac{1}{\sqrt{\hat{n}+1}}a, \quad \mathrm{e}^{-\mathrm{i}\hat{\theta}}=a^{\dagger}\frac{1}{\sqrt{\hat{n}+1}}. \tag{3.87}$$

这就是我们引入相算符的新途径, 是用介观电路的数–相量子化方案给出的 [6,10,11]. 此算符在历史上是由萨斯坎德 (Susskind) 和格洛戈瓦尔 (Glogower) 从狄拉克相位算符 $a/\sqrt{\hat{n}}$ 演变得来的, 称为 SG 相位算符. 狄拉克的相算符的引入用相干态 $|z\rangle$ 是很好理解的. 易知, $a|z\rangle=z|z\rangle$, $\langle z|a^{\dagger}a|z\rangle=|z|^2$, 粒子数 $\hat{n}=a^{\dagger}a$, 这暗示了 $\sqrt{\hat{n}}\mapsto|z|$ 是一个振幅, 所以 $a/\sqrt{\hat{n}}$ 确实对应一个相位. 根据式 (3.87), 得

$$\left[\hat{n},\mathrm{e}^{\mathrm{i}\hat{\theta}}\right]=-\mathrm{e}^{\mathrm{i}\theta}, \tag{3.88}$$

量子化的哈密顿量为

$$\hat{H}=\frac{e^2\hat{n}^2}{2C}+\frac{\hat{\Phi}^2}{2L}. \tag{3.89}$$

由海森伯方程得

$$\mathrm{i}\frac{\mathrm{d}\hat{n}}{\mathrm{d}t}=\left[\hat{n},\frac{\hat{\Phi}^2}{2L}\right]=\mathrm{i}\frac{\hat{\Phi}}{Le}, \tag{3.90}$$

再微分一次, 得

$$\frac{\mathrm{d}^2\hat{n}}{\mathrm{d}t^2}=-\frac{\hat{n}}{LC}, \tag{3.91}$$

其解为

$$\hat{n}(t)=\hat{n}(0)\mathrm{e}^{\mathrm{i}t/\sqrt{LC}}=\hat{n}(0)\mathrm{e}^{\mathrm{i}\omega t}. \tag{3.92}$$

这体现了电路的振荡行为.

对照 3.1 节所述的弹簧振子质量改变所引起的压缩机制, 从 LC 电路中 $\hat{H}$ 的形式可见, 改变回路中的电容 C 值 (例如在电容器中插入介质) 也会引起介观电路的量子压缩效应.

3.7 数—相压缩态

在单模福克空间, 注意到

$$\begin{aligned}&[a^\dagger\sqrt{\hat{n}+1},\sqrt{\hat{n}+1}a]=-2\left(\hat{n}+\frac{1}{2}\right),\\&\left[\sqrt{\hat{n}+1}a,\hat{n}+\frac{1}{2}\right]=\sqrt{\hat{n}+1}a,\\&\left[a^\dagger\sqrt{\hat{n}+1},\hat{n}+\frac{1}{2}\right]=-a^\dagger\sqrt{\hat{n}+1},\end{aligned}\tag{3.93}$$

遵守封闭的 su(1,1) 代数, 其中 $\hat{n}=a^\dagger a$ 是粒子数算符. 实际上, 它们是 su(1,1) 的一种非线性玻色子实现. 由此, 我们构造如下幺正算符:

$$V\equiv \mathrm{e}^{\lambda a^\dagger\sqrt{\hat{n}+1}-\lambda^*\sqrt{\hat{n}+1}a}\quad\left(\lambda=\mathrm{e}^{\mathrm{i}\theta}|\lambda|\right).\tag{3.94}$$

易看出 $V^{-1}=V^\dagger$. 根据 su(1,1) 指数分解, 有

$$V=\mathrm{e}^{\mathrm{e}^{\mathrm{i}\theta}a^\dagger\sqrt{\hat{n}+1}\tanh|\lambda|}\operatorname{sech}^{2\left(\hat{n}+\frac{1}{2}\right)}|\lambda|\mathrm{e}^{-\mathrm{e}^{-\mathrm{i}\theta}\sqrt{\hat{n}+1}a\tanh|\lambda|},\tag{3.95}$$

从而得到

$$|\lambda\rangle\equiv V|0\rangle=\operatorname{sech}|\lambda|\mathrm{e}^{\mathrm{e}^{\mathrm{i}\theta}a^\dagger\sqrt{\hat{n}+1}\tanh|\lambda|}|0\rangle,\tag{3.96}$$

这称为数–相压缩态. 由式 (3.87), $\mathrm{e}^{\mathrm{i}\hat{\theta}}$ 的本征态就是相应的相位态 (也称为 SG 相位态):

$$\mathrm{e}^{\mathrm{i}\hat{\theta}}\left|\mathrm{e}^{\mathrm{i}\theta}\right\rangle=\mathrm{e}^{\mathrm{i}\hat{\theta}}\left|\mathrm{e}^{\mathrm{i}\theta}\right\rangle,\tag{3.97}$$

式中

$$\begin{aligned}\left|\mathrm{e}^{\mathrm{i}\theta}\right\rangle=\sum_{n=0}^{+\infty}\mathrm{e}^{\mathrm{i}n\theta}|n\rangle&=\sum_{n=0}\frac{\mathrm{e}^{\mathrm{i}n\theta}}{n!}(a^\dagger\sqrt{\hat{n}+1})^n|0\rangle\\&=\mathrm{e}^{\mathrm{e}^{\mathrm{i}\theta}a^\dagger\sqrt{\hat{n}+1}}|0\rangle,\end{aligned}\tag{3.98}$$

这里已考虑到

$$[\mathrm{e}^{\mathrm{i}\hat{\theta}},a^\dagger\sqrt{\hat{n}+1}]=1.\tag{3.99}$$

另外, 也可以证明

$$\oint \frac{\mathrm{d}\theta}{2\pi} \left|\mathrm{e}^{\mathrm{i}\theta}\right\rangle \left\langle \mathrm{e}^{\mathrm{i}\theta}\right| = 1, \tag{3.100}$$

所以在某种意义上相位态是完备的. 注意, 尽管有 $\mathrm{e}^{\mathrm{i}\hat{\theta}}\mathrm{e}^{-\mathrm{i}\hat{\theta}} = 1$, 但是

$$\mathrm{e}^{-\mathrm{i}\hat{\theta}}\mathrm{e}^{\mathrm{i}\hat{\theta}} = 1 - |0\rangle\langle 0|. \tag{3.101}$$

这在粒子数态表象中很容易证明这一点, 即在粒子数态表象中,

$$\mathrm{e}^{\mathrm{i}\hat{\theta}} \equiv \sum_{n=0}^{+\infty} |n\rangle\langle n+1|, \quad \mathrm{e}^{-\mathrm{i}\hat{\theta}} \equiv \sum_{n=0}^{+\infty} |n\rangle\langle n-1|. \tag{3.102}$$

这样, 对于式 (3.96), 特别当 $\tanh|\lambda| \mapsto 1$ 时, 它就退化为式 (3.98) 中的相位态 $\left|\mathrm{e}^{\mathrm{i}\theta}\right\rangle$.

另外, 设 $R = \sqrt{\hat{n}+1}a$, $R^\dagger = a^\dagger\sqrt{\hat{n}+1}$, 则由如下变换关系:

$$V^{-1}RV = R\cosh^2|\lambda| + R^\dagger \sinh^2|\lambda|\mathrm{e}^{\mathrm{i}2\theta} + \left(\hat{n} + \frac{1}{2}\right)\mathrm{e}^{\mathrm{i}\theta}\sinh 2|\lambda|, \tag{3.103}$$

$$V^{-1}(2\hat{n}+1)V = (2\hat{n}+1)\cosh 2|\lambda| + \left(\mathrm{e}^{\mathrm{i}\theta}R^\dagger + \mathrm{e}^{-\mathrm{i}\theta}R\right)\sinh 2|\lambda|, \tag{3.104}$$

就可以计算

$$\begin{aligned}\langle\lambda|(2\hat{n}+1)|\lambda\rangle &= \langle 0|V^{-1}(2\hat{n}+1)V|0\rangle \\ &= \langle 0|\left[(2\hat{n}+1)\cosh 2|\lambda| + \left(\mathrm{e}^{\mathrm{i}\theta}R^\dagger + \mathrm{e}^{-\mathrm{i}\theta}R\right)\sinh 2|\lambda|\right]|0\rangle \\ &= \cosh 2|\lambda|,\end{aligned} \tag{3.105}$$

所以, 处于数–相压缩态的粒子数是

$$\langle\lambda|\hat{n}|\lambda\rangle = \frac{\cosh 2|\lambda| - 1}{2} = \sinh^2|\lambda|. \tag{3.106}$$

3.8 压缩态保持压缩的条件

在费恩曼路径积分理论中, 谐振子 (包括有线性外源的情况) 转换矩阵元有重要的地位. 下面计算含有平方型含时外源的谐振子费恩曼转换矩阵元

$\langle z,t|\, z_0,t_0\rangle = \langle z|U_s(t,t_0)|z_0\rangle$, 这里 $|z\rangle$ 为相干态, $U_s(t,t_0)$ 是薛定谔表象中的演化算符:

$$U_s(t,t_0) = T\exp\left[-\mathrm{i}\int_{t_0}^{t} H_s(t')\,\mathrm{d}t'\right], \tag{3.107}$$

其中 T 是编时运算, H_s 为哈密顿算符,

$$H_s = \omega a^\dagger a + f(t)\,a^{\dagger 2} + f^*(t)\,a^2, \tag{3.108}$$

这里 $a^\dagger$,a 分别是谐振子的产生算符和湮灭算符. 在薛定谔表象中, 波动方程 $|\psi(t)\rangle = U_s(t,t_0)|\psi(0)\rangle$. 令 $H_0 = \omega a^\dagger a$ 为过渡到相互作用表象的演化算符:

$$U_I(t,t_0) = \mathrm{e}^{\mathrm{i}H_0 t}U_s(t,t_0)\,\mathrm{e}^{-\mathrm{i}H_0 t_0}, \tag{3.109}$$

则有

$$U_I(t,t_0) = T\exp\left\{-\mathrm{i}\int_{t_0}^{t}\mathrm{d}t'\left[f(t')\,a^{\dagger 2}(t') + f^*(t')\,a^2(t')\right]\right\}. \tag{3.110}$$

它满足的演化方程为

$$\mathrm{i}\frac{\partial U_I(t,t_0)}{\partial t} = H_I(t)\,U_I(t,t_0), \tag{3.111}$$

其初始条件为 $U_I(t_0,t_0) = 1$, 其中

$$\begin{aligned} H_I(t) &= \mathrm{e}^{\mathrm{i}H_0 t}\left[f(t)\,a^{\dagger 2} + f^*(t)\,a^2\right]\mathrm{e}^{-\mathrm{i}H_0 t} \\ &= \mathrm{e}^{2\mathrm{i}\omega t}f(t)\,a^{\dagger 2} + f^*(t)\,\mathrm{e}^{-2\mathrm{i}\omega t}a^2. \end{aligned} \tag{3.112}$$

为了求解演化方程 (3.111), 取它的相干态平均. 由相干态理论, 可知这等价于作变换 $a^\dagger \mapsto z^*, a \mapsto z + \dfrac{\partial}{\partial z^*}$, 即

$$\mathrm{i}\frac{\partial U_I(z,z^*)}{\partial t} = \left[F(t)\,z^{*2} + F^*(t)\left(z + \frac{\partial}{\partial z^*}\right)^2\right]U_I(z,z^*), \tag{3.113}$$

$$F(t) \equiv f(t)\,\mathrm{e}^{2\mathrm{i}\omega t},\quad U_I(z,z^*)|_{t=t_0} = 1,\quad U_I(z,z^*) \equiv \langle z|U_I(t,t_0)|z\rangle, \tag{3.114}$$

这里 $|z\rangle$ 是谐振子相干态, 满足

$$|z\rangle = \mathrm{e}^{-\frac{|z|^2}{2} + za^\dagger}|0\rangle,\quad a|z\rangle = z|z\rangle,\quad a|0\rangle = 0. \tag{3.115}$$

于是解算符方程 (3.111) 变成了解其相干态对应的 c 数方程 (3.113) 与 (3.114). 设方程 (3.113) 的解取如下形式:

$$U_I(z,z^*)=\mathrm{e}^{-\mathrm{i}\left\{z^{*2}[E(t)+X(t)]+z^2[E^*(t)+Y(t)]+z^*zJ(t)+R(t)\right\}}, \tag{3.116}$$

其中函数 $E(t),X(t),Y(t),J(t),R(t)$ 待定, 且满足

$$E(t)\equiv\int_{t_0}^{t}F(\lambda)\mathrm{d}\lambda, X(t)|_{t=t_0}=0, J(t)|_{t=t_0}=0, Y(t)|_{t=t_0}=0, R(t)|_{t=t_0}=0, \tag{3.117}$$

从式 (3.116), 可得

$$\begin{aligned}&\mathrm{i}\frac{\partial}{\partial t}U_I(z,z^*)\\&=\{z^{*2}[F(t)+\dot{X}(t)]+z^2[F^*(t)+\dot{Y}(t)]+z^*z\dot{J}t+\dot{R}(t)\}U_I(z,z^*).\end{aligned} \tag{3.118}$$

以下为书写方便, 略去式 (3.116) 中各待定函数中的自变量 t:

$$\frac{\partial^2}{\partial z^{*2}}U_I(z,z^*)=\left[-2\mathrm{i}(E+X)-4z^{*2}(E+X)^2-z^2J^2-4|z|^2J(X+E)\right]U_I(z,z^*). \tag{3.119}$$

把式 (3.118) 和 (3.119) 代入方程 (3.113), 得

$$\begin{aligned}\mathrm{i}\frac{\partial}{\partial t}U_I(z,z^*)=&[z^{*2}(F-4F^*E^2-4F^*X^2-8F^*EX)+z^2F^*(1-\mathrm{i}J)^2\\&-4|z|^2(\mathrm{i}F^*E+\mathrm{i}F^*X+F^*JX+F^*EJ)-2\mathrm{i}F^*(E+X)]U_I(z,z^*).\end{aligned} \tag{3.120}$$

比较式 (3.118) 和 (3.120) 中 $z^{*2},z^2,|z|^2$ 及不含 z,z^* 项的系数, 得到微分方程组

$$\dot{X}=-4F^*(E+X)^2, \tag{3.121}$$

$$\dot{Y}=-2\mathrm{i}F^*J-F^*J^2, \tag{3.122}$$

$$\dot{J}=-4F^*(\mathrm{i}E+\mathrm{i}X+JX+EJ), \tag{3.123}$$

$$\dot{R}=-2\mathrm{i}F^*(E+X). \tag{3.124}$$

在式 (3.121) 中, 令 $G=E+X$, 则有

$$\dot{G}=-4F^*G^2-F. \tag{3.125}$$

这就是里卡蒂方程. 由微分方程理论, 可知作变换 $G=\dfrac{1}{4F^*}(\ln\psi)_t$, 这里下标 t 表示对 t 的微商, 可将式 (3.125) 化为

$$\frac{\mathrm{d}}{\mathrm{d}t}\left(\frac{1}{4F^*}\frac{\mathrm{d}\psi}{\mathrm{d}t}\right)+F\psi=0. \tag{3.126}$$

以下只讨论 $F(t)=f(t)\mathrm{e}^{\mathrm{i}2\omega t}$ 为实函数, 即 $F^*=F$ 的情况, 则方程 (3.126) 的解为 (α,β 是积分常数)

$$\psi=\alpha\mathrm{e}^{2\mathrm{i}E(t)}+\beta\mathrm{e}^{-2\mathrm{i}E(t)}, \tag{3.127}$$

即

$$X=\frac{1}{4F}\left[\ln\left(\alpha\mathrm{e}^{2\mathrm{i}E(t)}+\beta\mathrm{e}^{-2\mathrm{i}E(t)}\right)\right]_t-E=\frac{\mathrm{i}}{2}\frac{\alpha\mathrm{e}^{2\mathrm{i}E}-\beta\mathrm{e}^{-2\mathrm{i}E}}{\alpha\mathrm{e}^{2\mathrm{i}E}+\beta\mathrm{e}^{-2\mathrm{i}E}}-E. \tag{3.128}$$

考虑到 $E|_{t=t_0}=0, X|_{t=t_0}=0$, 因此 $\alpha=\beta$, 即

$$X=-\frac{1}{2}\tan 2E-E. \tag{3.129}$$

当 $F(t)$ 为实数时, 方程 (3.123), (3.122) 和 (3.124) 分别变为

$$\dot{J}=-4F(E+X)(J+\mathrm{i}), \tag{3.130}$$

$$\dot{Y}=-JF(2\mathrm{i}+J), \tag{3.131}$$

$$\dot{R}=-2\mathrm{i}F(E+X). \tag{3.132}$$

利用式 (3.129) 及初始条件式 (3.117), 得到它们的解分别是

$$J=\mathrm{i}(\sec 2E-1), \tag{3.133}$$

$$Y=\frac{1}{2}\tan 2E-E, \tag{3.134}$$

$$R=-\frac{\mathrm{i}}{2}\ln\cos 2E. \tag{3.135}$$

把式 (3.129), (3.133)~(3.135) 代回式 (3.116), 得

$$U_I(z,z^*)=\mathrm{e}^{-\mathrm{i}\left[\frac{1}{2}\tan 2E(-z^{*2}+z^2)+\mathrm{i}|z|^2(\sec 2E-1)-\frac{\mathrm{i}}{2}\ln\cos 2E\right]}. \tag{3.136}$$

根据算符的相干态平均值可以决定算符本身这一性质, 可以从上式得到

$$U_I(t,t_0)=\mathrm{e}^{\frac{\mathrm{i}}{2}a^{\dagger 2}\tan 2E}:\mathrm{e}^{a^\dagger a(\sec 2E-1)}:\mathrm{e}^{-\frac{\mathrm{i}}{2}a^2\tan 2E}\mathrm{e}^{-\frac{1}{2}\ln\cos 2E}$$

$$= \mathrm{e}^{\frac{\mathrm{i}}{2}a^{\dagger 2}\tan 2E}\mathrm{e}^{\left(a^\dagger a+\frac{1}{2}\right)\ln\sec 2E}\mathrm{e}^{-\frac{\mathrm{i}}{2}a^2\tan 2E}, \tag{3.137}$$

其中用了算符公式

$$\mathrm{e}^{-\lambda a^\dagger a} =: \exp\left[\left(\mathrm{e}^{-\lambda}-1\right)a^\dagger a\right]:. \tag{3.138}$$

由式 (3.109), 可得演化算符 $U_s(t,t_0)$ 的明显算符形式

$$U_s(t,t_0) = \mathrm{e}^{\frac{\mathrm{i}}{2}a^{\dagger 2}\mathrm{e}^{-2\mathrm{i}\omega t}\tan 2E}\mathrm{e}^{-\mathrm{i}\omega(t-t_0)a^\dagger a+\left(a^\dagger a+\frac{1}{2}\right)\ln\sec 2E}\mathrm{e}^{-\frac{\mathrm{i}}{2}a^2\mathrm{e}^{2\mathrm{i}\omega t_0}\tan 2E}. \tag{3.139}$$

可见, $U_s(t,t_0)$(或式 (3.108) 中的 H_s) 是能够保证压缩态保持压缩性质的幺正时间演化算符. 由式 (3.139) 可得 $\langle z|U_s(t,t_0)|z_0\rangle$ 的值.

现在分析一个特例, 即式 (3.108) 中的 $f(t)=f$ 不随时间 t 变化时, 在这种情形下, 取 $t_0=0, F(t)=f\mathrm{e}^{2\mathrm{i}\omega t}, E=f\int_0^t \mathrm{e}^{2\mathrm{i}\omega\lambda}\mathrm{d}\lambda=\frac{1}{2\mathrm{i}\omega}f\mathrm{e}^{2\mathrm{i}\omega t}$. 注意 $f\mathrm{e}^{2\mathrm{i}\omega t}$ 是实数, 于是式 (3.139) 中的 $\mathrm{i}\tan 2E=\mathrm{i}\tan[-\mathrm{i}(\text{实数})]$ 就是一个 tanh 函数了, 这符合一般压缩算符的表达式.

3.9　压缩变换, 广义泊松公式和晶格压缩态

傅里叶级数是对周期为 T 的函数进行展开的. 在间隔 $(-T/2,T/2)$ 中, 本征函数的正交系列为 $\mathrm{e}^{2\pi\mathrm{i}nq/T}$ (n 为整数), 傅里叶展开和展开系数分别为

$$f(q)=\sum_{n=-\infty}^{+\infty}a_n\mathrm{e}^{2\pi\mathrm{i}nq/T},\quad a_n=\frac{1}{T}\int_{-T/2}^{T/2}f(q)\mathrm{e}^{-2\pi\mathrm{i}nq/T}\mathrm{d}q. \tag{3.140}$$

令 $T\to+\infty$, $\omega=2\pi n/T$, 这就变成了连续函数的傅里叶变换, 其逆变换为

$$f(q)=\frac{1}{2\pi}\int_{-\infty}^{+\infty}g(\omega)\mathrm{e}^{\mathrm{i}\omega q}\mathrm{d}\omega\quad\left(g(\omega)=\int_{-\infty}^{+\infty}f(q)\mathrm{e}^{-\mathrm{i}\omega q}\mathrm{d}q\right). \tag{3.141}$$

我们给出泊松求和公式. 若 $f(x)$ 在 $(-\infty,+\infty)$ 是连续的, 当 $|x|\mapsto+\infty$ 时, 它趋于 0,且 $\int_{-\infty}^{+\infty}f(x)\mathrm{d}x$ 是收敛的, 则

$$\sum_{m=-\infty}^{+\infty}f(\lambda m)=\frac{1}{\lambda}\sum_{m=-\infty}^{+\infty}F(2\pi m/\lambda), \tag{3.142}$$

式中 F 是 f 的傅里叶变换. 下面用量子光学方法导出一个广义泊松求和公式 [7].

3.9.1 广义泊松求和公式

首先, 考虑一个函数 $w(q)$, 其定义为

$$\sum_{n=-\infty}^{+\infty}|q/c+n\rangle \equiv w(q), \tag{3.143}$$

式中 $|q\rangle$ 是坐标算符 $\hat{Q}$ 的本征函数, $\hat{Q}|q\rangle = q|q\rangle$. 由于 $(q+c)/c+n = q/c+n+1$, 因此 $w(q)$ 的周期为 c. 我们对 $w(q)$ 作如下傅里叶变换:

$$\begin{aligned}\frac{1}{c}\int_0^c\left[\sum_{n=-\infty}^{+\infty}|q/c+n\rangle\right]\mathrm{e}^{-2\pi\mathrm{i}kq/c}\mathrm{d}q &= \sum_{n=-\infty}^{+\infty}\int_0^c|q/c+n\rangle\,\mathrm{e}^{-2\pi\mathrm{i}kq/c}\mathrm{d}(q/c)\\ &= \sum_{n=-\infty}^{+\infty}\int_n^{n+1}|q'\rangle\,\mathrm{e}^{-2\pi\mathrm{i}k(q'-n)}\mathrm{d}q'\\ &= \int_{-\infty}^{+\infty}|q\rangle\,\mathrm{e}^{-2\pi\mathrm{i}kq}\mathrm{d}q\\ &= \sqrt{2\pi}\,|p=-2\pi k\rangle,\end{aligned} \tag{3.144}$$

式中 $|p\rangle$ 是动量的本征态, $\hat{P}|p\rangle = p|p\rangle$.

令 $S_1^{-1}(\mu)$ 为单模压缩算符, 满足

$$S_1^{-1}(\mu)|q\rangle = \sqrt{\mu}\,|\mu q\rangle, \qquad S_1^{-1}(\mu)|p\rangle = \frac{1}{\sqrt{\mu}}|p/\mu\rangle. \tag{3.145}$$

将 $S_1^{-1}(\mu=2\pi)$ 作用到式 (3.144), 得到

$$\begin{aligned}&S_1^{-1}(2\pi)\int_0^c\left[\sum_{n=-\infty}^{+\infty}|q/c+n\rangle\right]\mathrm{e}^{-2\pi\mathrm{i}kq/c}\mathrm{d}(q/c)\\ &= \sqrt{2\pi}\int_0^c\left[\sum_{n=-\infty}^{+\infty}|2\pi(q/c+n)\rangle\right]\mathrm{e}^{-2\pi\mathrm{i}kq/c}\mathrm{d}(q/c)\\ &= \sqrt{2\pi}S_1^{-1}(2\pi)\,|p=-2\pi k\rangle\\ &= |p=-k\rangle.\end{aligned} \tag{3.146}$$

这就意味着

$$\int_0^c\left[\sum_{n=-\infty}^{+\infty}|2\pi(q/c+n)\rangle\right]\mathrm{e}^{-2\pi\mathrm{i}kq/c}\mathrm{d}(q/c) = \frac{1}{\sqrt{2\pi}}|p=-k\rangle. \tag{3.147}$$

再根据式 (3.140), 可得到它的逆变换

$$\sum_{n=-\infty}^{+\infty} |2\pi(q/c+n)\rangle = \frac{1}{\sqrt{2\pi}} \sum_{k=-\infty}^{+\infty} \mathrm{e}^{-2\pi \mathrm{i}kq/c} |p=k\rangle. \tag{3.148}$$

设 $b=2\pi/c$, 则上式变为

$$b^{1/2} \sum_{n=-\infty}^{+\infty} |qb+2\pi n\rangle = c^{-1/2} \sum_{k=-\infty}^{+\infty} \mathrm{e}^{-\mathrm{i}bqk} |k\rangle, \tag{3.149}$$

其中 $|k\rangle$ 是动量本征态. 特别地, 当 $q=0$ 时 , 式 (3.149) 退化为

$$b^{1/2} \sum_{n=-\infty}^{+\infty} |2\pi n\rangle = c^{-1/2} \sum_{k=-\infty}^{+\infty} |k\rangle. \tag{3.150}$$

这正是最初的泊松求和公式 (3.142), 这里 $bc=2\pi$. 因此, 我们称式 (3.148) 或 (3.149) 为广义泊松求和公式.

3.9.2 用广义泊松公式研究 $|k,q\rangle_c$ 态

在固体物理中, 萨克 (Zak) 曾引入所谓的 $|k,q\rangle$ 表象以用于描述布洛赫 (Bloch) 电子运动 [8]. 该表象就是一对可对易的算符的完备本征函数, 即

$$\left[\mathrm{e}^{\mathrm{i}P\cdot c}, \mathrm{e}^{\mathrm{i}Q\cdot b}\right] = 0 \quad (bc=2\pi), \tag{3.151}$$

其中 c 和 b 分别是晶格矢量和倒格子矢量, 而 P 与 Q 分别是动量和位置坐标. 此表象能够使电子的坐标确定到一个原子晶胞的范围内, 而同时使波函数限制在布里渊 (Brillouin) 区的范围中. 在一维情况下, 萨克的 $|kq\rangle$ 在坐标表象中为

$$\psi_{kq}(q') = \langle q' | k,q\rangle_c = b^{-1/2} \sum_{n=-\infty}^{+\infty} \delta(q'-q-nc) \mathrm{e}^{\mathrm{i}cnk}, \tag{3.152}$$

这里 k 标志着平移算符 $T(c)=\mathrm{e}^{\mathrm{i}Pc}$ 的本征值, 其取值为 $-\pi/c \sim \pi/c$, 即在第一布里渊区中的变化, 而 q 在一个原胞中取值 $(-\pi/b \leqslant q \leqslant \pi/b)$. 在文献 [9] 中, 已经得到 $|k,q\rangle_c$ 的动量表象展开为

$$|k,q\rangle_c = c^{-1/2} \sum_{n=-\infty}^{+\infty} |p+nb\rangle \mathrm{e}^{-\mathrm{i}qnb}\big|_{p=k}. \tag{3.153}$$

利用式 (3.145) 中的单模压缩算符, 式 (3.153) 可改写为

$$|k,q\rangle_c=(bc)^{-1/2}S_1(b)\sum_{n=-\infty}^{+\infty}\left|\frac{p}{b}+n\right\rangle \mathrm{e}^{-2\pi\mathrm{i}nq/c}. \tag{3.154}$$

然后利用动量表象中的平移算符

$$\hat{Q}|p\rangle=-\mathrm{i}\frac{\mathrm{d}}{\mathrm{d}p}|p\rangle, \tag{3.155}$$

进一步把式 (3.154) 改写为

$$|k,q\rangle_c=(bc)^{-1/2}S_1(b)\,\mathrm{e}^{\mathrm{i}p\hat{Q}/b}\sum_{n=-\infty}^{+\infty}|p=n\rangle\,\mathrm{e}^{-2\pi\mathrm{i}nq/c}. \tag{3.156}$$

现在, 利用广义泊松求和公式 (3.148) 以及式 (3.145), 有

$$\begin{aligned}|k,q\rangle_c&=\sqrt{2\pi}(bc)^{-1/2}S_1(b)\,\mathrm{e}^{\mathrm{i}p\hat{Q}/b}\sum_{n=-\infty}^{+\infty}|2\pi(q/c+n)\rangle\\&=S_1(b)\sum_{n=-\infty}^{+\infty}|2\pi(q/c+n)\rangle\,\mathrm{e}^{\mathrm{i}pcn+\mathrm{i}pq}\\&=b^{-1/2}\sum_{n=-\infty}^{+\infty}|2\pi(q/(bc)+n/b)\rangle\,\mathrm{e}^{\mathrm{i}pcn+\mathrm{i}pq}\\&=\mathrm{e}^{\mathrm{i}kq}b^{-1/2}\sum_{n=-\infty}^{+\infty}|q+nc\rangle\,\mathrm{e}^{\mathrm{i}kcn}.\end{aligned} \tag{3.157}$$

这正是 $|k,q\rangle_c$ 在坐标表象中的 kq 波函数. 因此在 $|k,q\rangle_c$ 的表象变换中, 广义泊松公式得到了充分应用.

下面计算变换矩阵元 ${}_c\langle k',q'|\exp(-\mathrm{i}Ht)|k,q\rangle_c$, $H=\dfrac{1}{2}(\hat{P}^2+\omega^2\hat{Q}^2)$. 由分解公式有

$$\mathrm{e}^{-\mathrm{i}\frac{1}{2}(\hat{P}^2+\omega^2\hat{Q}^2)t}=\mathrm{e}^{\frac{\hat{P}^2}{2\mathrm{i}\omega}\tan\omega t}\,\mathrm{e}^{\frac{\mathrm{i}}{2}(\hat{Q}\hat{P}+\hat{P}\hat{Q})\ln\cos\omega t}\,\mathrm{e}^{\frac{\omega\hat{Q}^2}{2\mathrm{i}}\tan\omega t}. \tag{3.158}$$

利用式 (3.153) 和 (3.156), 我们有

$$\begin{aligned}&{}_c\langle k',q'|\mathrm{e}^{-\mathrm{i}Ht}|k,q\rangle_c\\&=(bc)^{-1/2}\sum_{m=-\infty}^{+\infty}\langle k'+mb|\,\mathrm{e}^{\mathrm{i}q'mb}\mathrm{e}^{-\mathrm{i}Ht}\sum_{n=-\infty}^{+\infty}|q+nc\rangle\,\mathrm{e}^{\mathrm{i}kcn}\end{aligned}$$

$$= (bc)^{-1/2} \sum_{n,m=-\infty}^{+\infty} \mathrm{e}^{\mathrm{i}q'mb+\mathrm{i}kcn}\mathrm{e}^{\left[\frac{(k'+mb)^2}{2\mathrm{i}\omega}+\frac{\omega(q+nc)^2}{2\mathrm{i}}\right]\tan\omega t}$$
$$\times \langle k'+mb|\mathrm{e}^{\frac{\mathrm{i}}{2}(\hat{Q}\hat{P}+\hat{P}\hat{Q})\ln\cos\omega t}|q+nc\rangle. \tag{3.159}$$

根据压缩变换

$$\mathrm{e}^{\frac{\mathrm{i}}{2}(\hat{Q}\hat{P}+\hat{P}\hat{Q})\ln\cos\omega t}|q+nc\rangle = (\mathrm{sech}^{1/2}\omega t)\,|(q+nc)/\cos\omega t\rangle, \tag{3.160}$$

导出

$$\langle k'+mb|\mathrm{e}^{\frac{\mathrm{i}}{2}(\hat{Q}\hat{P}+\hat{P}\hat{Q})\ln\cos\omega t}|q+nc\rangle$$
$$= (\mathrm{sech}^{1/2}\omega t)\,\langle k'+mb|\,(q+nc)/\cos\omega t\rangle$$
$$= \frac{1}{\sqrt{2\pi}}(\mathrm{sech}^{1/2}\omega t)\mathrm{e}^{-\mathrm{i}(k'+mb)(q+nc)/\cos\omega t}. \tag{3.161}$$

将式 (3.161) 代入式 (3.159), 最终得到

$$_c\langle k',q'|\mathrm{e}^{-\mathrm{i}Ht}|k,q\rangle_c$$
$$= (2\pi)^{-1} \sum_{n,m=-\infty}^{+\infty} \mathrm{e}^{\mathrm{i}q'mb+\mathrm{i}kcn}\mathrm{e}^{\left[\frac{(k'+mb)^2}{2\mathrm{i}\omega}+\frac{\omega(q+nc)^2}{2\mathrm{i}}\right]\tan\omega t-\mathrm{i}(k'+mb)(q+nc)/\cos\omega t}. \tag{3.162}$$

3.9.3　$|k,q\rangle_c$ 表象中的压缩

我们考虑从 $|k,q\rangle_c$ 到 $|k\mu,q/\mu\rangle_{c/\mu}$ 的跃变, 它反映了晶格常数 c 被压缩 (或伸长) 了 μ 倍, 于是 k 和 q 也作相应的改变, 可以建立积分型算符

$$U \equiv \frac{1}{\sqrt{\mu}}\int_{-\pi/c}^{\pi/c}\mathrm{d}k\int_{-\pi/b}^{\pi/b}\mathrm{d}q\,|k\mu,q/\mu\rangle_{c'}\ {}_c\langle k,q| \quad \left(c'=\frac{c}{\mu}\right), \tag{3.163}$$

其中 $1/\sqrt{\mu}$ 是为了使 U 幺正而引入的. 将式 (3.157) 代入式 (3.163), 并用 IWOP 技术积分, 则有

$$U = b^{-1}\mu^{-1/2} \sum_{n,n'=-\infty}^{+\infty} \int_{-\pi/c}^{\pi/c}\mathrm{d}k\mathrm{e}^{\mathrm{i}k(n-n')c}\int_{-\pi/b}^{\pi/b}\mathrm{d}q\left|\frac{q+nc}{\mu}\right\rangle\langle q+n'c|$$

$$
\begin{aligned}
&= \mu^{-1/2} \sum_{n=-\infty}^{+\infty} \int_{-\pi/b}^{\pi/b} \mathrm{d}q \left| \frac{q+nc}{\mu} \right\rangle \langle q+n'c| \\
&= \mu^{-1/2} \sum_{n=-\infty}^{+\infty} \int_{-\pi(2n-1)/b}^{\pi(2n+1)/b} \mathrm{d}x \colon \mathrm{e}^{-\frac{1}{2}x^2\left(1+\frac{1}{\mu^2}\right)+\sqrt{2}x\left(\frac{a^\dagger}{\mu}+a\right)-\frac{1}{2}(a+a^\dagger)^2} \colon \\
&= \mathrm{sech}^{1/2}\lambda \mathrm{e}^{-\frac{a^{\dagger 2}}{2}\tanh\lambda} \colon \mathrm{e}^{a^\dagger a(\mathrm{sech}\lambda-1)} \colon \mathrm{e}^{\frac{a^2}{2}\tanh\lambda},
\end{aligned} \tag{3.164}
$$

其中 $\mu = \mathrm{e}^{\lambda}$. 这正是前述的量子光学中常见的压缩算符, 可见从态矢 $|k,q\rangle_c$ 到 $|k\mu,q/\mu\rangle_{c/\mu}$ 的跃变也是由压缩算符生成的, 也就说明了式 (3.163) 是压缩算符的 (k,q) 表示.

3.10 压缩参量与平移参量相关的压缩态

根据相干态完备性的纯高斯积分形式, 构造如下形式:

$$
\begin{aligned}
1 &= \int \frac{\mathrm{d}^2 z}{\pi} \colon \mathrm{e}^{-(z^*-fa^\dagger-g^*a)(z-f^*a-ga^\dagger)} \colon \\
&= \int \frac{\mathrm{d}^2 z}{\pi} \mathrm{e}^{-|z|^2/2+a^\dagger(fz+gz^*)-fga^{\dagger 2}} \colon \mathrm{e}^{-(|f|^2+|g|^2)a^\dagger a} \colon \mathrm{e}^{-|z|^2/2+a(f^*z^*+g^*z)-f^*g^*a^2}.
\end{aligned} \tag{3.165}
$$

对于特殊情况 $|f|^2+|g|^2=1$, 考虑到 $|0\rangle\langle 0| = \colon \mathrm{e}^{-a^\dagger a} \colon$, 则式 (3.165) 可改写成

$$
1 = \int \frac{\mathrm{d}^2 z}{\pi} |z\rangle_g {}_g\langle z|, \tag{3.166}
$$

其中

$$
|z\rangle_g \equiv \mathrm{e}^{-|z|^2/2+a^\dagger(fz+gz^*)-fga^{\dagger 2}} |0\rangle, \tag{3.167}
$$

式中 f,g 是平移参量, 而 fg 是一个压缩参量, 所以称之为压缩参量与平移参量相关的态. 根据相干态的完备性 $\int \frac{\mathrm{d}^2\beta}{\pi} |\beta\rangle\langle\beta| = 1$, 以及内积

$$
\langle\beta| z\rangle_g = \exp\left[-\frac{|\beta|^2+|z|^2}{2} + (fz+gz^*)\beta^* - fg\beta^{*2}\right], \tag{3.168}
$$

有

$$\begin{aligned}{}_g\langle z|z\rangle_g &= {}_g\langle z|\int\frac{d^2\beta}{\pi}|\beta\rangle\langle\beta|z\rangle_g \\ &= e^{-|z|^2}\int\frac{d^2\beta}{\pi}e^{-|\beta|^2+(fz+gz^*)\beta^*-fg\beta^{*2}+(f^*z^*+g^*z)\beta-f^*g^*\beta^2} \\ &= \frac{1}{\sqrt{1-4|fg|^2}},\end{aligned} \tag{3.169}$$

这里用到了数学积分公式

$$\int\frac{d^2z}{\pi}e^{\zeta|z|^2+\xi z+\eta z^*+fz^2+gz^{*2}} = \frac{1}{\sqrt{\zeta^2-4fg}}e^{\frac{-\zeta\xi\eta+\xi^2 g+\eta^2 f}{\zeta^2-4fg}}. \tag{3.170}$$

由此得到归一化的态矢 $\|z\rangle_g = (1-4|fg|^2)^{-1/4}e^{-|z|^2/2+a^\dagger(fz+gz^*)-fga^{\dagger 2}}|0\rangle$.

将 a 作用于 $\|z\rangle_g$, 有

$$a\|z\rangle_g = \left[(fz+gz^*)-2fga^\dagger\right]\|z\rangle_g, \tag{3.171}$$

即 $|z\rangle_g$ 满足

$$\frac{a+2fga^\dagger}{\sqrt{1-4|fg|^2}}|z\rangle_g = \left(\frac{fz+gz^*}{\sqrt{1-4|fg|^2}}\right)|z\rangle_g. \tag{3.172}$$

如果令 $\dfrac{a+2fga^\dagger}{\sqrt{1-4|fg|^2}} \equiv a'$, 也有 $\left[a', a'^\dagger\right] = 1$, $|z\rangle_g$ 正是一个压缩态.

在 $|z\rangle_g$ 表象中构建如下 ket-bra 积分形式:

$$U_g(r,s) = \sqrt{ss^*}\int\frac{d^2z}{\pi}|sz-rz^*\rangle_g\, {}_g\langle z|, \tag{3.173}$$

式中 s, r 是复数, 且满足

$$|s|^2-|r|^2 = 1. \tag{3.174}$$

将式 (3.167) 代入式 (3.173), 并用 IWOP 技术积分, 则由式 (3.170), 得到

$$\begin{aligned}U_g(r,s) &= \sqrt{ss^*}\int\frac{d^2z}{\pi}|sz-rz^*\rangle_g\, {}_g\langle z| \\ &= \sqrt{ss^*}\int\frac{d^2z}{\pi} : \exp\left[-\frac{1}{2}|sz-rz^*|^2-\frac{|z|^2}{2}+\left[f(sz-rz^*)+g(sz-rz^*)^*\right]a^\dagger\right.\end{aligned}$$

$$-fga^{\dagger 2}+(f^*z^*+g^*z)a-f^*g^*a^2-a^\dagger a:\Big]$$

$$=\mathrm{e}^{\left(-\frac{f^2r}{2s^*}-\frac{g^2r^*}{2s}\right)a^{\dagger 2}}:\mathrm{e}^{\left(\frac{|f|^2}{s^*}+\frac{|g|^2}{s}-1\right)a^\dagger a}:\mathrm{e}^{\left(\frac{f^{*2}r^*}{2s^*}+\frac{g^{*2}r}{2s}\right)a^2}. \tag{3.175}$$

再利用 $\mathrm{e}^{\lambda a^\dagger a}=:\mathrm{e}^{\mathrm{e}^\lambda-1}a^\dagger a:$, 上式即变为

$$U_g(r,s)=\mathrm{e}^{\left(-\frac{f^2r}{2s^*}-\frac{g^2r^*}{2s}\right)a^{\dagger 2}}\mathrm{e}^{a^\dagger a\ln\left(\frac{|f|^2}{s^*}+\frac{|g|^2}{s}\right)}\mathrm{e}^{\left(\frac{f^{*2}r^*}{2s^*}+\frac{g^{*2}r}{2s}\right)a^2}. \tag{3.176}$$

易证明 $U_g(r,s)$ 是幺正算符, 即 $U_g^\dagger(r,s)=U_g^{-1}(r,s)$. 特别地, 当取 $g=0,\ f=1$ 时, 上式就变成

$$U_{g=0}(r,s)=\sqrt{s^*}U(r,s), \tag{3.177}$$

其中

$$\begin{aligned}U(r,s)&=\sqrt{s}\int\frac{\mathrm{d}^2z}{\pi}|sz-rz^*\rangle\langle z|\\&=\mathrm{e}^{\left(-\frac{r}{2s^*}\right)a^{\dagger 2}}\mathrm{e}^{\left(a^\dagger a+\frac{1}{2}\right)\ln\frac{1}{s^*}}\mathrm{e}^{\left(\frac{r^*}{2s^*}\right)a^2}\end{aligned} \tag{3.178}$$

是菲涅耳算符 [10,11]. 当取 $g=1,\ f=0$ 时,

$$U_{g=1}(r,s)=\sqrt{s}U(r^*,s^*). \tag{3.179}$$

因此, 称 $U_g(r,s)$ 为广义菲涅耳算符.

3.11 相应于非简并参量放大器哈密顿量的热真空态

我们已经知道, 在热场动力学理论中, 可以将对温度 T 下的系综平均转化为相应的纯态下的期望值, 其代价是原来体系的自由度加倍, 从而使得热真空态中的期望值和统计平均值相等, 即

$$\langle 0(\beta)|\hat{A}|0(\beta)\rangle=\mathrm{tr}(\hat{A}\mathrm{e}^{-\beta H})/(\mathrm{tr}\,\mathrm{e}^{-\beta H}), \tag{3.180}$$

式中 $|0(\beta)\rangle$ 为温度 T 时的真空态 , $\beta=1/(k_\mathrm{B}T)$(k_B 是玻尔兹曼常数), H 为体系的哈密顿量. 具体来说, 对于自由玻色子系综, 其哈密顿量 $H=\hbar\omega a^\dagger a$ 时, 引入了

"虚模" 的 $\tilde{a}$ 模, 由高桥 (Takahashi) 和梅泽 (Umezama) 定义的热真空为

$$|0(\beta)\rangle = \mathrm{sech}\theta \exp\left(a^{\dagger}\tilde{a}^{\dagger}\tanh\theta\right)\left|0,\tilde{0}\right\rangle = S(\theta)\left|0,\tilde{0}\right\rangle, \tag{3.181}$$

其中真空态 $\left|0,\tilde{0}\right\rangle$ 被 $a,\tilde{a}$ 湮灭, $S(\theta)=\exp\left[\theta(a^{\dagger}\tilde{a}^{\dagger}-a\tilde{a})\right]$ 称为热变换算符, 它把零温度下的真空态变成有限温度的热真空态, θ 是与温度有关的参量, $\tanh\theta = \exp\left(-\dfrac{\hbar\omega}{2k_{\mathrm{B}}T}\right)$. 有个问题自然出现了, 即对于对应非简并参量放大器的哈密顿量

$$H=\omega a^{\dagger}a+\kappa^{*}a^{2}+\kappa a^{\dagger 2}, \tag{3.182}$$

相应的热真空态 (记为 $|\phi(\beta)\rangle$) 的形式是什么呢? 式 (3.182) 所对应的归一化密度算符 ρ 为

$$(\mathrm{tr}\ \mathrm{e}^{-\beta H})\rho=\mathrm{e}^{-\beta(\omega a^{\dagger}a+\kappa^{*}a^{2}+\kappa a^{\dagger 2})}. \tag{3.183}$$

根据 su(1,1) 分解, 能得到广义的算符恒等式

$$\mathrm{e}^{fa^{\dagger}a+\kappa a^{2}+ga^{\dagger 2}}=\mathrm{e}^{-f/2}\mathrm{e}^{\frac{ga^{\dagger 2}}{\Delta\coth\Delta-f}}\mathrm{e}^{(a^{\dagger}a+\frac{1}{2})\ln\frac{\Delta\,\mathrm{sech}\Delta}{\Delta-f\tanh\Delta}}\mathrm{e}^{\frac{\kappa a^{2}}{\Delta\coth\Delta-f}}, \tag{3.184}$$

式中 $\Delta^{2}=f^{2}-4\kappa g$. 根据上式, 式 (3.183) 变为

$$(\mathrm{tr}\mathrm{e}^{-\beta H})\rho=\sqrt{\lambda\mathrm{e}^{\beta\omega}}\mathrm{e}^{E^{*}a^{\dagger 2}}\mathrm{e}^{a^{\dagger}a\ln\lambda}\mathrm{e}^{Ea^{2}}, \tag{3.185}$$

其中 $D^{2}=\omega^{2}-4|\kappa|^{2}$, $\lambda=D/(\omega\sinh\beta D+D\cosh\beta D)$, $E=-(\lambda/D)\kappa\sinh\beta D$. 由公式 $\mathrm{e}^{\lambda a^{\dagger}a}=:\exp\left[\left(\mathrm{e}^{\lambda}-1\right)a^{\dagger}a\right]:$ 以及 $|0\rangle\langle 0|=:\mathrm{e}^{-a^{\dagger}a}:$, 有

$$\begin{aligned}\left(\mathrm{tr}\mathrm{e}^{-\beta H}\right)\rho &= \sqrt{\lambda\mathrm{e}^{\beta\omega}}\mathrm{e}^{E^{*}a^{\dagger 2}}:\mathrm{e}^{(\lambda-1)a^{\dagger}a}:\mathrm{e}^{Ea^{2}}\\ &= \sqrt{\lambda\mathrm{e}^{\beta\omega}}\int\frac{\mathrm{d}^{2}z}{\pi}\langle\tilde{z}|\mathrm{e}^{E^{*}a^{\dagger 2}+\sqrt{\lambda}z^{*}a^{\dagger}}\left|0\tilde{0}\right\rangle\left\langle 0\tilde{0}\right|\mathrm{e}^{Ea^{2}+\sqrt{\lambda}za}|\tilde{z}\rangle\\ &= \sqrt{\lambda\mathrm{e}^{\beta\omega}}\widetilde{\mathrm{tr}}\left(\mathrm{e}^{E^{*}a^{\dagger 2}+\sqrt{\lambda}\tilde{a}^{\dagger}a^{\dagger}}\left|0\tilde{0}\right\rangle\left\langle 0\tilde{0}\right|\mathrm{e}^{Ea^{2}+\sqrt{\lambda}\tilde{a}a}\right)\\ &\equiv \left(\mathrm{tr}\mathrm{e}^{-\beta H}\right)\widetilde{\mathrm{tr}}\left(|\phi(\beta)\rangle\langle\phi(\beta)|\right).\end{aligned} \tag{3.186}$$

这里用了虚模相干态 $|\tilde{z}\rangle$ 的完备性和部分求迹方法 [12,15], 即

$$\langle\hat{A}\rangle=\langle\psi(\beta)|\hat{A}|\psi(\beta)\rangle=\mathrm{Tr}[\hat{A}|\psi(\beta)\rangle\langle\psi(\beta)|]=\mathrm{tr}[\hat{A}\widetilde{\mathrm{tr}}|\psi(\beta)\rangle\langle\psi(\beta)|], \tag{3.187}$$

式中 $\mathrm{Tr}=\mathrm{tr}\widetilde{\mathrm{tr}}$ 表示对实模 tr 与虚模 $\widetilde{\mathrm{tr}}$ 都取迹. 注意 $\widetilde{\mathrm{tr}}|\psi(\beta)\rangle\langle\psi(\beta)|\neq\langle\psi(\beta)|\psi(\beta)\rangle$, 这是由于 $|\psi(\beta)\rangle$ 包含实模与虚模. 与 $\langle\hat{A}\rangle=\mathrm{tr}(\hat{A}\mathrm{e}^{-\beta H})/\left(\mathrm{tr}\mathrm{e}^{-\beta H}\right)$ 相比较, 有

$$\widetilde{\mathrm{tr}}\left[|\psi(\beta)\rangle\langle\psi(\beta)|\right]=\frac{\mathrm{e}^{-\beta H}}{\mathrm{tr}\mathrm{e}^{-\beta H}}. \tag{3.188}$$

根据式 (3.186), 相应于哈密顿量 $H=\omega a^{\dagger}a+\kappa^{*}a^{2}+\kappa a^{\dagger 2}$ 的热真空纯态可表示为

$$|\phi(\beta)\rangle=\sqrt{\frac{\lambda^{1/2}\mathrm{e}^{\beta\omega/2}}{\mathrm{tr}\,\mathrm{e}^{-\beta H}}}\mathrm{e}^{E^{*}a^{\dagger 2}+\sqrt{\lambda}\tilde{a}^{\dagger}a^{\dagger}}\left|0\tilde{0}\right\rangle, \tag{3.189}$$

它具有压缩态的形式. 根据相干态完备性以及式 (3.170), 有

$$\begin{aligned} Z(\beta)&=\mathrm{tr}\,\mathrm{e}^{-\beta H}\\ &=\mathrm{tr}(\sqrt{\lambda\mathrm{e}^{\beta\omega}}\mathrm{e}^{E^{*}a^{\dagger 2}}:\mathrm{e}^{(\lambda-1)a^{\dagger}a}:\mathrm{e}^{Ea^{2}})\\ &=\frac{\mathrm{e}^{\beta\omega/2}}{2\sinh(\beta D/2)}. \end{aligned} \tag{3.190}$$

因此, 式 (3.189) 的归一化形式为

$$|\phi(\beta)\rangle=\sqrt{2\lambda^{1/2}\sinh(\beta D/2)}\mathrm{e}^{E^{*}a^{\dagger 2}+\sqrt{\lambda}\tilde{a}^{\dagger}a^{\dagger}}\left|0\tilde{0}\right\rangle, \tag{3.191}$$

由此可以得到系统的内能为

$$\langle H\rangle_{\mathrm{e}}=-\frac{\partial}{\partial\beta}\ln Z(\beta)=\frac{D\coth(\beta D/2)-\omega}{2}, \tag{3.192}$$

相应的熵为

$$S=\frac{D}{2T}\coth(\beta D/2)-\kappa\ln[2\sinh(\beta D/2)]. \tag{3.193}$$

参考文献

[1] Fan H Y, Zaidi H R, Klauder J R. New approach for calculating the normally ordered form of squeeze operators [J]. Phys. Rev. D, 1987, 35 (6): 1831~1834.

[2] Fan H Y, VanderLinde J. Simple approach to the wave function of one-and two-mode squeezed states [J]. Phys. Rev. A, 1989, 39 (3): 1552~1555.

[3] Fan H Y, Zaidi H R. A new approach for the calculation of Frank-Condon factors [J]. Int. J. Quant. Chem., 1989, 35: 277~282.

[4] Fan H Y, Zaidi H R. Squeezing and frequency jump of a harmonic oscillator [J]. Phys. Rev. A, 1988, 37: 2985~2988.

[5] Tang X B, Xu X F, Fan H Y. Normally-ordered time evolution operator for mass-varying harmonic oscillator and Wigner function of squeezed number state [J]. Commun. Theor. Phys., 2010, 54 (1): 67~72.

[6] Fan H Y. Bosonic operator realization of Hamiltonian for a superconducting quantum interference device [J]. Commun. Theor. Phys., 2004, 41 (6): 878~880.

[7] Fan H Y, Ma S J. New Poisson sum formula derived by squeezing transformation in quantum optics [J]. Commun. Theor. Phys., 2010, 53 (4): 637~639.

[8] Zak J. Phase-space distribution functions and the quasimomentum-quasicoordinate representation [J]. Phys. Rev. A, 1992, 50: 3540~3546.

[9] Fan H Y. Squeezing in Zak's kq representation [J]. Phys. Rev. A, 1994, 50: 5342~5345.

[10] Fan H Y, Hu L Y. Fresnel-transform's quantum correspondence and quantum optical ABCD law [J]. Chin. Phys. Lett., 2007, 24: 2238~2241.

[11] Fan H Y, Hu L Y. ABCD rule involved in the product of general SU(1,1) squeezing operators and quantum states' Fresnel transformation [J]. Opt. Commun., 2008, 281: 1629~1634.

[12] Hu L Y, Fan H Y. Generalized thermo vacuum state derived by the partial trace method [J]. Chin. Phys. Lett., 2009, 26: 090307.

[13] Fan H Y, Liang B L, Wang J S. Number-phase quantization scheme for L-C circuit [J]. Commun. Theor. Phy., 2007, 48: 1038~1040.

[14] Fan H Y, Wang T T, Wang J S. On Bosonic magnetic flux operator and Bosonic farady operator formula [J]. Commun. Theor. Phy., 2007, 47: 1010~1040.

[15] Fan H Y, Tang X B, Hu L Y. Partial trace method for deriving density operators of light field [J]. Commun. Theor. Phy., 2010，53：45.

第 4 章　相干态与压缩态的威格纳函数

本章从威格纳函数的观点来研究相干态与压缩态，并给出威格纳算符与外尔对应的自洽理论，以及外尔编序算符内的积分技术的若干应用.

4.1　如何直接引入威格纳算符与威格纳函数

量子态的本性及其演化是由系统的哈密顿量决定的，例如，粒子数态是谐振子哈密顿量的本征态，相干态是有外源的谐振子的本征态等，所以分析量子态的性质也可以从分析量子哈密顿量 H 的经典对应的表达式出发. 用坐标表象和动量表象完备性的纯高斯积分形式

$$\frac{1}{\sqrt{\pi}} \colon \mathrm{e}^{-(p-\hat{P})^2} \colon = |p\rangle\langle p|, \quad \frac{1}{\sqrt{\pi}} \colon \mathrm{e}^{-(x-\hat{X})^2} \colon = |x\rangle\langle x|, \tag{4.1}$$

我们拼凑一个正规乘积内的高斯型算符:

$$\frac{1}{\pi} \colon \mathrm{e}^{-(x-\hat{X})^2-(p-\hat{P})^2} \colon \equiv \Delta(x,p), \tag{4.2}$$

易知它满足如下积分:

$$\frac{1}{\pi}\int_{-\infty}^{+\infty} \mathrm{d}x\mathrm{d}p \colon \mathrm{e}^{-(x-\hat{X})^2-(p-\hat{P})^2} \colon = 1. \tag{4.3}$$

这就表明了在 x-p 相空间中算符 $\Delta(x,p)$ 可构成完备基，所以任一算符 H 可以以此基展开为

$$H = \int_{-\infty}^{+\infty} \mathrm{d}x\mathrm{d}p\Delta(x,p)h(x,p), \tag{4.4}$$

其中 $h(x,p)$ 称为 H 的经典对应. 它表明 $h(x,p)$ 与 $H(\hat{X},\hat{P})$ 的对应是通过一个积分核威格纳算符 $\Delta(x,p)$ 相联系的 (以下我们要说明式 (4.4) 正好是外尔对应 [1,2]). 运用正规乘积内的积分技术, 可知

$$\begin{aligned}\Delta(x,p) &= \frac{1}{\pi} : \mathrm{e}^{-(x-\hat{X})^2-(p-\hat{P})^2} : \\ &= \int_{-\infty}^{+\infty} \frac{\mathrm{d}u\mathrm{d}v}{4\pi^2} : \mathrm{e}^{\mathrm{i}(x-\hat{X})u+\mathrm{i}(p-\hat{P})v-\frac{u^2+v^2}{4}} : .\end{aligned} \tag{4.5}$$

再由 $[\hat{X},\hat{P}]=\mathrm{i}$ 以及贝尔–豪斯多夫公式, 得到

$$\begin{aligned}\Delta(x,p) &= \int \frac{\mathrm{d}u\mathrm{d}v}{4\pi^2} \mathrm{e}^{\mathrm{i}(x-\hat{X})u+\mathrm{i}(p-\hat{P})v} \\ &= \int \frac{\mathrm{d}u\mathrm{d}v}{4\pi^2} \mathrm{e}^{\mathrm{i}pv} \mathrm{e}^{-\mathrm{i}\hat{P}(v/2)} \mathrm{e}^{\mathrm{i}(x-\hat{X})u} \mathrm{e}^{-\mathrm{i}\hat{P}(v/2)}.\end{aligned} \tag{4.6}$$

进一步, 利用 $\mathrm{e}^{-\mathrm{i}\hat{P}(v/2)}|x\rangle = |x+v/2\rangle$ 和 $\int_{-\infty}^{+\infty}\frac{\mathrm{d}u}{2\pi}\mathrm{e}^{\mathrm{i}(x-\hat{X})u} = \delta(x-\hat{X}) = |x\rangle\langle x|$, 上式变为

$$\begin{aligned}\Delta(x,p) &= \int \frac{\mathrm{d}v}{2\pi} \mathrm{e}^{\mathrm{i}pv} \mathrm{e}^{-\mathrm{i}\hat{P}(v/2)} |x\rangle\langle x| \mathrm{e}^{-\mathrm{i}\hat{P}(v/2)} \\ &= \int \frac{\mathrm{d}v}{2\pi} \mathrm{e}^{\mathrm{i}pv} \left|x+\frac{v}{2}\right\rangle\left\langle x-\frac{v}{2}\right|.\end{aligned} \tag{4.7}$$

这恰好是以往文献中常出现的威格纳算符的坐标表象 [3~5], 而在这里我们是通过 $\frac{1}{\pi} : \mathrm{e}^{-(x-\hat{X})^2-(p-\hat{P})^2} : \equiv \Delta(x,p)$ 来引入的. 这样做的优越性在于: 立刻可见它关于 x 和 p 的边缘积分分别为

$$\int_{-\infty}^{+\infty} \mathrm{d}x \Delta(x,p) = \frac{1}{\sqrt{\pi}} : \mathrm{e}^{-(p-\hat{P})^2} : = |p\rangle\langle p| \tag{4.8}$$

和

$$\int_{-\infty}^{+\infty} \mathrm{d}p \Delta(x,p) = \frac{1}{\sqrt{\pi}} : \mathrm{e}^{-(x-\hat{X})^2} : = |x\rangle\langle x|. \tag{4.9}$$

所以对于任一纯态密度矩阵 $\rho=|\psi\rangle\langle\psi|$, 有

$$\int_{-\infty}^{+\infty} \mathrm{d}x \langle\psi| \Delta(x,p) |\psi\rangle = |\psi(p)|^2 \tag{4.10}$$

和

$$\int_{-\infty}^{+\infty} \mathrm{d}p \langle\psi| \Delta(x,p) |\psi\rangle = |\psi(x)|^2. \tag{4.11}$$

即它的边缘分布正好分别是在坐标空间和动量空间找到粒子的概率, 这正是 1932 年威格纳最初构造准概率分布函数的思想 [7], 鉴于不能同时精确地测量粒子的坐标和动量, 何不引入一个函数, 使它的边缘分布分别为 $|\psi(x)|^2$ 和 $|\psi(p)|^2$? 由式 (4.7) 给出的威格纳函数的形式就是 (补上 $\hbar$)

$$\begin{aligned} W(x,p) &= \operatorname{tr}\left[\rho\Delta(x,p)\right] = \langle\psi|\,\Delta(x,p)\,|\psi\rangle \\ &= \frac{1}{2\pi\hbar}\int \mathrm{d}v\mathrm{e}^{-\mathrm{i}pv/\hbar}\psi^*(x-v/2)\,\psi(x+v/2), \end{aligned} \tag{4.12}$$

所以式 (4.2) 是引入威格纳算符与威格纳函数的直接途径.

把式 (4.12) 视为傅里叶变换, 则其反变换为

$$\psi^*(x-v/2)\,\psi(x+v/2) = \int \mathrm{d}p\mathrm{e}^{\mathrm{i}pv/\hbar}W(x,p). \tag{4.13}$$

当取 $x = v/2$ 时, 上式变为

$$\psi^*(0)\,\psi(v) = \int \mathrm{d}p\mathrm{e}^{\mathrm{i}pv/\hbar}W(v/2,p). \tag{4.14}$$

令 $\psi(0) \equiv |\psi(0)|\,\mathrm{e}^{\mathrm{i}S(0)/\hbar}$, 并把 v 换成 x, 则得

$$\psi(x) = \frac{\mathrm{e}^{\mathrm{i}S(0)/\hbar}}{|\psi(0)|}\int \mathrm{d}p\mathrm{e}^{\mathrm{i}px/\hbar}W(x/2,p). \tag{4.15}$$

当威格纳函数可测时, 就可由上式求出波函数 $\psi(x)$, 这是威格纳函数的另一种用途.

4.2 正定的广义威格纳算符

从式 (4.2) 可见, 令 $\alpha = (x+\mathrm{i}p)/\sqrt{2}$, 则有

$$\begin{aligned} \Delta(x,p) &= \frac{1}{\pi} : \mathrm{e}^{-2(\alpha^*-a^\dagger)(\alpha-a)} : = \frac{1}{\pi}\mathrm{e}^{2a^\dagger\alpha} : \mathrm{e}^{-2a^\dagger a} : \mathrm{e}^{2\alpha^* a-2|\alpha|^2} \\ &= \frac{1}{\pi}D(2\alpha)\,(-1)^{\hat{N}} \quad (\hat{N} = a^\dagger a), \end{aligned} \tag{4.16}$$

式中 $D(\alpha)=\mathrm{e}^{\alpha a^\dagger-\alpha^* a}$ 为平移算符. 其特殊的例子是

$$\varDelta(0,0)=\frac{1}{\pi}:\mathrm{e}^{-2a^\dagger a}:\equiv\frac{1}{\pi}(-1)^{\hat{N}}. \tag{4.17}$$

从上式可以看出, 宇称算符 $(-1)^{\hat{N}}$ 的存在, 才使得威格纳函数不正定, 所以就不能将威格纳函数认定为概率分布函数, 而只能称为准概率分布函数. 为了改善这种情况, 范洪义等引入了一个实参数 κ, 把式 (4.2) 变为

$$\frac{\sqrt{\kappa}}{\pi(1+\kappa)}:\mathrm{e}^{-\frac{\kappa}{1+\kappa}(x-\hat{X})^2-\frac{1/\kappa}{1+1/\kappa}(p-\hat{P})^2}:\equiv\varDelta_\kappa(x,p). \tag{4.18}$$

可见分别含坐标与动量的两个指数因子的区别是 $\kappa,1/\kappa$. $\varDelta_\kappa(x,p)$ 的边缘分布为

$$\begin{aligned}\int_{-\infty}^{+\infty}\mathrm{d}x\varDelta_\kappa(x,p)&=\frac{1}{\sqrt{\pi(1+\kappa)}}:\mathrm{e}^{-\frac{1/\kappa}{1+1/\kappa}(p-\hat{P})^2}:\\&=\frac{1}{\sqrt{\pi\kappa}}\mathrm{e}^{-(p-\hat{P})^2/\kappa},\end{aligned} \tag{4.19}$$

这里用了算符恒等式

$$\mathrm{e}^{\lambda(p-\hat{P})^2}=\frac{1}{\sqrt{1-\lambda}}:\mathrm{e}^{\frac{\lambda}{1-\lambda}(p-\hat{P})^2}:. \tag{4.20}$$

另外, 利用恒等式

$$\mathrm{e}^{\lambda(x-\hat{X})^2}=\frac{1}{\sqrt{1-\lambda}}:\mathrm{e}^{\frac{\lambda}{1-\lambda}(x-\hat{X})^2}:, \tag{4.21}$$

可得

$$\int_{-\infty}^{+\infty}\mathrm{d}p\varDelta_\kappa(x,p)=\sqrt{\frac{\kappa}{\pi(1+\kappa)}}:\mathrm{e}^{-\frac{\kappa}{1+\kappa}(x-\hat{X})^2}:=\sqrt{\frac{\kappa}{\pi}}\mathrm{e}^{-\kappa(x-\hat{X})^2}. \tag{4.22}$$

于是, 量子力学态矢 $|\psi\rangle$ 的广义威格纳函数在动量 p 方向上的边缘分布为

$$\langle\psi|\int_{-\infty}^{+\infty}\mathrm{d}x\varDelta_\kappa(x,p)|\psi\rangle=\frac{1}{\sqrt{\pi\kappa}}\int\mathrm{d}p'\mathrm{e}^{-(p'-p)^2/\kappa}|\psi(p')|^2. \tag{4.23}$$

可见把 $|\psi\rangle$ 的动量表象波函数用高斯函数 $\mathrm{e}^{-(p'-p)^2/\kappa}$“光滑”了; 而在 x 方向上的边缘分布为

$$\langle\psi|\int_{-\infty}^{+\infty}\mathrm{d}p\varDelta_\kappa(x,p)|\psi\rangle=\sqrt{\frac{\kappa}{\pi}}\int\mathrm{d}x'\mathrm{e}^{-\kappa(x'-x)^2}|\psi(x')|^2. \tag{4.24}$$

$|\psi(x')|^2$ 被高斯函数 $\mathrm{e}^{-\kappa(x'-x)^2}$"光滑" 了, 所以称 κ 为高斯展宽参数, 它决定了相空间中 x 值与 p 值的相对分辨率.

利用下列关系:

$$\hat{X}=\frac{a+a^\dagger}{\sqrt{2}},\quad \hat{P}=\frac{a-a^\dagger}{\mathrm{i}\sqrt{2}},\tag{4.25}$$

以及 $|0\rangle\langle 0|=:\mathrm{e}^{-a^\dagger a}:$, 可将式 (4.18) 的左边分解为纯态的形式:

$$\begin{aligned}\Delta_\kappa(x,p)&=\frac{\sqrt{\kappa}}{\pi(1+\kappa)}:\mathrm{e}^{-\frac{\kappa}{1+\kappa}(x-\hat{X})^2-\frac{1}{1+\kappa}(p-\hat{P})^2}:\\&=\frac{\sqrt{\kappa}}{\pi(1+\kappa)}\mathrm{e}^{\left(\frac{\sqrt{2}\kappa x}{1+\kappa}+\frac{\mathrm{i}\sqrt{2}p}{1+\kappa}\right)a^\dagger-\frac{\kappa-1}{2(1+\kappa)}a^{\dagger 2}}|0\rangle\langle 0|\mathrm{e}^{\left(\frac{\sqrt{2}\kappa x}{1+\kappa}-\frac{\mathrm{i}\sqrt{2}p}{1+\kappa}\right)a-\frac{\kappa-1}{2(1+\kappa)}a^2-\frac{\kappa x^2+p^2}{1+\kappa}}\\&\equiv\frac{\sqrt{\kappa}}{\pi(1+\kappa)}|x,p,\kappa\rangle\langle x,p,\kappa|,\end{aligned}\tag{4.26}$$

其中

$$|x,p,\kappa\rangle=\mathrm{e}^{-\frac{\kappa x^2+p^2}{2(1+\kappa)}+\left(\frac{\sqrt{2}\kappa x}{1+\kappa}+\frac{\mathrm{i}\sqrt{2}p}{1+\kappa}\right)a^\dagger-\frac{\kappa-1}{2(1+\kappa)}a^{\dagger 2}}|0\rangle=S^{-1}(\sqrt{\kappa})D(\beta)|0\rangle,\tag{4.27}$$

这里

$$S(\sqrt{\kappa})=\mathrm{e}^{\frac{1}{2}(a^{\dagger 2}-a^2)\ln\sqrt{\kappa}}\tag{4.28}$$

是单模压缩算符, $D(\beta)$ 为平移算符, 其参数为

$$\beta=\frac{\sqrt{\kappa}x+\mathrm{i}p/\sqrt{\kappa}}{\sqrt{2}},\tag{4.29}$$

因此 $|x,p,\kappa\rangle$ 是一个特定的单模压缩相干态, $|x,p,\kappa\rangle\langle x,p,\kappa|$ 总是正定的. $\Delta_\kappa(x,p)$ 称为正定的广义威格纳算符 [7~9].

4.3 从威格纳算符到外尔对应规则

在量子力学中, 由于坐标算符 $\hat{X}$ 与动量算符 $\hat{P}$ 不对易, 所以经典函数 $h(x,p)$ 过渡到量子力学所对应的算符 $H(\hat{X},\hat{P})$ 不是唯一的. 理论上, 人们自然愿意找到

一种数学优美的对应规则, 再与实验结果相比较, 以决定其正确与否. 那么, 上述以威格纳算符为积分核的 H 的经典对应有什么优点呢?

根据坐标表象完备性, 有

$$\begin{aligned} H(\hat{X},\hat{P}) &= \int \mathrm{d}p' \left|p'\right\rangle \left\langle p'\right| \int \mathrm{d}x' \left|x'\right\rangle \left\langle x'\right| H \int \mathrm{d}x'' \left|x''\right\rangle \left\langle x''\right| \int \mathrm{d}p'' \left|p''\right\rangle \left\langle p''\right| \\ &= \frac{1}{2\pi}\int \mathrm{d}p''\mathrm{d}p' \left|p'\right\rangle \left\langle p''\right| \int \mathrm{d}x'\mathrm{d}x'' \left\langle x'\right| H \left|x''\right\rangle \mathrm{e}^{\mathrm{i}p''x''-\mathrm{i}p'x'}. \end{aligned} \tag{4.30}$$

作积分变数变换: $x'=x-\dfrac{v}{2},x''=x+\dfrac{v}{2},p'=p-\dfrac{u}{2},p''=p+\dfrac{u}{2},\mathrm{d}p''\mathrm{d}p'\mathrm{d}x'\mathrm{d}x''=\mathrm{d}x\mathrm{d}p\mathrm{d}u\mathrm{d}v$, 则

$$H(\hat{X},\hat{P})=\frac{1}{2\pi}\int \mathrm{d}x\mathrm{d}p\mathrm{d}u\mathrm{d}v \left|p-\frac{u}{2}\right\rangle \left\langle p+\frac{u}{2}\right| \left\langle x-\frac{v}{2}\right| H(\hat{X},\hat{P}) \left|x+\frac{v}{2}\right\rangle \mathrm{e}^{\mathrm{i}pu+\mathrm{i}pv}. \tag{4.31}$$

把它与式 (4.4) 相对照, 可见

$$\int_{-\infty}^{+\infty}\frac{\mathrm{d}u}{2\pi}\mathrm{e}^{\mathrm{i}xu}\left|p+\frac{u}{2}\right\rangle\left\langle p-\frac{u}{2}\right| = \int_{-\infty}^{+\infty}\frac{\mathrm{d}v}{2\pi}\mathrm{e}^{\mathrm{i}pv}\left|x+\frac{v}{2}\right\rangle\left\langle x-\frac{v}{2}\right| = \Delta(x,p) \tag{4.32}$$

恰为坐标表象中的威格纳算符 (式 (4.7)), 而

$$\int_{-\infty}^{+\infty}\mathrm{e}^{\mathrm{i}pv}\left\langle x-\frac{v}{2}\right| H(\hat{X},\hat{P}) \left|x+\frac{v}{2}\right\rangle \mathrm{d}v = h(x,p) \tag{4.33}$$

是 H 的经典对应, 称为外尔变换, 其逆变换为

$$\left\langle x\right| H(\hat{X},\hat{P}) \left|x'\right\rangle = \int \frac{\mathrm{d}p}{2\pi}\mathrm{e}^{\mathrm{i}p(x-x')}h\left(\frac{x+x'}{2},p\right). \tag{4.34}$$

利用求迹的性质 $\mathrm{tr}\left(\left|u\right\rangle\left\langle v\right|\right)=\left\langle v\right|\left.u\right\rangle$, 可进一步把外尔变换式改写为

$$h(x,p)=2\pi\mathrm{tr}[H(\hat{X},\hat{P})\Delta(x,p)]. \tag{4.35}$$

根据式 (4.33) 的结果, 例如, 当

$$H(\hat{X},\hat{P})=\left(\frac{1}{2}\right)^m\sum_{l=0}^{m}\binom{m}{l}\hat{X}^{m-l}\hat{P}^n\hat{X}^l \tag{4.36}$$

时, 取其右边算符的坐标表象矩阵元

$$\left\langle x\right|\left(\frac{1}{2}\right)^m\sum_{l=0}^{m}\binom{m}{l}\hat{X}^{m-l}\hat{P}^n\hat{X}^l\left|x'\right\rangle = \left(\frac{1}{2}\right)^m\sum_{l=0}^{m}\binom{m}{l}x^{m-l}x'^l\left\langle x\right|\hat{P}^n\left|x'\right\rangle$$

$$
\begin{aligned}
&= \left(\frac{x+x'}{2}\right)^m \left(-\mathrm{i}\frac{\partial}{\partial x}\right)^n \delta(x-x') \\
&= \int \frac{\mathrm{d}p'}{2\pi} \mathrm{e}^{\mathrm{i}p'(x-x')} \left(\frac{x+x'}{2}\right)^m p'^n, \qquad (4.37)
\end{aligned}
$$

从而有

$$
\begin{aligned}
&\int_{-\infty}^{+\infty} \mathrm{e}^{\mathrm{i}pv} \left\langle x-\frac{v}{2}\right| \left(\frac{1}{2}\right)^m \sum_{l=0}^{m} \binom{m}{l} \hat{X}^{m-l}\hat{P}^n\hat{X}^l \left| x+\frac{v}{2}\right\rangle \mathrm{d}v \\
&= \int_{-\infty}^{+\infty} \mathrm{d}v \mathrm{e}^{\mathrm{i}pv} \int \frac{\mathrm{d}p'}{2\pi} \mathrm{e}^{-\mathrm{i}p'v} x^m p'^n = x^m p^n. \qquad (4.38)
\end{aligned}
$$

可见存在一种对应

$$
x^m p^n \mapsto \left(\frac{1}{2}\right)^m \sum_{l=0}^{m} \binom{m}{l} \hat{X}^{m-l}\hat{P}^n\hat{X}^l, \qquad (4.39)
$$

这正好是 1932 年外尔提出的一种量子化规则, 所以式 (4.35) 称为外尔对应. 注意, 每一种量子化规则对应一种算符的排序.

4.4 威格纳算符的外尔编序形式

我们称由外尔对应给出的算符编序为外尔编序. 引入记号 $\vdots\ \vdots$ 来表示该算符是外尔编序好的. 式 (4.39) 的右边是由外尔对应给出的, 它就是外尔编序好的, 可写成

$$
\left(\frac{1}{2}\right)^m \sum_{l=0}^{m} \binom{m}{l} \hat{X}^{m-l}\hat{P}^n\hat{X}^l = \vdots \left(\frac{1}{2}\right)^m \sum_{l=0}^{m} \binom{m}{l} \hat{X}^{m-l}\hat{P}^n\hat{X}^l \vdots. \qquad (4.40)
$$

值得注意的是, 在 $\vdots\ \vdots$ 内 $\hat{X}$ 与 $\hat{P}$ 是可对易的, 这就像玻色算符在正规乘积 : : 内也是对易的一样. 这样就有

$$
\vdots \left(\frac{1}{2}\right)^m \sum_{l=0}^{m} \binom{m}{l} \hat{X}^{m-l}\hat{P}^n\hat{X}^l \vdots = \vdots \hat{X}^m\hat{P}^n \vdots. \qquad (4.41)
$$

由式 (4.40) 与 (4.41), 可见要将 $\vdots\hat{X}^m\hat{P}^n\vdots$ 外面四点去掉, 必须先将其排成外尔编序形式.

根据式 (4.4) 和 (4.39), 有

$$\vdots\hat{X}^m\hat{P}^n\vdots=\int\mathrm{d}x\mathrm{d}p\Delta(x,p)x^mp^n. \tag{4.42}$$

因此, 威格纳算符 $\Delta(x,p)$ 的外尔编序形式是

$$\Delta(x,p)=\vdots\delta(x-\hat{X})\delta(p-\hat{P})\vdots. \tag{4.43}$$

这个很容易记住的公式首先由范洪义给出, 即威格纳算符的外尔编序形式是狄拉克 δ 函数. 因为它简洁, 故很有用. 文献 [10] 中称之为威格纳算符的范氏形式. 从式 (4.43), 可知外尔对应此时就可以写为

$$H(\hat{X},\hat{P})=\int_{-\infty}^{+\infty}\mathrm{d}p\mathrm{d}qh(x,p)\Delta(p,q)=\vdots h(\hat{X},\hat{P})\vdots. \tag{4.44}$$

上式说明, 一个已经外尔编序好的算符 $\vdots h(\hat{X},\hat{P})\vdots$ 的经典对应函数能够直接由代换 $\hat{X}\mapsto x$, $\hat{P}\mapsto p$ 得到. 对于 $\Delta(x,p)$, x 和 p 方向的边缘积分又可分别表示为

$$\int_{-\infty}^{+\infty}\mathrm{d}x\Delta(x,p)=\int_{-\infty}^{+\infty}\mathrm{d}x\vdots\delta(x-\hat{X})\delta(p-\hat{P})\vdots=\delta(p-\hat{P})=|p\rangle\langle p|, \tag{4.45}$$

$$\int_{-\infty}^{+\infty}\mathrm{d}p\Delta(x,p)=\int_{-\infty}^{+\infty}\mathrm{d}p\vdots\delta(x-\hat{X})\delta(p-\hat{P})\vdots=\delta(x-\hat{X})=|x\rangle\langle x|, \tag{4.46}$$

与式 (4.8) 和 (4.9) 是自洽的.

下面求算符 $\mathrm{e}^{\mathrm{i}u\hat{P}+\mathrm{i}v\hat{X}}$ 的经典外尔对应. 由式 (4.35) 与 (4.7), 得

$$\begin{aligned}2\pi\mathrm{tr}\left[\mathrm{e}^{\mathrm{i}u\hat{P}+\mathrm{i}v\hat{X}}\Delta(x,p)\right]&=\mathrm{e}^{-\frac{\mathrm{i}uv}{2}}\int_{-\infty}^{+\infty}\mathrm{d}u'\mathrm{e}^{\mathrm{i}pu'}\left\langle x-\frac{u'}{2}\right|\mathrm{e}^{\mathrm{i}u\hat{P}}\mathrm{e}^{\mathrm{i}v\hat{X}}\left|x+\frac{u'}{2}\right\rangle\\&=\mathrm{e}^{-\frac{\mathrm{i}uv}{2}}\sum_{n=0}^{+\infty}\frac{(\mathrm{i}u)^n}{n!}\int_{-\infty}^{+\infty}\frac{\mathrm{d}u'}{2\pi}\mathrm{e}^{\mathrm{i}pu'}\mathrm{e}^{\mathrm{i}v\left(x+\frac{u'}{2}\right)}\int_{-\infty}^{+\infty}\mathrm{d}p'\mathrm{e}^{-\mathrm{i}p'u'}p'^n\\&=\mathrm{e}^{\mathrm{i}vx}\mathrm{e}^{-\frac{\mathrm{i}uv}{2}}\sum_{n=0}^{+\infty}\frac{(\mathrm{i}u)^n}{n!}\int_{-\infty}^{+\infty}\mathrm{d}p'p'^n\delta\left(p-p'+\frac{v}{2}\right)\\&=\mathrm{e}^{\mathrm{i}vx+\mathrm{i}pu}.\end{aligned} \tag{4.47}$$

因而有

$$\int_{-\infty}^{+\infty}\mathrm{d}p\mathrm{d}x\mathrm{e}^{\mathrm{i}vq+\mathrm{i}pu}\Delta(x,p)=\mathrm{e}^{\mathrm{i}u\hat{P}+\mathrm{i}v\hat{X}}=\vdots\mathrm{e}^{\mathrm{i}u\hat{P}+\mathrm{i}v\hat{X}}\vdots. \tag{4.48}$$

这是由于算符 $\hat{X}$ 与 $\hat{P}$ 在指数上的相加不存在排序的含糊性. 从式 (4.48) 再次看出, 威格纳算符 $\Delta(x,p)$ 的外尔编序形式确实是 $\Delta(x,p)=\vdots\delta(x-\hat{X})\delta(p-\hat{P})\vdots$.

4.5 威格纳算符的相干态表象

威格纳算符除了有坐标表象外, 也应在相干态表象中表示出来, 这在计算某些态的威格纳函数时会带来方便, 因为相干态有优美的性质. 令 $\alpha=(x+\mathrm{i}p)/\sqrt{2}$, 记

$$\Delta(x,p)=\frac{1}{\pi}\colon \mathrm{e}^{-2(\alpha^*-a^\dagger)(\alpha-a)}\colon \equiv \Delta(\alpha,\alpha^*). \tag{4.49}$$

根据积分公式

$$\int\frac{\mathrm{d}^2 z}{\pi}\mathrm{e}^{-\varepsilon|z|^2+\zeta z+\xi z^*}=\frac{1}{\varepsilon}\mathrm{e}^{\frac{\zeta\xi}{\varepsilon}} \quad (\mathrm{Re}\varepsilon>1), \tag{4.50}$$

可把 $\Delta(\alpha,\alpha^*)$ 改写成另一种积分形式

$$\Delta(\alpha,\alpha^*)=\int\frac{\mathrm{d}^2 z}{\pi^2}\colon \mathrm{e}^{-|z|^2+(\alpha+z)a^\dagger+(\alpha^*-z^*)a-a^\dagger a+\alpha z^*-z\alpha^*-|\alpha|^2}\colon. \tag{4.51}$$

然后考虑到 $|0\rangle\langle 0|=\colon \mathrm{e}^{-a^\dagger a}\colon$ 以及相干态 $|z\rangle=\mathrm{e}^{-|z|^2/2+za^\dagger}|0\rangle$, 可把式 (4.51) 变为

$$\Delta(\alpha,\alpha^*)=\int\frac{\mathrm{d}^2 z}{\pi^2}|\alpha+z\rangle\langle\alpha-z|\mathrm{e}^{\alpha z^*-z\alpha^*}. \tag{4.52}$$

这就是威格纳算符的相干态表象形式. 如果对 $\Delta(\alpha,\alpha^*)$ 再作 $\mathrm{d}^2\alpha$ 的积分, 则有

$$2\int\mathrm{d}^2\alpha\Delta(\alpha,\alpha^*)=\frac{2}{\pi}\int\mathrm{d}^2\alpha\colon \mathrm{e}^{-2(\alpha^*-a^\dagger)(\alpha-a)}\colon=1. \tag{4.53}$$

所以任何一个算符 $G(a^\dagger,a)$ 可以用上述完备性展开:

$$G(a^\dagger,a)=2\int\mathrm{d}^2\alpha g(\alpha^*,\alpha)\Delta(\alpha,\alpha^*). \tag{4.54}$$

这是外尔对应的另一种形式.

对于式 (4.54), 两边取如下的相干态矩阵元并利用式 (4.49) 及 $\langle -z|z\rangle=\mathrm{e}^{-2|z|^2}$, 则有

$$\begin{aligned}\langle -z|G(a^\dagger,a)|z\rangle&=2\int\mathrm{d}^2\alpha\langle -z|g(\alpha^*,\alpha)\Delta(\alpha,\alpha^*)|z\rangle\\&=\frac{2}{\pi}\int\mathrm{d}^2\alpha g(\alpha^*,\alpha)\langle -z|\colon \mathrm{e}^{-2(\alpha^*-a^\dagger)(\alpha-a)}\colon|z\rangle\end{aligned}$$

$$= \frac{2}{\pi} \int \mathrm{d}^2\alpha g(\alpha^*, \alpha) \mathrm{e}^{2(\alpha z^* - z\alpha^*)} \mathrm{e}^{-2|\alpha|^2}. \tag{4.55}$$

由于 $\mathrm{e}^{2(\alpha z^* - z\alpha^*)}$ 可以看成一个傅里叶变换核, 故其逆变换为

$$g(\alpha^*, \alpha) = 2\mathrm{e}^{2|\alpha|^2} \int \frac{\mathrm{d}^2 z}{\pi} \langle -z| G(a^\dagger, a) |z\rangle \mathrm{e}^{-2(\alpha z^* - z\alpha^*)}. \tag{4.56}$$

这是求算符 $G(a^\dagger, a)$ 的经典外尔对应的一般公式. 只要我们知道了算符 $G(a^\dagger, a)$ 的正规乘积表示, 相干态下的矩阵元 $\langle -z| G(a^\dagger, a) |z\rangle$ 就立即可得到, 再由上式就可得到经典对应. 例如, 可以计算出平移算符 $D(\beta) = \mathrm{e}^{\beta a^\dagger - \beta^* a}$ 的经典对应:

$$\begin{aligned} g(\alpha^*, \alpha) &= 2\mathrm{e}^{2|\alpha|^2} \int \frac{\mathrm{d}^2 z}{\pi} \langle -z| \mathrm{e}^{\beta a^\dagger - \beta^* a} |z\rangle \mathrm{e}^{-2(\alpha z^* - z\alpha^*)} \\ &= 2\mathrm{e}^{2|\alpha|^2 - |\beta|^2/2} \int \frac{\mathrm{d}^2 z}{\pi} \langle -z| \mathrm{e}^{\beta a^\dagger} \mathrm{e}^{-\beta^* a} |z\rangle \mathrm{e}^{-2(\alpha z^* - z\alpha^*)} \\ &= 2\mathrm{e}^{2|\alpha|^2 - |\beta|^2/2} \int \frac{\mathrm{d}^2 z}{\pi} \mathrm{e}^{-2|z|^2 - 2(\alpha z^* - z\alpha^*) - z^*\beta - \beta^* z} \\ &= \mathrm{e}^{\beta\alpha^* - \beta^*\alpha}. \end{aligned} \tag{4.57}$$

由式 (4.54), 有

$$\mathrm{e}^{\beta a^\dagger - \beta^* a} = 2 \int \mathrm{d}^2\alpha \Delta(\alpha, \alpha^*) \mathrm{e}^{\beta\alpha^* - \beta^*\alpha} = \vdots\, \mathrm{e}^{\beta a^\dagger - \beta^* a} \,\vdots\,. \tag{4.58}$$

这进一步验证了威格纳算符 $\Delta(\alpha, \alpha^*)$ 的外尔编序形式为

$$\Delta(\alpha, \alpha^*) = \frac{1}{2} \vdots\, \delta(a^\dagger - \alpha^*) \delta(a - \alpha) \,\vdots, \tag{4.59}$$

与式 (4.43) 一致.

4.6 算符外尔编序的展开公式

式 (4.56) 可以改写成

$$g(\alpha^*, \alpha) = 2\pi \mathrm{tr} \left[G(a^\dagger, a) \mathrm{e}^{2|\alpha|^2} \int \frac{\mathrm{d}^2 z}{\pi^2} |z\rangle \langle -z| \mathrm{e}^{-2(\alpha z^* - z\alpha^*)} \right]$$

$$= 2\pi \mathrm{tr}\left[G(a^\dagger,a)\Delta(\alpha,\alpha^*)\right]. \tag{4.60}$$

这说明除了式 (4.52) 以外, $\Delta(\alpha,\alpha^*)$ 还可以表示为

$$\Delta(\alpha,\alpha^*) = \mathrm{e}^{2|\alpha|^2}\int \frac{\mathrm{d}^2 z}{\pi^2}|z\rangle\langle -z|\mathrm{e}^{-2(\alpha z^*-z\alpha^*)}. \tag{4.61}$$

将式 (4.59) 与 (4.56) 代入式 (4.54), 有

$$\begin{aligned} G(a^\dagger,a) &= 2\int \mathrm{d}^2\alpha g(\alpha,\alpha^*)\Delta(\alpha,\alpha^*) \\ &= \int \mathrm{d}^2\alpha \,\vdots\, \delta\left(a^\dagger-\alpha^*\right)\delta(a-\alpha) \,\vdots\, 2\mathrm{e}^{2|\alpha|^2}\int\frac{\mathrm{d}^2 z}{\pi}\langle -z|G(a^\dagger,a)|z\rangle \mathrm{e}^{-2(\alpha z^*-z\alpha^*)} \\ &= 2\int \frac{\mathrm{d}^2 z}{\pi} \,\vdots\, \langle -z|G(a^\dagger,a)|z\rangle \mathrm{e}^{2(a^\dagger a+az^*-za^\dagger)} \,\vdots\, . \end{aligned} \tag{4.62}$$

这就是范洪义首先导出的将任意算符化为其外尔编序的一般公式. 特别地, 当 $G(a^\dagger,a)$ 是单位 1 时, 式 (4.62) 化为

$$1 = 2\int\frac{\mathrm{d}^2 z}{\pi} \,\vdots\, \mathrm{e}^{-2(z^*+a^\dagger)(z-a)} \,\vdots\, . \tag{4.63}$$

只要我们知道了算符 $G(a^\dagger,a)$ 的正规乘积表示, 相干态下的矩阵元 $\langle -z|G(a^\dagger,a)|z\rangle$ 就立即可得, 再由式 (4.62) 就可得到相应的外尔编序形式.

例如, 对于一个纯相干态密度算符 $|\beta\rangle\langle\beta|$ 的外尔形式, 根据式 (4.62) 以及 $\langle\beta|z\rangle = \exp[-(|z|^2+|\beta|^2)/2+\beta^* z]$, 有

$$\begin{aligned} |\beta\rangle\langle\beta| &= 2 \,\vdots\, \int\frac{\mathrm{d}^2 z}{\pi}\langle -z|\beta\rangle\langle\beta|z\rangle \mathrm{e}^{2\left(z^* a-a^\dagger z+a^\dagger a\right)} \,\vdots \\ &= 2 \,\vdots\, \mathrm{e}^{-2(\beta-a)(\beta^*-a^\dagger)} \,\vdots \\ &= 2 \,\vdots\, \mathrm{e}^{-(p-\hat{P})^2-(x-\hat{X})^2} \,\vdots\, , \end{aligned} \tag{4.64}$$

这里 $\beta = (x+\mathrm{i}p)/\sqrt{2}$. 当 $\beta = 0$ 时, 真空态 $|0\rangle\langle 0|$ 的外尔编序形式为

$$|0\rangle\langle 0| = 2 \,\vdots\, \mathrm{e}^{-2a^\dagger a} \,\vdots\, . \tag{4.65}$$

这也是一个重要的公式.

4.7　外尔编序算符内的积分技术 (IWWOP)

基于外尔对应规则和威格纳算符, 我们给出外尔编序算符内的积分技术的性质 (the technique of integration within the Weyl ordered product of operators, 简称为 IWWOP) [10,11]:

(1) 玻色算符 $a,a^\dagger$ 在外尔编序记号 $\vdots\;\vdots$ 内部是对易的.

(2) 可以对 $\vdots\;\vdots$ 内部的 c 数进行积分运算, 只要该积分收敛.

(3) 威格纳算符的外尔编序形式为

$$\Delta(x,p)=\vdots\,\delta(x-\hat{X})\delta(p-\hat{P})\,\vdots \tag{4.66}$$

或

$$\Delta(\alpha,\alpha^*)=\frac{1}{2}\vdots\,\delta\left(a^\dagger-\alpha^*\right)\delta\left(a-\alpha\right)\vdots\,. \tag{4.67}$$

这样外尔对应规则本身可以纳入外尔编序形式:

$$\int_{-\infty}^{+\infty}\mathrm{d}p\mathrm{d}xh(x,p)\Delta\left(p,q\right)=\vdots\,h(\hat{X},\hat{P})\,\vdots \tag{4.68}$$

或

$$2\int_{-\infty}^{+\infty}\mathrm{d}^2\alpha g\left(\alpha,\alpha^*\right)\Delta\left(\alpha,\alpha^*\right)=\vdots\,g(a,a^\dagger)\,\vdots\,. \tag{4.69}$$

用上式就可以把外尔编序算符化为正规乘积形式. 例如:

$$\begin{aligned}\vdots\,\mathrm{e}^{-(\beta^*+a^\dagger)(\beta-a)}\,\vdots&=2\int_{-\infty}^{+\infty}\mathrm{d}^2\alpha\mathrm{e}^{-(\beta^*+\alpha^*)(\beta-\alpha)}\Delta\left(\alpha,\alpha^*\right)\\&=2\int_{-\infty}^{+\infty}\frac{\mathrm{d}^2\alpha}{\pi}\mathrm{e}^{-(\beta^*+\alpha^*)(\beta-\alpha)}:\mathrm{e}^{-2(\alpha^*-a^\dagger)(\alpha-a)}:\\&=2\int_{-\infty}^{+\infty}\frac{\mathrm{d}^2\alpha}{\pi}:\mathrm{e}^{-|\alpha|^2+\alpha(2a^\dagger+\beta^*)+\alpha^*(2a-\beta)-2a^\dagger a-|\beta|^2}:\\&=2:\mathrm{e}^{-2(\beta^*+a^\dagger)(\beta-a)}:.\end{aligned} \tag{4.70}$$

(4) 外尔编序在相似变换下具有序不变性. 设 S 为一个相似变换算符, 则有

$$S\,\vdots\,(\cdots)\,\vdots\,S^{-1}=\vdots\,S\left(\cdots\right)S^{-1}\,\vdots\,, \tag{4.71}$$

即相似变换能够“穿越”外尔编序记号 $\vdots\ \vdots$ 的边界, 直接对玻色算符作用 [12].

证明 设算符 S 产生如下相似变换:

$$SaS^{-1}=\mu a+\nu a^{\dagger},\quad Sa^{\dagger}S^{-1}=\sigma a+\tau a^{\dagger}, \tag{4.72}$$

其中 μ,ν,σ,τ 满足 $\mu\tau-\sigma\nu=1$, 故

$$\left[\mu a+\nu a^{\dagger},\sigma a+\tau a^{\dagger}\right]=1. \tag{4.73}$$

根据式 (4.52) 和 (4.72), 有

$$\begin{aligned}S\Delta(\alpha,\alpha^{*})S^{-1}&=S\int\frac{\mathrm{d}^{2}z}{2\pi^{2}}\mathrm{e}^{z^{*}(\alpha-a)-z(\alpha^{*}-a^{\dagger})}S^{-1}\\&=\int\frac{\mathrm{d}^{2}z}{2\pi^{2}}:\mathrm{e}^{-|z|^{2}(\sigma\nu+\frac{1}{2})+z(\sigma a+\tau a^{\dagger}-\alpha^{*})-z^{*}(\mu a+\nu a^{\dagger}-\alpha)+\frac{1}{2}(\sigma\tau z^{2}+\mu\upsilon z^{*2})}:\\&=\frac{1}{\pi}:\mathrm{e}^{-2(a^{\dagger}-\mu\alpha^{*}+\sigma\alpha)(a-\tau\alpha+\nu\alpha^{*})}:.\end{aligned} \tag{4.74}$$

与 $\Delta(\alpha,\alpha^{*})=\dfrac{1}{\pi}:\mathrm{e}^{-2(\alpha^{*}-a^{\dagger})(\alpha-a)}:$ 比较, 得

$$S\Delta(\alpha,\alpha^{*})S^{-1}=\Delta(\tau\alpha-\nu\alpha^{*},\mu\alpha^{*}-\sigma\alpha). \tag{4.75}$$

另外, 对于任意一个算符 $G(a^{\dagger},a)$, 有 $SG(a^{\dagger},a)S^{-1}=G(\mu a+\nu a^{\dagger},\sigma a+\tau a^{\dagger})$, 将 S 作用于式 (4.69) 的两边, 并利用式 (4.75) 和 $\mu\tau-\sigma\nu=1$, 可得

$$\begin{aligned}SG(a^{\dagger},a)S^{-1}&=2\int\mathrm{d}^{2}\alpha g(\alpha,\alpha^{*})S\Delta(\alpha,\alpha^{*})S^{-1}\\&=2\int\mathrm{d}^{2}\alpha g(\alpha,\alpha^{*})\Delta(\tau\alpha-\nu\alpha^{*},\mu\alpha^{*}-\sigma\alpha)\\&=2\int\mathrm{d}^{2}\alpha g(\mu\alpha+\nu\alpha^{*},\sigma\alpha+\tau\alpha^{*})\Delta(\alpha,\alpha^{*})\\&=\int\mathrm{d}^{2}\alpha g(\mu\alpha+\nu\alpha^{*},\sigma\alpha+\tau\alpha^{*})\vdots\delta(a^{\dagger}-\alpha^{*})\delta(a-\alpha)\vdots\\&=\vdots g\left(\mu a+\nu a^{\dagger},\sigma a+\tau a^{\dagger}\right)\vdots.\end{aligned} \tag{4.76}$$

至此, 就证明了

$$S\vdots g(a,a^{\dagger})\vdots S^{-1}=\vdots g\left(\mu a+\nu a^{\dagger},\sigma a+\tau a^{\dagger}\right)\vdots, \tag{4.77}$$

即外尔编序在相似变换下是序不变的. 这个性质在量子光学的理论计算中十分有用.

4.8 用外尔—威格纳对应讨论相干态保持相干的条件

本节利用外尔–威格纳对应来研究相干态保持相干的条件[13]. 假设系统当 $t=0$ 时处在相干态 $|z,0\rangle=\exp(-|z|^2/2+za^\dagger)|0\rangle$, 在哈密顿量 $\hat{H}(\hat{X},\hat{P},t)$ 支配下, 要求在 t 时刻演化为 $|z,t\rangle$($|z,t\rangle$ 仍然是一个相干态), 则薛定谔方程可表示为

$$\mathrm{i}\frac{\partial}{\partial t}\langle z,0|\,z,t\rangle=\langle z,0|\,\hat{H}\,|z,t\rangle\,,|z,t\rangle=|z(t)\rangle\mathrm{e}^{\mathrm{i}\eta(t)}. \tag{4.78}$$

在这种情况下, 哈密顿量 $\hat{H}$ 的具体形式是什么? 为此, 根据外尔–威格纳对应规则式 (4.54) 以及式 (4.49), 方程 (4.78) 变为

$$\begin{aligned}\mathrm{i}\frac{\partial}{\partial t}\langle z,0|\,z,t\rangle&=2\int\frac{\mathrm{d}^2\alpha}{\pi}h(\alpha,\alpha^*,t)\,\langle z,0|:\mathrm{e}^{-2(a^\dagger-\alpha^*)(a-\alpha)}:|z,t\rangle\\&=2\int\frac{\mathrm{d}^2\alpha}{\pi}h(\alpha,\alpha^*,t)\mathrm{e}^{-2|\alpha|^2+2\alpha^*z(t)+2\alpha z^*(0)-2z^*(0)z(t)}\,\langle z,0|\,z,t\rangle\,.\end{aligned} \tag{4.79}$$

推导中已考虑到

$$\begin{aligned}\langle z'|\,z\rangle&=\exp[-(|z'|^2+|z|^2)/2+z'^*z],\\\langle z'|:f(a,a^\dagger):|z\rangle&=\langle z'|\,z\rangle\,f(z,z'^*),\end{aligned}$$

而 $\langle z,0|\,z,t\rangle$ 可表示为

$$\langle z,0|\,z,t\rangle=\exp\left[-\frac{1}{2}\left|z(0)\right|^2-\frac{1}{2}\left|z(t)\right|^2+z^*(0)\,z(t)+\mathrm{i}\eta(t)\right], \tag{4.80}$$

其中 $\eta^*(t)=\eta(t)$ 是待定的动力学相位因子, 与系统的哈密顿量 $\hat{H}$ 有关. 后面的讨论中可见该相位因子是必要的. 将式 (4.80) 代入式 (4.79), 有

$$\begin{aligned}&-\frac{\mathrm{i}}{2}\frac{\mathrm{d}\left|z(t)\right|^2}{\mathrm{d}t}-\frac{\mathrm{d}\eta(t)}{\mathrm{d}t}+\mathrm{i}z^*(0)\frac{\mathrm{d}z(t)}{\mathrm{d}t}\\&=2\int\frac{\mathrm{d}^2\alpha}{\pi}h(\alpha,\alpha^*,t)\mathrm{e}^{-2|\alpha|^2+2\alpha^*z(t)+2\alpha z^*(0)-2z^*(0)z(t)}.\end{aligned} \tag{4.81}$$

因此, 借助于外尔对应与威格纳算符的表达式, 已将式 (4.78) 变成经典哈密顿量 $h(\alpha,\alpha^*)$ 的支配下的积分–微分方程.

不失一般性, 假设 $h(\alpha,\alpha^*,t)$ 可表示为下面的形式:

$$h(\alpha,\alpha^*,t)=\sum_{n,m=0}^{+\infty}B_{n,m}(t)\alpha^n\alpha^{*m}, \tag{4.82}$$

再根据积分公式

$$\begin{aligned}&\int\frac{\mathrm{d}^2z}{\pi}z^nz^{*m}\mathrm{e}^{\zeta|z|^2+\xi z+\eta z^*}\\&=\mathrm{e}^{-\frac{\xi\eta}{\zeta}}\sum_{l=0}^{\min(m,n)}\frac{m!n!\xi^{m-l}\eta^{n-l}}{l!(m-l)!(n-l)!(-\zeta)^{m+n-l+1}}\quad(\mathrm{Re}\zeta<0),\end{aligned} \tag{4.83}$$

于是式 (4.81) 变为

$$\begin{aligned}&2\int\frac{\mathrm{d}^2\alpha}{\pi}h(\alpha,\alpha^*,t)\mathrm{e}^{-2|\alpha|^2+2\alpha^*z(t)+2\alpha z^*(0)-2z^*(0)z(t)}\\&=\sum_{n,m=0}^{+\infty}B_{n,m}\sum_{l=0}^{\min(m,n)}\frac{m!n![z^*(0)]^{m-l}[z(t)]^{n-l}}{l!(m-l)!(n-l)!2^l}.\end{aligned} \tag{4.84}$$

把上式代入式 (4.81) 并检验方程的两边, 分别比较 $z^*(0)$ 的 0 次幂与 1 次幂的系数, 可得 (为书写简洁, 将 $z(t)$ 简记为 z)

$$-\frac{\mathrm{i}}{2}\frac{\mathrm{d}|z|^2}{\mathrm{d}t}-\frac{\mathrm{d}\eta}{\mathrm{d}t}=\sum_{n,m=0}^{+\infty}B_{n,m}(t)\frac{n!z^{n-m}}{(n-m)!2^m}, \tag{4.85}$$

$$\mathrm{i}\frac{\mathrm{d}z}{\mathrm{d}t}=2\sum_{n,m=0}^{+\infty}B_{n,m}(t)\frac{mn!z^{n-m+1}}{(n-m+1)!2^m}. \tag{4.86}$$

此外, 由于式 (4.81) 的左边不存在 $z^*(0)$ 的高次幂, 故有

$$\sum_{n,m=0}^{+\infty}B_{n,m}\sum_{l=0}^{\min(m-2,n)}\frac{m!n![z^*(0)]^{m-l}z^{n-l}}{l!(m-l)!(n-l)!2^{l+1}}=0 \tag{4.87}$$

或

$$\sum_{n,m=0}^{+\infty}B_{n,m}\sum_{j=m-\min(m-2,n)}^{m}\frac{m!n![z^*(0)]^jz^{n-m+j}}{(m-j)!j!(n-m+j)!2^{m-j+1}}=0, \tag{4.88}$$

这就要求对不同的 j 值, $[z^*(0)]^j$ 的系数都为零, 所以

$$\sum_{n,m=0}^{+\infty} B_{n,m} \frac{m!n!z^{n-m+j}}{(m-j)!(n-m+j)!2^m} = 0 \quad (j = 2,3,\cdots). \tag{4.89}$$

方程 (4.85), (4.86) 和 (4.89) 就是对式 (4.82) 中的经典哈密顿量中 $B_{n,m}$ 的限制, 也是对量子哈密顿量的限制条件.

例如, 当系统的经典哈密顿量为

$$h^{(1)}(\alpha,\alpha^*,t) = \omega(t)\alpha\alpha^* + f(t)\alpha + f^*(t)\alpha^* \tag{4.90}$$

时, 与式 (4.82) 比较, 可看出 $B_{n,m}$ 的非零项为

$$B_{1,1} = \omega(t), \quad B_{1,0} = B_{0,1}^* = f(t). \tag{4.91}$$

因此, 式 (4.89) 就自然得到满足. 将 $B_{1,1}, B_{1,0}$ 分别代入式 (4.85) 与 (4.86), 有

$$-\frac{\mathrm{i}}{2}\frac{\mathrm{d}|z|^2}{\mathrm{d}t} - \frac{\mathrm{d}\eta}{\mathrm{d}t} = \frac{1}{2}\omega(t) + f(t)z, \tag{4.92}$$

$$\mathrm{i}\frac{\mathrm{d}z}{\mathrm{d}t} = \omega(t)z + f^*(t). \tag{4.93}$$

令式 (4.92) 两边的实部与虚部分别相等, 便得到

$$\frac{\mathrm{d}\eta}{\mathrm{d}t} = -\frac{1}{2}\omega(t) - \mathrm{Re}[f(t)z], \tag{4.94}$$

$$\frac{\mathrm{d}|z|^2}{\mathrm{d}t} = -2\,\mathrm{Im}[f(t)z]. \tag{4.95}$$

实际上, 式 (4.95) 也可以从式 (4.93) 导出, 所以式 (4.92) 与 (4.93) 是自洽的. 很明显, 方程 (4.93) 与 (4.94) 对于给定初始条件的解分别为

$$z(t) = z(0)\mathrm{e}^{-\mathrm{i}\int_0^t \omega(\tau)\mathrm{d}\tau} - \mathrm{i}\mathrm{e}^{-\mathrm{i}\int_0^t \omega(\tau)\mathrm{d}\tau}\int_0^t f^*(\tau)\mathrm{e}^{\mathrm{i}\int_0^\tau \omega(t')\mathrm{d}t'}\mathrm{d}\tau \tag{4.96}$$

与

$$\eta(t) = -\frac{1}{2}\int_0^t \omega(\tau)\mathrm{d}\tau - \int_0^t \mathrm{Re}[f(\tau)z(\tau)]\mathrm{d}\tau. \tag{4.97}$$

因此相位因子 $\eta(t)$ 是非常重要的, 它与系统哈密顿量中的参数 $\omega(\tau)$, $f(\tau)$ 有关. 从外尔对应规则, 我们立即得到对应于 $h^{(1)}(\alpha,\alpha^*,t)$ 的量子哈密顿量为

$$\hat{H}^{(1)} = \omega(t)a^\dagger a + f^*(t)a^\dagger + f(t)a + \frac{1}{2}\omega(t). \tag{4.98}$$

这正是一个带外源的谐振子系统的哈密顿量, 保持相干态演化的相干性.

上述的讨论可以推广到在相干态表象中求解薛定谔方程:

$$\mathrm{i}\frac{\partial}{\partial t}\langle z|\psi(t)\rangle=\langle z|\hat{H}|\psi(t)\rangle. \tag{4.99}$$

利用相干态的完备性

$$\int\frac{\mathrm{d}^2z}{\pi}|z\rangle\langle z|=1,$$

可得

$$\mathrm{i}\frac{\partial}{\partial t}\langle z|\psi(t)\rangle=\int\frac{\mathrm{d}^2z'}{\pi}\langle z|\hat{H}|z'(t)\rangle\langle z'(t)|\psi(t)\rangle, \tag{4.100}$$

式中的矩阵元 $\langle z|\hat{H}|z'(t)\rangle$ 可看做

$$\begin{aligned}\langle z|\hat{H}|z'(t)\rangle&=2\int\frac{\mathrm{d}^2\alpha}{\pi}\langle z|:\mathrm{e}^{-2(a^\dagger-\alpha^*)(a-\alpha)}:|z'(t)\rangle h(\alpha^*,\alpha)\\&=2\int\frac{\mathrm{d}^2\alpha}{\pi}h(\alpha,\alpha^*)\mathrm{e}^{-2|\alpha|^2+2\alpha^*z'(t)+2\alpha z^*-2z^*z'(t)}\langle z|z'(t)\rangle.\end{aligned} \tag{4.101}$$

这就是一个传播子.

最后, 根据外尔–威格纳对应, 任意一个算符 $\hat{A}$ 的相干态平均值为

$$\begin{aligned}\langle z|\hat{A}|z\rangle&=2\int\frac{\mathrm{d}^2\alpha}{\pi}A(\alpha,\alpha^*)\langle z|\Delta(\alpha,\alpha^*)|z\rangle\\&=\int\frac{\mathrm{d}x\mathrm{d}p}{\pi}\mathcal{A}(x,p)\mathrm{e}^{-2\left(z^*-\frac{x-\mathrm{i}p}{\sqrt{2}}\right)\left(z-\frac{x+\mathrm{i}p}{\sqrt{2}}\right)},\end{aligned} \tag{4.102}$$

这里 $A(\alpha,\alpha^*)\equiv\mathcal{A}(x,p)$ 是 $\hat{A}$ 的经典外尔对应, $\alpha=(x+\mathrm{i}p)/\sqrt{2}$, 可以进一步证明任一算符的相干态平均值, 当普朗克常数 $\hbar$ 趋于零时即为该算符的经典外尔对应函数. 再根据外尔对应, 就有

$$\begin{aligned}\hat{A}&=\int\frac{\mathrm{d}x\mathrm{d}p}{\pi}:\mathcal{A}(x,p)\mathrm{e}^{-2\left(a^\dagger-\frac{x-\mathrm{i}p}{\sqrt{2}}\right)\left(a-\frac{x+\mathrm{i}p}{\sqrt{2}}\right)}:\\&=:\exp\left(a^\dagger\frac{\partial}{\partial z^*}+a\frac{\partial}{\partial z^*}\right):\int\frac{\mathrm{d}x\mathrm{d}p}{\pi}\mathcal{A}(x,p)\mathrm{e}^{-2\left(z^*-\frac{x-\mathrm{i}p}{\sqrt{2}}\right)\left(z-\frac{x+\mathrm{i}p}{\sqrt{2}}\right)}\bigg|_{z=z^*=0}\\&=:\exp\left(a^\dagger\frac{\partial}{\partial z^*}+a\frac{\partial}{\partial z^*}\right):\langle z|\hat{A}|z\rangle\Big|_{z=z^*=0}.\end{aligned} \tag{4.103}$$

由于外尔对应是一对一的, 故当一个量子算符的相干态平均值知道了, 这个算符本身就确定了.

4.9　相干态, 压缩态和粒子数态的威格纳函数

对于任意态 $|\psi\rangle$, $H(\hat{X},\hat{P})$ 在态 $|\psi\rangle$ 的期望值可由它的经典外尔对应函数取下面的统计平均值代替:

$$\langle\psi|\,H(\hat{X},\hat{P})\,|\psi\rangle=\int_{\infty}^{+\infty}\mathrm{d}p\mathrm{d}xh(x,p)\,\langle\psi|\,\Delta(x,p)\,|\psi\rangle\,,\tag{4.104}$$

因此, 求出态的威格纳函数是至关重要的.

相干态 $|\beta\rangle=D\left(\beta\right)|0\rangle=\mathrm{e}^{\beta a^{\dagger}-\beta^{*}a}\,|0\rangle$ 的威格纳函数为

$$\begin{aligned}W_{|\alpha\rangle}&=\langle\beta|\,\Delta\left(\alpha,\alpha^{*}\right)|\beta\rangle\\&=\frac{1}{\pi}\,\langle\beta|:\mathrm{e}^{-2(\alpha^{*}-a^{\dagger})(\alpha-a)}:|\beta\rangle\\&=\frac{1}{\pi}\mathrm{e}^{-2|\alpha-\beta|^{2}}.\end{aligned}\tag{4.105}$$

当取 $\beta=(x'+\mathrm{i}p')/\sqrt{2},\alpha=(x+\mathrm{i}p)/\sqrt{2}$ 时, 上式变为

$$\langle\beta|\,\Delta\left(x,p\right)|\beta\rangle=\frac{1}{\pi}\mathrm{e}^{-(x-x')^{2}-(p-p')^{2}}.\tag{4.106}$$

单模压缩真空态的威格纳函数为

$$W\,|0\rangle\equiv\langle 0|\,S_{1}\Delta\left(x,p\right)S_{1}^{-1}\,|0\rangle\,,\tag{4.107}$$

其中 S_1 是由式 (3.10) 给出的压缩算符. 利用外尔编序在相似变换下的序不变性, 以及 $S_1\hat{X}S_1^{-1}=\mu\hat{X},S_1\hat{P}S_1^{-1}=\hat{P}/\mu$, 有

$$\begin{aligned}S_{1}\Delta\left(x,p\right)S_{1}^{-1}&=\vdots\, S_{1}\delta(x-\hat{X})\delta(p-\hat{P})S_{1}^{-1}\,\vdots\\&=\vdots\,\delta(x-\mu\hat{X})\delta\left(p-\frac{\hat{P}}{\mu}\right)\vdots\\&=\Delta\left(\frac{x}{\mu},\mu p\right),\end{aligned}\tag{4.108}$$

所以

$$W=\langle 0|\,\varDelta\left(\frac{x}{\mu},\mu p\right)|0\rangle=\frac{1}{\pi}\mathrm{e}^{-\frac{x^2}{\mu^2}-\mu^2p^2}. \tag{4.109}$$

单模压缩相干态的威格纳函数为

$$W'\,|\alpha\rangle\equiv\langle\alpha|\,S_1^{-1}\varDelta(x,p)\,S_1\,|\alpha\rangle=\langle\alpha|\,\varDelta\left(\mu x,\frac{p}{\mu}\right)|\alpha\rangle. \tag{4.110}$$

由式 (4.106), 得到

$$W'\,|\alpha\rangle=\frac{1}{\pi}\mathrm{e}^{-\frac{1}{\mu^2}(x'-x)^2-\mu^2(p'-p)^2}. \tag{4.111}$$

为了求粒子数态的威格纳函数

$$W_{|n\rangle}=\langle n|\,\varDelta(\alpha,\alpha^*)\,|n\rangle, \tag{4.112}$$

可借助于

$$|n\rangle=\frac{1}{\sqrt{n!}}\frac{\partial^n}{\partial\beta^n}\left\|\beta\right\rangle\Big|_{\beta=0}, \tag{4.113}$$

式中 $\|\beta\rangle$ 是非归一化的相干态:

$$\|\beta\rangle=\mathrm{e}^{\beta a^\dagger}\,|0\rangle,\quad a\,\|\beta\rangle=\beta\,\|\beta\rangle,\quad \langle\beta'\,\|\beta\rangle=\mathrm{e}^{\beta'^*\beta}. \tag{4.114}$$

再由式 (4.49), 有

$$\begin{aligned}
W_{|n\rangle}&=\langle n|\,\varDelta(\alpha,\alpha^*)\,|n\rangle\\
&=\frac{1}{\pi n!}\frac{\partial^{2n}}{\partial\beta^{*n}\partial\beta^n}\,\langle\beta\|:\mathrm{e}^{-2(\alpha^*-a^\dagger)(\alpha-a)}:\|\beta\rangle\Big|_{\beta=\beta^*=0}\\
&=\frac{1}{\pi n!}\mathrm{e}^{-2|\alpha|^2}\frac{\partial^{2n}}{\partial\beta^{*n}\partial\beta^n}\,\mathrm{e}^{-|\beta|^2+2\alpha\beta^*+2\alpha^*\beta}\Big|_{\beta=\beta^*=0}\\
&=\frac{1}{\pi n!}\mathrm{e}^{-2|\alpha|^2}\mathrm{H}_{n,n}(2\alpha,2\alpha^*)\\
&=\frac{(-1)^n}{\pi}\mathrm{e}^{-2|\alpha|^2}\mathrm{L}_n^{(0)}(4\,|\alpha|^2),
\end{aligned} \tag{4.115}$$

式中已利用了双变量厄米多项式的母函数

$$\mathrm{H}_{m,n}(x,y)=\frac{\partial^{m+n}}{\partial t^m\partial\tau^n}\mathrm{e}^{-t\tau+tx+\tau y}\Big|_{t=\tau=0}, \tag{4.116}$$

以及双变量厄米多项式与拉盖尔多项式的关系

$$\mathrm{L}_n^{(0)}(xy)=\frac{(-1)^n}{n!}\mathrm{H}_{n,n}(x,y). \tag{4.117}$$

另外, 由式 (4.16), 有

$$\langle n|\varDelta(\alpha,\alpha^*)|n\rangle=\frac{1}{\pi}\langle n|D(2\alpha)|n\rangle(-1)^n. \tag{4.118}$$

可见粒子数态的威格纳函数不正定. 根据式 (4.115) 和 (4.118), 导出

$$\langle n|D(2\alpha)|n\rangle=\mathrm{e}^{-2|\alpha|^2}\mathrm{L}_n^{(0)}(4|\alpha|^2). \tag{4.119}$$

压缩粒子数态的威格纳函数为

$$|\lambda,n\rangle\equiv S(\lambda)|n\rangle=\exp\left[\frac{\lambda}{2}(a^2-a^{\dagger 2})\right]|n\rangle, \tag{4.120}$$

相应的威格纳函数为

$$\begin{aligned}W_{|\lambda,n\rangle}(x,p)&=\langle\lambda,n|\varDelta(x,p)|\lambda,n\rangle=\langle n|S^{-1}(\lambda)\varDelta(x,p)S(\lambda)|n\rangle\\&=\langle n|\varDelta(\mathrm{e}^{\lambda}x,p/\mathrm{e}^{\lambda})|n\rangle=\langle n|\varDelta(\alpha',\alpha'^*)|n\rangle,\end{aligned} \tag{4.121}$$

式中 $\alpha=(x+\mathrm{i}p)/\sqrt{2}$, $\alpha'=(x'+\mathrm{i}p')/\sqrt{2}=(\mathrm{e}^{\lambda}x+\mathrm{i}p/\mathrm{e}^{\lambda})/\sqrt{2}=\alpha\cosh\lambda+\alpha^*\sinh\lambda$. 根据粒子数态的威格纳函数的结果式 (4.115), 最终有

$$\begin{aligned}W_{|\lambda,n\rangle}(\alpha)&=W_{|\lambda,n\rangle}(x,p)\\&=\frac{1}{\pi}(-1)^n\mathrm{e}^{-2|\alpha^*\cosh\lambda+\alpha\sinh\lambda|^2}\mathrm{L}_n^{(0)}(4|\alpha\cosh\lambda+\alpha^*\sinh\lambda|^2).\end{aligned} \tag{4.122}$$

4.10 激发相干态的威格纳函数

光子增加 (激发) 相干态首先由阿加瓦尔和塔拉提出, 它是对相干态进行了连续 m 次单光子增加 (激发) 的结果. 其密度算符为

$$\rho=C_{\alpha,m}a^{\dagger m}|\beta\rangle\langle\beta|a^m, \tag{4.123}$$

式中 $C_{\alpha,m}=[m!\mathrm{L}_m(-|\beta|^2)]^{-1}$ 为归一化系数 (读者可由 $\mathrm{tr}\,\rho=1$ 自行计算之), $|\beta\rangle$ 为相干态, $\mathrm{L}_m(x)$ 是 m 阶拉盖尔多项式. 无论在实验上还是理论上, 激发相干

态都引起了人们的广泛关注. 下面我们来计算激发相干态的威格纳函数. 利用式 (4.61), 有

$$\begin{aligned} W_{\rho} &= \operatorname{tr}[\rho \varDelta(\alpha,\alpha^{*})] \\ &= C_{\alpha,m}\mathrm{e}^{2|\alpha|^{2}}\int\frac{\mathrm{d}^{2}z}{\pi^{2}}\left\langle\beta\right|a^{m}\left|z\right\rangle\left\langle -z\right|a^{\dagger m}\left|\beta\right\rangle\mathrm{e}^{-2(\alpha z^{*}-z\alpha^{*})} \\ &= C_{\alpha,m}(-1)^{m}\mathrm{e}^{2|\alpha|^{2}-|\beta|^{2}}\int\frac{\mathrm{d}^{2}z}{\pi^{2}}z^{m}z^{*m}\mathrm{e}^{-|z|^{2}+(\beta^{*}-2\alpha^{*})z-(\beta-2\alpha)z^{*}}. \end{aligned} \tag{4.124}$$

利用双变量厄米积分公式

$$\mathrm{H}_{m,n}(\xi,\eta) = (-1)^{n}\mathrm{e}^{\xi\eta}\int\frac{\mathrm{d}^{2}z}{\pi}z^{n}z^{*m}\mathrm{e}^{-|z|^{2}+\xi z-\eta z^{*}}, \tag{4.125}$$

便有

$$W_{\rho} = \frac{C_{\alpha,m}\mathrm{e}^{-2|\alpha-\beta|^{2}}}{\pi}\mathrm{H}_{m,m}(\beta^{*}-2\alpha^{*},\beta-2\alpha). \tag{4.126}$$

根据式 (4.117), 上式可简化为

$$W_{\rho} = \frac{(-1)^{m}\mathrm{e}^{-2|\alpha-\beta|^{2}}}{\pi\mathrm{L}_{m}(-|\beta|^{2})}\mathrm{L}_{m}(|\beta-2\alpha|^{2}). \tag{4.127}$$

当 $m=0$ 时, 式 (4.127) 就变为相干态的威格纳函数 (见式 (4.105)).

4.11 热真空态的威格纳函数

现在计算自由玻色子热真空态 $|0(\beta)\rangle$ 的威格纳函数. 在热场动力学理论中, 对于自由玻色子系综, 其哈密顿量 $H=\omega a^{\dagger}a$, 高桥和梅泽 [14,15] 引入了 “虚模”($\tilde{a}$ 模), 给出了相应的热真空

$$|0(\beta)\rangle = \sqrt{1-\mathrm{e}^{-\beta\omega}}\exp\left(\mathrm{e}^{-\beta\omega/2}a^{\dagger}\tilde{a}^{\dagger}\right)|0\tilde{0}\rangle = S(\theta)\left|0,\tilde{0}\right\rangle \quad (\hbar=1), \tag{4.128}$$

其中真空态 $\left|0,\tilde{0}\right\rangle$ 被 $a,\tilde{a}$ 湮灭; $S(\theta)=\exp\left[\theta(a^{\dagger}\tilde{a}^{\dagger}-a\tilde{a})\right]$ 称为热算符, 它把零温度下的真空态变成有限温度的热真空态; θ 是与温度有关的参量, $\tanh\theta=\exp\left(-\dfrac{\omega}{2k_{\mathrm{B}}T}\right)$.

利用威格纳算符的相干态表象式 (4.61) 及虚空间的相干态

$$|\tilde{z}\rangle = \mathrm{e}^{z\tilde{a}^\dagger - z^*\tilde{a}}\left|\tilde{0}\right\rangle \quad \left(\tilde{a}\left|\tilde{z}\right\rangle = z\left|\tilde{z}\right\rangle, \left\langle\tilde{0}\right|\tilde{z}\rangle = \mathrm{e}^{-|z|^2/2}\right) \tag{4.129}$$

的完备性

$$\int \frac{\mathrm{d}^2\tilde{z}}{\pi}\left|\tilde{z}\right\rangle\left\langle\tilde{z}\right| = 1, \tag{4.130}$$

我们得到

$$\begin{aligned}
&\langle 0(\beta)|\,\Delta(\alpha,\alpha^*)\,|0(\beta)\rangle \\
&= \left(1-\mathrm{e}^{-\beta\omega}\right)\left\langle 0,\tilde{0}\right|\mathrm{c}^{\mathrm{e}^{-\beta\omega/2}a\tilde{a}}\mathrm{e}^{2|\alpha|^2}\int\frac{\mathrm{d}^2 z}{\pi^2}\left|z\right\rangle\left\langle -z\right|\mathrm{e}^{-2(\alpha z^*-z\alpha^*)} \\
&\quad\times\int\frac{\mathrm{d}^2\tilde{z}}{\pi}\left|\tilde{z}\right\rangle\left\langle\tilde{z}\right|\mathrm{e}^{\mathrm{e}^{-\beta\omega/2}a^\dagger\tilde{a}^\dagger}\left|0,\tilde{0}\right\rangle \\
&= \frac{1-\mathrm{e}^{-\beta\omega}}{\pi(1+\mathrm{e}^{-\beta\omega})}\exp\left[-\frac{2(1-\mathrm{e}^{-\beta\omega})}{1+\mathrm{e}^{-\beta\omega}}\left|\alpha\right|^2\right].
\end{aligned} \tag{4.131}$$

这就是热真空态的威格纳函数.

根据外尔–威格纳规则式 (4.104) 的意义可以求统计平均. 由于 $a^\dagger a$ 的经典外尔对应是 $\alpha^*\alpha - 1/2$, 再根据式 (4.54), 有 (恢复 $\hbar$)

$$\begin{aligned}
\langle 0(\beta)|\,a^\dagger a\,|0(\beta)\rangle &= 2\int\mathrm{d}^2\alpha\left(\alpha^*\alpha-\frac{1}{2}\right)\langle 0(\beta)|\,\Delta(\alpha,\alpha^*)\,|0(\beta)\rangle \\
&= \frac{1}{\mathrm{e}^{\hbar\beta\omega}-1}.
\end{aligned} \tag{4.132}$$

这正是熟知的玻色统计下的粒子数期望值.

又例如, 可根据热真空态的威格纳函数来求坐标算符 $\hat{X}$ 和动量算符 $\hat{P}$ 的量子起伏. 由于 $\hat{X}, \hat{P}$ 的经典外尔对应分别是

$$\hat{X}\mapsto\frac{1}{\sqrt{2}}(\alpha+\alpha^*)\sqrt{\frac{\hbar}{\omega m}}, \quad \hat{P}\mapsto\frac{1}{\mathrm{i}\sqrt{2}}(\alpha-\alpha^*)\sqrt{\hbar m\omega}, \tag{4.133}$$

故算符 $\hat{X}$ 在热真空态的期望值 (实际上等价于系综平均值) 是

$$\langle 0(\beta)|\,\hat{X}\,|0(\beta)\rangle = \sqrt{2}\int\mathrm{d}^2\alpha(\alpha+\alpha^*)\,\langle 0(\beta)|\,\Delta(\alpha,\alpha^*)\,|0(\beta)\rangle\sqrt{\frac{\hbar}{\omega m}} = 0, \tag{4.134}$$

$$\langle 0(\beta)|\,\hat{X}^2\,|0(\beta)\rangle = \int\mathrm{d}^2\alpha(\alpha+\alpha^*)^2\,\langle 0(\beta)|\,\Delta(\alpha,\alpha^*)\,|0(\beta)\rangle\,\frac{\hbar}{\omega m}$$

$$=\frac{\hbar}{2m\omega}\frac{1+\mathrm{e}^{-\hbar\beta\omega}}{1-\mathrm{e}^{-\hbar\beta\omega}}=(\Delta\hat{X})^2. \tag{4.135}$$

同理, 可算得动量 $\hat{P}$ 的量子起伏:

$$\begin{aligned}(\Delta\hat{P})^2&=\int\mathrm{d}^2\alpha(\alpha-\alpha^*)^2\langle 0(\beta)|\,\varDelta(\alpha,\alpha^*)\,|0(\beta)\rangle m\omega\hbar\\&=\frac{\hbar\omega m}{2}\frac{1+\mathrm{e}^{-\hbar\beta\omega}}{1-\mathrm{e}^{-\hbar\omega\omega}},\end{aligned} \tag{4.136}$$

所以

$$\Delta\hat{X}\Delta\hat{P}=\frac{\hbar}{2}\frac{1+\mathrm{e}^{-\beta\omega\hbar}}{1-\mathrm{e}^{-\beta\omega\hbar}}=\frac{\hbar}{2}\coth\frac{\beta\omega\hbar}{2}. \tag{4.137}$$

4.12 光子扣除热真空态的威格纳函数

在有限温度下, 光子扣除热真空态可表示为 [16]

$$\rho_1=C_1a^n|0(\beta)\rangle\langle 0(\beta)|a^{\dagger n}, \tag{4.138}$$

式中 C_1 为归一化因子. 利用式 (4.128) 与二项式公式

$$\sum_{l=0}^{+\infty}\frac{(n+l)!}{n!l!}x^l=(1-x)^{-n-1}, \tag{4.139}$$

我们能计算出

$$\begin{aligned}C_1^{-1}&=\langle 0,\tilde{0}|S^\dagger(\theta)a^{\dagger n}a^nS(\theta)|0,\tilde{0}\rangle\\&=\mathrm{sech}^2\theta\langle 0,\tilde{0}|\mathrm{e}^{a\tilde{a}\tanh\theta}a^{\dagger n}a^n\mathrm{e}^{a^\dagger\tilde{a}^\dagger\tanh\theta}|0,\tilde{0}\rangle\\&=\mathrm{sech}^2\theta\sum_{k,l=0}^{+\infty}\tanh^{l+k}\theta\langle k,\tilde{k}|a^{\dagger n}a^n|l,\tilde{l}\rangle\\&=\mathrm{sech}^2\theta\sum_{l=n}^{+\infty}\frac{l!\tanh^{2l}\theta}{(l-n)!}=n!\sinh^{2n}\theta.\end{aligned} \tag{4.140}$$

于是, 光子扣除热真空态的威格纳函数为

$$\begin{aligned}W_1(\alpha) &= \mathrm{tr}[\rho_1 \Delta(\alpha,\alpha^*)] \\ &= C_1\langle 0,\tilde{0}|S^\dagger(\theta)a^{\dagger n}\Delta(\alpha,\alpha^*)a^n S(\theta)|0,\tilde{0}\rangle \\ &= \langle 0,\tilde{0}|[S^\dagger(\theta)a^{\dagger n}S(\theta)]S^\dagger(\theta)\Delta(\alpha,\alpha^*)S(\theta)[S^\dagger(\theta)a^n S(\theta)]|0,\tilde{0}\rangle.\end{aligned} \tag{4.141}$$

为了导出式 (4.141) 的具体形式, 我们先计算 $S^\dagger(\theta)\Delta(\alpha,\alpha^*)S(\theta)$ 的正规乘积表示 [17].

利用威格纳算符 $\Delta(\alpha,\alpha^*)$ 的外尔编序形式 (4.67) 以及变换关系

$$S^\dagger(\theta)aS(\theta) = a\cosh\theta + \tilde{a}^\dagger\sinh\theta,\quad S^\dagger(\theta)\tilde{a}S(\theta) = \tilde{a}\cosh\theta + a^\dagger\sinh\theta, \tag{4.142}$$

易得到

$$S^\dagger(\theta)\Delta(\alpha,\alpha^*)S(\theta) = \frac{1}{2} \vdots\, \delta(\alpha - a\cosh\theta - \tilde{a}^\dagger\sinh\theta)\delta(\alpha^* - a^\dagger\cosh\theta - \tilde{a}\sinh\theta) \,\vdots, \tag{4.143}$$

这里已考虑到外尔编序在相似变换下具有有序不变性. 再根据外尔对应规则, 有

$$S^\dagger(\theta)\Delta(\alpha,\alpha^*)S(\theta) = 4\int \mathrm{d}^2\beta\mathrm{d}^2\tilde{\beta}\,\Delta(\beta,\beta^*;\tilde{\beta},\tilde{\beta}^*)h(\beta,\beta^*;\tilde{\beta},\tilde{\beta}^*), \tag{4.144}$$

式中 $h(\beta,\beta^*;\tilde{\beta},\tilde{\beta}^*)$ 是 $S^\dagger(\theta)\Delta(\alpha,\alpha^*)S(\theta)$ 的经典对应函数, 即 (由式 (4.143) 可得)

$$h(\beta,\beta^*;\tilde{\beta},\tilde{\beta}^*) = \frac{1}{2}\delta(\alpha - \beta\cosh\theta - \tilde{\beta}^*\sinh\theta)\delta(\alpha^* - \beta^*\cosh\theta - \tilde{\beta}\sinh\theta), \tag{4.145}$$

$\Delta(\beta,\beta^*;\tilde{\beta},\tilde{\beta}^*)$ 是双模威格纳算符, 由式 (4.49), 知它的正规乘积形式为

$$\Delta(\beta,\beta^*;\tilde{\beta},\tilde{\beta}^*) = \frac{1}{\pi^2} :\exp[-2(a^\dagger - \beta^*)(a-\beta) - 2(\tilde{a}^\dagger - \tilde{\beta}^*)(\tilde{a} - \tilde{\beta})]:. \tag{4.146}$$

将式 (4.145) 与 (4.146) 代入式 (4.144), 并利用积分公式 (4.50), 我们能导出 $S^\dagger(\theta)\Delta(\alpha,\alpha^*)S(\theta)$ 的正规乘积形式

$$\begin{aligned}S^\dagger(\theta)\Delta(\alpha,\alpha^*)S(\theta) = 2\int &\frac{\mathrm{d}^2\beta\mathrm{d}^2\tilde{\beta}}{\pi^2}\delta(\alpha - \beta\cosh\theta - \tilde{\beta}^*\sinh\theta) \\ &\times\delta(\alpha^* - \beta^*\cosh\theta - \tilde{\beta}\sinh\theta) \\ &\times :\exp[-2(a^\dagger - \beta^*)(a-\beta) - 2(\tilde{a}^\dagger - \tilde{\beta}^*)(\tilde{a} - \tilde{\beta})]:\end{aligned}$$

$$
\begin{aligned}
&=\frac{\operatorname{sech}2\theta}{\pi}\mathrm{e}^{-2|\alpha|^2\operatorname{sech}2\theta}:\exp\{-(a\tilde{a}+a^\dagger\tilde{a}^\dagger)\tanh 2\theta\\
&+2\operatorname{sech}2\theta[\sinh\theta(\alpha^*\tilde{a}^\dagger+\alpha\tilde{a})+\cosh\theta(\alpha^*a+\alpha a^\dagger)\\
&-(\tilde{a}^\dagger\tilde{a}\sinh^2\theta+a^\dagger a\cosh^2\theta)]\}:.
\end{aligned}\tag{4.147}
$$

这个结果给威格纳函数的计算带来了方便, 注意到式 (4.142), 有

$$
[S^\dagger(\theta)a^nS(\theta)]|0,\tilde{0}\rangle=(a\cosh\theta+\tilde{a}^\dagger\sinh\theta)^n|0,\tilde{0}\rangle=\sqrt{n!}\sinh^n\theta|0,\tilde{n}\rangle.\tag{4.148}
$$

然后将式 (4.148) 代入式 (4.141), 并利用式 (4.147), 得到

$$
\begin{aligned}
W_1(\alpha)&=\frac{\mathrm{e}^{-2|\alpha|^2\operatorname{sech}2\theta}}{\pi\cosh 2\theta}\langle\tilde{n}|\mathrm{e}^{\frac{2\sinh\theta}{\cosh 2\theta}\alpha^*\tilde{a}^\dagger}(\operatorname{sech}2\theta)^{\tilde{a}^\dagger\tilde{a}}\mathrm{e}^{\frac{2\sinh\theta}{\cosh 2\theta}\tilde{a}\alpha}|\tilde{n}\rangle\\
&=\frac{\mathrm{e}^{-2|\alpha|^2\operatorname{sech}2\theta}}{\pi\cosh 2\theta}\sum_{k,l=0}^{n}\frac{\alpha^{*k}\alpha^l}{k!l!}\left(\frac{2\sinh\theta}{\cosh 2\theta}\right)^{k+l}\langle\tilde{n}|\tilde{a}^{\dagger k}(\operatorname{sech}2\theta)^{\tilde{a}^\dagger\tilde{a}}\tilde{a}^l|\tilde{n}\rangle\\
&=\frac{\mathrm{e}^{-2|\alpha|^2\operatorname{sech}2\theta}}{\pi\cosh^{n+1}2\theta}\sum_{l=0}^{n}\frac{n!}{l!l!(n-l)!}\left(\frac{4\sinh^2\theta}{\cosh 2\theta}|\alpha|^2\right)^l.
\end{aligned}\tag{4.149}
$$

由拉盖尔多项式的定义:

$$
\mathrm{L}_n(x)=\sum_{l=0}^{n}\frac{n!}{(l!)^2(n-l)!}(-x)^l,\tag{4.150}
$$

式 (4.149) 就变成简洁的形式

$$
W_1(\alpha)=\frac{\mathrm{e}^{-2|\alpha|^2\operatorname{sech}2\theta}}{\pi\cosh^{n+1}2\theta}\mathrm{L}_n\left(-\frac{4\sinh^2\theta}{\cosh 2\theta}|\alpha|^2\right).\tag{4.151}
$$

这就是所要求的光子扣除热真空态的威格纳函数. 特别地, 当 $n=0$ 时, 式 (4.151) 的结果就演变成热真空态的威格纳函数 (见式 (4.131)). 有兴趣的读者不妨试求一下光子增加热真空态的威格纳函数.

参考文献

[1] Weyl H. Quantenmechanik und gruppentheorie [J]. Z. Phys., 1927, 46: 1~46.

[2] Weyl H. The Theory of Groups and Quantum Mechanics [M]. New York: Dover, 1931.

[3] Schleich W P. Quantum Optics in Phase Space [M]. Berlin: Wiley-VCH, 2001.

[4] O'Connell R F, Wigner E P. Quantum-mechanical distribution functions: conditions for uniqueness [J]. Phys. Lett. A, 1981, 83: 145～148.

[5] Hillery M, Connel R, Scully M, Wigner E P. Distribution functions in physics: fundamentals [J]. Phys. Rep., 1984, 106: 121～167.

[6] Wigner E P. On the quantum correction for thermodynamic equilibrium [J]. Phys. Rev., 1932, 40: 749～759.

[7] Fan H Y, Yang Y L. Weyl ordering, normally ordering of Husimi operator as the squeezed coherent state projector and its applications [J]. Phys. Lett. A, 2006, 353: 439～445.

[8] Fan H Y, Liu S G. Wigner distribution function and Husimi function of a kind of squeezed coherent state [J]. Commun. Theor. Phys., 2007, 47: 427～430.

[9] Fan H Y, Guo Q, Ma S J. New application of Weyl correspondence in studying Husimi operator [J]. Commun. Theor. Phys., 2008, 49 (1): 69～72.

[10] Fan H Y. Weyl ordering quantum mechanical operators by virtue of the IWWP technique [J]. J. Phys. A Math. Gen., 1992: 25: 3443～3447.

[11] Fan H Y. Newton-Leibniz integration for ket-bra operators in quantum mechanics (IV)—Integrations within Weyl ordered product of operators and their applications [J]. Ann. Phys., 2008, 323: 500～526.

[12] Fan H Y, Wang J S. On the Weyl ordering invariance under general n-mode similar transformations [J]. Mod. Phys. Lett. A, 2005, 20 (20): 1525～1532.

[13] Fan H Y, Lv C H, Xia Y J. Preserving coherence of coherent state studied via Weyl-Wigner correspondence [J]. Commun. Theor. Phys., 2010, 54 (2): 244～246.

[14] Takahashi Y, Umezawa H. Thermo field dynamic [J]. Collevctive Phenomena, 1975, 2: 55.

[15] Takahashi Y, Umezawa H. Thermo field dynamic [J]. Int. J. Mod. Phys. A, 1996, 10: 1755.

[16] Agarwal G S. Negative binomial states of the field-operator representation and production by state reduction in optical processes [J]. Phys. Rev. A, 1992, 45 (3): 1787～1792.

[17] Hu L Y, Fan H Y. Wigner functions of thermo number state, photon substracted and added thermo vaccum state at finite temperature [J]. Mod. Phys. Lett. A, 2009, 24 (28): 2263～2274.

第 5 章　双模压缩算符与纠缠态表象

双模压缩态同时又是一个纠缠态, 所以双模压缩算符在纠缠态表象中有自然表示. 根据 EPR 量子纠缠 [1] 的思想, 范洪义等首次引入了连续变量纠缠态表象 [2,3], 并得出了此表示. 本章讨论形形色色的双模压缩态及纠缠态表象的各种应用.

5.1　从经典正则变换到双模压缩算符

现在考察经典正则变换

$$x_1 \mapsto x_1 \cosh\lambda + x_2 \sinh\lambda, \quad x_2 \mapsto x_2 \cosh\lambda + x_1 \sinh\lambda$$

所对应的量子幺正变换, 由此可以得到双模压缩算符. 记双模坐标本征态是 $|x_1, x_2\rangle = |x_1\rangle|x_2\rangle$, 构造如下积分型算符并用 IWOP 技术积分 [4]:

$$\begin{aligned}
S_2 &= \int_{-\infty}^{+\infty} \mathrm{d}x_1 \mathrm{d}x_2 \, |x_1 \cosh\lambda + x_2 \sinh\lambda, x_2 \cosh\lambda + x_1 \sinh\lambda\rangle \langle x_1, x_2| \\
&= \frac{1}{\pi} \int_{-\infty}^{+\infty} \mathrm{d}x_1 \mathrm{d}x_2 \colon \exp\Big[-\cosh^2\lambda \left(x_1^2 + x_2^2\right) - x_1 x_2 \sinh 2\lambda \\
&\quad + \sqrt{2}\left(x_1 \cosh\lambda + x_2 \sinh\lambda\right) a_1^\dagger + \sqrt{2}\left(x_2 \cosh\lambda + x_1 \sinh\lambda\right) a_2^\dagger \\
&\quad + \sqrt{2}\left(x_1 a_1 + x_2 a_2\right) - \frac{1}{2}(a_1^\dagger + a_1)^2 - \frac{1}{2}(a_2^\dagger + a_2)^2\Big] \colon \\
&= \mathrm{sech}\lambda \colon \exp\left[(a_1^\dagger a_2^\dagger - a_1 a_2) \tanh\lambda + (a_1^\dagger a_1 + a_2^\dagger a_2)(\mathrm{sech}\lambda - 1)\right] \colon, \qquad (5.1)
\end{aligned}$$

其中利用了双模真空态的正规乘积展开形式

$$|00\rangle\langle 00| =: \mathrm{e}^{-a_1^\dagger a_1 - a_2^\dagger a_2}: \tag{5.2}$$

和积分公式

$$\int \mathrm{e}^{-\alpha x^2+\beta x}\mathrm{d}x = \sqrt{\frac{\pi}{\alpha}}\mathrm{e}^{\frac{\beta^2}{4\alpha}} \quad (\mathrm{Re}\,\alpha > 0). \tag{5.3}$$

借助于 $\mathrm{e}^{\lambda a^\dagger a} =: \mathrm{e}^{(\mathrm{e}^\lambda - 1)a^\dagger a}:$, 得

$$\begin{aligned} S_2 &= \mathrm{e}^{a_1^\dagger a_2^\dagger \tanh\lambda}\mathrm{e}^{(a_1^\dagger a_1 + a_2^\dagger a_2 + 1)\ln\mathrm{sech}\lambda}\mathrm{e}^{-a_1 a_2 \tanh\lambda} \\ &= \mathrm{e}^{\lambda(a_1^\dagger a_2^\dagger - a_1 a_2)}. \end{aligned} \tag{5.4}$$

可以看出 S_2 也具有 su(1,1) 李代数结构, 即 $a_1^\dagger a_2^\dagger$, $a_1 a_2$, $a_1^\dagger a_1 + a_2^\dagger a_2 + 1$ 构成 su(1,1) 生成元, 且能诱导出下列的双模压缩变换:

$$S_2 a_1 S_2^{-1} = a_1\cosh\lambda - a_2^\dagger\sinh\lambda, \tag{5.5}$$

$$S_2 a_2 S_2^{-1} = a_2\cosh\lambda - a_1^\dagger\sinh\lambda. \tag{5.6}$$

根据式 (5.4), S_2 作用于双模真空态 $|00\rangle$, 就得到

$$S_2|00\rangle = \mathrm{sech}\lambda\exp(a_1^\dagger a_2^\dagger\tanh\lambda)|00\rangle. \tag{5.7}$$

根据双模光场的两个正交分量的定义:

$$\begin{aligned} \hat{Y}_1 &= \frac{1}{2}(\hat{X}_1 + \hat{X}_2) = \frac{1}{2\sqrt{2}}(a_1 + a_1^\dagger + a_2 + a_2^\dagger), \\ \hat{Y}_2 &= \frac{1}{2}(\hat{P}_1 + \hat{P}_2) = \frac{1}{\mathrm{i}2\sqrt{2}}(a_1 - a_1^\dagger + a_2 - a_2^\dagger) \end{aligned} \tag{5.8}$$

(满足 $[\hat{Y}_1, \hat{Y}_2] = \mathrm{i}/2$), 再由式 (5.5) 与 (5.6), 就能计算出 $\hat{Y}_1$ 与 $\hat{Y}_2$ 在双模压缩真空态 $S_2|00\rangle$ 的涨落, 即

$$\langle(\Delta\hat{Y}_1)^2\rangle = \langle\hat{Y}_1^2\rangle - \langle\hat{Y}_1\rangle^2 = \frac{\mathrm{e}^{2\lambda}}{4}, \tag{5.9}$$

$$\langle(\Delta\hat{Y}_2)^2\rangle = \langle\hat{Y}_2^2\rangle - \langle\hat{Y}_2\rangle^2 = \frac{\mathrm{e}^{-2\lambda}}{4}, \tag{5.10}$$

$$\Delta\hat{Y}_1\Delta\hat{Y}_2 = \sqrt{(\Delta\hat{Y}_1)^2(\Delta\hat{Y}_2)^2} = \frac{1}{4}. \tag{5.11}$$

5.2 量子耦合振子的压缩态与分子振动理论中的色散能 [5]

从经典分子物理学, 我们知道分子间存在范德瓦尔斯力. 把两个振子看成相距为 R(较大) 的两个电偶极子, 电矩为 $\mathcal{P}_i = ex_i$ $(i=1,2)$, 两个电矩间的相互作用为

$$\begin{aligned} V &= \frac{e^2}{R} + \frac{e^2}{R+x_2-x_1} - \frac{e^2}{R+x_2} - \frac{e^2}{R-x_1} \\ &\approx -\frac{2\mathcal{P}_1\mathcal{P}_2}{R^3} = -\frac{2x_1x_2e^2}{R^3}, \end{aligned} \tag{5.12}$$

可见两个振子体系的哈密顿量可写为

$$H = \frac{1}{2m}\left(p_1^2+p_2^2\right) + \frac{m\omega^2}{2}\left(x_1^2+x_2^2\right) - \lambda x_1x_2, \tag{5.13}$$

式中 $\lambda = 2e^2/R^3$. 加上量子化条件 $[\hat{x}_j, \hat{p}_k] = \mathrm{i}\delta_{jk}$ 后, 上式中的哈密顿量变为算符. 可以找到一个幺正算符 U, 使得

$$\hat{H} = U\left[\frac{\omega_1}{\omega}\left(\frac{\hat{p}_1^2}{2m} + \frac{m\omega^2}{2}\hat{x}_1^2\right) + \frac{\omega_2}{\omega}\left(\frac{\hat{p}_2^2}{2m} + \frac{m\omega^2}{2}\hat{x}_2^2\right)\right]U^{-1}, \tag{5.14}$$

其中

$$\omega_1^2 = \omega^2 - \frac{\lambda}{m}, \quad \omega_2^2 = \omega^2 + \frac{\lambda}{m}. \tag{5.15}$$

幺正算符 U 具有以下 ket-bra 的积分形式 [5]:

$$U = \left(\frac{\omega^2}{\omega_1\omega_2}\right)^{1/4} \int \mathrm{d}x_1\mathrm{d}x_2 \left| u\begin{pmatrix} x_1 \\ x_2 \end{pmatrix}\right\rangle \left\langle \begin{pmatrix} x_1 \\ x_2 \end{pmatrix}\right| \tag{5.16}$$

或

$$U = \left(\frac{\omega^2}{\omega_1\omega_2}\right)^{1/4} \int \mathrm{d}p_1\mathrm{d}p_2 \left| \begin{pmatrix} p_1 \\ p_2 \end{pmatrix}\right\rangle \left\langle \tilde{u}\begin{pmatrix} p_1 \\ p_2 \end{pmatrix}\right|, \tag{5.17}$$

式中 u 是 2×2 矩阵:

$$u = \begin{pmatrix} \sqrt{\omega/(2\omega_1)} & \sqrt{\omega/(2\omega_2)} \\ \sqrt{\omega/(2\omega_1)} & -\sqrt{\omega/(2\omega_2)} \end{pmatrix}, \quad \det u = \frac{\omega}{\sqrt{\omega_1\omega_2}}, \tag{5.18}$$

$$\left|\begin{pmatrix} x_1 \\ x_2 \end{pmatrix}\right\rangle \equiv |x_1,x_2\rangle = |x_1\rangle\,|x_2\rangle. \tag{5.19}$$

根据式 (5.16), 容易验证 U 是幺正的:

$$UU^\dagger = U^\dagger U = 1, \quad U^\dagger = U^{-1}. \tag{5.20}$$

利用 IWOP 技术, 可得 U 的正规乘积形式:

$$\begin{aligned} U =& (\operatorname{sech} r_1 \operatorname{sech} r_2)^{1/2} \mathrm{e}^{\frac{1}{4}(a_1^\dagger + a_2^\dagger)^2 \tanh r_1 + \frac{1}{4}(a_1^\dagger - a_2^\dagger)^2 \tanh r_2} \\ &\times : \mathrm{e}^{\left(\frac{1}{\sqrt{2}}\operatorname{sech} r_1 - 1\right)a_1^\dagger a_1 - \left(\frac{1}{\sqrt{2}}\operatorname{sech} r_2 + 1\right)a_2^\dagger a_2 + \frac{1}{\sqrt{2}}a_2^\dagger a_1 \operatorname{sech} r_1 - \frac{1}{\sqrt{2}} a_1^\dagger a_2 \operatorname{sech} r_2} : \\ &\times \mathrm{e}^{-\frac{1}{4}(a_1 + a_2)^2 \tanh r_1 - \frac{1}{4}(a_1 - a_2)^2 \tanh r_2}, \end{aligned} \tag{5.21}$$

其中

$$\tanh r_i = \frac{\omega - \omega_i}{\omega + \omega_i}, \quad \operatorname{sech} r_i = \frac{2\sqrt{\omega\omega_i}}{\omega + \omega_i} \quad (i = 1, 2). \tag{5.22}$$

另外, 由 $\hat{x}_1|x_1\rangle = x_1|x_1\rangle$, $\hat{x}_2|x_2\rangle = x_2|x_2\rangle$ 以及完备性关系, 得

$$\begin{aligned} U\hat{x}_1U^{-1} &= \left(\frac{\omega^2}{\omega_1\omega_2}\right)^{1/2} \int \mathrm{d}x_1 \mathrm{d}x_2 \left|u\begin{pmatrix} x_1 \\ x_2 \end{pmatrix}\right\rangle\left\langle u\begin{pmatrix} x_1 \\ x_2 \end{pmatrix}\right| x_1 \\ &= \sqrt{\frac{\omega_1}{2\omega}} \int \mathrm{d}x_1 \mathrm{d}x_2 \,|x_1,x_2\rangle\langle x_1,x_2|\,(x_1 + x_2) \\ &= \sqrt{\frac{\omega_1}{2\omega}}\,(\hat{x}_1 + \hat{x}_2), \end{aligned} \tag{5.23}$$

$$U\hat{x}_2U^{-1} = \sqrt{\frac{\omega_2}{2\omega}}\,(\hat{x}_1 - \hat{x}_2). \tag{5.24}$$

对于动量, 它也有变换形式, 即由式 (5.17), 有

$$U\hat{p}_1U^{-1} = \sqrt{\frac{\omega}{2\omega_1}}(\hat{p}_1 + \hat{p}_2), \tag{5.25}$$

$$U\hat{p}_2U^{-1} = \sqrt{\frac{\omega}{2\omega_2}}(\hat{p}_1 - \hat{p}_2). \tag{5.26}$$

从式 (5.23)~(5.26) 看出, U 变换不但含有坐标的转动, 而且还包含压缩变换, 如 $\hat{x}_1 \mapsto \sqrt{\frac{\omega_1}{2\omega}}(\hat{x}_1 + \hat{x}_2)$, $\hat{p}_1 \mapsto \sqrt{\frac{\omega}{2\omega_1}}(\hat{p}_1 + \hat{p}_2)$. 经过对角化后 (见式 (5.14)), 耦合振

子变成两个独立振子, 所以能级为

$$E_{n_1,n_2}=\hbar\omega_1\left(n_1+\frac{1}{2}\right)+\hbar\omega_2\left(n_2+\frac{1}{2}\right),\tag{5.27}$$

相应的能量本征态为 $U\left|n_1,n_2\right\rangle$. 系统的基态能级, 考虑到式 (5.15), 即为

$$\begin{aligned}E_{0,0}&=\frac{\hbar}{2}\left(\omega_1+\omega_2\right)\\&=\frac{\hbar\omega}{2}\left(\sqrt{1-\frac{\lambda}{\omega^2m}}+\sqrt{1+\frac{\lambda}{\omega^2m}}\right)\\&\approx\frac{\hbar\omega}{2}\left(1-\frac{1}{2}\frac{\lambda}{\omega^2m}-\frac{1}{8}\frac{\lambda^2}{\omega^4m^2}+1+\frac{1}{2}\frac{\lambda}{\omega^2m}-\frac{1}{8}\frac{\lambda^2}{\omega^4m^2}\right)\\&=\hbar\omega-\frac{\hbar\lambda^2}{8\omega^3m^2}.\end{aligned}\tag{5.28}$$

上式表明两个谐振子之间的相互作用能为负值, 使系统的零点能量降低, 代表吸引力, 也称为色散 (dispersion) 能, 这就是分子论中范德瓦尔斯力的量子解释. 此时系统处于一个双模压缩态, 即 $U\left|00\right\rangle$. 利用式 (5.21), 将 U 作用于 $\left|00\right\rangle$, 得

$$U\left|00\right\rangle=\left(\operatorname{sech}r_1\operatorname{sech}r_2\right)^{1/2}\mathrm{e}^{\frac{1}{4}\left(a_1^\dagger+a_2^\dagger\right)^2\tanh r_1+\frac{1}{4}\left(a_1^\dagger-a_2^\dagger\right)^2\tanh r_2}\left|00\right\rangle.\tag{5.29}$$

从式 (5.13) 知, 相互作用项 $-\lambda\hat{x}_1\hat{x}_2$ 起到双模压缩的作用. 在相互作用表象中, $\mathrm{e}^{-\lambda\hat{x}_1\hat{x}_2}\left|00\right\rangle$ 是一个双模压缩态, 利用 IWOP 技术, 可得

$$\begin{aligned}\mathrm{e}^{-\lambda\hat{x}_1\hat{x}_2}&=\int\frac{\mathrm{d}x_1\mathrm{d}x_2}{\pi}\mathrm{e}^{-\lambda x_1x_2}\left|x_1,x_2\right\rangle\left\langle x_1,x_2\right|\\&=\int\frac{\mathrm{d}x_1\mathrm{d}x_2}{\pi}:\mathrm{e}^{-x_1^2+\left(\sqrt{2}a_1+\sqrt{2}a_1^\dagger-\lambda x_2\right)x_1-x_2^2+\sqrt{2}x_2\left(a_2^\dagger+a_2\right)-\frac{1}{2}\left(a_1^\dagger+a_1\right)^2-\frac{1}{2}\left(a_2^\dagger+a_2\right)^2}:\\&=\frac{1}{\sqrt{1-\lambda^2}}:\exp\left[\frac{4}{1-\lambda^2}\left(\hat{x}_1^2+\hat{x}_2^2-\lambda\hat{x}_1\hat{x}_2\right)\right]:,\end{aligned}\tag{5.30}$$

即

$$\mathrm{e}^{-\lambda\hat{x}_1\hat{x}_2}\left|00\right\rangle=\frac{1}{\sqrt{1-\lambda^2}}\exp\left[\frac{2}{1-\lambda^2}\left(a_1^{\dagger2}+a_2^{\dagger2}-\lambda a_1^\dagger a_2^\dagger\right)\right]\left|00\right\rangle.\tag{5.31}$$

这里使用了积分公式

$$\int\mathrm{e}^{-\alpha x^2+\beta x}\mathrm{d}x=\sqrt{\frac{\pi}{\alpha}}\mathrm{e}^{\frac{\beta^2}{4\alpha}}\quad(\operatorname{Re}\alpha>0).\tag{5.32}$$

可见 $\mathrm{e}^{-\lambda\hat{x}_1\hat{x}_2}$ 是一个双模压缩算符.

5.3 通过电感耦合的介观电路中的双模压缩态 [6,7]

在第 3 章中我们讨论了单个 LC 回路的数–相量子化方案, 对于通过电感耦合的两个 LC 回路, 设其电感分别为 L_1 与 L_2, 电容分别为 C_1 与 C_2, 互感系数为 M, 动能为

$$T=\frac{1}{2}\left(L_1I_1^2+L_2I_2^2\right)+MI_1I_2, \tag{5.33}$$

其经典拉格朗日函数为

$$\mathcal{L}=\frac{1}{2}\left(L_1I_1^2+L_2I_2^2\right)+MI_1I_2-\frac{1}{2}\left(\frac{q_1^2}{C_1}+\frac{q_2^2}{C_2}\right), \tag{5.34}$$

其中 $I_1=e\dot{n}_1$ 与 $I_2=e\dot{n}_2$ 分别为两个回路中的电流. 若视 $en_i=q_i\,(i=1,2)$ 为正则坐标, 则正则动量为

$$P_1=\frac{\partial\mathcal{L}}{\partial\left(e\dot{n}_1\right)}=L_1e\dot{n}_1+Me\dot{n}_2, \tag{5.35}$$

$$P_2=\frac{\partial\mathcal{L}}{\partial\left(e\dot{n}_2\right)}=L_2e\dot{n}_2+Me\dot{n}_1. \tag{5.36}$$

反解之, 得

$$e\dot{n}_1=\frac{L_2P_1-MP_2}{L_1L_2-M^2},\quad e\dot{n}_2=\frac{L_1P_2-MP_1}{L_1L_2-M^2}. \tag{5.37}$$

由于两个回路的电流分别为

$$e\dot{n}_1=\frac{\Phi_1}{L_1}=\frac{\Phi_{12}}{M},\quad e\dot{n}_2=\frac{\Phi_2}{L_2}=\frac{\Phi_{21}}{M}, \tag{5.38}$$

其中 Φ_1 与 Φ_2 为由两个线圈自感引起的磁通量, Φ_{21} (Φ_{12}) 是互感所产生的磁通量, 由法拉第定律给出 C_1 的电压:

$$-\frac{\mathrm{d}(\Phi_1+\Phi_{12})}{\mathrm{d}t}=V_1=\frac{en_1}{C_1}, \tag{5.39}$$

以及 C_2 的电压:

$$-\frac{\mathrm{d}(\Phi_2+\Phi_{12})}{\mathrm{d}t}=V_2=\frac{en_2}{C_2}, \tag{5.40}$$

故 $\Phi_2+\Phi_{12}$ 为正则动量. 由勒让德变换得其经典哈密顿量 [5,6]

$$\begin{aligned}\mathcal{H}&=-\mathcal{L}+\sum_{i=1}^{2}P_i(e\dot{n}_i)\\&=\frac{1}{2D}\left(\frac{P_1^2}{L_1}+\frac{P_2^2}{L_2}\right)-\frac{MP_1P_2}{DL_1L_2}+\frac{1}{2}\left(\frac{e^2n_1^2}{C_1}+\frac{e^2n_2^2}{C_2}\right),\end{aligned}\tag{5.41}$$

其中 $D=1-\dfrac{M^2}{L_1L_2}$. 把上式量子化, 即加上量子化条件 $[q_i,P_j]=\mathrm{i}\hbar\delta_{ij}$ 以后, 应该仍然符合法拉第定律. 事实上, 由海森伯方程, 得 ($\hbar=1$)

$$\frac{\mathrm{d}P_1}{\mathrm{d}t}=-\mathrm{i}[P_1,\mathcal{H}]=-\frac{e}{C_1}n_1,\tag{5.42}$$

$$\frac{\mathrm{d}P_2}{\mathrm{d}t}=-\mathrm{i}[P_2,\mathcal{H}]=-\frac{e}{C_2}n_2.\tag{5.43}$$

这与式 (5.39) 和 (5.40) 是一致的, 所以量子哈密顿量是正确的. 由海森伯方程, 又可得与式 (5.37) 自洽的方程:

$$\begin{aligned}e\frac{\mathrm{d}n_1}{\mathrm{d}t}&=-\mathrm{i}[en_1,\mathcal{H}]\\&=-\mathrm{i}\left[en_1,\frac{P_1^2}{2DL_1}-\frac{MP_1P_2}{DL_1L_2}\right]\\&=\frac{P_1}{DL_1}-\frac{MP_2}{DL_1L_2},\end{aligned}\tag{5.44}$$

$$e\frac{\mathrm{d}n_2}{\mathrm{d}t}=\frac{P_2}{DL_2}-\frac{MP_1}{DL_1L_2}.\tag{5.45}$$

解此常微分方程组, 可以看出电荷数的变化规律 (感兴趣的读者可试解之).

值得指出的是, 从压缩效应的观点看, 互感所造成的项 $-\dfrac{MP_1P_2}{DL_1L_2}$ 会引起压缩变换. 当互感 M 很小时, 将此项看做微扰, 那么 $\mathcal{H}$ 可写为

$$\mathcal{H}=\mathcal{H}_0-\frac{MP_1P_2}{DL_1L_2}.$$

在相互作用表象中, $\mathrm{e}^{-\frac{MP_1P_2}{DL_1L_2}}$ 可以使 $\mathcal{H}_0$ 的基态变为一个压缩态, 因为 $\mathrm{e}^{-\frac{MP_1P_2}{DL_1L_2}}$ 是一个压缩算符.

5.4　范氏纠缠态表象的提出

在量子光学理论中，以前只有坐标、动量、相干态表象. 随着量子纠缠在量子光学中的广泛运用，人们自然就会想到是否存在纠缠态表象. 量子纠缠 (quantum entanglement) 的概念最早是由爱因斯坦 (Einstein)、波多尔斯基 (Podolski) 和罗森 (Rosen)(EPR) 在 1935 年提出的 [1]. 他们根据两个粒子的相对坐标 $\hat{X}_1-\hat{X}_2$ 及其总动量 $\hat{P}_1+\hat{P}_2$ 是对易的，即 $[\hat{X}_1-\hat{X}_2,\hat{P}_1+\hat{P}_2]=0$，提出了量子纠缠的概念. 而后薛定谔进一步阐述了此概念，它是量子力学特有的，反映了两体或多体系统各部分之间的量子关联 (correlation) 与不可分离性 (nonseparability).

我们认为量子纠缠现象是在量子纠缠态中得以具体体现的，因此深入理解爱因斯坦的思想并利用 IWOP 技术构建算符 $\hat{X}_1-\hat{X}_2$ 与 $\hat{P}_1+\hat{P}_2$ 的共同本征态是十分必要的. 此本征态的集合现称为范氏纠缠态表象 [3]. 处于纠缠的两个粒子，其个体不具有属于自己的态矢，甚至独立的性质. 这两个粒子的性质只能由一个两体波函数来描述并以此发现其独特的物理性质.

根据量子力学原理，假设 $\hat{X}_1-\hat{X}_2$ 与 $\hat{P}_1+\hat{P}_2$ 的共同本征态为 $|\eta\rangle$ ($\eta=\eta_1+\mathrm{i}\eta_2$ 是复数)，并满足以下本征方程：

$$(\hat{X}_1-\hat{X}_2)|\eta\rangle=\sqrt{2}\eta_1|\eta\rangle, \tag{5.46}$$

$$(\hat{P}_1+\hat{P}_2)|\eta\rangle=\sqrt{2}\eta_2|\eta\rangle. \tag{5.47}$$

再利用 IWOP 技术，可使得表象完备性成为纯高斯型积分形式，我们可以直接构造出：

$$\begin{aligned}1&=\int\frac{\mathrm{d}^2\eta}{\pi}|\eta\rangle\langle\eta|\\&=\int\frac{\mathrm{d}^2\eta}{\pi}:\mathrm{e}^{-\left(\eta_1-\frac{\hat{X}_1-\hat{X}_2}{\sqrt{2}}\right)\left(\eta_2-\frac{\hat{P}_1+\hat{P}_2}{\sqrt{2}}\right)}:\\&=\int\frac{\mathrm{d}^2\eta}{\pi}:\mathrm{e}^{-[\eta-(a_1-a_2^\dagger)][\eta^*-(a_1^\dagger-a_2)]}:.\end{aligned} \tag{5.48}$$

式中利用了以下关系:

$$\hat{X}_j = \frac{a_j + a_j^\dagger}{\sqrt{2}}, \quad \hat{P}_j = \frac{a_j + a_j^\dagger}{\mathrm{i}\sqrt{2}} \quad (j = 1,2). \tag{5.49}$$

分解被积算符函数, 得到

$$\begin{aligned}1 &= \int \frac{\mathrm{d}^2\eta}{\pi} : \mathrm{e}^{-|\eta|^2+\eta a_1^\dagger - \eta^* a_2^\dagger + a_1^\dagger a_2^\dagger + \eta^* a_1 - \eta a_2 + a_1 a_2 - a_1^\dagger a_1 - a_2^\dagger a_2} : \\ &= \int \frac{\mathrm{d}^2\eta}{\pi} \mathrm{e}^{-\frac{|\eta|^2}{2}+\eta a_1^\dagger - \eta^* a_2^\dagger + a_1^\dagger a_2^\dagger} : \mathrm{e}^{-a_1^\dagger a_1 - a_2^\dagger a_2} : \mathrm{e}^{-\frac{|\eta|^2}{2}+\eta^* a_1 - \eta a_2 + a_1 a_2} \\ &= \int \frac{\mathrm{d}^2\eta}{\pi} \mathrm{e}^{-\frac{|\eta|^2}{2}+\eta a_1^\dagger - \eta^* a_2^\dagger + a_1^\dagger a_2^\dagger} |00\rangle \langle 00| \mathrm{e}^{-\frac{|\eta|^2}{2}+\eta^* a_1 - \eta a_2 + a_1 a_2}.\end{aligned} \tag{5.50}$$

这里使用了关系 $:\mathrm{e}^{-a_1^\dagger a_1 - a_2^\dagger a_2}: = |00\rangle \langle 00|$. 联合式 (5.48) 与 (5.50), 便知道范氏纠缠态的具体形式为 [2,3]

$$|\eta\rangle = \exp\left(-\frac{|\eta|^2}{2} + \eta a_1^\dagger - \eta^* a_2^\dagger + a_1^\dagger a_2^\dagger\right) |00\rangle. \tag{5.51}$$

可见, 这种用 IWOP 技术从完备性关系去寻找新表象的方式, 是一种直接而简洁的方法. 利用关系式

$$\frac{\partial}{\partial a_j^\dagger} f(a_j, a_j^\dagger) = [a_j, f(a_j, a_j^\dagger)] \quad (a_j |00\rangle = 0), \tag{5.52}$$

可以直接证明

$$\begin{aligned}a_1 |\eta\rangle &= \left[a_1, \mathrm{e}^{-\frac{|\eta|^2}{2}+\eta a_1^\dagger - \eta^* a_2^\dagger + a_1^\dagger a_2^\dagger}\right] |00\rangle = (\eta - a_2^\dagger) |\eta\rangle, \\ a_2 |\eta\rangle &= \left[a_2, \mathrm{e}^{-\frac{|\eta|^2}{2}+\eta a_1^\dagger - \eta^* a_2^\dagger + a_1^\dagger a_2^\dagger}\right] |00\rangle = (a_1^\dagger - \eta) |\eta\rangle,\end{aligned} \tag{5.53}$$

即

$$(a_1 - a_2^\dagger) |\eta\rangle = \eta |\eta\rangle, \tag{5.54}$$

$$(a_1^\dagger - a_2) |\eta\rangle = \eta^* |\eta\rangle. \tag{5.55}$$

再根据式 (5.49), 就能够证明 $|\eta\rangle$ 的确满足式 (5.46) 与 (5.47).

下面求内积 $\langle \eta' | \eta\rangle$. 利用式 (5.54) 与 (5.55), 有

$$\langle \eta' | \left(a_1 - a_2^\dagger\right) |\eta\rangle = \eta \langle \eta' | \eta\rangle = \eta' \langle \eta' | \eta\rangle, \tag{5.56}$$

$$\langle \eta' | \left(a_2 - a_1^\dagger\right) |\eta\rangle = -\eta'^* \langle \eta' |\eta\rangle = -\eta^* \langle \eta' |\eta\rangle. \tag{5.57}$$

因此 $|\eta\rangle$ 具有正交性, 即

$$\langle \eta' |\eta\rangle = \pi\delta(\eta_1' - \eta_1)\delta(\eta_2' - \eta_2) \equiv \pi\delta^{(2)}(\eta' - \eta). \tag{5.58}$$

从而由式 (5.48) 与 (5.58), 可知 $|\eta\rangle$ 确实是连续变量的正交完备纠缠态表象. 另外, 由式 (5.51) 就有

$$\langle \eta| a_1 = \langle \eta| \left(\frac{\partial}{\partial \eta^*} + \frac{\eta}{2}\right), \tag{5.59}$$

$$\langle \eta| a_2 = \langle \eta| \left(-\frac{\partial}{\partial \eta} - \frac{\eta^*}{2}\right), \tag{5.60}$$

再结合式 (5.51), 得到

$$\langle \eta| (a_1 + a_2^\dagger) = \langle \eta| (2a_1 - \eta) = 2\frac{\partial}{\partial \eta^*} \langle \eta|, \tag{5.61}$$

$$\langle \eta| (a_1^\dagger + a_2) = \langle \eta| (2a_2 + \eta^*) = -2\frac{\partial}{\partial \eta} \langle \eta|. \tag{5.62}$$

为了对态矢量 $\langle \eta|$ 有更进一步的了解, 用式 (5.51) 作以下积分:

$$\int_{-\infty}^{+\infty} \frac{\mathrm{d}\eta_1}{\sqrt{2\pi}} |\eta\rangle = \frac{1}{\sqrt{\pi}} \exp\left[\frac{a_1^{\dagger 2} + a_2^{\dagger 2}}{2} + \mathrm{i}\eta_2(a_1^\dagger + a_2^\dagger) - \frac{\eta_2^2}{2}\right] |00\rangle. \tag{5.63}$$

对照第 1 章式 (1.43) 所代表的动量本征态的福克形式, 可知

$$\int_{-\infty}^{+\infty} \frac{\mathrm{d}\eta_1}{\sqrt{2\pi}} |\eta\rangle = \left| p_1 = \frac{\eta_2}{2}, p_2 = \frac{\eta_2}{2} \right\rangle \tag{5.64}$$

是动量值相等的双模本征动量态. 另外, 作积分

$$\int_{-\infty}^{+\infty} \frac{\mathrm{d}\eta_2}{\sqrt{2\pi}} |\eta\rangle = \frac{1}{\sqrt{\pi}} \exp\left[-\frac{a_1^{\dagger 2} + a_2^{\dagger 2}}{2} + \eta_1(a_1^\dagger + a_2^\dagger) - \frac{\eta_1^2}{2}\right] |00\rangle. \tag{5.65}$$

对照式 (1.42), 可知

$$\int_{-\infty}^{+\infty} \frac{\mathrm{d}\eta_2}{\sqrt{2\pi}} |\eta\rangle = \left| x_1 = \frac{\eta_1}{2}, x_2 = -\frac{\eta_2}{2} \right\rangle \tag{5.66}$$

代表坐标值大小相同但正负不同的双模坐标本征态. 由此给出

$$\int_{-\infty}^{+\infty}\frac{\mathrm{d}\eta_1\mathrm{d}\eta_2}{2\pi}\left|\eta\right\rangle=\exp(-a_1^\dagger a_2^\dagger)\left|00\right\rangle. \tag{5.67}$$

比较 $|\eta=0\rangle=\exp(a_1^\dagger a_2^\dagger)|00\rangle$, 并引入宇称算符 $(-1)^{a_1^\dagger a_1}=(-1)^{\hat{N}_1}$, 就有以下关系:

$$\left|\eta=0\right\rangle=\int_{-\infty}^{+\infty}\frac{\mathrm{d}\eta_1\mathrm{d}\eta_2}{2\pi}(-1)^{\hat{N}_1}\left|\eta\right\rangle, \tag{5.68}$$

其中

$$(-1)^{\hat{N}_1}\left|\eta\right\rangle=\exp\left(-\frac{|\eta|^2}{2}-\eta a_1^\dagger-\eta^* a_2^\dagger-a_1^\dagger a_2^\dagger\right)\left|00\right\rangle. \tag{5.69}$$

类似地, 也可求出两粒子质心坐标 $\hat{X}_1+\hat{X}_2$ 和相对动量 $\hat{P}_1-\hat{P}_2$ 的共同本征态 $|\xi\rangle$ ($\xi=\xi_1+\mathrm{i}\xi_2$ 是复数) [10]:

$$\left|\xi\right\rangle=\exp\left(-\frac{1}{2}\left|\xi\right|^2+\xi a_1^\dagger+\xi^* a_2^\dagger-a_1^\dagger a_2^\dagger\left|00\right\rangle\right), \tag{5.70}$$

满足本征方程:

$$(\hat{X}_1+\hat{X}_2)\left|\xi\right\rangle=\sqrt{2}\xi_1\left|\xi\right\rangle, \tag{5.71}$$

$$(\hat{P}_1-\hat{P}_2)\left|\xi\right\rangle=\sqrt{2}\xi_2\left|\xi\right\rangle, \tag{5.72}$$

$$(a_1+a_2^\dagger)\left|\xi\right\rangle=\xi\left|\xi\right\rangle,\quad (a_1^\dagger+a_2)\left|\xi\right\rangle=\xi^*\left|\xi\right\rangle. \tag{5.73}$$

$|\xi\rangle$ 也具有完备性与正交性:

$$\int\frac{\mathrm{d}^2\xi}{\pi}\left|\xi\right\rangle\left\langle\xi\right|=\int\frac{\mathrm{d}^2\xi}{\pi}:\mathrm{e}^{-[\xi^*-(a_1+a_2^\dagger)][\xi-(a_1^\dagger+a_2)]}:=1, \tag{5.74}$$

$$\langle\xi|\xi'\rangle=\pi\delta(\xi-\xi')\delta(\xi^*-\xi'^*)\equiv\pi\delta^{(2)}(\xi-\xi'). \tag{5.75}$$

根据式 (5.73), 也有

$$\left\langle\xi\right|(a_1-a_2^\dagger)=2\frac{\partial}{\partial\xi^*}\left\langle\xi\right|,\quad \left\langle\xi\right|(a_1^\dagger-a_2)=-2\frac{\partial}{\partial\xi}\left\langle\xi\right|. \tag{5.76}$$

利用式 (5.61) 和 (5.62), 我们有

$$\begin{aligned}\left\langle\eta\right|(a_1+a_2^\dagger)\left|\xi\right\rangle&=2\frac{\partial}{\partial\eta^*}\left\langle\eta\right|\xi\rangle=\xi\left\langle\eta\right|\xi\rangle,\\ \left\langle\eta\right|(a_1^\dagger+a_2)\left|\xi\right\rangle&=-2\frac{\partial}{\partial\eta}\left\langle\eta\right|\xi\rangle=\xi^*\left\langle\eta\right|\xi\rangle.\end{aligned} \tag{5.77}$$

这两个方程的解为

$$\langle\eta|\,\xi\rangle=\frac{1}{2}\exp[(\eta^*\xi-\xi^*\eta)/2]. \tag{5.78}$$

由于 $\eta^*\xi-\xi^*\eta$ 是一个纯虚数, $\langle\eta|\,\xi\rangle$ 可以看做傅里叶变换的核, 即

$$|\eta\rangle=\int\frac{\mathrm{d}^2\xi}{\pi}|\xi\rangle\langle\xi|\,\eta\rangle=\int\frac{\mathrm{d}^2\xi}{2\pi}|\xi\rangle\,\mathrm{e}^{(\xi^*\eta-\eta^*\xi)/2}. \tag{5.79}$$

以上我们利用 IWOP 技术构建了算符 $\hat{X}_1-\hat{X}_2$ 与 $\hat{P}_1+\hat{P}_2$ 的共同本征态 $|\eta\rangle$ 以及 $\hat{X}_1+\hat{X}_2$ 与 $\hat{P}_1-\hat{P}_2$ 的共同本征态 $|\xi\rangle$, 称这些表象为范氏纠缠态表象. 纠缠态表象是体现 EPR 纠缠思想的一个自然表象, 它在量子力学和量子信息中都起着重要的作用. 在纠缠态表象中求解某些带有纠缠的双体动力学问题有明显的优点 [7].

5.5　双模压缩算符的纠缠态表象

在 5.1 节已经看出, 从经典两体坐标正则变换作量子映射能够得到双模压缩算符. 这里要指出双模压缩算符的自然表示就在纠缠态表象中, 即下面的积分算符 [11]:

$$S_2\equiv\int\frac{\mathrm{d}^2\eta}{\mu\pi}\left|\frac{\eta}{\mu}\right\rangle\langle\eta|. \tag{5.80}$$

事实上, 利用 IWOP 技术和 $:\mathrm{e}^{-a_1^\dagger a_1-a_2^\dagger a_2}:\;=|00\rangle\langle 00|$, 将式 (5.51) 代入并积分, 则有

$$\begin{aligned}S_2&=\int\frac{\mathrm{d}^2\eta}{\mu\pi}:\mathrm{e}^{-\frac{|\eta|^2}{2}\left(1+\frac{1}{\mu^2}\right)+\eta\left(\frac{a_1^\dagger}{\mu}-a_2\right)+\eta^*\left(a_1-\frac{a_2^\dagger}{\mu}\right)+a_1^\dagger a_2^\dagger+a_1a_2-a_1^\dagger a_1-a_2^\dagger a_2}:\\&=\mathrm{e}^{a_1^\dagger a_2^\dagger\tanh\lambda}\mathrm{e}^{(a_1^\dagger a_1+a_2^\dagger a_2+1)\ln\operatorname{sech}\lambda}\mathrm{e}^{-a_1a_2\tanh\lambda}\\&=\exp[\lambda(a_1^\dagger a_2^\dagger-a_1a_2)]\quad(\mu=\mathrm{e}^\lambda).\end{aligned} \tag{5.81}$$

有趣的发现是, 双模压缩算符在纠缠态表象下有其简洁的自然表示形式, 它是经典变换 $\eta\mapsto\eta/\mu$ 的量子映射, 所以这就不难理解为什么说双模压缩态本身也是一个纠缠态. 与前面的式 (3.4) 比较, 就可得到 $\int\frac{\mathrm{d}x}{\sqrt{\mu}}\left|\frac{x}{\mu}\right\rangle\langle x|$ 和 $\int\frac{\mathrm{d}^2\eta}{\mu\pi}\left|\frac{\eta}{\mu}\right\rangle\langle\eta|$

之间的对应关系, 前者为单模压缩, 后者为双模压缩. 此外, $a^{\dagger 2}, a^\dagger a+1/2, a^2$ 三者与 $a_1^\dagger a_2^\dagger$, $a_1^\dagger a_1+a_2^\dagger a_2+1$, $a_1 a_2$ 三者也具有相似的代数结构. 这再次展示了狄拉克符号内在的和谐与优美. 类似地, 在纠缠态表象 $|\xi\rangle$ 中, 双模压缩算符也有其自然表示, 即

$$S_2 \equiv \mu \int \frac{\mathrm{d}^2\xi}{\pi} |\mu\xi\rangle\langle\xi| \quad (\mu = \mathrm{e}^\lambda). \tag{5.82}$$

根据 $|\eta\rangle$ 和 $|\xi\rangle$ 的完备性, 有

$$\begin{aligned} S_2 S_2^\dagger &= \mu^2 \int \frac{\mathrm{d}^2\xi}{\pi} |\mu\xi\rangle\langle\xi| \int \frac{\mathrm{d}^2\xi'}{\pi} |\xi'\rangle\langle\mu\xi'| = 1, \\ S_2|\eta\rangle &= \frac{1}{\mu}\left|\frac{\eta}{\mu}\right\rangle, \quad S_2|\xi\rangle = \mu|\mu\xi\rangle. \end{aligned} \tag{5.83}$$

从双模光场的两个正交分量的定义式 (5.8), 并注意压缩特性是由场的正交分量的均方差值来反映的, 所以正交分量 $\hat{Y}_1$ 或 $\hat{Y}_2$ 的压缩体现在纠缠态表象 $|\eta\rangle$ 或 $|\xi\rangle$ 中的自然表示也就不足为奇了. 根据式 (5.47) 和 (5.71), 有

$$\hat{Y}_1|\xi\rangle = \frac{\xi_1}{\sqrt{2}}|\xi\rangle, \quad \hat{Y}_2|\eta\rangle = \frac{\eta_2}{\sqrt{2}}|\eta\rangle. \tag{5.84}$$

再由式 (5.80) 和 (5.82), 就能够导出

$$\begin{aligned} S_2^{-1}\hat{Y}_1 S_2 &= \mu^2 \int \frac{\mathrm{d}^2\xi}{\pi} |\xi\rangle\langle\mu\xi|\hat{Y}_1 \int \frac{\mathrm{d}^2\xi'}{\pi} |\mu\xi'\rangle\langle\xi'| \\ &= \frac{\mu\xi_1}{\sqrt{2}} \int \frac{\mathrm{d}^2\xi}{\pi} |\xi\rangle\langle\xi| = \mu\hat{Y}_1, \end{aligned} \tag{5.85}$$

$$S_2^{-1}\hat{Y}_2 S_2 = \frac{\eta_2}{\sqrt{2}\mu} \int \frac{\mathrm{d}^2\eta}{\pi} |\eta\rangle\langle\eta| = \hat{Y}_2/\mu. \tag{5.86}$$

5.6 纠缠态表象中构造压缩算符

实际上, 用态 $|\eta\rangle$ 也可以给出两个单模压缩算符积的纠缠态表象. 考虑下面的 ket-bra 型积分:

$$U_1 = \int \frac{\mathrm{d}^2\eta}{\pi} \left| \begin{pmatrix} \tau & -\nu \\ -\sigma & \mu \end{pmatrix} \begin{pmatrix} \eta \\ \eta^* \end{pmatrix} \right\rangle \left\langle \begin{pmatrix} \eta \\ \eta^* \end{pmatrix} \right|, \tag{5.87}$$

式中参数满足 $\mu\tau-\sigma\nu=1$, 右矢中的宗量代表在 (η,η^*) 空间中的一个经典变换. 将式 (5.51) 代入上式, 并用 IWOP 技术和 $:\mathrm{e}^{-a_1^\dagger a_1-a_2^\dagger a_2}:=|00\rangle\langle 00|$, 积分而得

$$\begin{aligned}U_1=&\int\frac{\mathrm{d}^2\eta}{\pi}:\exp\Big[-\mu\tau|\eta|^2+\eta(\tau a_1^\dagger+\sigma a_2^\dagger-a_2)+\eta^*(a_1-\mu a_2^\dagger-\nu a_1^\dagger)\\&+\frac{\sigma\tau}{2}\eta^2+\frac{\mu\nu}{2}\eta^{*2}-(a_1^\dagger-a_2)(a_1-a_2^\dagger)\Big]\\=&\frac{1}{\sqrt{\mu\tau}}:\exp\Big[(\tau a_1^\dagger+\sigma a_2^\dagger-a_2)(a_1-\mu a_2^\dagger-\nu a_1^\dagger)\\&+\frac{\sigma}{2\mu}(a_1-\mu a_2^\dagger-\nu a_1^\dagger)^2+\frac{\nu}{2\tau}(\tau a_1^\dagger+\sigma a_2^\dagger-a_2)^2\\&-(a_1^\dagger-a_2)(a_1-a_2^\dagger)\Big]:\\=&\frac{1}{\sqrt{\mu\tau}}\mathrm{e}^{-\frac{\nu}{2\mu}a_1^{\dagger2}-\frac{\sigma}{2\tau}a_2^{\dagger2}}\mathrm{e}^{a_1^\dagger a_1\ln\mu^{-1}+a_2^\dagger a_2\ln\tau^{-1}}\mathrm{e}^{\frac{\nu}{2\mu}a_1^2+\frac{\sigma}{2\tau}a_2^2}.\end{aligned}\tag{5.88}$$

这恰好是两个广义单模压缩算符之积. 将算符 U_1 作用到 $|\eta\rangle$, 得

$$U_1|\eta\rangle=\left|\begin{pmatrix}\tau&-\nu\\-\sigma&\mu\end{pmatrix}\begin{pmatrix}\eta\\\eta^*\end{pmatrix}\right\rangle,\tag{5.89}$$

仍保持着纠缠.

下面讨论能够同时对 $\hat{X}_1-\hat{X}_2$ 与 $\hat{P}_1+\hat{P}_2$ 压缩的幺正算符. 为此, 我们重新表示 $|\eta\rangle$. 注意到 $\eta=\eta_1+\mathrm{i}\eta_2$, 有

$$|\eta\rangle=\mathrm{e}^{-\frac{1}{2}(\eta_1^2+\eta_2^2)+\eta_1(a_1^\dagger-a_2^\dagger)+\mathrm{i}\eta_2(a_1^\dagger+a_2^\dagger)+a_1^\dagger a_2^\dagger}|00\rangle\equiv|\eta_1,\eta_2\rangle.\tag{5.90}$$

引进下面的积分型幺正算符:

$$U_2=\sqrt{\mu\nu}\int\frac{\mathrm{d}^2\eta}{\pi}|\mu\eta_1,\nu\eta_2\rangle\langle\eta_1,\eta_2|,\tag{5.91}$$

式中 μ,ν 是两个独立的正数. 利用式 (5.90)、IWOP 技术及 $:\mathrm{e}^{-a_1^\dagger a_1-a_2^\dagger a_2}:=|00\rangle\langle 00|$, 我们对式 (5.91) 做出积分:

$$\begin{aligned}U_2=&\sqrt{\mu\nu}\int\frac{\mathrm{d}^2\eta}{\pi}|\mu\eta_1,\nu\eta_2\rangle\langle\eta_1,\eta_2|\\=&\sqrt{\mu\nu}\int\frac{\mathrm{d}^2\eta}{\pi}:\exp\Big\{-\frac{\eta_1^2}{2}(1+\mu^2)-\frac{\eta_2^2}{2}(1+\nu^2)\\&+\eta_1[\mu(a_1^\dagger-a_2^\dagger)+(a_1-a_2)]+\mathrm{i}\eta_2[\nu(a_1^\dagger+a_2^\dagger)-(a_1+a_2)]\end{aligned}$$

$$
\begin{aligned}
&+a_1^\dagger a_2^\dagger + a_1 a_2 - a_1^\dagger a_1 - a_2^\dagger a_2\Big\}: \\
&= 2\sqrt{\frac{\mu\nu}{L}}\mathrm{e}^{\frac{(\mu^2-\nu^2)(a_1^\dagger + a_2^\dagger)+2(1-\mu^2\nu^2)a_1^\dagger a_2^\dagger}{2L}} \\
&\times :\exp\left[(a_1^\dagger, a_2^\dagger)\left(\frac{G}{L} - I\right)\begin{pmatrix} a_1 \\ a_2 \end{pmatrix}\right]: \\
&\times \mathrm{e}^{\frac{(\nu^2-\mu^2)(a_1+a_2)-2(1-\mu^2\nu^2)a_1 a_2}{2L}},
\end{aligned} \tag{5.92}
$$

式中 I 是一个 2×2 单位矩阵,

$$
L = (1+\mu^2)(1+\nu^2), \tag{5.93}
$$

$$
G = \begin{pmatrix} (\mu+\nu)(1+\mu\nu) & (\mu-\nu)(\mu\nu-1) \\ (\mu-\nu)(\mu\nu-1) & (\mu+\nu)(1+\mu\nu) \end{pmatrix}. \tag{5.94}
$$

这里注意

$$
\det\left(\frac{G}{L}\right) = \frac{4\mu\nu}{(1+\mu^2)(1+\nu^2)}, \tag{5.95}
$$

$$
\left(\frac{G}{L}\right)^{-1} = \frac{1}{4\mu\nu}\begin{pmatrix} (\mu+\nu)(1+\mu\nu) & (\mu-\nu)(1-\mu\nu) \\ (\mu-\nu)(1-\mu\nu) & (\mu+\nu)(1+\mu\nu) \end{pmatrix}. \tag{5.96}
$$

利用上面的两个式子, 得到 U_2 的幺正变换性质:

$$
\begin{aligned}
U_2 a_1 U_2^{-1} = \frac{1}{4\mu\nu}\{&(1+\mu\nu)[(\mu+\nu)a_1 + (\nu-\mu)a_1^\dagger] \\
&+ (1-\mu\nu)[(\mu-\nu)a_2 - (\mu+\nu)a_2^\dagger]\},
\end{aligned} \tag{5.97}
$$

$$
\begin{aligned}
U_2 a_2 U_2^{-1} = \frac{1}{4\mu\nu}\{&(1+\mu\nu)[(\mu+\nu)a_2 + (\nu-\mu)a_2^\dagger] \\
&+ (1-\mu\nu)[(\mu-\nu)a_1 - (\mu+\nu)a_1^\dagger]\},
\end{aligned} \tag{5.98}
$$

从而有

$$
\begin{aligned}
U_2(\hat{X}_1 - \hat{X}_2)U_2^{-1} &= \frac{1}{\mu}(\hat{X}_1 - \hat{X}_2), \\
U_2(\hat{P}_1 + \hat{P}_2)U_2^{-1} &= \frac{1}{\nu}(\hat{P}_1 + \hat{P}_2).
\end{aligned} \tag{5.99}
$$

也可以导出

$$
\begin{aligned}
U_2(\hat{X}_1 + \hat{X}_2)U_2^{-1} &= \nu(\hat{X}_1 + \hat{X}_2), \\
U_2(\hat{P}_1 - \hat{P}_2)U_2^{-1} &= \mu(\hat{P}_1 - \hat{P}_2).
\end{aligned} \tag{5.100}
$$

从式 (5.99) 看出, U_2 把 $\hat{X}_1-\hat{X}_2$ 与 $\hat{P}_1+\hat{P}_2$ 分别压缩了 $1/\mu$ 与 $1/\nu$, 它们各自独立.

5.7 双模压缩粒子数态与负二项分布

在量子光场中, 几乎每一种光场都与某种概率分布相联系. 以下在 $|\xi\rangle$ 表象中来讨论双模压缩数态. 由式 (5.82), 得

$$S_2(\lambda)|m,n\rangle \equiv \mu\int\frac{\mathrm{d}^2\xi}{\pi}|\mu\xi\rangle\langle\xi|m,n\rangle \quad (\mu=\mathrm{e}^{\lambda}). \tag{5.101}$$

根据双变量厄米多项式的产生函数

$$\sum_{m,n=0}^{+\infty}\frac{t^m t'^n}{m!n!}\mathrm{H}_{m,n}(\xi,\xi^*)=\exp(-tt'+t\xi+t'\xi^*), \tag{5.102}$$

并由式 (5.70), 有

$$\langle\xi|=\langle 00|\mathrm{e}^{-\frac{|\xi|^2}{2}}\sum_{m,n=0}^{+\infty}\frac{a_1^m a_2^n}{m!n!}\mathrm{H}^*_{m,n}(\xi,\xi^*), \tag{5.103}$$

则 $\langle\xi|$ 和双模福克态 $|m,n\rangle$ 的内积为

$$\langle\xi|m,n\rangle=\frac{\mathrm{e}^{-\frac{|\xi|^2}{2}}}{\sqrt{m!n!}}\mathrm{H}^*_{m,n}(\xi,\xi^*). \tag{5.104}$$

将式 (5.70) 与 (5.104) 代入式 (5.101), 并用[12]

$$\mathrm{H}_{m,n}(\xi,\xi^*)=\frac{\partial^{m+n}}{\partial t^m\partial t'^n}\exp(-tt'+t\xi+t'\xi^*)\Big|_{t=t'=0}, \tag{5.105}$$

得到

$$\begin{aligned}S_2(\lambda)|m,n\rangle &= \frac{\mu}{\sqrt{m!n!}}\int\frac{\mathrm{d}^2\xi}{\pi}|\mu\xi\rangle\mathrm{e}^{-\frac{|\xi|^2}{2}}\mathrm{H}^*_{m,n}(\xi,\xi^*)\\ &= \frac{\mu}{\sqrt{m!n!}}\frac{\partial^{m+n}}{\partial t^m\partial t'^n}\int\frac{\mathrm{d}^2\xi}{\pi}\mathrm{e}^{-\frac{\mu^2+1}{2}|\xi|^2+\xi(t'+\mu a_1^\dagger)+\xi^*(t+\mu a_2^\dagger)-tt'-a_1^\dagger a_2^\dagger}|00\rangle\Big|_{t=t'=0}\end{aligned}$$

$$
\begin{aligned}
&= \frac{\operatorname{sech}\lambda}{\sqrt{m!n!}} \frac{\partial^{m+n}}{\partial t^m \partial t'^n} \mathrm{e}^{-tt'\tanh\lambda + ta_1^\dagger \operatorname{sech}\lambda + t' a_2^\dagger \operatorname{sech}\lambda + a_1^\dagger a_2^\dagger \tanh\lambda} |00\rangle \Big|_{t=t'=0} \\
&= \frac{\operatorname{sech}\lambda \tanh^{\frac{m+n}{2}}\lambda}{\sqrt{m!n!}} \mathrm{H}_{m,n}\left(\sqrt{\frac{2}{\sinh 2\lambda}} a_1^\dagger, \sqrt{\frac{2}{\sinh 2\lambda}} a_2^\dagger\right) \mathrm{e}^{a_1^\dagger a_2^\dagger \tanh\lambda} |00\rangle \\
&= \frac{\tanh^{\frac{m+n}{2}}\lambda}{\sqrt{m!n!}} \mathrm{H}_{m,n}\left(\sqrt{\frac{2}{\sinh 2\lambda}} a_1^\dagger, \sqrt{\frac{2}{\sinh 2\lambda}} a_2^\dagger\right) S_2(\lambda) |00\rangle . \qquad (5.106)
\end{aligned}
$$

上式表明, 双模压缩粒子数态可以看做是在双模压缩真空态的双变量厄米多项式算符的激发 [13].

特别地, 当取 $n = 0$ 时, 根据式 (5.106), 有

$$
\begin{aligned}
S_2(\lambda) |m,0\rangle &= \frac{\operatorname{sech}\lambda \tanh^{\frac{m}{2}}\lambda}{\sqrt{m!}} \left(\sqrt{\frac{2}{\sinh 2\lambda}} a_1^\dagger\right)^m \mathrm{e}^{a_1^\dagger a_2^\dagger \tanh\lambda} |0,0\rangle \\
&= \operatorname{sech}\lambda \left(\frac{2\tanh\lambda}{\sinh 2\lambda}\right)^{m/2} \sum_{l=0}^{+\infty} \frac{\tanh^n \lambda a_1^{\dagger m+l} a_2^{\dagger l}}{l!} |0,0\rangle \\
&= \operatorname{sech}^{m+1}\lambda \sum_{n=0}^{+\infty} \sqrt{\frac{(m+l)!}{m!l!}} \tanh^l \lambda |m+l, l\rangle , \qquad (5.107)
\end{aligned}
$$

所以在态 $S_2(\lambda)|m,0\rangle$ 中找到 $|m+l,l\rangle$ 的概率为

$$
\left(\operatorname{sech}^2\lambda\right)^{m+1} \frac{(m+l)!}{m!l!} \left(\tanh^2\lambda\right)^l . \qquad (5.108)
$$

这正好符合负二项分布的定义:

$$
\begin{pmatrix} m+l \\ m \end{pmatrix} \gamma^{l+1} (1-\gamma)^m \quad (0<\gamma<1, l \geqslant 1). \qquad (5.109)
$$

因此, 态 $S_2(\lambda)|m,0\rangle$ 是呈现一个负二项分布的态 [13].

我们还可以把式 (5.74) 中的指数算符表达为

$$
\begin{aligned}
|\zeta\rangle\langle\zeta| &=: \exp[-(\zeta^* - a_1^\dagger - a_2)(\zeta - a_2^\dagger - a_1)]: \\
&=: \exp[-|\zeta|^2 + \zeta(a_1^\dagger + a_2) + \zeta^*(a_2^\dagger + a_1) - (a_1^\dagger + a_2)(a_2^\dagger + a_1)]: \\
&= \mathrm{e}^{-|\zeta|^2} \sum_{m,n=0}^{+\infty} : \frac{(a_1^\dagger + a_2)^m (a_2^\dagger + a_1)^n}{m!n!} \mathrm{H}_{m,n}(\zeta, \zeta^*) : .
\end{aligned}
$$

于是

$$\begin{aligned}\langle m',n'|\zeta\rangle\langle\zeta|0,0\rangle &= \mathrm{e}^{-|\zeta|^2}\sum_{m,n=0}^{+\infty}\mathrm{H}_{m,n}(\zeta,\zeta^*)\langle m',n'|:\frac{(a_1^\dagger+a_2)^m(a_2^\dagger+a_1)^n}{m!n!}:|0,0\rangle\\ &= \mathrm{e}^{-|\zeta|^2}\sum_{m,n=0}^{+\infty}\mathrm{H}_{m,n}(\zeta,\zeta^*)\langle m',n'|\frac{a_1^{\dagger m}a_2^{\dagger n}}{m!n!}|0,0\rangle\\ &= \mathrm{e}^{-|\zeta|^2}\sum_{m,n=0}^{+\infty}\frac{1}{\sqrt{m!n!}}\mathrm{H}_{m,n}(\zeta,\zeta^*)\langle m',n'|m,n\rangle\\ &= \frac{\mathrm{e}^{-|\zeta|^2}}{\sqrt{m!n!}}\mathrm{H}_{m,n}(\zeta,\zeta^*)\quad\left(\langle\zeta|0,0\rangle-\mathrm{e}^{-|\zeta|^2/2}\right),\end{aligned}$$

与式 (5.104) 是自洽的. 受上式的启发, 我们可将相干态 $|z\rangle\langle z|$ 的正规乘积算符形式 (见式 (2.33))

$$|z\rangle\langle z|=:\exp\left(-|z|^2+za^\dagger+z^*a-a^\dagger a\right):$$

也展开为

$$|z\rangle\langle z|=\mathrm{e}^{-|z|^2}\sum_{m,n=0}^{+\infty}:\frac{a^{\dagger m}a^n}{m!n!}\mathrm{H}_{m,n}(z,z^*):=\mathrm{e}^{-|z|^2}\sum_{m,n=0}^{+\infty}\frac{a^{\dagger m}a^n}{m!n!}\mathrm{H}_{m,n}(z,z^*).$$

再根据式 (2.84), 有

$$|z\rangle\langle z|=\mathrm{e}^{-|z|^2}\sum_{m,n=0}^{+\infty}\vdots\frac{\mathrm{H}_{m,n}(a^\dagger,a)}{m!n!}\vdots\mathrm{H}_{m,n}(z,z^*)=\vdots\delta(z-a)\delta(z^*-a^\dagger)\vdots,$$

这就给出了有关双变量厄米多项式的正交性公式.

5.8　四波混频的幺正变换算符 [14,15]

四波混频是一个非线性光学过程, 指两个不同波长同向传输的泵浦光信号在非线性介质中相互混合会产生其他两种频率的信号. 在处理四波混频问题时, 可

以得到如下的场模方程:

$$\frac{\mathrm{d}a_1}{\mathrm{d}z}=\mathrm{i}\kappa a_2^{\dagger},\quad \frac{\mathrm{d}a_2}{\mathrm{d}z}=-\mathrm{i}\kappa a_1^{\dagger},\tag{5.110}$$

这里 z 是传播方向的长度, κ 与三阶非线性极化率 $\chi^{(3)}$ 有关. 方程 (5.110) 的解为

$$\begin{aligned}a_1(L)&=\mathrm{i}(\tanh\kappa L)a_2^{\dagger}(L)+(\operatorname{sech}\kappa L)a_1(0),\\ a_2(0)&=(\operatorname{sech}\kappa L)a_2(L)+\mathrm{i}(\tanh\kappa L)a_1^{\dagger}(0),\end{aligned}\tag{5.111}$$

其中 L 代表介质的长度. 式 (5.111) 称为四波混频变换形式.

下面我们构建描述四波混频的纠缠态表象 $|\zeta\rangle$[14~16]. 注意到算符 $\hat{X}_1+\hat{P}_2,\hat{P}_1+\hat{X}_2$ 是对易的, 即

$$[\hat{X}_1+\hat{P}_2,\hat{P}_1+\hat{X}_2]=0,\tag{5.112}$$

可令它们的共同本征态为 $|\zeta\rangle$, 且满足

$$(\hat{X}_1+\hat{P}_2)|\zeta\rangle=\sqrt{2}\zeta_1|\zeta\rangle,\tag{5.113}$$

$$(\hat{P}_1+\hat{X}_2)|\zeta\rangle=\sqrt{2}\zeta_2|\zeta\rangle,\tag{5.114}$$

其中 ζ 是复数, $\zeta=\zeta_1+\mathrm{i}\zeta_2$. 经过计算, 得到 $|\zeta\rangle$ 的具体形式为

$$|\zeta\rangle=\mathrm{e}^{-\frac{|\zeta|^2}{2}+\zeta a_1^{\dagger}+\mathrm{i}\zeta^* a_2^{\dagger}-\mathrm{i}a_1^{\dagger}a_2^{\dagger}}|00\rangle.\tag{5.115}$$

将 a_j $(j=1,2)$ 作用于 $|\zeta\rangle$, 可得

$$(a_1+\mathrm{i}a_2^{\dagger})|\zeta\rangle=\zeta|\zeta\rangle,\quad (a_1^{\dagger}-\mathrm{i}a_2)|\zeta\rangle=\zeta^*|\zeta\rangle.\tag{5.116}$$

根据 $\hat{X}_j=(a_j+a_j^{\dagger})/\sqrt{2},\hat{P}_j=(a_j-a_j^{\dagger})/(\mathrm{i}\sqrt{2})(j=1,2)$, 可得式 (5.113) 和 (5.114). 利用 IWOP 技术也可以证明 $|\zeta\rangle$ 具有完备性和正交性, 即

$$\int\frac{\mathrm{d}^2\zeta}{\pi}|\zeta\rangle\langle\zeta|=1,\quad \langle\zeta'|\zeta\rangle=\pi\delta^{(2)}(\zeta'-\zeta).\tag{5.117}$$

在表象 $|\zeta\rangle$ 中, 构建如下的 ket-bra 型积分并利用 IWOP 技术对它积分, 再由 $|00\rangle\langle 00|=:\mathrm{e}^{-a_1^{\dagger}a_1-a_2^{\dagger}a_2}:$, 有

$$\Omega=\int\frac{\mathrm{d}^2\zeta}{\nu\pi}\left|\frac{\zeta}{\nu}\right\rangle\langle\zeta|$$

$$= \frac{2\nu}{\nu^2+1} : \mathrm{e}^{\frac{\mathrm{i}(1-\nu^2)}{\nu^2+1} a_1^\dagger a_2^\dagger + \frac{\mathrm{i}(1-\nu^2)}{\nu^2+1} a_1 a_2 + \left(\frac{2\nu}{\nu^2+1}-1\right)(a_1^\dagger a_1 + a_2^\dagger a_2)} : . \tag{5.118}$$

令

$$\sin\theta = \frac{1-\nu^2}{\nu^2+1}, \quad \cos\theta = \frac{2\nu}{\nu^2+1}, \quad \nu = \tan\left(\frac{\pi}{4} - \frac{\theta}{2}\right), \tag{5.119}$$

则有

$$\begin{aligned}\Omega &= \cos\theta : \mathrm{e}^{-\mathrm{i}a_1^\dagger a_2^\dagger \sin\theta + (\cos\theta - 1)(a_1^\dagger a_1 + a_2^\dagger a_2) - \mathrm{i}a_1 a_2 \sin\theta} : \\ &= \mathrm{e}^{-\mathrm{i}a_1^\dagger a_2^\dagger \sin\theta} \mathrm{e}^{(a_1^\dagger a_1 + a_2^\dagger a_2 + 1)\ln\cos\theta} \mathrm{e}^{-\mathrm{i}a_1 a_2 \sin\theta},\end{aligned} \tag{5.120}$$

其中已利用等式 $: \exp\left[\left(\mathrm{e}^\lambda - a\right) a^\dagger a\right] : = \exp\left(\lambda a^\dagger a\right)$. 在 Ω 变换下, 有

$$\begin{aligned} a_1' &= \Omega a_1 \Omega^{-1} = a_1 \operatorname{sech}\theta + \mathrm{i}a_2^\dagger \tanh\theta, \\ a_2' &= \Omega a_2 \Omega^{-1} = a_2 \operatorname{sech}\theta + \mathrm{i}a_1^\dagger \tanh\theta. \end{aligned} \tag{5.121}$$

可以证明 $[a_j', a_k'^\dagger] = \delta_{jk}$, $[a_j', a_k'] = 0$, Ω 是一个幺正变换. 由式 (5.121) 与 (5.111), 可以称 Ω 为四波混频幺正变换算符, 且其有自然表象 $|\zeta\rangle$. 算符 Ω 作用到 $|\zeta\rangle$, 得

$$\Omega|\zeta\rangle = \frac{1}{\nu}\left|\frac{\zeta}{\nu}\right\rangle, \tag{5.122}$$

所以四波混频过程也是一个压缩过程.

$$\Omega|00\rangle = \cos\theta \exp(-\mathrm{i}a_1^\dagger a_2^\dagger \sin\theta)|00\rangle \tag{5.123}$$

是一个四波混频的纠缠态.

5.9　用压缩的观点看转动 —— 角动量算符的新玻色实现

量子力学中的角动量算符满足对易关系:

$$[J_x, J_y] = \mathrm{i}J_z, \quad [J_+, J_-] = 2J_z, \quad [J_\pm, J_z] = \mp J_\pm, \tag{5.124}$$

这里 $J_\pm = J_x \pm \mathrm{i}J_y$. 由贝克 – 豪斯多夫公式, 可知

$$\mathrm{e}^{2\lambda J_z} J_\pm \mathrm{e}^{-2\lambda J_z} = \mathrm{e}^{\pm 2\lambda} J_\pm. \tag{5.125}$$

现在我们用压缩的观点看转动. 一方面, 由上述的双模压缩算符

$$S_2 = \mathrm{e}^{\lambda(a_1^\dagger a_2^\dagger - a_1 a_2)}, \tag{5.126}$$

能诱导出下列的双模压缩变换:

$$S_2 a_1 S_2^{-1} = a_1 \cosh\lambda - a_2^\dagger \sinh\lambda, \tag{5.127}$$

$$S_2 a_2 S_2^{-1} = a_2 \cosh\lambda - a_1^\dagger \sinh\lambda, \tag{5.128}$$

即

$$S_2(a_1^\dagger - a_2)S_2^{-1} = (a_1^\dagger - a_2)\mathrm{e}^\lambda, \tag{5.129}$$

$$S_2(a_1 - a_2^\dagger)S_2^{-1} = (a_1 - a_2^\dagger)\mathrm{e}^\lambda, \tag{5.130}$$

以及

$$S_2(a_1^\dagger - a_2)(a_1 - a_2^\dagger)S_2^{-1} = \mathrm{e}^{2\lambda}(a_1^\dagger - a_2)(a_1 - a_2^\dagger). \tag{5.131}$$

另一方面, 我们也可以导出

$$S_2(a_1 + a_2^\dagger)(a_1^\dagger + a_2)S_2^{-1} = (a_1 + a_2^\dagger)(a_1^\dagger + a_2)\mathrm{e}^{2\lambda}. \tag{5.132}$$

对照式 (5.131), (5.132) 与 (5.125), 我们可以认为存在以下角动量算符的新玻色实现:

$$J_+ = \frac{1}{2}(a_1 - a_2^\dagger)(a_1^\dagger - a_2), \tag{5.133}$$

$$J_- = \frac{1}{2}(a_1 + a_2^\dagger)(a_1^\dagger + a_2), \tag{5.134}$$

$$J_z = \frac{1}{2}(a_1^\dagger a_2^\dagger - a_1 a_2). \tag{5.135}$$

这就是用压缩的观点看转动, 从而得到转动算符的新玻色表示. 当我们要求 J_+ 或 J_- 的本征态时, 就会得到纠缠态表象.

实际上, 联合式 (5.133) 和 (5.51), 直接可得

$$J_+ |\eta\rangle = \frac{1}{2}(a_1 - a_2^\dagger)(a_1^\dagger - a_2) |\eta\rangle = \frac{|\eta|^2}{2} |\eta\rangle, \tag{5.136}$$

故 $|\eta\rangle$ 也是算符 J_+ 的本征态. 同理也有

$$J_-|\eta\rangle = \frac{1}{2}(a_1 + a_2^\dagger)(a_1^\dagger + a_2)|\eta\rangle = -2\frac{\partial^2}{\partial\eta\partial\eta^*}|\eta\rangle. \tag{5.137}$$

同样地, 由式 (5.134), (5.73) 和 (5.76), 得

$$J_-|\xi\rangle = \frac{1}{2}(a_1 + a_2^\dagger)(a_1^\dagger + a_2)|\xi\rangle = \frac{|\xi|^2}{2}|\xi\rangle \tag{5.138}$$

和

$$J_+|\xi\rangle = \frac{1}{2}(a_1 - a_2^\dagger)(a_1^\dagger - a_2)|\xi\rangle = -2\frac{\partial^2}{\partial\xi\partial\xi^*}|\xi\rangle. \tag{5.139}$$

很显然, 在纠缠态表象中 $\mathrm{e}^{2\lambda J_z}$ 可以作为一个压缩算符:

$$\mathrm{e}^{2\lambda J_z} = \int \frac{\mathrm{d}^2\eta}{\pi\mu}|\eta/\mu\rangle\langle\eta| \quad (\mu = \mathrm{e}^\lambda) \tag{5.140}$$

或

$$\mathrm{e}^{2\lambda J_z} = \mu\int \frac{\mathrm{d}^2\eta}{\pi}|\mu\xi\rangle\langle\xi|. \tag{5.141}$$

所以算符 J_+, J_-, $\mathrm{e}^{2\lambda J_z}$ 能在纠缠态表象中得到简洁的表达.

这样就可以借助于纠缠态表象导出一些转动算符的恒等式. 例如, 由式 (5.136), (5.138) 以及 (5.78), 我们有

$$\begin{aligned}
\mathrm{e}^{\sigma J_-}\mathrm{e}^{\lambda J_+} &= \mathrm{e}^{\sigma J_-}\int\frac{\mathrm{d}^2\xi}{\pi}|\xi\rangle\langle\xi|\int\frac{\mathrm{d}^2\eta}{\pi}|\eta\rangle\langle\eta|\mathrm{e}^{\lambda J_+} \\
&= \int\frac{\mathrm{d}^2\eta\mathrm{d}^2\xi}{2\pi^2}\colon\exp\left\{\frac{1}{2}\left[-(1-\sigma)|\xi|^2 - (1-\lambda)|\eta|^2 + \xi^*\eta - \xi\eta^*\right]\right. \\
&\quad \left. +\xi a_1^\dagger + \xi^* a_2^\dagger + \eta^* a_1 - \eta a_2 - a_1^\dagger a_2^\dagger + a_1 a_2 - a_1^\dagger a_1 - a_2^\dagger a_2\right\}\colon \\
&= \frac{1}{1-\sigma}\int\frac{\mathrm{d}^2\eta}{\pi}\colon\exp\left[-\frac{D}{2(1-\sigma)}|\eta|^2 + \eta\left(\frac{a_1^\dagger}{1-\sigma} - a_2\right)\right. \\
&\quad \left. +\eta^*\left(a_1 - \frac{a_2^\dagger}{1-\sigma}\right) + \frac{1+\sigma}{1-\sigma}a_1^\dagger a_2^\dagger + a_1 a_2 - a_1^\dagger a_1 - a_2^\dagger a_2\right]\colon \\
&= \frac{2}{D}\colon\mathrm{e}^{\frac{2-D}{D}\left(a_1^\dagger a_1 + a_2^\dagger a_2\right) + \frac{D+2\sigma-2}{D}a_1 a_2 - \frac{D+2\lambda-2}{D}a_2^\dagger a_1^\dagger}\colon,
\end{aligned} \tag{5.142}$$

式中

$$D = 1 + (1-\lambda)(1-\sigma). \tag{5.143}$$

另外, 再根据式 (5.136), (5.138) 和 (5.140), 计算得

$$\begin{aligned}
&\mathrm{e}^{\alpha J_+}\mathrm{e}^{\beta J_z}\mathrm{e}^{\gamma J_-}\\
&=\frac{1}{\mu}\mathrm{e}^{\alpha J_+}\int\frac{\mathrm{d}^2\eta}{\pi}\left|\eta/\mu\right\rangle\left\langle\eta\right|\int\frac{\mathrm{d}^2\xi}{\pi}\left|\xi\right\rangle\left\langle\xi\right|\mathrm{e}^{\gamma J_-}\\
&=\frac{1}{2\mu}\int\frac{\mathrm{d}^2\eta\mathrm{d}^2\xi}{\pi^2}:\exp\left[-\frac{1}{2\mu^2}(1-\alpha)|\eta|^2-\frac{1}{2}(1-\gamma)|\xi|^2+\frac{\xi\eta^*-\xi^*\eta}{2}\right.\\
&\quad\left.+\frac{\eta}{\mu}a_1^\dagger-\frac{\eta^*}{\mu}a_2^\dagger+\xi^*a_1+\xi a_2+a_1^\dagger a_2^\dagger+a_1a_2-a_1^\dagger a_1-a_2^\dagger a_2\right]:\\
&=\frac{2\mu}{(1-\gamma)(1-\alpha)+\mu^2}:\exp\left[a_1^\dagger a_2^\dagger-a_1a_2-a_1^\dagger a_1-a_2^\dagger a_2-\frac{2}{1-\alpha}a_2^\dagger a_1^\dagger\right.\\
&\quad\left.+\frac{2(1-\alpha)}{(1-\gamma)(1-\alpha)+\mu^2}\left(\frac{\mu a_1^\dagger}{1-\alpha}+a_2\right)\left(a_1+\frac{\mu a_2^\dagger}{1-\alpha}\right)\right]:.
\end{aligned}\tag{5.144}$$

注意, 这里 $\mu=\mathrm{e}^{\frac{1}{2}\beta}$. 特别地, 当

$$\alpha=\frac{\lambda}{1+\lambda\sigma},\quad\beta=2\ln\frac{1}{1+\lambda\sigma},\quad\gamma=\frac{\sigma}{1+\lambda\sigma}\tag{5.145}$$

时, 式 (5.144) 的结果变为

$$\mathrm{e}^{\frac{\lambda}{1+\lambda\sigma}J_+}\mathrm{e}^{2J_z\ln\frac{1}{1+\lambda\sigma}}\mathrm{e}^{\frac{\sigma}{1+\lambda\sigma}J_-}=\frac{2}{D}:\mathrm{e}^{\frac{2-D}{D}(a_1^\dagger a_1+a_2^\dagger a_2)+\frac{D+2\sigma-2}{D}a_1a_2-\frac{D+2\lambda-2}{D}a_2^\dagger a_1^\dagger}:.\tag{5.146}$$

这与式 (5.142) 的结果是一样的, 从而可以得到算符恒等式

$$\mathrm{e}^{\sigma J_-}\mathrm{e}^{\lambda J_+}=\mathrm{e}^{\frac{\lambda}{1+\lambda\sigma}J_+}\mathrm{e}^{2J_z\ln\frac{1}{1+\lambda\sigma}}\mathrm{e}^{\frac{\sigma}{1+\lambda\sigma}J_-}.\tag{5.147}$$

进一步, 在式 (5.144) 中, 假设 $\beta=0,\alpha=\lambda,\gamma=\sigma$, 则有

$$\mathrm{e}^{\lambda J_+}\mathrm{e}^{\sigma J_-}=\frac{2}{D}:\mathrm{e}^{\frac{2-D}{D}(a_1^\dagger a_1+a_2a_2^\dagger)+\frac{D+2\sigma-2}{D}a_1^\dagger a_2^\dagger-\frac{D+2\lambda-2}{D}a_1a_2}:.\tag{5.148}$$

利用导出式 (5.144) 的方法, 同样有

$$\begin{aligned}
&\mathrm{e}^{\alpha J_-}\mathrm{e}^{\beta J_z}\mathrm{e}^{\gamma J_+}\\
&=\frac{1}{\mu}\mathrm{e}^{\alpha J_-}\int\frac{\mathrm{d}^2\xi}{\pi}\left|\xi\right\rangle\left\langle\xi\right|\int\frac{\mathrm{d}^2\eta}{\pi}\left|\eta/\mu\right\rangle\left\langle\eta\right|\mathrm{e}^{\gamma J_+}\\
&=\frac{2\mu}{\mu^2(1-\alpha)(1-\gamma)+1}:\exp\left\{\frac{2}{1-\alpha}a_1^\dagger a_2^\dagger-a_1^\dagger a_2^\dagger+a_1a_2-a_1^\dagger a_1-a_2^\dagger a_2\right.
\end{aligned}$$

$$+\frac{2\mu^2(1-\alpha)}{\mu^2(1-\alpha)(1-\gamma)+1}\left[-\frac{a_1^\dagger}{\mu(1-\alpha)}-a_2\right]\left[\frac{a_2^\dagger}{\mu(1-\alpha)}+a_1\right]\Bigg\}:, \tag{5.149}$$

这里也取 $\mu=\mathrm{e}^{\frac{1}{2}\beta}$. 特别地, 当

$$\alpha=\frac{\sigma}{1+\lambda\sigma},\quad \beta=2\ln(1+\lambda\sigma),\quad \gamma=\frac{\lambda}{1+\lambda\sigma} \tag{5.150}$$

时, 式 (5.149) 变为

$$\mathrm{e}^{\frac{\sigma}{1+\lambda\sigma}J_-}\mathrm{e}^{2J_z\ln(1+\lambda\sigma)}\mathrm{e}^{\frac{\lambda}{1+\lambda\sigma}J_+}=\frac{2}{D}:\mathrm{e}^{\frac{2-D}{D}(a_1^\dagger a_1+a_2a_2^\dagger)+\frac{D+2\sigma-2}{D}a_1^\dagger a_2^\dagger-\frac{D+2\lambda-2}{D}a_1a_2}:. \tag{5.151}$$

将式 (5.151) 与 (5.148) 相比较, 我们得到另一个算符恒等式

$$\mathrm{e}^{\lambda J_+}\mathrm{e}^{\sigma J_-}=\mathrm{e}^{\frac{\sigma}{1+\lambda\sigma}J_-}\mathrm{e}^{2J_z\ln(1+\lambda\sigma)}\mathrm{e}^{\frac{\lambda}{1+\lambda\sigma}J_+}. \tag{5.152}$$

很明显, 该式不同于式 (5.147).

5.10　角动量算符的新玻色实现的应用

作为角动量算符的新玻色实现的应用, 我们考虑下面的哈密顿量:

$$H=(a^\dagger a+b^\dagger b+1)+\mathrm{i}C(a^\dagger b^\dagger-ab), \tag{5.153}$$

式中 C 为实数, 以确保 H 具有厄米性; a,b 是双模的湮灭算符. 实际上, 式 (5.153) 是非简并参量放大器的哈密顿量 $\mathcal{H}$ 的特殊情况, 表示频率为 2ω 的经典泵浦光与频率的其他双模频率在非线光学媒介的相互作用 $(\omega_1+\omega_2=2\omega)$:

$$\mathcal{H}=\omega_1a^\dagger a+\omega_2b^\dagger b+\mathrm{i}C(a^\dagger b^\dagger\mathrm{e}^{-2\mathrm{i}\omega t}-ab\mathrm{e}^{2\mathrm{i}\omega t}). \tag{5.154}$$

这里, 我们用新 su(2) 玻色算符实现式 (5.133)~(5.135). 把式 (5.153) 改写为

$$H=(J_++J_-)+\mathrm{i}CJ_z. \tag{5.155}$$

注意

$$2(J_++J_-)=(a-b^\dagger)(a^\dagger-b)+(a^\dagger+b)(a+b^\dagger)=2(a^\dagger a+b^\dagger b+1) \tag{5.156}$$

是厄米的. 利用式 (5.53), 有

$$ab|\eta\rangle = -a(\eta^* - a^\dagger)|\eta\rangle = \left[-(\eta^* - a^\dagger)(\eta + b^\dagger) + 1\right]|\eta\rangle; \tag{5.157}$$

再由式 (5.51), 有

$$r\frac{\partial}{\partial r}|\eta\rangle = (-|\eta|^2 + \eta a^\dagger - \eta^* b^\dagger)|\eta\rangle \quad (\eta = re^{i\varphi}). \tag{5.158}$$

比较式 (5.157) 与 (5.158), 我们可以得到

$$(ab - a^\dagger b^\dagger)|\eta\rangle = \left(1 + r\frac{\partial}{\partial r}\right)|\eta\rangle = \frac{\partial}{\partial r}(r|\eta\rangle). \tag{5.159}$$

根据上述的结果, 将式 (5.155) 变成下面的微分方程:

$$\begin{aligned}\langle\eta|H|\,\rangle &= \langle\eta|[(J_+ + J_-) + 2iCJ_z]|\,\rangle \\ &= \left[\left(\frac{1}{2}|\eta|^2 - 2\frac{\partial^2}{\partial\eta\partial\eta^*}\right) + iC\left(1 + r\frac{\partial}{\partial r}\right)\right]\langle\eta|\,\rangle \\ &= E\langle\eta|\,\rangle,\end{aligned} \tag{5.160}$$

其中 $H|\,\rangle = E|\,\rangle$ 是能量本征方程. 利用

$$\frac{\partial}{\partial\eta} = \frac{1}{2}e^{-i\varphi}\left(\frac{\partial}{\partial r} - \frac{i}{r}\frac{\partial}{\partial\varphi}\right), \quad \frac{\partial}{\partial\eta^*} = \frac{1}{2}e^{i\varphi}\left(\frac{\partial}{\partial r} + \frac{i}{r}\frac{\partial}{\partial\varphi}\right), \tag{5.161}$$

以及

$$\frac{\partial^2}{\partial\eta\partial\eta^*} = \frac{1}{4}\left(\frac{\partial^2}{\partial r^2} + \frac{1}{r}\frac{\partial}{\partial r} + \frac{1}{r^2}\frac{\partial^2}{\partial\varphi^2}\right), \tag{5.162}$$

将式 (5.160) 变成

$$\left\{\left[\frac{1}{2}r^2 - \frac{1}{2}\left(\frac{\partial^2}{\partial r^2} + \frac{1}{r}\frac{\partial}{\partial r} + \frac{1}{r^2}\frac{\partial^2}{\partial\varphi^2}\right)\right] + iC\left(1 + r\frac{\partial}{\partial r}\right)\right\}\langle\eta|\,\rangle = E\langle\eta|\,\rangle. \tag{5.163}$$

对上式进行分离变量. 令

$$\langle\eta|\,\rangle = R(r)\Phi(\varphi), \tag{5.164}$$

则有

$$\left(r^2R'' + rR' - 2iCr^3R'\right)/R + (-2iCr^2 + 2Er^2 - r^4) = -\Phi''(\varphi)/\Phi(\varphi) = m^2. \tag{5.165}$$

由此导出如下方程:

$$\Phi''(\varphi)=-m^2\Phi(\varphi),\quad \Phi(\varphi)=\frac{1}{\sqrt{2\pi}}\mathrm{e}^{\mathrm{i}m\varphi}\quad (m=\pm1,\pm2,\cdots);\tag{5.166}$$

$$r^2R''+(1-2\mathrm{i}Cr^2)rR'+(-2\mathrm{i}Cr^2+2Er^2-r^4-m^2)R=0.\tag{5.167}$$

将式 (5.167) 与广义合流超几何微分方程的标准形式

$$\begin{aligned}&R''+\left[2\frac{A}{r}+2f'+\left(\frac{\beta h'}{h}-h'-\frac{h''}{h'}\right)\right]R'\\&+\left[\left(\frac{\beta h'}{h}-h'-\frac{h''}{h'}\right)\left(\frac{A}{r}+f'\right)+\frac{A(A-1)}{r^2}+\frac{2Af'}{r}+f''+f'^2-\frac{\alpha h'^2}{h}\right]R\\&=0\end{aligned}\tag{5.168}$$

比较, 我们看出, 一旦选择

$$\begin{aligned}&A=-m,\quad \alpha=\frac{m+1}{2}-\frac{E}{2\sqrt{1-C^2}},\quad \beta=m+1,\\&f=\frac{\sqrt{1-C^2}-\mathrm{i}C}{2}r^2,\quad h=\sqrt{1-C^2}r^2,\end{aligned}\tag{5.169}$$

式 (5.167) 就能纳入式 (5.168) 的形式, 即式 (5.167) 正是一个广义合流超几何微分方程. 方程 (5.168) 有两个解, 其中一个是

$$r^{-A}\mathrm{e}^{-f}M(\alpha,\beta,h),\tag{5.170}$$

式中 $M(\alpha,\beta,h)$ 是库默尔 (Kummer) 函数:

$$M(\alpha,\beta,h)=\sum_{n=0}^{+\infty}\frac{(\alpha)_n}{(\beta)_n n!}h^n,\tag{5.171}$$

$$(\alpha)_n\equiv\alpha(\alpha+1)\cdots(\alpha+n-1),\quad (\alpha)_0=1.\tag{5.172}$$

应该指出的是, 为了保证 $r^{-A}\mathrm{e}^{-f}M(\alpha,\beta,h)$ 平方可积, 出现在 f 中的 $\sqrt{1-C^2}$ 必须不是虚数, 因此 $C^2<1$. 另一个解为

$$r^{-A}\mathrm{e}^{-f}U(\alpha,\beta,h),\tag{5.173}$$

式中

$$U(\alpha,\beta,h)=\frac{\pi}{\sin\pi\beta}\left[\frac{M(\alpha,\beta,h)}{\Gamma(1+\alpha-\beta)\Gamma(\beta)}-h^{1-\beta}\frac{M(1+\alpha-\beta,2-\beta,h)}{\Gamma(\alpha)\Gamma(2-\beta)}\right].\tag{5.174}$$

在这种情况下, 我们对能量作简单的分析. 由于 $\beta=m+1$, 令 $\beta=m+1+0^{+}$, 所以 $\sin\pi\beta\to 0$, $U(\alpha,\beta,h)$ 只有当式 (5.174) 中的方括号中的项趋于 0 时才有意义, 这就要求 α 取特殊值, 再从 $\alpha=\dfrac{m+1}{2}-\dfrac{E}{2\sqrt{1-C^2}}$ 就得到 E. 为了更具体些, 在观察方括号中的函数形式之后, 便知 α 肯定是一个整数. 不失一般性, 取 $E_0=\sqrt{1-C^2}$ 以及 $m=2$, 则

$$\begin{aligned}&\alpha=\frac{m}{2}=1,\quad \beta=m+1=3,\quad 2-\beta=1-m=-1,\quad 1+\alpha-\beta=-\frac{m}{2}=-1,\\&\Gamma(1+\alpha-\beta)\Gamma(\beta)=\Gamma(-1)\Gamma(3),\quad \Gamma(\alpha)\Gamma(2-\beta)=\Gamma(-1).\end{aligned}\tag{5.175}$$

再由式 (5.169), (5.172) 和 (5.174), 可得

$$\frac{M(\alpha,\beta,h)}{\Gamma(1+\alpha-\beta)\Gamma(\beta)}=\frac{1}{\Gamma(-1)\Gamma(3)}\sum_{n=0}^{+\infty}\frac{(1)_n}{(3)_n n!}h^n=\frac{1}{\Gamma(-1)}\sum_{n=0}^{+\infty}\frac{1}{(n+2)!}h^n,\tag{5.176}$$

$$h^{1-\beta}\frac{M(1+\alpha-\beta,2-\beta,h)}{\Gamma(\alpha)\Gamma(2-\beta)}=\frac{1}{\Gamma(-1)}\sum_{n=0}^{+\infty}\frac{1}{n!}h^{n-2}.\tag{5.177}$$

由于

$$\lim_{z\mapsto n}\frac{1}{\Gamma(-z)}=\frac{1}{(-n-1)!}=0\quad (n=0,1,2,\cdots),\tag{5.178}$$

故式 (5.174) 变为

$$U(\alpha,\beta,h)\mapsto U(1,3,h)=\frac{\pi}{\sin 3\pi}\left[\frac{-1}{\Gamma(-1)}\left(h^{-2}+h^{-1}\right)\right]\to\frac{0}{0}.\tag{5.179}$$

因此, 我们证实了能量能谱 $E_n=n\hbar\sqrt{1-C^2}$.

5.11 用纠缠态表象求解含时参量放大器附强迫力的动力学 [17]

已知双模压缩态可以由参量下转换过程产生, 相干态则由受强迫力作用的量子谐振子产生. 那么当这两种机制共存时, 相应的动力学哈密顿量如何解呢? 记

哈密顿量为 $H = H_1 + H_2$,

$$H_1 = \omega'(a_1^\dagger)a_1 + a_2^\dagger a_2 + 1) + \sqrt{2}\lambda X_1 \cos\omega_1 t + \sqrt{2}\sigma X_2 \cos\omega_2 t,$$

$$X_i = \frac{a_i + a_i^\dagger}{\sqrt{2}} \quad (i = 1,2),$$

$$H_2 = g(a_1^\dagger a_2^\dagger \mathrm{e}^{-2\mathrm{i}\omega_0 t} + a_1 a_2 \mathrm{e}^{2\mathrm{i}\omega_0 t}), \quad g = \omega' - \omega_0$$

其中 H_1 描述一个双模强迫振子, H_2 描述一个非线性光学介质中频率为 ω' 的两个光场模与经典泵浦光模 (频率为 $2\omega_0$) 的相互作用, g 是相互作用耦合常数, $\omega' = g + \omega_0$ 表示调到共振情况. 为了用纠缠态表象解此模型, 将哈密顿量重新表示为

$$H = H_0 + H', \tag{5.180}$$

其中

$$H_0 = \omega_0(a_1^\dagger a_1 + a_2^\dagger a_2 + 1), \tag{5.181}$$

$$\begin{aligned} H' = {} & \lambda(a_1 + a_1^\dagger)\cos\omega_1 t + \sigma(a_2 + a_2^\dagger)\cos\omega_2 t \\ & + g(a_1^\dagger \mathrm{e}^{-\mathrm{i}\omega_0 t} + a_2 \mathrm{e}^{\mathrm{i}\omega_0 t})(a_1 \mathrm{e}^{\mathrm{i}\omega_0 t} + a_2^\dagger \mathrm{e}^{-\mathrm{i}\omega_0 t}). \end{aligned} \tag{5.182}$$

转化到在相互作用表象中, 薛定谔方程为

$$\begin{aligned} \mathrm{i}\frac{\partial}{\partial t}|\psi(t)\rangle_I &= \mathrm{e}^{\mathrm{i}H_0 t} H' \mathrm{e}^{-\mathrm{i}H_0 t}|\psi(t)\rangle_I \\ &= [\lambda(a_1^\dagger \mathrm{e}^{\mathrm{i}\omega_0 t} + a_1 \mathrm{e}^{-\mathrm{i}\omega_0 t})\cos\omega_1 t + \sigma(a_2 \mathrm{e}^{-\mathrm{i}\omega_0 t} + a_2^\dagger \mathrm{e}^{\mathrm{i}\omega_0 t})\cos\omega_2 t \\ &\quad + g(a_1^\dagger + a_2)(a_1 + a_2^\dagger)]|\psi(t)\rangle_I. \end{aligned} \tag{5.183}$$

借助于未归一化的纠缠态矢量

$$|\xi\rangle\rangle = \mathrm{e}^{\xi a_1^\dagger + \xi^* a_2^\dagger - a_1^\dagger a_2^\dagger}|00\rangle \quad (\xi = \xi_1 + \mathrm{i}\xi_2), \tag{5.184}$$

它满足本征方程:

$$(a_1 + a_2^\dagger)|\xi\rangle\rangle = \xi|\xi\rangle\rangle, \quad (a_1^\dagger + a_2)|\xi\rangle\rangle = \xi^*|\xi\rangle\rangle, \tag{5.185}$$

以及关系式:

$$\begin{aligned} &\langle\langle\xi|a_1^\dagger = \left(\xi^* - \frac{\partial}{\partial\xi}\right)\langle\xi|, \quad \langle\langle\xi|a_1 = \frac{\partial}{\partial\xi^*}\langle\xi|, \\ &\langle\langle\xi|a_2^\dagger = \left(\xi - \frac{\partial}{\partial\xi^*}\right)\langle\xi|, \quad \langle\langle\xi|a_2 = \frac{\partial}{\partial\xi}\langle\xi|. \end{aligned} \tag{5.186}$$

将 $\langle\langle\xi|$ 作用于式 (5.183) 的两边, 并记

$$\psi^I(\xi,\xi^*,t)=\langle\langle\xi\,|\,\psi(t)\rangle_I, \tag{5.187}$$

则有

$$\begin{aligned}&\left(-\lambda\mathrm{e}^{\mathrm{i}\omega_0 t}\cos\omega_1 t+\sigma\mathrm{e}^{-\mathrm{i}\omega_0 t}\cos\omega_2 t\right)\frac{\partial\psi^I}{\partial\xi}-\mathrm{i}\frac{\partial\psi^I}{\partial t}\\&+\left(\lambda\mathrm{e}^{-\mathrm{i}\omega_0 t}\cos\omega_1 t-\sigma\mathrm{e}^{\mathrm{i}\omega_0 t}\cos\omega_2 t\right)\frac{\partial\psi^I}{\partial\xi^*}\\&=-\left[(\lambda\xi^*\cos\omega_1 t+\sigma\xi\cos\omega_2 t)\mathrm{e}^{\mathrm{i}\omega_0 t}+g\,|\xi|^2\right]\psi^I.\end{aligned} \tag{5.188}$$

这是一阶偏微分方程, 利用特征方程的方法, 建立方程组

$$\begin{aligned}\frac{\mathrm{d}\xi}{R(t)}&=\frac{\mathrm{d}t}{-\mathrm{i}},\\\frac{\mathrm{d}\xi^*}{R^*(t)}&=\frac{\mathrm{d}t}{\mathrm{i}},\\\frac{\mathrm{d}\psi^I}{M(t)}&=\frac{\mathrm{d}t}{-\mathrm{i}},\end{aligned} \tag{5.189}$$

其中

$$R(t)\equiv-\lambda\mathrm{e}^{\mathrm{i}\omega_0 t}\cos\omega_1 t+\sigma\mathrm{e}^{-\mathrm{i}\omega_0 t}\cos\omega_2 t, \tag{5.190}$$

$$M(t)=-[(\lambda\xi^*\cos\omega_1 t+\sigma\xi\cos\omega_2 t)\mathrm{e}^{\mathrm{i}\omega_0 t}+g\,|\xi|^2]\psi^I. \tag{5.191}$$

只要解出方程 (5.189) 就能得到方程 (5.183) 的解. 最终会导致这样的结论, 即该哈密顿系统对应压缩相干态, 详见文献 [17].

5.12 双模压缩热真空态的量子起伏 [18]

前面一章已经考虑过单模热真空态的量子起伏, 下面考虑双模压缩热真空态的情况 [18]. 双模热真空态的定义为

$$|0(\beta)\rangle_1\,|0(\beta)\rangle_2=\operatorname{sech}^2\theta\,\mathrm{e}^{(a_1^\dagger\tilde{a}_1^\dagger+a_2^\dagger\tilde{a}_2^\dagger)\tanh\theta}\left|0\tilde{0}\right\rangle_1\left|0\tilde{0}\right\rangle_2. \tag{5.192}$$

这分别纠缠了第一模中的 $a_1^\dagger,\tilde{a}_1^\dagger$ 和第二模中的 $a_2^\dagger,\tilde{a}_2^\dagger$. 现在我们通过双模压缩算符 $\exp\left[(a_1^\dagger a_2^\dagger - a_1 a_2)f\right]$ 压缩模 $a_1^\dagger$ 与 $a_1^\dagger$, 其中 f 为压缩参量. 因为双模压缩态通常是一个纠缠态, 所以双模压缩算符起了纠缠的作用, 即

$$\begin{aligned}
|\ \rangle_{f,\theta} &= \operatorname{sech}^2\theta \mathrm{e}^{(a_1^\dagger a_2^\dagger - a_1 a_2)f} \mathrm{e}^{(a_1^\dagger \tilde{a}_1^\dagger + a_2^\dagger \tilde{a}_2^\dagger)\tanh\theta} \left|0\tilde{0}\right\rangle_1 \left|0\tilde{0}\right\rangle_2 \\
&= \operatorname{sech} f \operatorname{sech}^2\theta \mathrm{e}^{(a_1^\dagger \cosh f - a_2 \sinh f)\tilde{a}_1^\dagger \tanh\theta} \mathrm{e}^{(a_2^\dagger \cosh f - a_1 \sinh f)\tilde{a}_2^\dagger \tanh\theta} \mathrm{e}^{a_1^\dagger a_2^\dagger \tanh f} \\
&\quad \times \left|0\tilde{0}\right\rangle_1 \left|0\tilde{0}\right\rangle_2 .
\end{aligned} \tag{5.193}$$

利用

$$\mathrm{e}^{\hat{A}}\mathrm{e}^{\hat{B}} = \mathrm{e}^{\hat{B}}\mathrm{e}^{\hat{A}}\mathrm{e}^{[\hat{A},\hat{B}]} \quad ([[\hat{A},\hat{B}],\hat{A}] = [[\hat{A},\hat{B}],\hat{B}] = 0), \tag{5.194}$$

有

$$|\ \rangle_{f,\theta} = \operatorname{sech} f \operatorname{sech}^2\theta \mathrm{e}^{a_1^\dagger a_2^\dagger \tanh f + (\tilde{a}_1^\dagger a_1^\dagger + \tilde{a}_2^\dagger a_2^\dagger)\tanh\theta \operatorname{sech} f - \tilde{a}_1^\dagger \tilde{a}_2^\dagger \tanh^2\theta \tanh f} \left|0\tilde{0}\right\rangle_1 \left|0\tilde{0}\right\rangle_2 . \tag{5.195}$$

从上式看出, 当我们压缩模 $a_1^\dagger,a_2^\dagger$ 时, $\tilde{a}_1^\dagger$ 与 $a_1^\dagger$ 之间的纠缠 (以及 $\tilde{a}_2^\dagger$ 与 $a_2^\dagger$ 之间) 因 $\operatorname{sech} f < 1$ 而退化, 同时两实模之间 (两虚模之间) 出现纠缠 (这称为纠缠交换).

利用外尔量子化规则和威格纳理论来计算在 $|\ \rangle_{f,\theta}$ 中的量子起伏. $|\ \rangle_{f,\theta}$ 的威格纳函数, 可以利用双模相干态表象中的威格纳算符

$$\Delta(\alpha_1,\alpha_2) = \int \frac{\mathrm{d}^2 z_1 \mathrm{d}^2 z_2}{\pi^4} \left|\alpha_1 + z_1, \alpha_2 + z_2\right\rangle \left\langle \alpha_1 - z_1, \alpha_2 - z_2\right| \mathrm{e}^{\alpha_1 z_1^* - \alpha_1^* z_1 + \alpha_2 z_2^* - \alpha_2^* z_2} \tag{5.196}$$

以及虚模相干态的完备性

$$\int \frac{\mathrm{d}^2 \tilde{z}_1 \mathrm{d}^2 \tilde{z}_2}{\pi^2} \left|\tilde{z}_1, \tilde{z}_2\right\rangle \left\langle \tilde{z}_1, \tilde{z}_2\right| = 1 \tag{5.197}$$

得到:

$$\begin{aligned}
&{}_{f,\theta}\langle\ |\Delta(\alpha_1,\alpha_2)|\ \rangle_{f,\theta} \\
&= \operatorname{sech}^2 f \operatorname{sech}^4\theta \, {}_1\langle\tilde{0}0|\, {}_2\langle 0\tilde{0}| \int \frac{\mathrm{d}^2 z_1 \mathrm{d}^2 z_2}{\pi^4} \frac{\mathrm{d}^2 \tilde{z}_1 \mathrm{d}^2 \tilde{z}_2}{\pi^2} \mathrm{e}^{\alpha_1 z_1^* - \alpha_1^* z_1 + \alpha_2 z_2^* - \alpha_2^* z_2} \\
&\quad \times \left|\alpha_1 + z_1, \alpha_2 + z_2\right\rangle \left|\tilde{z}_1, \tilde{z}_2\right\rangle \left\langle \tilde{z}_1, \tilde{z}_2\right| \left\langle \alpha_1 - z_1, \alpha_2 - z_2\right| \left|0\tilde{0}\right\rangle_1 \left|0\tilde{0}\right\rangle_2 \\
&\quad \times \exp\{[(\alpha_1^* - z_1^*)(\alpha_2^* - z_2^*) + (\alpha_1 + z_1)(\alpha_2 + z_2)]\tanh f \\
&\quad - (\tilde{z}_1^* \tilde{z}_2^* + \tilde{z}_1 \tilde{z}_2)\tanh^2\theta \tanh f + [\tilde{z}_1(\alpha_1 + z_1) + \tilde{z}_2(\alpha_2 + z_2)
\end{aligned}$$

$$+\tilde{z}_1^*(\alpha_1^*-z_1^*)+\tilde{z}_2^*(\alpha_2^*-z_2^*)]\tanh\theta\,\mathrm{sech}\,f\}. \tag{5.198}$$

经过冗长而直接的积分, 最终有

$${}_{f,\theta}\langle|\varDelta(\alpha_1,\alpha_2)|\rangle_{f,\theta}=\pi^{-2}\left(\mathrm{sech}^2 2\theta\right)\mathrm{e}^{-2\mathrm{sech}2\theta(|\alpha_1\cosh f-\alpha_2^*\sinh f|^2+|\alpha_1^*\sinh f-\alpha_2\cosh f|^2)}. \tag{5.199}$$

由外尔量子化规则和威格纳理论, 有

$${}_{f,\theta}\langle|H(a^\dagger,a,b^\dagger,b)|\rangle_{f,\theta}=4\int\mathrm{d}^2\alpha_1\mathrm{d}^2\alpha_2 h(\alpha_1,\alpha_2,\alpha_1^*,\alpha_2^*)_{f,\theta}\langle|\varDelta(\alpha_1,\alpha_2)|\rangle_{f,\theta}, \tag{5.200}$$

其中 $h(\alpha_1,\alpha_2,\alpha_1^*,\alpha_2^*)$ 是 $H(a^\dagger,a,b^\dagger,b)$ 的经典对应. 考虑双模光场的正交分量的定义:

$$\begin{aligned}\hat{Y}_1&=\frac{1}{2}(\hat{X}_1+\hat{X}_2)=\frac{1}{2\sqrt{2}}(a_1+a_1^\dagger+a_2+a_2^\dagger),\\ \hat{Y}_2&=\frac{1}{2}(\hat{P}_1+\hat{P}_2)=\frac{1}{\mathrm{i}2\sqrt{2}}(a_1-a_1^\dagger+a_2-a_2^\dagger),\end{aligned} \tag{5.201}$$

由式 (5.200), 有

$$\begin{aligned}{}_{f,\theta}\langle|(\Delta Y_1)^2|\rangle_{f,\theta}&=4\int\mathrm{d}^2\alpha_1\mathrm{d}^2\alpha_2\frac{1}{8}(\alpha_1+\alpha_1^*+\alpha_2+\alpha_2^*)^2_{f,\theta}\langle|\varDelta(\alpha_1,\alpha_2)|\rangle_{f,\theta}\\&=\frac{(\cosh 2\theta)\mathrm{e}^{2f}}{4},\end{aligned} \tag{5.202}$$

$$\begin{aligned}{}_{f,\theta}\langle|(\Delta Y_2)^2|\rangle_{f,\theta}&=4\int\mathrm{d}^2\alpha_1\mathrm{d}^2\alpha_2\left(-\frac{1}{8}\right)(\alpha_1-\alpha_1^*+\alpha_2-\alpha_2^*)^2_{f,\theta}\langle|\varDelta(\alpha_1,\alpha_2)|\rangle_{f,\theta}\\&=\frac{(\cosh 2\theta)\mathrm{e}^{-2f}}{4},\end{aligned} \tag{5.203}$$

其中 e^{-2f} 是双模压缩因子. 可见有限温度的影响体现在 $\cosh 2\theta$ ($\tanh\theta=\exp\left(-\frac{\hbar\omega}{2k_\mathrm{B}T}\right)$). 由于 $\cosh 2\theta>1$, 故随着温度的升高涨落增强.

在 $|\,\rangle_{f,\theta}$ 中, 平均光子数为

$$\begin{aligned}&{}_{f,\theta}\langle\,|(a_1^\dagger a_1+a_2^\dagger a_2)|\,\rangle_{f,\theta}\\&=4\int\mathrm{d}^2\alpha_1\mathrm{d}^2\alpha_2(\alpha_1^*\alpha_1+\alpha_2^*\alpha_2-1)_{f,\theta}\langle\,|H\left(a^\dagger,a,b^\dagger,b\right)|\,\rangle_{f,\theta}\\&=\cosh 2\theta\cosh 2f-1.\end{aligned} \tag{5.204}$$

这与温度有关, 对应着热效应. 而在零温度 ($\theta=0$) 下处在双模压缩态

$$|00\rangle_f = \operatorname{sech} f \exp(a_1^\dagger a_2^\dagger \tanh f)\,|00\rangle$$

的光子数平均值为

$$_f\langle 00|\,(a_1^\dagger a_1 + a_2^\dagger a_2)\,|00\rangle_f = \cosh 2f - 1. \tag{5.205}$$

参考文献

[1] Einstein A, Podolsky B, Rosen N. Can quantum-mechanical description of physical reality be considered complete [J]. Phys. Rev., 1935, 47: 777~780.

[2] Fan H Y. Squeeze operator and the single-complex-variable representation in two-mode Fock space [J]. Phys. Lett. A, 1988, 129: 4.

[3] Fan H Y, Klauder J R. Eigenvectors of two particles' relative position and total momentum [J]. Phys. Rev. A, 1994, 49: 704~707.

[4] Fan H Y, VanderLinde J. Simple approach to the wave function of one-and two-mode squeezed states [J]. Phys. Rev. A, 1989, 39: 1552~1555.

[5] Fan H Y. Density matrix and squeezed state of the two coupled harmonic oscillators [J]. Eurphys. Lett., 1992, 19 (2): 443~449.

[6] Fan H Y, Pan X Y. Quantization and squeezed state of two L-C circuits with mutual-inductance [J]. Chin. Phys. Lett., 1998, 15 (9): 625~627.

[7] Meng X G, Wang J S, Zhai Y, et al. Number-phase quantization and deriving energy-level gap of two LC circuits with mutual-inductance [J]. Chin. Phys. Lett., 2008, 25 (4): 1205.

[8] Fan H Y. Wentzel-Kramers-Brillouin approximation for dynamic systems with kinetic coupling in entangled state representation [J]. Chin. Phys. Lett., 2002, 19 (7): 897.

[9] Fan H Y, Sun M Z. Bipartite entangled state $|\zeta\rangle$ and its applications in quantum communication [J]. J. Opt. B: Quantum Semiclass. Opt., 2002, 4: 228~234.

[10] Fan H Y, Hu L Y. Operator-sum representation of density operators as solutions to master equations obtained via the entangled state approach [J]. Mod. Phys. Lett. B, 2008, 22 (25): 2435~2468.

[11] Fan H Y, Fan Y. Representations of two-mode squeezing transformations [J]. Phys. Rev. A, 1996, 54: 958~960.

[12] Hu L Y, Fan H Y. Two-variable Hermite polynomial excitation of two-mode squeezed vacuum state as squeezed two-mode number state [J]. Commun. Theor. Phys., 2008, 50: 965~970.

[13] Xu X L, Li H Q. Wigner function of density operator for negative binomial distribution [J]. Commun. Theor. Phys., 2008, 49: 1453~1456.

[14] Fan H Y, Jiang N Q. Special two-mode unitary transform and maximum entanglement state for four wave mixing [J]. Phys. Scr., 2005, 71 (3): 277~279.

[15] Ma S J, Lu H L, Fan H Y. Entangled state representation for four-wave mixing [J]. Commun. Theor. Phys., 2008, 50: 489~492.

[16] Ma S J. Optical four-wave mixing operator, Fresnel operators and three-mode entangled state sepresentation [J]. Chin. Phys. Lett., 2009, 26 (6): 064203.

[17] Fan H Y, Jiang Z H. Dynamics of two forced quantum oscillators with parametric down-conversion interation solved by virtue of the entangled state representation [J]. J. Phys. A, 2004, 37: 2439.

[18] Fan H Y, Wang H. Quantum fluctuation of two-mode squeezed thermal vacuum states and the thermal Wigner operator studied by virtue of $\langle\eta|$ representation [J]. Mod. Phys. Lett. B, 2001, 15: 397.

第 6 章　量子系统中其他典型的压缩态

量子压缩态并不是量子光学所特有的, 本章给出其他典型量子系统的压缩变换与相应的压缩态.

6.1　一维活动墙 (位势) 引起的压缩变换

在量子力学中, 某些变化的边界的动力学问题, 往往联系着某种压缩变换. 以一维活动墙为例, 一个粒子被束缚在两堵移动墙 $x=W_{\mathrm{L}}(t)$ 与 $x=W_{\mathrm{R}}(t)$ 之间, 墙以某种方式运动 [1], 见图 6.1. 相应的薛定谔方程为 $(\hbar=1)$

$$\mathrm{i}\frac{\partial}{\partial t}|\psi\rangle=H_0(\hat{X},\hat{P})|\psi\rangle. \tag{6.1}$$

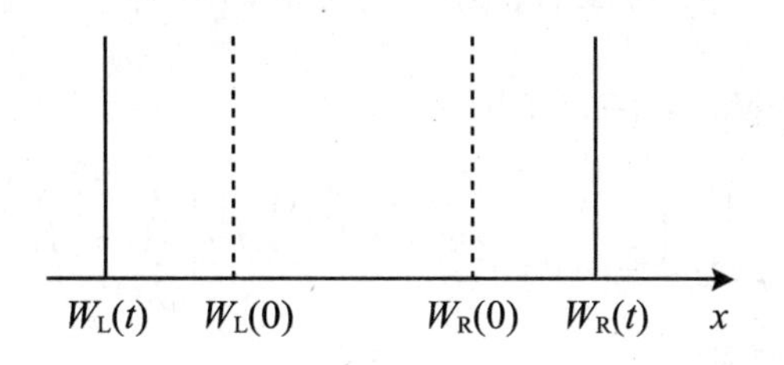

图 6.1

假设波函数在边界 $x=W_{\mathrm{L}}(t)$ 与 $x=W_{\mathrm{R}}(t)$ 消失 (势垒无穷深), 即

$$\psi(x=W_{\mathrm{L}}(t),t)=\psi(x=W_{\mathrm{R}}(t),t)=0. \tag{6.2}$$

则波函数的归一化条件为

$$\int_{x=W_{\mathrm{L}}(t)}^{x=W_{\mathrm{R}}(t)} \psi^{*}(x,t)\,\psi(x,t)\,\mathrm{d}x=1, \tag{6.3}$$

此条件不随时间变化.

设 $W(t)$ 是两个活动边界之间的距离:

$$W(t)\equiv W_{\mathrm{R}}(t)-W_{\mathrm{L}}(t)>0. \tag{6.4}$$

令

$$\mu(t)\equiv\frac{W(0)}{W(t)} \tag{6.5}$$

表示初始时刻的两壁距离与 t 时刻的两壁距离的比率, 代表一个压缩量. 再引入物理量

$$\begin{aligned}\lambda(t)&\equiv W_{\mathrm{L}}(0)-\mu(t)\,W_{\mathrm{L}}(t)\\&=\frac{W(t)\,W_{\mathrm{L}}(0)-W(0)\,W_{\mathrm{L}}(t)}{W(t)}\\&=\frac{W_{\mathrm{R}}(t)\,W_{\mathrm{L}}(0)-W_{\mathrm{R}}(0)\,W_{\mathrm{L}}(t)}{W(t)},\end{aligned} \tag{6.6}$$

以及

$$\bar{x}\equiv[x-W_{\mathrm{L}}(t)]\,\frac{W(0)}{W(t)}+W_{\mathrm{L}}(0)\equiv\mu(t)\,x+\lambda(t). \tag{6.7}$$

使得对于边界 $x=W_{\mathrm{R}}(t)$ 以及 $x=W_{\mathrm{L}}(t)$, 相应的 $\bar{x}$ 分别变为

$$\bar{x}=W_{\mathrm{R}}(0),\quad \bar{x}=W_{\mathrm{L}}(0). \tag{6.8}$$

于是通过积分变量变换, 式 (6.3) 能改写成

$$\frac{1}{\mu(t)}\int_{\bar{x}=W_{\mathrm{L}}(0)}^{\bar{x}=W_{\mathrm{R}}(0)}\left|\psi\left(\frac{\bar{x}-\lambda(t)}{\mu(t)},t\right)\right|^{2}\mathrm{d}\bar{x}=1, \tag{6.9}$$

相应的动量算符 $\hat{P}$ 变成

$$\bar{P}(t)\equiv\hat{P}/\mu(t), \tag{6.10}$$

且满足

$$\left[\bar{X}(t),\bar{P}(t)\right]=\mathrm{i}. \tag{6.11}$$

比较式 (6.9) 与 (6.3), 可以看出移动边界值 $x = W_{\mathrm{L,R}}(t)$ 转化为固定值 $\bar{x} = W_{\mathrm{L,R}}(0)$, 这样做的代价是其哈密顿量变成了一个适当的含时的哈密顿量.

如果存在一个幺正变换 U, 使得

$$U^{\dagger}\hat{X}U = \mu(t)\hat{X} + \lambda(t), \quad U^{\dagger}\hat{P}U = \hat{P}/\mu(t), \tag{6.12}$$

而 $|\phi\rangle = U|\psi\rangle$, 那么

$$\begin{aligned} \mathrm{i}\frac{\partial}{\partial t}|\phi\rangle &= \mathrm{i}\frac{\partial U}{\partial t}|\psi\rangle + \mathrm{i}U\frac{\partial}{\partial t}|\psi\rangle \\ &= \mathrm{i}\frac{\partial U}{\partial t}U^{\dagger}|\phi\rangle + UH_0(\hat{X},P)|\psi\rangle \\ &= \mathrm{i}\frac{\partial U}{\partial t}U^{\dagger}|\phi\rangle + [UH_0(\hat{X},\hat{P})U^{\dagger}]U|\psi\rangle \\ &= \left[\overline{H_0(\hat{X},\hat{P})} + \mathrm{i}\frac{\partial U}{\partial t}U^{\dagger}\right]|\phi\rangle, \end{aligned} \tag{6.13}$$

其中

$$UH_0(\hat{X},\hat{P})U^{\dagger} = \overline{H_0(\hat{X},\hat{P})}. \tag{6.14}$$

与标准的薛定谔方程 $\mathrm{i}\dfrac{\partial}{\partial t}|\phi\rangle = H(t)|\phi\rangle$ 比较, 就得到含时的哈密顿量

$$H(t) = \overline{H_0(\hat{X},\hat{P})} + \mathrm{i}\frac{\partial U}{\partial t}U^{\dagger}, \tag{6.15}$$

因此必须知道 $\dfrac{\partial U}{\partial t}$.

另外, 式 (6.12) 暗示了 U 是一个含时压缩–平移的幺正算符, 它在坐标表象中可表达为

$$U = C\int_{-\infty}^{+\infty}\mathrm{d}x\,|\bar{x}(t)\rangle\langle x|, \tag{6.16}$$

式中 C 可以利用 U 的幺正性求出. 因为 $UU^{\dagger} = 1$, 所以

$$\begin{aligned} UU^{\dagger} &= |C|^2\int_{-\infty}^{+\infty}\mathrm{d}x\,|\bar{x}(t)\rangle\langle x|\int_{-\infty}^{+\infty}\mathrm{d}x'\,|x'\rangle\langle\bar{x}'(t)| \\ &= |C|^2\int_{-\infty}^{+\infty}\mathrm{d}x\,|\bar{x}(t)\rangle\langle\bar{x}(t)| \\ &= |C|^2\int_{-\infty}^{+\infty}|\bar{x}(t)\rangle\langle\bar{x}(t)|\frac{\mathrm{d}\bar{x}}{\mu(t)} \\ &= \frac{|C|^2}{\mu(t)} = 1. \end{aligned} \tag{6.17}$$

因此, 这个压缩–平移算符为

$$U=\sqrt{\mu(t)}\int_{-\infty}^{+\infty}\mathrm{d}x\,|\mu(t)\,x+\lambda(t)\rangle\,\langle x|. \tag{6.18}$$

由

$$\mathrm{i}\frac{\partial}{\partial t}\,|x(t)\rangle=x'(t)\,\mathrm{i}\frac{\partial}{\partial x(t)}\,|x(t)\rangle=x'(t)\,\hat{P}\,|x(t)\rangle, \tag{6.19}$$

有

$$\begin{aligned}\mathrm{i}\frac{\partial}{\partial t}\,|\mu(t)\,x+\lambda(t)\rangle&=(x\dot{\mu}+\dot{\lambda})\hat{P}\,|\mu(t)\,x+\lambda(t)\rangle\\&=\hat{P}\left(\frac{\dot{\mu}}{\mu}X-\frac{\dot{\mu}}{\mu}\lambda+\dot{\lambda}\right)|\mu(t)\,x+\lambda(t)\rangle.\end{aligned} \tag{6.20}$$

将式 (6.20) 代入式 (6.18), 再对两边关于时间求导数, 得

$$\begin{aligned}\mathrm{i}\frac{\partial U}{\partial t}&=\mathrm{i}\frac{\dot{\mu}}{2\mu}U+\sqrt{\mu(t)}\int_{-\infty}^{+\infty}\mathrm{d}x\mathrm{i}\frac{\partial}{\partial t}\,|\mu(t)\,x+\lambda(t)\rangle\,\langle x|\\&=\mathrm{i}\frac{\dot{\mu}}{2\mu}U+\hat{P}\left(\frac{\dot{\mu}}{\mu}\hat{X}-\frac{\dot{\mu}}{\mu}\lambda+\dot{\lambda}\right)U\\&=\left[\frac{\dot{\mu}}{2\mu}(\hat{X}\hat{P}+\hat{P}\hat{X})+\hat{P}\left(\dot{\lambda}-\frac{\dot{\mu}}{\mu}\lambda\right)\right]U,\end{aligned} \tag{6.21}$$

所以

$$\mathrm{i}\frac{\partial U}{\partial t}U^{\dagger}=\frac{\dot{\mu}}{2\mu}(\hat{X}\hat{P}+\hat{P}\hat{X})+\left(\dot{\lambda}-\frac{\dot{\mu}}{\mu}\lambda\right)\hat{P}. \tag{6.22}$$

把式 (6.22) 代入式 (6.15), 并利用式 (6.12), 则得到含时的哈密顿量

$$\begin{aligned}H(t)&=\overline{H_0(\hat{X},\hat{P})}+\frac{\dot{\mu}}{2\mu}(\hat{X}\hat{P}+\hat{P}\hat{X})+\left(\dot{\lambda}-\frac{\dot{\mu}}{\mu}\lambda\right)\hat{P}\\&=H_0\left(\frac{\hat{X}-\lambda}{\mu},\mu\hat{P}\right)+\frac{\dot{\mu}}{2\mu}(\hat{X}\hat{P}+\hat{P}\hat{X})+\left(\dot{\lambda}-\frac{\dot{\mu}}{\mu}\lambda\right)\hat{P},\end{aligned} \tag{6.23}$$

式中 $(\hat{X}\hat{P}+\hat{P}\hat{X})/2$ 就是压缩算符的生成元, 它的系数必然是压缩量的振幅. 事实上, 由 $\mu(t)\equiv\dfrac{W(0)}{W(t)}$, 容易看出 $-\dfrac{\dot{\mu}}{\mu}=\dfrac{W'}{W}$ 的确描述了压缩的相对振幅. 此外, 从式 (6.4)~(6.6), 我们得到平移项为

$$\left(\dot{\lambda}-\frac{\dot{\mu}}{\mu}\lambda\right)\hat{P}=\frac{W_{\mathrm{R}}(0)\,W_{\mathrm{L}}(0)}{W(t)}\left[\frac{W_{\mathrm{R}}'(t)}{W_{\mathrm{R}}(0)}-\frac{W_{\mathrm{L}}'(t)}{W_{\mathrm{L}}(0)}\right]\hat{P}, \tag{6.24}$$

它由移动边界的运动速度来决定.

根据式 (6.18) 以及 $\langle x'|x\rangle=\delta(x-x')$, 有

$$U|x\rangle=\sqrt{\mu}|\bar{x}\rangle, \tag{6.25}$$

则

$$\phi(\bar{x},t)=\langle\bar{x}|\phi(t)\rangle=\frac{1}{\sqrt{\mu}}\langle x|U^{\dagger}|\phi(t)\rangle=\frac{1}{\sqrt{\mu}}\langle x|\psi(t)\rangle=\frac{1}{\sqrt{\mu}}\psi(x,t). \tag{6.26}$$

相应地, 归一化方程 (6.9) 变成

$$\int_{\bar{x}=W_{\mathrm{L}}(0)}^{\bar{x}=W_{\mathrm{R}}(0)}|\phi(\bar{x},t)|^2\mathrm{d}\bar{x}=1. \tag{6.27}$$

好像边界是与时间无关的.

最后, 利用 IWOP 技术以及坐标的本征态

$$|x\rangle=\pi^{-1/4}\exp\left(-\frac{1}{2}x^2+\sqrt{2}xa^{\dagger}-\frac{a^{\dagger 2}}{2}\right)|0\rangle, \tag{6.28}$$

可以得到 U 的具体形式为

$$\begin{aligned}U&=\sqrt{\mu(t)}\int_{-\infty}^{+\infty}\mathrm{d}x\,|\mu(t)x+\lambda(t)\rangle\langle x|\\&=\mathrm{e}^{\frac{-\lambda^2}{2(1+\mu^2)}}\mathrm{e}^{-\frac{a^{\dagger 2}}{2}\frac{1-\mu^2}{1+\mu^2}+\frac{\sqrt{2}\lambda a^{\dagger}}{1+\mu^2}}\mathrm{e}^{\left(a^{\dagger}a+\frac{1}{2}\right)\ln\frac{2\mu}{1+\mu^2}}\mathrm{e}^{\frac{a^2}{2}\frac{1-\mu^2}{1+\mu^2}-\frac{\sqrt{2}\lambda a}{1+\mu^2}},\end{aligned} \tag{6.29}$$

其中 λ,μ 分别由式 (6.6) 与 (6.5) 给出.

6.2 磁场中电子运动的纠缠态表象及压缩态

对于电子在均匀磁场中的运动状态, 如何引入量子压缩与量子纠缠的概念呢?

量子点中质量为 M 的电子在均匀磁场 $B=Be_z$ 中的运动的动力学问题在文献 [2～4] 中就有阐述, 这时电子的机械动量并不等于其正则动量, 它们之间的关系是

$$p_x=\Pi_x-eA_x,\quad p_y=\Pi_y-eA_y, \tag{6.30}$$

这里 A 代表电磁矢势; p_x, p_y 表示电子的正则动量. 取 $\hbar=c=1$, 令

$$\varPi_{\pm}=\frac{1}{\sqrt{2M\varOmega}}\left(\varPi_x\mp \mathrm{i}\varPi_y\right) \tag{6.31}$$

为动量的阶梯算符, 其中 $\varOmega=eB/M$ 指电子在磁场中运动的同步回旋频率. 当电磁矢势取 $A=(-By/2,Bx/2,0)$ 时, $[\varPi_x,\varPi_y]=-\mathrm{i}M\varOmega$, 系统的哈密顿量为

$$H_0=\frac{1}{2M}(p+eA)^2=\frac{1}{2M}\left(\varPi_x^2+\varPi_y^2\right)=\left(\varPi_+\varPi_-+\frac{1}{2}\right)\varOmega. \tag{6.32}$$

在文献 [5～7] 中建立了描述该体系的一个态矢

$$|\lambda\rangle=\mathrm{e}^{-\frac{1}{2}|\lambda|^2-\mathrm{i}\lambda\varPi_++\lambda^*K_++\mathrm{i}\varPi_+K_+}|00\rangle \quad (\lambda=\lambda_1+\mathrm{i}\lambda_2=|\lambda|\mathrm{e}^{\mathrm{i}\varphi}), \tag{6.33}$$

式中阶梯算符

$$K_{\pm}=\sqrt{\frac{M\varOmega}{2}}\left(x_0\mp \mathrm{i}y_0\right), \tag{6.34}$$

这里 x_0 与 y_0 称为轨道中心坐标:

$$x_0=x-\frac{\varPi_y}{M\varOmega},\quad y_0=y+\frac{\varPi_x}{M\varOmega},\quad [x_0,y_0]=\frac{\mathrm{i}}{M\varOmega}, \tag{6.35}$$

且 $\varPi_-|00\rangle=0$, $K_-|00\rangle=0$, 并有以下对易关系:

$$[\varPi_-,\varPi_+]=1,\quad [K_-,K_+]=1, \tag{6.36}$$

以及正规乘积形式

$$|00\rangle\langle 00|=:\exp\left(-\varPi_+\varPi_--K_+K_-\right):. \tag{6.37}$$

可证 $|\lambda\rangle$ 满足本征方程:

$$\left(K_++\mathrm{i}\varPi_-\right)|\lambda\rangle=\lambda|\lambda\rangle,\quad \left(K_--\mathrm{i}\varPi_+\right)|\lambda\rangle=\lambda^*|\lambda\rangle. \tag{6.38}$$

比较式 (6.34), (6.35) 和 (6.33), 得电子坐标的本征方程为

$$x|\lambda\rangle=\sqrt{\frac{2}{M\varOmega}}\lambda_1|\lambda\rangle,\quad y|\lambda\rangle=-\sqrt{\frac{2}{M\varOmega}}\lambda_2|\lambda\rangle, \tag{6.39}$$

所以 $|\lambda\rangle$ 也是电子坐标的本征态. 另外, $|\lambda\rangle$ 具有正交性与完备性, 即 (利用 IWOP 技术可证)

$$\int\frac{\mathrm{d}^2\lambda}{\pi}|\lambda\rangle\langle\lambda|=1,\quad \langle\lambda'|\lambda\rangle=\pi\delta\left(\lambda'-\lambda\right)\delta\left(\lambda'^*-\lambda^*\right). \tag{6.40}$$

利用 Π_+,Π_- 和 K_+,K_- 的本征态 ——双模粒子数态:

$$|n,m\rangle = \frac{\Pi_+^n K_+^m}{\sqrt{n!m!}}|00\rangle \quad (n,m=0,1,2,\cdots), \tag{6.41}$$

对于哈密顿量式 (6.32), 有

$$H|n,n-m_l\rangle = \left(n+\frac{1}{2}\right)\Omega|n,n-m_l\rangle. \tag{6.42}$$

从角动量算符

$$L_z = xp_y - yp_x = \Pi_+\Pi_- - K_+K_-, \tag{6.43}$$

有

$$L_z|n,n-m_l\rangle = m_l|n,n-m_l\rangle. \tag{6.44}$$

因而 m_l 为角动量量子数, $|n,n-m_l\rangle$ 是具有确定能量和角动量的朗道 (Landau) 态 [8].

在表象 $|\lambda\rangle$ 中, 电子坐标变换 $\lambda\mapsto\lambda/\mu$ 的压缩算符是

$$S = \int\frac{\mathrm{d}^2\lambda}{\mu\pi}|\lambda/\mu\rangle\langle\lambda| \quad (\mu=\mathrm{e}^f). \tag{6.45}$$

将式 (6.33) 代入上式, 利用 IWOP 技术以及式 (6.37) 积分, 有

$$\begin{aligned} S &= \operatorname{sech} f\,\mathrm{e}^{\mathrm{i}\Pi_+K_+\tanh f}\mathrm{e}^{(K_+K_-+\Pi_+K_+)\ln\operatorname{sech} f}\mathrm{e}^{\mathrm{i}\Pi_-K_-\tanh f} \\ &= \exp\left[\mathrm{i}f(\Pi_+K_+ + \Pi_-K_-)\right]. \end{aligned} \tag{6.46}$$

于是有

$$S\Pi_-S^{-1} = \Pi_-\cosh f - \mathrm{i}K_+\sinh f, \quad SK_-S^{-1} = K_-\cosh f - \mathrm{i}\Pi_+\sinh f. \tag{6.47}$$

根据式 (6.35), 可计算出

$$Sx_0S^{-1} = x_0\cosh f + \frac{\Pi_y\sinh f}{M\Omega}, \quad Sy_0S^{-1} = y_0\cosh f - \frac{\Pi_x\sinh f}{M\Omega}. \tag{6.48}$$

由式 (6.48), 可得

$$SxS^{-1} = \mu x, \quad SyS^{-1} = \mu y. \tag{6.49}$$

这就是轨道的压缩. 利用双变量厄米多项式的产生函数

$$\sum_{m,n=0}^{+\infty}\frac{t^n t'^m}{m!n!}\mathrm{H}_{n,m}(\lambda,\lambda^*)=\exp(-tt'+t\lambda+t'\lambda^*),\tag{6.50}$$

$$\mathrm{H}_{n,m}(\lambda,\lambda^*)=\frac{\partial^{n+m}}{\partial t^n\partial t'^m}\exp(-tt'+t\lambda+t'\lambda^*)\Big|_{t=t'=0},\tag{6.51}$$

得到 $|\lambda\rangle$ 在双模粒子数态表象的形式:

$$|\lambda\rangle=\mathrm{e}^{-\frac{1}{2}|\lambda|^2}\sum_{m,n=0}^{+\infty}\frac{(-\mathrm{i})^n\mathrm{H}_{n,m}(\lambda,\lambda^*)}{\sqrt{m!n!}}|n,m\rangle.\tag{6.52}$$

从上式易得其内积为

$$\langle\lambda|\,n,m\rangle=\mathrm{i}^n\mathrm{e}^{-\frac{1}{2}|\lambda|^2}\frac{1}{\sqrt{m!n!}}\mathrm{H}_{m,n}(\lambda,\lambda^*).\tag{6.53}$$

通过式 (6.45), (6.52) 与 (6.53), 可得到压缩朗道态 ($\mu=\mathrm{e}^\lambda$)

$$\begin{aligned}
&S|n,m\rangle\\
&=\int\frac{\mathrm{d}^2\lambda}{\mu\pi}|\lambda/\mu\rangle\,\mathrm{e}^{-\frac{1}{2}|\lambda|^2}\frac{\mathrm{i}^n}{\sqrt{m!n!}}\mathrm{H}_{m,n}(\lambda,\lambda^*)\\
&=\frac{\partial^{m+n}}{\partial t^n\partial t'^m}\int\frac{\mathrm{d}^2\lambda}{\mu\pi}\left|\frac{\lambda}{\mu}\right\rangle\frac{\mathrm{i}^n\,\mathrm{e}^{-\frac{1}{2}|\lambda|^2}}{\sqrt{m!n!}}\mathrm{e}^{-tt'+t\lambda^*+t'\lambda}\Big|_{t=t'=0}\\
&=\frac{\mathrm{i}^n}{\sqrt{m!n!}}\frac{\partial^{m+n}}{\partial t^n\partial t'^m}\int\frac{\mathrm{d}^2\lambda}{\mu\pi}\mathrm{e}^{-\frac{1}{2}|\lambda|^2\left(\frac{1}{\mu^2}+1\right)+\lambda\left(t'-\frac{\mathrm{i}\Pi_+}{\mu}\right)+\lambda^*\left(t+\frac{K_+}{\mu}\right)-tt'+\mathrm{i}K_+\Pi_+}\\
&\quad\times|00\rangle\Big|_{t=t'=0}\\
&=\operatorname{sech}\lambda\frac{\mathrm{i}^n}{\sqrt{m!n!}}\frac{\partial^{m+n}}{\partial t^n\partial t'^m}\mathrm{e}^{tt'\tanh\lambda+\operatorname{sech}\lambda(t'K_+-\mathrm{i}t\Pi_+)+\mathrm{i}K_+\Pi_+\tanh\lambda}|00\rangle\Big|_{t=t'=0}\\
&=\mathrm{i}^n\operatorname{sech}\lambda\sqrt{m!n!}\sum_{l=0}^{\min(m,n)}\frac{(-\tanh\lambda)^l\operatorname{sech}^{n+m-2l}\lambda\,(\mathrm{i}\Pi_+)^{n-l}K_+^{m-l}}{l!\,(n-l)!\,(m-l)!}\\
&\quad\times\mathrm{e}^{\mathrm{i}K_+\Pi_+\tanh\lambda}|00\rangle\\
&=\mathrm{i}^n\mathrm{e}^{\mathrm{i}K_+\Pi_+\tanh\lambda}\sqrt{m!n!}\sum_{j=\max(0,n-m)}^{n}\frac{\mathrm{i}^j(-\tanh\lambda)^{n-j}\operatorname{sech}^{m-n+2j+1}\lambda}{(n-j)!\sqrt{j!\,(m-n+j)!}}\\
&\quad\times|j,m-n+j\rangle.
\end{aligned}\tag{6.54}$$

以上讨论说明, $|\lambda\rangle$ 表象的引入对于定义压缩态十分有用和方便. $|\lambda\rangle$ 态矢量本身具有纠缠态的形式, 这反映了电子运动与磁场的不可分性, 从 $|\lambda\rangle \mapsto |\lambda/\mu\rangle$ 可以通过改变磁场强度来实现.

6.3　磁场中各向异性量子点的单—双模组合压缩态

质量为 m 的电子在均匀磁场 $B=|B|e_z$ 中运动, 其哈密顿量 $(\hbar=c=1)$ 为

$$H_0=\frac{1}{2m}\left(\Pi_x^2+\Pi_y^2\right)=\left(\Pi_+\Pi_-+\frac{1}{2}\right)\Omega, \tag{6.55}$$

这里

$$\Pi_\pm=\frac{1}{\sqrt{2m\Omega}}\left(\Pi_x\mp \mathrm{i}\Pi_y\right), \tag{6.56}$$

$$p_x=\Pi_x-eA_x,\quad p_y=\Pi_y-eA_y. \tag{6.57}$$

其中 $\Omega=eB/m$ 指电子在磁场中运动的同步旋转频率; p_x, p_y 表示电子的正则动量; $A=(By/2,Bx/2,0)$ 代表对称的电磁矢势. 若用正则坐标和正则动量来表示, 则式 (6.55) 可写为

$$H_0=\frac{1}{2m}\left(p_x^2+p_y^2\right)+\frac{\Omega}{2}(xp_y-yp_x)+\frac{1}{8}m\Omega^2(x^2+y^2). \tag{6.58}$$

如果现在有一个外加的非对称谐振子势 (由一个量子点产生的位势), 则相应系统的哈密顿量为 [9]

$$H=\frac{1}{2m}\left(\Pi_x^2+\Pi_y^2\right)+\frac{1}{2}m\omega_1^2x^2+\frac{1}{2}m\omega_2^2y^2. \tag{6.59}$$

令 $\Omega^2+4\omega_1^2=\Omega_1^2$, $\Omega^2+4\omega_2^2=\Omega_2^2$, 则式 (6.59) 可写为

$$H=\frac{1}{2m}\left(p_x^2+p_y^2\right)+\frac{\Omega}{2}(xp_y-yp_x)+\frac{1}{8}m\Omega_1^2x^2+\frac{1}{8}m\Omega_2^2y^2. \tag{6.60}$$

若存在一个幺正算符 W, 满足:

$$\begin{aligned}
WxW^{-1} &= x\cosh\lambda + p_y \mathrm{e}^{-\gamma}\sinh\lambda,\\
Wp_xW^{-1} &= p_x\cosh\lambda + y\mathrm{e}^{\gamma}\sinh\lambda,\\
WyW^{-1} &= y\cosh\lambda + p_x \mathrm{e}^{-\gamma}\sinh\lambda,\\
Wp_yW^{-1} &= p_y\cosh\lambda + x\mathrm{e}^{\gamma}\sinh\lambda,
\end{aligned} \tag{6.61}$$

就能够对角化 H:

$$\begin{aligned}
H' &= WHW^{-1}\\
&= \frac{1}{2m}\left[(p_x\cosh\lambda + y\mathrm{e}^{\gamma}\sinh\lambda)^2 + (p_y\cosh\lambda + x\mathrm{e}^{\gamma}\sinh\lambda)^2\right]\\
&\quad + \frac{\Omega}{2}(x\cosh\lambda + p_y\mathrm{e}^{-\gamma}\sinh\lambda)(p_y\cosh\lambda + x\mathrm{e}^{\gamma}\sinh\lambda)\\
&\quad - \frac{\Omega}{2}(y\cosh\lambda + p_x\mathrm{e}^{-\gamma}\sinh\lambda)(p_x\cosh\lambda + y\mathrm{e}^{\gamma}\sinh\lambda)\\
&\quad + \frac{1}{8}m\Omega_1^2(x\cosh\lambda + p_y\mathrm{e}^{-\gamma}\sinh\lambda)^2\\
&\quad + \frac{1}{8}m\Omega_2^2(y\cosh\lambda + p_x\mathrm{e}^{-\gamma}\sinh\lambda)^2.
\end{aligned} \tag{6.62}$$

经过整理, 保留 xp_y 与 yp_x 的交叉项, 而令 xp_y 的系数等于零, 则要求

$$\frac{\mathrm{e}^{\gamma}}{2m}\sinh 2\lambda + \frac{\Omega}{2}\cosh 2\lambda + \frac{1}{8}m\Omega_1^2\mathrm{e}^{-\gamma}\sinh 2\lambda = 0; \tag{6.63}$$

也令 yp_x 的系数等于零, 则要求

$$\frac{\mathrm{e}^{\gamma}}{2m}\sinh 2\lambda - \frac{\Omega}{2}\cosh 2\lambda + \frac{1}{8}m\Omega_2^2\mathrm{e}^{-\gamma}\sinh 2\lambda = 0. \tag{6.64}$$

而将式 (6.63) 与 (6.64) 相加, 有

$$\mathrm{e}^{2\gamma} = -\frac{1}{8}m^2\left(\Omega_1^2 + \Omega_2^2\right); \tag{6.65}$$

将式 (6.63) 与 (6.64) 相减, 有

$$\tanh 2\lambda = \frac{8\Omega\mathrm{e}^{\gamma}}{m\left(\Omega_2^2 - \Omega_1^2\right)}. \tag{6.66}$$

只要联立式 (6.65) 与 (6.66) 的结果, 同时取定 γ, λ 的值, 就能够对角化 H, 并可导出其能级公式.

下面我们关心的问题是, 这个幺正算符 W 的具体形式是什么. 根据式 (6.61) 及幺正变换形式, 我们试着在双模坐标–动量混合表象内写下这样的积分型投影算符 [10]:

$$W=\int \mathrm{d}\underline{x}\mathrm{d}\underline{p}_y \left|T\begin{pmatrix}\underline{x}\\ \underline{p}_y\end{pmatrix}\right\rangle\left\langle\begin{pmatrix}\underline{x}\\ \underline{p}_y\end{pmatrix}\right|, \tag{6.67}$$

其中

$$T\equiv\begin{pmatrix}\cosh\lambda & -\mathrm{e}^{-\gamma}\sinh\lambda\\ -\mathrm{e}^{\gamma}\sinh\lambda & \cosh\lambda\end{pmatrix},\quad \left|\begin{pmatrix}\underline{x}\\ \underline{p}_y\end{pmatrix}\right\rangle\equiv|\underline{x}\rangle\left|\underline{p}_y\right\rangle, \tag{6.68}$$

这里 $|\underline{x}\rangle$ 和 $\left|\underline{p}_y\right\rangle$ 分别是正则坐标 $\underline{x}$ 和正则动量 $\underline{p}_y$ 的本征态:

$$|\underline{x}\rangle=\pi^{-1/4}\mathrm{e}^{-\frac{1}{2}\underline{x}^2+\sqrt{2}\underline{x}a^\dagger-\frac{1}{2}a^{\dagger 2}}|0\rangle\quad (x=\frac{a+a^\dagger}{\sqrt{2}}), \tag{6.69}$$

$$\left|\underline{p}_y\right\rangle=\pi^{-1/4}\mathrm{e}^{-\frac{1}{2}\underline{p}_y^2+\mathrm{i}\sqrt{2}\underline{p}_y b^\dagger+\frac{1}{2}b^{\dagger 2}}|0\rangle\quad (\underline{p}_y=\frac{b-b^\dagger}{\sqrt{2}\mathrm{i}}). \tag{6.70}$$

很显然, W 是幺正的, 即 $W^{-1}=W^\dagger$.

利用 IWOP 技术对式 (6.67) 积分, 再由 $|00\rangle\langle 00|=:\mathrm{e}^{-a^\dagger a-b^\dagger b}:$, 即得 W 的正规乘积展开:

$$\begin{aligned}W=&\frac{2}{\sqrt{L}}\mathrm{e}^{-\frac{1}{L}(a^{\dagger 2}+b^{\dagger 2})\sinh^2\lambda\sinh 2\gamma+2\mathrm{i}a^\dagger b^\dagger\sinh 2\lambda\cosh\gamma}\\ &\times:\mathrm{e}^{\frac{4}{L}\left[(a^\dagger a+b^\dagger b)\cosh\lambda-\mathrm{i}(b^\dagger a+a^\dagger b)\sinh\lambda\sinh\gamma\right]-a^\dagger a-b^\dagger b}:\\ &\times\mathrm{e}^{-\frac{1}{L}(a^2+b^2)\sinh^2\lambda\sinh 2\gamma+2\mathrm{i}a^\dagger b^\dagger\sinh 2\lambda\cosh\gamma},\end{aligned} \tag{6.71}$$

式中 $L=4\cosh^2\lambda\left(1+\dfrac{\sinh^2\alpha\sinh^2\lambda}{\cosh^2\lambda}\right)$. 用算符恒等式

$$\mathrm{e}^{\hat{A}}\hat{B}\mathrm{e}^{-\hat{A}}=\hat{B}+[\hat{A},\hat{B}]+\frac{1}{2!}[\hat{A},[\hat{A},\hat{B}]]+\frac{1}{3!}[\hat{A},[\hat{A},[\hat{A},\hat{B}]]]+\cdots, \tag{6.72}$$

诱导出变换形式:

$$WaW^{-1}=a\cosh\lambda+\mathrm{i}\sinh\lambda(b^\dagger\cosh\gamma+b\sinh\gamma), \tag{6.73}$$

$$WbW^{-1}=b\cosh\lambda+\mathrm{i}\sinh\lambda(a^\dagger\cosh\gamma+a\sinh\gamma). \tag{6.74}$$

这是一个单–双模组合压缩变换形式. 所以, 电子在磁场中各向异性量子点中的基态是一个单–双模组合压缩态, 即

$$W\left|00\right\rangle=\frac{2}{\sqrt{L}}\exp\left[-\frac{1}{L}(a^{\dagger 2}+b^{\dagger 2})\sinh^2\lambda\sinh 2\gamma+2\mathrm{i}a^{\dagger}b^{\dagger}\sinh 2\lambda\cosh\gamma\right]\left|00\right\rangle. \tag{6.75}$$

最后, 可以证明算符 W 的紧致指数形式是

$$W=\exp[\mathrm{i}\lambda(\mathrm{e}^{-\gamma}p_xp_y-\mathrm{e}^{\gamma}xy)]. \tag{6.76}$$

6.4 量子线理论中的压缩变换

现在考虑在二维电子气中构建出来的在 y 方向的一根无穷长量子线, 限制这根线的抛物线位势在 x 方向. 设它由 $m\omega_0^2x^2/2$ 描述, 在垂直于 x-y 平面加外磁场时, 采用朗道规范, 电磁势为 $A=(0,Bx,0)$, 则描述单个电子的哈密顿量为 $(m=1)$ [11]

$$H=\frac{1}{2}\left(\mathit{\Pi}_x^2+\mathit{\Pi}_y^2\right)+\frac{1}{2}\omega_0^2x^2. \tag{6.77}$$

若用正则坐标和正则动量:

$$\begin{aligned}\mathit{\Pi}_x&=p_x+eA_x=p_x,\\ \mathit{\Pi}_y&=p_y+eA_y=p_y+eBx\end{aligned} \tag{6.78}$$

来表示, 则

$$H=\frac{1}{2}\left(p_x^2+p_y^2\right)+\frac{1}{2}(\omega_{\mathrm{c}}^2+\omega_0^2)x^2+\omega_{\mathrm{c}}xp_y, \tag{6.79}$$

其中 $\omega_{\mathrm{c}}=eB$ 指电子在磁场中运动的同步旋转频率. 这个哈密顿量也可以用前一节中的算符 W 对角化, 其基态也是一个单–双模组合压缩态.

6.5 约瑟夫森结中的数—相测不准关系与压缩效应

一般在较高深的量子力学书或固体物理书中才会介绍约瑟夫森 (Josephson) 结, 它的结构是两块超导体之间夹一块足够薄的绝缘体 (约 2 nm). 人们发现即使当它不置于电场中, 结中也有超流 (库珀 (Cooper) 电子对) 流过, 那么在这种状态下整个系统处于什么样的量子态呢? 这个问题在以往的文献中都没有说明. 我们在下面要说明它处于库珀对的数–相压缩态 [12~14].

让我们先简单地回顾物理学家费恩曼处理约瑟夫森结的观点, 他认为 "库珀电子对可以视为玻色子, 几乎所有的库珀对被 '锁' 在同一个最低的能量上", "超导的起因是两块被阻隔的超导体存在相差". 根据这些思想, 我们引入玻色算符来组成相算符

$$\mathrm{e}^{\mathrm{i}\Phi}=\sqrt{\frac{a-b^\dagger}{a^\dagger-b}},\quad \mathrm{e}^{-\mathrm{i}\Phi}=\sqrt{\frac{a^\dagger-b}{a-b^\dagger}} \tag{6.80}$$

和库珀对算符

$$N_{\mathrm{d}}=a^\dagger a-b^\dagger b, \tag{6.81}$$

来写下描述约瑟夫森结的哈密顿量

$$H=\frac{E_{\mathrm{c}}}{2}N_{\mathrm{d}}^2+E_{\mathrm{J}}(1-\cos\Phi), \tag{6.82}$$

其中 $E_{\mathrm{c}}=(2e)^2/C$(C 是约瑟夫森结的小电容, $2e$ 是一个库珀对所携带的电量), $E_{\mathrm{J}}=\hbar I_{\mathrm{cr}}/2$ 是约瑟夫森–库仑耦合常数 (I_{cr} 是约瑟夫森结的临界流), 且

$$\cos\Phi=\frac{1}{2}\left(\mathrm{e}^{\mathrm{i}\Phi}+\mathrm{e}^{-\mathrm{i}\Phi}\right). \tag{6.83}$$

式 (6.82) 右边中的第一项代表约瑟夫森结的电容所存储的能量, 而 $E_{\mathrm{J}}\cos\Phi$ 则描述电子的隧道贯穿. 为了说明式 (6.82) 中 H 的正确性, 可用以下对易关系:

$$[N_{\mathrm{d}},a^\dagger-b]=a^\dagger-b,\quad [N_{\mathrm{d}},(a^\dagger-b)(a-b^\dagger)]=0, \tag{6.84}$$

得到

$$[N_{\mathrm{d}},\mathrm{e}^{\mathrm{i}\Phi}]=-\mathrm{e}^{\mathrm{i}\Phi},\quad [N_{\mathrm{d}},\mathrm{e}^{-\mathrm{i}\Phi}]=\mathrm{e}^{-\mathrm{i}\Phi}, \tag{6.85}$$

即

$$[N_{\mathrm{d}}, \cos\Phi] = -\mathrm{i}\sin\Phi. \tag{6.86}$$

由海森伯测不准原理的一般理论, 可知

$$\Delta N_{\mathrm{d}} \Delta\cos\Phi \geqslant \frac{1}{2}\left|\sin\Phi\right|. \tag{6.87}$$

上式的右边不为零就表明了约瑟夫森电流的存在性. 再由海森伯方程, 可得

$$q\frac{\partial}{\partial t}N_{\mathrm{d}} = \frac{q}{\mathrm{i}\hbar}[N_{\mathrm{d}}, H] = \frac{q}{\mathrm{i}\hbar}[N_{\mathrm{d}}, -E_{\mathrm{J}}\cos\Phi] = I_{\mathrm{J}}, \tag{6.88}$$

$$\frac{\partial}{\partial t}\Phi = \frac{1}{\mathrm{i}\hbar}\left[\Phi, \frac{E_{\mathrm{c}}}{2}N_{\mathrm{d}}^2\right] = -\frac{q^2}{\hbar C}N_{\mathrm{d}} = -\frac{1}{\hbar}qV, \tag{6.89}$$

式中

$$I_{\mathrm{J}} = \frac{qE_{\mathrm{J}}}{\hbar}\sin\Phi \tag{6.90}$$

为约瑟夫森电流 (与式 (6.87) 自洽), 其中

$$q = 2e, \quad V = N_{\mathrm{d}}q/C. \tag{6.91}$$

现在考虑在较短的时间 Δt 内约瑟夫森电流对结电容所做的功. 由式 (6.91), 得

$$VI_{\mathrm{J}}\Delta t = \frac{q^2E_{\mathrm{J}}}{C\hbar}N_{\mathrm{d}}\sin\Phi\Delta t. \tag{6.92}$$

根据这个形式, 可见当结电容受到一个外场的作用时, 其相互作用的哈密顿量可以写成

$$H' = \frac{1}{2}\lambda\hbar(N_{\mathrm{d}}\sin\Phi + \sin\Phi N_{\mathrm{d}}) \equiv \frac{1}{2}\lambda\hbar\left\{\sin\Phi, N_{\mathrm{d}}\right\}, \tag{6.93}$$

这里 $\{\}$ 是反对易括号, λ 为作用常数. 对相互作用哈密顿量 H' 来说,

$$\frac{\mathrm{d}}{\mathrm{d}t}N_{\mathrm{d}} = \frac{1}{\mathrm{i}\hbar}[N_{\mathrm{d}}, H'] = \frac{\lambda}{2}\left\{N_{\mathrm{d}}, \cos\Phi,\right\}, \tag{6.94}$$

且

$$\begin{aligned} &\frac{\mathrm{d}}{\mathrm{d}t}\sin\Phi = \frac{1}{\mathrm{i}\hbar}[\sin\Phi, H'] = -\frac{\lambda}{2}\sin 2\Phi, \\ &\frac{\mathrm{d}}{\mathrm{d}t}\cos\Phi = \lambda\sin^2\Phi. \end{aligned} \tag{6.95}$$

于是

$$\frac{\mathrm{d}}{\mathrm{d}t}\tan\frac{\Phi}{2}=\frac{\mathrm{d}}{\mathrm{d}t}\left(\frac{1-\cos\Phi}{\sin\Phi}\right)=-\lambda\tan\frac{\Phi}{2}. \tag{6.96}$$

上式的解为

$$\tan\frac{\Phi}{2}=\mathrm{e}^{-\lambda t}\tan\frac{\Phi(0)}{2}. \tag{6.97}$$

这个解表明了相的演化行为. 衰减系数 $\mathrm{e}^{-\lambda t}$ 可以看做相位函数被压缩的参数, H' 对结电容的作用使得 $\tan(\Phi/2)$ 得到了压缩. 由于库珀对电流是由超导体之间的相位差引起的, 所以 $\tan(\Phi/2)$ 的压缩表明也会有库珀对数的变化. 那么发生了怎样的变化呢? 从式 (6.93) 和 (6.94), 得

$$[N_\mathrm{d},\{N_\mathrm{d},\sin\Phi\}]=\mathrm{i}\{N_\mathrm{d},\cos\Phi\}, \tag{6.98}$$

$$[N_\mathrm{d},-\{N_\mathrm{d},\cos\Phi\}]=\mathrm{i}\{N_\mathrm{d},\sin\Phi\}. \tag{6.99}$$

注意到

$$\sin\Phi\left(N_\mathrm{d}^2\right)\cos\Phi=\frac{1}{2}\left(N_\mathrm{d}^2\right)\sin2\Phi-\mathrm{i}\{N_\mathrm{d},\cos\Phi\}\cos\Phi, \tag{6.100}$$

$$\cos\Phi\left(N_\mathrm{d}^2\right)\sin\Phi=\frac{1}{2}\left(N_\mathrm{d}^2\right)\sin2\Phi+\mathrm{i}\{N_\mathrm{d},\sin\Phi\}\sin\Phi, \tag{6.101}$$

$$\sin\Phi N_\mathrm{d}\cos\Phi+\cos\Phi N_\mathrm{d}\sin\Phi=N_\mathrm{d}, \tag{6.102}$$

以及

$$[\sin\Phi N_\mathrm{d},\cos\Phi N_\mathrm{d}]=[N_\mathrm{d}\sin\Phi,N_\mathrm{d}\cos\Phi]=-\mathrm{i}N_\mathrm{d}, \tag{6.103}$$

则有

$$[\{N_\mathrm{d},\cos\Phi\},\{N_\mathrm{d},\sin\Phi\}]=4\mathrm{i}N_\mathrm{d}. \tag{6.104}$$

根据式 (6.98), (6.99) 和 (6.104), 令

$$N_\mathrm{d}\equiv L_x,\quad \frac{\mathrm{i}}{2}\{N_\mathrm{d},\cos\Phi\}\equiv L_y,\quad -\frac{\mathrm{i}}{2}\{N_\mathrm{d},\sin\Phi\}\equiv L_z, \tag{6.105}$$

这里 L_x,L_y,L_z 构成了封闭的 su(2) 李代数. 由于

$$[L_z,L_\pm]=\pm L_\pm,\quad L_\pm=L_x\pm\mathrm{i}L_y, \tag{6.106}$$

所以库珀对数的时间演化为

$$N_\mathrm{d}(t)=\mathrm{e}^{\mathrm{i}H't/\hbar}N_\mathrm{d}(0)\mathrm{e}^{-\mathrm{i}H't/\hbar}=\mathrm{e}^{-\lambda tL_z}L_x\mathrm{e}^{\lambda tL_z}$$

$$
\begin{aligned}
&= L_x \cos\lambda t - L_y \sin\lambda t = \frac{1}{2}\left(\mathrm{e}^{-\lambda t} L_- + \mathrm{e}^{\lambda t} L_+\right) \\
&= N_{\mathrm{d}}(0)\cos\lambda t - \frac{\mathrm{i}}{2}\{N_{\mathrm{d}}(0), \cos\Phi(0)\}\sin\lambda t,
\end{aligned} \tag{6.107}
$$

式中

$$
L_+ = \frac{1}{2}\{N_{\mathrm{d}}, 1-\cos\Phi\}, \quad L_- = \frac{1}{2}\{N_{\mathrm{d}}, 1+\cos\Phi\}. \tag{6.108}
$$

从式 (6.107), 可以看出相位的压缩变换伴随着库珀对数发生了起伏.

参考文献

[1] Fan H Y, Chen J H, Wang T T. Squeezing-displacement dynamics for one-dimensional potential well with two mobile walls where wavefunctions vanish [J]. Chin. Phys. Lett., 2010, 27 (5): 050305.

[2] Johnsonang M H, Lippmann B A. Motion in a constant magnetic field [J]. Phys. Rev., 1946, 76: 828~832.

[3] Lifshitz E M, Pitaevskill L P. Statistical Physics: Part 2 [M]. Oxford: Pergamon Press, 1980.

[4] Ferrari R. Two-dimensional electrons in a strong magnetic field: A basis for single-particle states [J]. Phys. Rev. B, 1990, 42: 4598~4609.

[5] Fan H Y. New state vector representation for the two-dimensional harmonic oscillator [J]. Phys. Lett. A, 1987, 126 (3): 145~149.

[6] Fan H Y, Fan Y. Squeezing dynamics for an electron in a uniform magnetic field studied in a convenient representation [J]. Commun. Theor. Phys., 1998, 30: 301~304.

[7] Fan H Y, Chen Z B, Lin J X. Demonstration of Einstein-Podolsky-Rosen entanglement for an electron in a uniform magnetic field [J]. Phys. Lett. A, 2000, 272: 20~25.

[8] Landau L D. Diamagnetismus der Metalle [J]. Zeitschrift fur Physik, 1930, 64: 629~637.

[9] Fan H Y, Xu X F. Energy shift caused by non-isotropy of 2-dimensional anisotropic quantum dot in presence of uniform magnetic field [J]. Commun. Theor. Phys., 2005, 44: 615~618.

[10] Fan H Y, Yan P. One- and two-mode combination squeezing operator for two harmonic oscillators with coordinate-momentum coupling [J]. Commun. Theor. Phys., 2007, 48: 428~430.

[11] Lipparini E. Modern Many-Particle Physics [M]. 2nd ed. Singapore: World Scientific, 2008.

[12] Fan H Y, Fan Y. On the bosonic phase operator realization for Josephson Hamiltonian model [J]. Commun. Theor. Phys., 2001, 35: 96~99.

[13] Fan H Y, Zou H. Two-mode phase operator and phase state studied in number-difference orthonormal representation [J]. Commun. Theor. Phys., 1999, 32 (1): 151~154.

[14] Fan H Y, Wang J S, Fan Y. Cooper-pair-number-phase squeezing for the bosonic Hamiltonian model of Josephson junction [J]. Mod. Phys. Lett. B, 2006, 20 (17): 1041~1047.

[15] Fan H Y. Squeezed states: Operators for two types of one-and two-mode squeezing transformation [J]. Phys. Rev., 1990, A41: 1526.

第 7 章　多模压缩算符与压缩态

本章介绍多模压缩算符及相应的压缩态, 而 IWOP 技术是研究它们行之有效的方法.

在理论上, 双模压缩真空态 [1~3] 是通过双模压缩算符 S_2 作用于真空态 $|00\rangle$ 得到的:

$$S_2|00\rangle = \operatorname{sech}\lambda \exp(-a_1^\dagger a_2^\dagger \tanh\lambda)|00\rangle, \tag{7.1}$$

其中

$$S_2 = \exp[\lambda(a_1 a_2 - a_1^\dagger a_2^\dagger)] = \exp[\mathrm{i}\lambda(\hat{X}_1\hat{P}_2 + \hat{X}_2\hat{P}_1]; \tag{7.2}$$

λ 是压缩参数; $\hat{X}_i, \hat{P}_i$ 分别是坐标算符和动量算符:

$$\hat{X}_i = \frac{a_i + a_i^\dagger}{\sqrt{2}}, \quad \hat{P}_i = \frac{a_i - a_i^\dagger}{\sqrt{2}\mathrm{i}} \quad (i = 1, 2). \tag{7.3}$$

这里注意到

$$\begin{aligned}
&[\hat{X}_1\hat{P}_2, \hat{X}_2\hat{P}_1] = \mathrm{i}(\hat{X}_2\hat{P}_2 - \hat{X}_1\hat{P}_1), \\
&[\hat{X}_1\hat{P}_2, \mathrm{i}(\hat{X}_2\hat{P}_2 - \hat{X}_1\hat{P}_1)] = 2\hat{X}_1\hat{P}_2, \\
&[\hat{X}_2\hat{P}_1, \mathrm{i}(\hat{X}_2\hat{P}_2 - \hat{X}_1\hat{P}_1)] = -2\hat{X}_2\hat{P}_1,
\end{aligned} \tag{7.4}$$

故它们组成 su(1,1) 李代数. 在态 $S_2|00\rangle$ 中, 双模光场的两个正交分量

$$Y_1 = \frac{\hat{X}_1 + \hat{X}_2}{2}, \quad Y_2 = \frac{\hat{P}_1 + \hat{P}_2}{2} \quad ([Y_1, Y_2] = \mathrm{i}/2) \tag{7.5}$$

的量子涨落的标准形式为

$$\langle 00| S_2^\dagger Y_1^2 S_2 |00\rangle = \frac{1}{4}\mathrm{e}^{-2\lambda}, \quad \langle 00| S_2^\dagger Y_2^2 S_2 |00\rangle = \frac{1}{4}\mathrm{e}^{2\lambda}, \quad (\Delta Y_1)(\Delta Y_2) = \frac{1}{4}. \tag{7.6}$$

在文献 [15] 中, 把式 (7.2) 推广到 $\exp[\mathrm{i}(\lambda_1 X_1 P_2 + \lambda_2 X_2 P_1)]$ 的情形. 适当地选择 λ_1 与 λ_2 有望使压缩增强.

7.1　增强型多模压缩算符与压缩态

受双模压缩算符形式 (7.2) 的启发, 我们将其推广到 n 模指数算符 [5]

$$S_n \equiv \exp\left[\mathrm{i}\lambda\sum_{i=1}^{n}(\hat{X}_i\hat{P}_{i+1}+\hat{X}_{i+1}\hat{P}_i)\right] \quad (\hat{X}_{n+1}=\hat{X}_1,\ \hat{P}_{n+1}=\hat{P}_1,\ n\geqslant 2). \tag{7.7}$$

S_n 是否是一个压缩算符呢? 下面, 我们将用 IWOP 技术导出 S_n 的正规乘积展开式, 并求出 $S_n|0\rangle$ 的具体形式以及相应的威格纳函数.

7.1.1　S_n 的正规乘积展开式

由于 $\hat{X}_i\hat{P}_{i+1}$ 和 $\hat{X}_{i+1}\hat{P}_i$ $(i=1,2,\cdots,n)$ 这些项既不相互对易, 又不形成一个封闭的李代数, 乍看起来很难分解 S_n 中的指数算符, 所以我们借助狄拉克的坐标表象以及 IWOP 技术来解决这个问题. 为了使算符 S_n 退纠缠, 引进矩阵

$$A=\begin{pmatrix} 0 & 1 & 0 & \cdots & 1 \\ 1 & 0 & 1 & \cdots & 0 \\ 0 & 1 & 0 & \ddots & 0 \\ \vdots & \vdots & \ddots & \ddots & \vdots \\ 1 & 0 & \cdots & 1 & 0 \end{pmatrix}, \tag{7.8}$$

把式 (7.7) 中的 S_n 重写为

$$S_n=\exp(\mathrm{i}\lambda\hat{X}_iA_{ij}\hat{P}_j), \tag{7.9}$$

式中重复指标意味着遵从爱因斯坦求和规则. 利用贝克–豪斯多夫公式, 有 [6,7]

$$\begin{aligned} S_n^{-1}\hat{X}_kS_n &= \hat{X}_k-\lambda\hat{X}_iA_{ik}+\frac{1}{2!}\mathrm{i}\lambda^2[\hat{X}_iA_{ij}\hat{P}_j,\hat{X}_lA_{lk}]+\cdots \\ &= \hat{X}_i(\mathrm{e}^{-\lambda A})_{ik}=(\mathrm{e}^{-\lambda\widetilde{A}})_{ki}\hat{X}_i, \end{aligned} \tag{7.10}$$

$$S_n^{-1}\hat{P}_kS_n=\hat{P}_k+\lambda A_{ki}\hat{P}_i+\frac{1}{2!}\mathrm{i}\lambda^2[A_{ki}\hat{P}_j,\hat{X}_lA_{lm}\hat{P}_m]+\cdots$$
$$=(\mathrm{e}^{\lambda A})_{ki}\hat{P}_i. \tag{7.11}$$

从式 (7.10) 可以看出, S_n 作用在多模的坐标本征态 $|x\rangle$, 即 $\tilde{x}=(x_1,x_2,\cdots,x_n)$ 上, 就压缩了 $|x\rangle$:

$$S_n|x\rangle=|\varLambda|^{1/2}|\varLambda x\rangle,\quad \varLambda=\mathrm{e}^{-\lambda\tilde{A}},\quad |\varLambda|\equiv\det\varLambda. \tag{7.12}$$

所以 S_n 在狄拉克的坐标基矢 $\langle x|$ 下有以下表示 [8]:

$$S_n=\int\mathrm{d}^nxS_n|x\rangle\langle x|=|\varLambda|^{1/2}\int\mathrm{d}^nx|\varLambda x\rangle\langle x|,\quad S_n^\dagger=S_n^{-1}, \tag{7.13}$$

式中 $\mathrm{d}^nx=\mathrm{d}x_1\mathrm{d}x_2\cdots\mathrm{d}x_n$. 利用 $|x\rangle$ 在福克空间的表达式:

$$|x\rangle=\pi^{-n/4}\colon\exp\left(-\frac{1}{2}\tilde{x}x+\sqrt{2}\tilde{x}a^\dagger-\frac{1}{2}\tilde{a}^\dagger a^\dagger\right)|0\rangle, \tag{7.14}$$

$$\tilde{a}^\dagger=(a_1^\dagger,a_2^\dagger,\cdots,a_n^\dagger), \tag{7.15}$$

以及 n 模真空态 $|0\rangle\langle 0|=\colon\exp(-\tilde{a}^\dagger a^\dagger)\colon$, 可以导出 S_n 的正规乘积展开:

$$S_n=\pi^{-n/2}|\varLambda|^{1/2}\int\mathrm{d}^nx\colon\exp\left[-\frac{1}{2}\tilde{x}(I+\tilde{\varLambda}\varLambda)x+\sqrt{2}\tilde{x}(\tilde{\varLambda}a^\dagger+a)\right.$$
$$\left.-\frac{1}{2}(\tilde{a}a+\tilde{a}^\dagger a^\dagger)-\tilde{a}^\dagger a\right]\colon. \tag{7.16}$$

利用 IWOP 技术和数学公式 [9]

$$\int\mathrm{d}^nx\exp(-\tilde{x}Fx+\tilde{x}v)=\pi^{n/2}(\det F)^{-1/2}\exp\left(\frac{1}{4}\tilde{v}F^{-1}v\right), \tag{7.17}$$

计算出 S_n 的正规乘积形式为

$$S_n=\left(\frac{\det\varLambda}{\det N}\right)^{1/2}\exp\left[\frac{1}{2}\tilde{a}^\dagger(\varLambda N^{-1}\tilde{\varLambda}-I)a^\dagger\right]$$
$$\times\colon\exp\left[\tilde{a}^\dagger\left(\varLambda N^{-1}-I\right)a\right]\colon\exp\left[\frac{1}{2}\tilde{a}\left(N^{-1}-I\right)a\right], \tag{7.18}$$

其中 $N=(I+\tilde{\varLambda}\varLambda)/2$.

7.1.2　$S_n|0\rangle$ 的压缩性质

根据式 (7.18) 的结果, 将 S_n 作用到 n 模真空态 $|0\rangle$, 得 n 模压缩真空态

$$S_n|0\rangle = \left(\frac{\det\Lambda}{\det N}\right)^{1/2} \exp\left[\frac{1}{2}\tilde{a}^\dagger(\Lambda N^{-1}\widetilde{\Lambda} - I)a^\dagger\right]|0\rangle. \tag{7.19}$$

引入 n 模光场的两个正交分量, 其定义为

$$X_0 = \frac{1}{\sqrt{2n}}\sum_{i=1}^{n}\hat{X}_i, \quad Y_0 = \frac{1}{\sqrt{2n}}\sum_{i=1}^{n}\hat{P}_i, \tag{7.20}$$

满足 $[X_0, P_0] = \mathrm{i}/2$. 它们的量子起伏分别为 $(\Delta X_0)^2 = \langle {X_0}^2\rangle - \langle X_0\rangle^2$, $(\Delta Y_0)^2 = \langle {Y_0}^2\rangle - \langle Y_0\rangle^2$. 由于 X_0 与 Y_0 在态 $S_n|0\rangle$ 的期望值为零, 即 $\langle X_0\rangle = \langle Y_0\rangle = 0$, 所以再利用式 (7.10) 与 (7.11), 即得到它们在态 $S_n|0\rangle$ 的量子起伏为

$$\begin{aligned}
(\Delta X_0)^2 &= \langle 0|S_n^{-1}X_0^2 S_n|0\rangle = \frac{1}{2n}\langle 0|S_n^{-1}\sum_{i=1}^{n}\hat{X}_i\sum_{j=1}^{n}\hat{X}_j S_n|0\rangle \\
&= \frac{1}{2n}\langle 0|\sum_{i=1}^{n}\hat{X}_k(\mathrm{e}^{-\lambda A})_{ki}\sum_{j=1}^{n}(\mathrm{e}^{-\lambda\widetilde{A}})_{jl}\hat{X}_l|0\rangle \\
&= \frac{1}{2n}\sum_{i,j=1}^{n}(\mathrm{e}^{-\lambda A})_{ki}(\mathrm{e}^{-\lambda\widetilde{A}})_{jl}\langle 0|\hat{X}_k\hat{X}_l|0\rangle \\
&= \frac{1}{4n}\sum_{i,j=1}^{n}(\mathrm{e}^{-\lambda A})_{ki}(\mathrm{e}^{-\lambda\widetilde{A}})_{jl}\langle 0|a_k a_l^\dagger|0\rangle \\
&= \frac{1}{4n}\sum_{i,j=1}^{n}(\mathrm{e}^{-\lambda A})_{ki}(\mathrm{e}^{-\lambda\widetilde{A}})_{jl}\delta_{kl} = \frac{1}{4n}\sum_{i,j=1}^{n}(\widetilde{\Lambda}\Lambda)_{ij}.
\end{aligned} \tag{7.21}$$

类似地, 也有

$$(\Delta Y_0)^2 = \langle 0|S_n^{-1}Y_0^2 S_n|0\rangle = \frac{1}{4n}\sum_{i,j}^{n}[(\widetilde{\Lambda}\Lambda)^{-1}]_{ij}. \tag{7.22}$$

由式 (7.8), 知 A 是一个对称矩阵, 故容易导出

$$\sum_{i,j=1}^{n}[(A+\widetilde{A})^l]_{ij} = 2^{2l}n. \tag{7.23}$$

再由 $A\widetilde{A}=\widetilde{A},A$ 得 $\widetilde{\varLambda}\varLambda=\mathrm{e}^{-\lambda(A+\widetilde{A})}$ 也是一个对称矩阵, 所以有

$$\sum_{i,j=1}^{n}(\widetilde{\varLambda}\varLambda)_{ij}=\sum_{l=0}^{+\infty}\frac{(-\lambda)^l}{l!}\sum_{i,j}^{n}[(A+\widetilde{A})^l]_{ij}=n\sum_{l=0}^{+\infty}\frac{(-\lambda)^l}{l!}2^{2l}=n\mathrm{e}^{-4\lambda},\tag{7.24}$$

$$\sum_{i,j=1}^{n}(\widetilde{\varLambda}\varLambda)^{-1}_{ij}=n\mathrm{e}^{4\lambda}.\tag{7.25}$$

将式 (7.24) 与 (7.25) 分别代入式 (7.21) 与 (7.22), 直接得到

$$(\Delta X_0)^2=\frac{1}{4n}\sum_{i,j=1}^{n}(\widetilde{\varLambda}\varLambda)_{ij}=\frac{\mathrm{e}^{-4\lambda}}{4},\tag{7.26}$$

$$(\Delta Y_0)^2=\frac{1}{4n}\sum_{i,j=1}^{n}[(\widetilde{\varLambda}\varLambda)^{-1}]_{ij}=\frac{\mathrm{e}^{4\lambda}}{4}.\tag{7.27}$$

于是 $(\Delta X_0)(\Delta Y_0)=1/4$, 这就表明 S_n 的确是一个 n 模压缩算符. 此外, 从式 (7.26) 和 (7.27) 的结果可看出, 处在压缩真空态 $S_n\left|0\right\rangle$ 时, 某一正交分量的压缩量 ($\mathrm{e}^{-4\lambda}$) 比起通常双模压缩真空态的那个量 ($\mathrm{e}^{-2\lambda}$) 显著增强了. 因此, 我们称 S_n 为增强型压缩算符.

7.1.3 $S_n\left|0\right\rangle$ 的威格纳函数

这里我们采用一种新办法来求出 $S_n\left|0\right\rangle$ 的威格纳函数, 即用外尔编序算符在相似变换下的序不变性. 单模威格纳算符 $\varDelta_1(x_1,p_1)$ 的外尔编序形式为

$$\varDelta_1(x_1,p_1)=\vdots\,\delta(x_1-\hat{X}_1)\delta(p_1-\hat{P}_1)\,\vdots,\tag{7.28}$$

相应的正规乘积为

$$\varDelta_1(x_1,p_1)=\frac{1}{\pi}:\exp[-(x_1-\hat{X}_1)^2-(p_1-\hat{P}_1)^2]:.\tag{7.29}$$

前面已说明了, 玻色算符 a_1, $a_1^\dagger$ 在正规乘积内和外尔编序乘积内是对易的. 也就是说, 尽管 $[a_1,a_1^\dagger]=1$, 但 $:a_1a_1^\dagger:\;=\;:a_1^\dagger a_1:$ 和 $\vdots\,a_1a_1^\dagger\,\vdots=\vdots\,a_1^\dagger a_1\,\vdots$. 此外, 外尔编序有一个重要的性质, 即相似变换下的序不变性:

$$U\,\vdots\,(\cdots)\,\vdots\,U^{-1}=\vdots\,U(\cdots)U^{-1}\,\vdots,\tag{7.30}$$

好像 U 可以穿过 $\vdots\ \vdots$ 一样.

对于 n 模的情况, 威格纳算符的外尔编序形式为

$$\Delta_n(x,p) = \vdots\, \delta(x-\hat{X})\delta(p-\hat{P}) \,\vdots, \tag{7.31}$$

式中 $\hat{X}=(\hat{X}_1,\hat{X}_2,\cdots,\hat{X}_n)$, $\hat{P}=(\hat{P}_1,\hat{P}_2,\cdots,\hat{P}_n)$. 根据外尔编序在相似变换下的不变性以及式 (7.10), (7.11), 我们可以得到

$$\begin{aligned} S_n^{-1}\Delta_n(x,p)S_n &= S_n^{-1} \vdots\, \delta(x-\hat{X})\delta(p-\hat{P}) \,\vdots\, S_n \\ &= \vdots\, \delta(x_k-(\mathrm{e}^{-\lambda\widetilde{A}})_{ki}\hat{X}_i)\delta(p_k-(\mathrm{e}^{\lambda A})_{ki}\hat{P}_i) \,\vdots \\ &= \vdots\, \delta(\mathrm{e}^{\lambda\widetilde{A}}x-\hat{X})\delta(\mathrm{e}^{-\lambda A}p-\hat{P}) \,\vdots \\ &= \Delta(\mathrm{e}^{\lambda\widetilde{A}}x,\mathrm{e}^{-\lambda A}p). \end{aligned} \tag{7.32}$$

因此, 由式 (7.28) 与 (7.32) 就可以求出 $S_n|0\rangle$ 的威格纳函数, 即

$$\begin{aligned} &\langle 0|S_n^{-1}\Delta_n(x,p)S_n|0\rangle \\ &= \frac{1}{\pi^n}\langle 0|:\exp[-(\mathrm{e}^{\lambda\widetilde{A}}x-\hat{X})^2-(\mathrm{e}^{-\lambda A}p-P)^2]:|0\rangle \\ &= \frac{1}{\pi^n}\exp[-(\mathrm{e}^{\lambda\widetilde{A}}x)^2-\left(\mathrm{e}^{-\lambda A}p\right)^2] \\ &= \frac{1}{\pi^n}\exp[-\tilde{x}\mathrm{e}^{\lambda A}\mathrm{e}^{\lambda\widetilde{A}}x-\tilde{p}\mathrm{e}^{-\lambda\widetilde{A}}\mathrm{e}^{-\lambda A}p] \\ &= \frac{1}{\pi^n}\exp[-\tilde{x}(\Lambda\widetilde{\Lambda})^{-1}x-\tilde{p}\Lambda\widetilde{\Lambda}p]. \end{aligned} \tag{7.33}$$

从上式可以看出, 一旦知道了 $\Lambda\widetilde{\Lambda}=\exp[-\lambda(A+\widetilde{A})]$ 的具体表达式, 便能求出 $S_n|0\rangle$ 的威格纳函数.

当取 $n=2$ 时, 从式 (7.7) 有 $S_2'=\exp[\mathrm{i}2\lambda(\hat{X}_1\hat{P}_2+\hat{X}_2\hat{P}_1)]$. 这明显比一般双模压缩算符 S_2(见式 (7.2)) 有更强的压缩性. 对于 $n=3$ 的情况 , S_3 就是三模压缩算符. 从式 (7.9), 知矩阵 $A=\begin{pmatrix} 0 & 1 & 1 \\ 1 & 0 & 1 \\ 1 & 1 & 0 \end{pmatrix}$, 因而有

$$\Lambda\widetilde{\Lambda}=\begin{pmatrix} u & v & v \\ v & u & v \\ v & v & u \end{pmatrix}, \quad u=\frac{2}{3}\mathrm{e}^{2\lambda}+\frac{1}{3\mathrm{e}^{4\lambda}}, \quad v=\frac{1}{3\mathrm{e}^{4\lambda}}-\frac{1}{3}\mathrm{e}^{2\lambda}, \tag{7.34}$$

并且在 $\Lambda\widetilde{\Lambda}$ 中只要把 λ 变成 $-\lambda$ 就能得到 $(\Lambda\widetilde{\Lambda})^{-1}$. 从而三模压缩态 $S_3|000\rangle$ 为

$$S_3|000\rangle = A_3 \exp\left[\frac{1}{6}A_1\sum_{i=1}^{3}a_i^{\dagger 2} - \frac{2}{3}A_2\sum_{i<j=1}^{3}a_i^{\dagger}a_j^{\dagger}\right]|000\rangle, \tag{7.35}$$

其中

$$A_1 = (1-\operatorname{sech} 2\lambda)\tanh\lambda, \quad A_2 = \frac{\sinh 3\lambda}{2\cosh\lambda\cosh 2\lambda}, \quad A_3 = \operatorname{sech}\lambda\cosh^{-1/2}2\lambda. \tag{7.36}$$

特别地, 当 $\lambda\to\infty$ 时, 式 (7.35) 变成 [10]

$$S_3|000\rangle \simeq \exp\left\{\frac{1}{6}\left[\sum_{i=1}^{3}a_i^{\dagger 2} - 4\sum_{i,j=1}^{3}a_i^{\dagger}a_j^{\dagger}\right]\right\}|000\rangle \equiv |\ \rangle_{S_3}. \tag{7.37}$$

利用式 (7.33), 得相应的威格纳函数为

$$\begin{aligned}
&\langle 0|S_3^{-1}\varDelta_3(x,p)S_3|0\rangle \\
&= \frac{1}{\pi^3}\exp\left[-\frac{2}{3}(\cosh 4\lambda + 2\cosh 2\lambda)\sum_{i=1}^{3}|\alpha_i|^2\right] \\
&\quad\times\exp\left\{-\frac{1}{3}(\sinh 4\lambda - 2\sinh 2\lambda)\sum_{i=1}^{3}\alpha_i^2\right. \\
&\quad\left. - \frac{2}{3}\sum_{j>i=1}^{3}\left[(\cosh 4\lambda - \cosh 2\lambda)\alpha_i\alpha_j^* + (\sinh 2\lambda + \sinh 4\lambda)\alpha_i\alpha_j\right] + c.c.\right\}.
\end{aligned} \tag{7.38}$$

对于 $n=4$ 的情况, 四模压缩算符

$$S_4 = \exp\{\mathrm{i}\lambda[(\hat{X}_1+\hat{X}_3)(\hat{P}_4+\hat{P}_2)+(\hat{X}_2+\hat{X}_4)(\hat{P}_1+\hat{P}_3)]\}, \tag{7.39}$$

矩阵 $A = \begin{pmatrix} 0 & 1 & 0 & 1 \\ 1 & 0 & 1 & 0 \\ 0 & 1 & 0 & 1 \\ 1 & 0 & 1 & 0 \end{pmatrix}$, 相应地

$$\Lambda\widetilde{\Lambda} = \begin{pmatrix} r & t & s & t \\ t & r & t & s \\ s & t & r & t \\ t & s & t & r \end{pmatrix}, \tag{7.40}$$

其中 $r=\cosh^2 2\lambda, s=\sinh^2 2\lambda, t=-\sinh 2\lambda\cosh 2\lambda$. 将式 (7.40) 代入式 (7.33), 可得

$$\langle 0|S_4^{-1}\Delta_4(x,p)S_4|0\rangle=\frac{1}{\pi^4}\mathrm{e}^{-2\cosh^2 2\lambda\left[\sum\limits_{i=1}^{4}|\alpha_i|^2+(M+M^*)\tanh^2 2\lambda+(R^*+R)\tanh 2\lambda\right]}, \tag{7.41}$$

式中 $M=\alpha_1\alpha_3^*+\alpha_2\alpha_4^*$, $R=\alpha_1\alpha_2+\alpha_1\alpha_4+\alpha_2\alpha_3+\alpha_3\alpha_4$. 该结果明显不同于两个双模压缩态直积的威格纳函数. 另外, 用式 (7.40) 能够检验式 (7.26) 与 (7.27), 进而, 利用式 (7.40), 并根据 $N=(1+\Lambda\widetilde{\Lambda})/2$,

$$N^{-1}=\frac{1}{2}\begin{pmatrix}2 & \tanh 2\lambda & 0 & \tanh 2\lambda\\ \tanh 2\lambda & 2 & \tanh 2\lambda & 0\\ 0 & \tanh 2\lambda & 2 & \tanh 2\lambda\\ \tanh 2\lambda & 0 & \tanh 2\lambda & 2\end{pmatrix},\quad \det N=\cosh^2 2\lambda. \tag{7.42}$$

然后将式 (7.42) 代入式 (7.18), 就得到四模压缩真空态

$$S_4|0000\rangle=\operatorname{sech}2\lambda\exp\left[-\frac{1}{2}(a_1^\dagger+a_3^\dagger)(a_2^\dagger+a_4^\dagger)\tanh 2\lambda\right]|0000\rangle. \tag{7.43}$$

由此明显地看出四模压缩真空态与两个双模压缩态是不一样的.

7.2　$2n$ 模压缩算符与压缩态

前面已经知道, 双模压缩算符的自然表象为

$$S_2\equiv\exp[\lambda(a_1^\dagger a_2^\dagger-a_1a_2)]=\int\frac{\mathrm{d}^2\eta}{\mu\pi}|\eta/\mu\rangle\langle\eta|, \tag{7.44}$$

其中 $\mu=\mathrm{e}^\lambda$ 是实的压缩参数,

$$|\eta\rangle=\mathrm{e}^{-\frac{1}{2}|\eta|^2+\eta a_1^\dagger-\eta^* a_2^\dagger+a_1^\dagger a_2^\dagger}|00\rangle\quad(\eta=\eta_1+\mathrm{i}\eta_2) \tag{7.45}$$

是纠缠态表象 (是两粒子相对坐标 $\hat{X}_1-\hat{X}_2$ 和总动量 $\hat{P}_1+\hat{P}_2$ 的共同本征态), 具有正交性与完备性:

$$\int\frac{\mathrm{d}^2\eta}{\pi}|\eta\rangle\langle\eta|=1,\quad\langle\eta'|\eta\rangle=\pi\delta^{(2)}(\eta'-\eta). \tag{7.46}$$

S_2 把 $|\eta\rangle$ 压缩为 $|\eta/\mu\rangle$, 那么压缩 n 对纠缠态 $|\eta\rangle_n$ 的 $2n$ 模压缩算符是什么呢[22]?

7.2.1 n 对纠缠态表象 $|\eta\rangle_n$

首先, 我们引入 n 对纠缠态表象 $|\eta\rangle_n$ 在福克空间的形式

$$\begin{aligned}|\eta\rangle_n &\equiv |\eta_1\rangle|\eta_2\rangle\cdots|\eta_n\rangle \equiv \left|(\eta_1,\eta_2,\cdots,\eta_n)^{\mathrm{T}}\right\rangle \\ &= \mathrm{e}^{-\frac{1}{2}\eta^{*\mathrm{T}}\eta+A^{\dagger\mathrm{T}}\eta-B^{\dagger\mathrm{T}}\eta^*+A^{\dagger\mathrm{T}}B^\dagger}|00\rangle,\end{aligned} \tag{7.47}$$

式中 $\eta_k=\eta_{1k}+\mathrm{i}\eta_{2k}\ (k=1,2,\cdots,n)$ 是复数,

$$\eta=(\eta_1,\eta_2,\cdots,\eta_n)^{\mathrm{T}},\quad \eta^*=(\eta_1^*,\eta_2^*,\cdots,\eta_n^*)^{\mathrm{T}}, \tag{7.48}$$

$$A^\dagger=(a_1^\dagger,a_3^\dagger,\cdots,a_{2n-1}^\dagger)^{\mathrm{T}},\quad B^\dagger=(a_2^\dagger,a_4^\dagger,\cdots,a_{2n}^\dagger)^{\mathrm{T}}, \tag{7.49}$$

$|00\rangle$ 是一个 $2n$ 模真空态且 $|00\rangle\langle 00|=:\exp\left(-A^{\dagger\mathrm{T}}A-B^{\dagger\mathrm{T}}B\right):$, 记号 “T” 表示矩阵的转置. 由式 (7.47), 可以证明 $|\eta\rangle_n$ 也具有完备性, 即

$$\begin{aligned}&\int\frac{\mathrm{d}^2\eta}{\pi^n}|\eta\rangle_{n\,n}\langle\eta| \\ &=\int\frac{\mathrm{d}^2\eta}{\pi^n}\mathrm{e}^{-\eta^{*\mathrm{T}}\eta+A^{\dagger\mathrm{T}}\eta-B^{\dagger\mathrm{T}}\eta^*+A^{\dagger\mathrm{T}}B^\dagger}|00\rangle\langle 00|\mathrm{e}^{A^{\mathrm{T}}\eta^*-B^{\mathrm{T}}\eta+A^{\mathrm{T}}B} \\ &=\int\frac{\mathrm{d}^2\eta}{\pi^n}:\mathrm{e}^{-\eta^{*\mathrm{T}}\eta+(A^{\dagger\mathrm{T}}-B^{\mathrm{T}})\eta+(A^{\mathrm{T}}-B^{\dagger\mathrm{T}})\eta^*+A^{\dagger\mathrm{T}}B^\dagger+A^{\mathrm{T}}B-A^{\dagger\mathrm{T}}A-B^{\dagger\mathrm{T}}B}: \\ &=1,\end{aligned} \tag{7.50}$$

其中 $\mathrm{d}^2\eta=\mathrm{d}^2\eta_1\mathrm{d}^2\eta_2\cdots\mathrm{d}^2\eta_n$. 根据式 (7.46), 可以证明 $|\eta\rangle_n$ 也具有正交性:

$$\begin{aligned}{}_n\langle\eta'|\eta\rangle_n &= \pi^n\delta^{(2)}(\eta_1'-\eta_1)\,\delta^{(2)}(\eta_2'-\eta_2)\cdots\delta^{(2)}(\eta_n'-\eta_n) \\ &\equiv \pi^n\delta(\eta'-\eta).\end{aligned} \tag{7.51}$$

$|\eta\rangle_n$ 满足本征方程:

$$(A-B^\dagger)|\eta\rangle_n=\eta|\eta\rangle_n,\quad (B-A^\dagger)|\eta\rangle_n=-\eta^*|\eta\rangle_n. \tag{7.52}$$

由于

$$\hat{X}_k=\frac{1}{\sqrt{2}}(a_k+a_k^\dagger),\quad \hat{P}_k=\frac{1}{\sqrt{2}\mathrm{i}}(a_k-a_k^\dagger), \tag{7.53}$$

所以

$$(\hat{X}_A-\hat{X}_B)\,|\eta\rangle_n=\sqrt{2}(\mathrm{Re}\,\eta)\,|\eta\rangle_n, \tag{7.54}$$

$$(\hat{P}_A+\hat{P}_B)\,|\eta\rangle_n=\sqrt{2}(\mathrm{Im}\,\eta)\,|\eta\rangle_n, \tag{7.55}$$

式中

$$\hat{X}_A=(\hat{X}_1,\hat{X}_3,\cdots,\hat{X}_{2n-1})^{\mathrm{T}},\quad \hat{X}_B=(\hat{X}_2,\hat{X}_4,\cdots,\hat{X}_{2n})^{\mathrm{T}},$$
$$\mathrm{Re}\,\eta=(\eta_{11},\eta_{12},\cdots,\eta_{1n})^{\mathrm{T}},\quad \mathrm{Im}\,\eta=(\eta_{21},\eta_{22},\cdots,\eta_{2n})^{\mathrm{T}}.$$

7.2.2　$2n$ 模压缩算符的正规乘积形式

受式 (7.44) 的启发, 我们构建下列的 ket-bra 积分型算符 [22], 它把 $|\eta\rangle_n$ 变成 $\sqrt{\det(M^\dagger M)}\,|M\eta\rangle_n$,

$$U(M)=\sqrt{\det(M^\dagger M)}\int\frac{\mathrm{d}^2\eta}{\pi^n}\,|M\eta\rangle_{n\ n}\langle\eta|, \tag{7.56}$$

式中 $M=M_1+\mathrm{i}M_2$ 是一个 $n\times n$ 非奇异复矩阵. M 的厄米共轭定义为 $M^\dagger=M_1^{\mathrm{T}}-\mathrm{i}M_2^{\mathrm{T}}$. 根据 $|\eta\rangle_n$ 的正交性与完备性, 很容易证明 $U(M)$ 是幺正的, 即

$$\begin{aligned}U^\dagger(M)\,U(M)&=\det\left(M^\dagger M\right)\int\frac{\mathrm{d}^2\eta'\mathrm{d}^2\eta}{\pi^{2n}}\,|\eta'\rangle_{n\ n}\langle M\eta'|\,M\eta\rangle_{n\ n}\langle\eta|\\&=\det\left(M^\dagger M\right)\int\frac{\mathrm{d}^2\eta'\mathrm{d}^2\eta}{\pi^{2n}}\,|\eta'\rangle_{n\ n}\langle\eta|\,\delta(M\,(\eta'-\eta))\\&=\int\frac{\mathrm{d}^2\eta'\mathrm{d}^2\eta}{\pi^{n}}\,|\eta'\rangle_{n\ n}\langle\eta|\,\delta\,(\eta-\eta')\\&=1.\end{aligned} \tag{7.57}$$

$U(M)$ 也具有乘法规则 (群的性质):

$$\begin{aligned}&U(M')\,U(M)\\&=\sqrt{\det(M'^\dagger M')}\sqrt{\det(M^\dagger M)}\int\frac{\mathrm{d}^2\eta'\mathrm{d}^2\eta}{\pi^{2n}}\,|M'\eta'\rangle_{n\ n}\langle\eta'|\,M\eta\rangle_{n\ n}\langle\eta|\\&=\sqrt{\det((M'M)^\dagger\,M'M)}\int\frac{\mathrm{d}^2\eta'\mathrm{d}^2\eta}{\pi^{n}}\,|M'\eta'\rangle_{n\ n}\langle\eta|\,\delta(\eta'-M\eta)\end{aligned}$$

$$
\begin{aligned}
&= \sqrt{\det((M'M)^\dagger M'M)} \int \frac{d^2\eta}{\pi^n} |M'M\eta\rangle_{n\ n}\langle\eta| \\
&= U(M'M).
\end{aligned} \tag{7.58}
$$

在 $U(M)$ 作用下, $\hat{X}_A - \hat{X}_B$ 和 $\hat{P}_A + \hat{P}_B$ 的变换形式分别为

$$
\begin{aligned}
&U(M)(\hat{X}_A - \hat{X}_B)U^\dagger(M) \\
&= \sqrt{\det(M^\dagger M)} \int \frac{d^2\eta}{\pi^n} |M\eta\rangle_{n\ n}\langle\eta| (\hat{X}_A - \hat{X}_B)U^\dagger(M) \\
&= \sqrt{\det(M^\dagger M)} \int \frac{d^2\eta}{\pi^n} \sqrt{2}\mathrm{Re}\eta |M\eta\rangle_{n\ n}\langle\eta| U^\dagger(M) \\
&= \sqrt{\det(M^\dagger M)} \int \frac{d^2\eta}{\pi^n} [N_1(\hat{X}_A - \hat{X}_B) - N_2(\hat{P}_A + \hat{P}_B)] |M\eta\rangle_{n\ n}\langle\eta| U^\dagger(M) \\
&= N_1(\hat{X}_A - \hat{X}_B) - N_2(\hat{P}_A + \hat{P}_B)
\end{aligned} \tag{7.59}
$$

(其中 $N = M^{-1}, N = N_1 + \mathrm{i}N_2$, 并利用到 $\mathrm{Re}\eta = \mathrm{Re}[N(M\eta)] = N_1\mathrm{Re}(M\eta) - N_2\mathrm{Im}(M\eta)$);

$$
\begin{aligned}
&U(M)(\hat{P}_A + \hat{P}_B)U^\dagger(M) \\
&= \sqrt{\det(M^\dagger M)} \int \frac{d^2\eta}{\pi^n} |M\eta\rangle_{n\ n}\langle\eta| (\hat{P}_A + \hat{P}_B)U^\dagger(M) \\
&= \sqrt{\det(M^\dagger M)} \int \frac{d^2\eta}{\pi^n} \sqrt{2}(\mathrm{Im}\eta) |M\eta\rangle_{n\ n}\langle\eta| U^\dagger(M) \\
&= \sqrt{\det(M^\dagger M)} \int \frac{d^2\eta}{\pi^n} [N_1(\hat{P}_A + \hat{P}_B) + N_2(\hat{X}_A - \hat{X}_B)] |M\eta\rangle_{n\ n}\langle\eta| U^\dagger(M) \\
&= N_1(\hat{P}_A + \hat{P}_B) + N_2(\hat{X}_A - \hat{X}_B).
\end{aligned} \tag{7.60}
$$

组合式 (7.59) 和 (7.60) 以写成一个更简洁的表达式:

$$
U(M)OU^\dagger(M) = NO, \tag{7.61}
$$

式中

$$
O = (\hat{X}_A - \hat{X}_B) + \mathrm{i}(\hat{P}_A + \hat{P}_B). \tag{7.62}
$$

为了得到 $U(M)$ 的具体形式, 利用 IWOP 技术, 有

$$
U(M) = \sqrt{\det(M^\dagger M)} \int \frac{d^2\eta}{\pi^n} |M\eta\rangle_{n\ n}\langle\eta|
$$

$$
\begin{aligned}
&= \sqrt{\det\left(M^{\dagger}M\right)} \int \frac{\mathrm{d}^2\eta}{\pi^n} \mathrm{e}^{-\frac{1}{2}\eta^{*\mathrm{T}}M^{\dagger}M\eta + A^{\dagger\mathrm{T}}M\eta - B^{\dagger\mathrm{T}}M^{*}\eta^{*} + A^{\dagger\mathrm{T}}B^{\dagger}} |00\rangle \\
&\quad \times \langle 00| \mathrm{e}^{-\frac{1}{2}\eta^{*\mathrm{T}}\eta + A^{\mathrm{T}}\eta^{*} - B^{\mathrm{T}}\eta + A^{\mathrm{T}}B} \\
&= \sqrt{\det\left(M^{\dagger}M\right)} \int \frac{\mathrm{d}^2\eta}{\pi^n} \colon \exp\left[-\frac{1}{2}\eta^{*\mathrm{T}}\left(I + M^{\dagger}M\right)\eta + \left(A^{\dagger\mathrm{T}}M - B^{\mathrm{T}}\right)\eta\right. \\
&\quad \left. - \left(B^{\dagger\mathrm{T}}M^{*} - A^{\mathrm{T}}\right)\eta^{*} + A^{\dagger\mathrm{T}}B^{\dagger} + A^{\mathrm{T}}B - A^{\dagger\mathrm{T}}A - B^{\dagger\mathrm{T}}B\right] \colon,
\end{aligned} \tag{7.63}
$$

式中 I 是 $n\times n$ 单位矩阵. 进一步, 利用积分公式

$$
\int \frac{\mathrm{d}^{2n}Z}{\pi^n} \exp\left(-Z^{*\mathrm{T}}\zeta Z + \xi^{\mathrm{T}}Z + \eta^{\mathrm{T}}Z^{*}\right) = \frac{1}{\det\zeta} \exp\left(\xi^{\mathrm{T}}\zeta^{-1}\eta\right), \tag{7.64}
$$

式中 $\mathrm{d}^{2n}Z = \mathrm{d}z_{11}\mathrm{d}z_{12}\mathrm{d}z_{21}\mathrm{d}z_{22}\cdots\mathrm{d}z_{1n}\mathrm{d}z_{2n}$, $Z = (Z_1, Z_2, \cdots, Z_n)^{\mathrm{T}}$, ζ 是一个 $n\times n$ 正矩阵, ξ,η 是复的列矩阵. 对式 (7.63) 积分, 最终结果为

$$
\begin{aligned}
U(M) &= \frac{2^n\sqrt{\det\left(M^{\dagger}M\right)}}{\det\left(I + M^{\dagger}M\right)} \colon \exp[-2\left(A^{\dagger\mathrm{T}}M - B^{\mathrm{T}}\right)\left(I + M^{\dagger}M\right)^{-1}\left(M^{\dagger}B^{\dagger} - A\right) \\
&\quad + A^{\dagger\mathrm{T}}B^{\dagger} + A^{\mathrm{T}}B - A^{\dagger\mathrm{T}}A - B^{\dagger\mathrm{T}}B] \colon \\
&= \frac{2^n\sqrt{\det\left(M^{\dagger}M\right)}}{\det\left(I + M^{\dagger}M\right)} \exp\{A^{\dagger\mathrm{T}}[1 - 2M\left(I + M^{\dagger}M\right)^{-1}M^{\dagger}]B^{\dagger}\} \\
&\quad \times \exp\{A^{\dagger\mathrm{T}}\ln[2M(I + M^{\dagger}M)^{-1}]A + B^{\dagger\mathrm{T}}\ln[2M^{*}(I + M^{\mathrm{T}}M^{*})^{-1}]B\} \\
&\quad \times \exp\left(B^{\mathrm{T}}\frac{M^{\dagger}M - I}{I + M^{\dagger}M}A\right).
\end{aligned} \tag{7.65}
$$

7.2.3 $U(M)$ 在 $|\xi\rangle_n$ 表象中的形式

与 $|\eta\rangle_n$ 共轭的态为

$$
\begin{aligned}
|\xi\rangle_n &\equiv |\xi_1\rangle|\xi_2\rangle\cdots|\xi_n\rangle \equiv \left|(\xi_1, \xi_2, \cdots, \xi_n)^{\mathrm{T}}\right\rangle \\
&= \mathrm{e}^{-\frac{\xi^{*\mathrm{T}}\xi}{2} + A^{\dagger\mathrm{T}}\xi + B^{\dagger\mathrm{T}}\xi^{*} - A^{\dagger\mathrm{T}}B^{\dagger}} |00\rangle,
\end{aligned} \tag{7.66}
$$

式中

$$
\xi = (\xi_1, \xi_2, \cdots, \xi_n)^{\mathrm{T}}, \quad \xi^{*} = (\xi_1^{*}, \xi_2^{*}, \cdots, \xi_n^{*})^{\mathrm{T}}. \tag{7.67}
$$

同样地, $|\xi\rangle_n$ 具有完备性与正交性:

$$\int \frac{\mathrm{d}^2\xi}{\pi^n} |\xi\rangle_{n\ n}\langle\xi| = 1, \quad {}_n\langle\xi'\ |\xi\rangle_n = \pi^n\delta(\xi'-\xi), \tag{7.68}$$

式中 $\mathrm{d}^2\xi = \mathrm{d}^2\xi_1\mathrm{d}^2\xi_2\cdots\mathrm{d}^2\xi_n$. $|\xi\rangle_n$ 与 $|\eta\rangle_n$ 的关系为

$$\begin{aligned}
{}_n\langle\xi\ |\eta\rangle_n &= \frac{1}{2^n}\exp\left\{-\mathrm{i}\left[(\mathrm{Re}\eta)^{\mathrm{T}}\mathrm{Im}\xi - (\mathrm{Im}\,\eta)^{\mathrm{T}}\mathrm{Re}\xi\right]\right\}, \\
|\eta\rangle_n &= \int \frac{\mathrm{d}^2\xi}{\pi^n}|\xi\rangle_{n\ n}\langle\xi|\,\eta\rangle_n = \int \frac{\mathrm{d}^2\xi}{(2\pi)^n}|\xi\rangle_n \mathrm{e}^{-\mathrm{i}\left[(\mathrm{Re}\eta)^{\mathrm{T}}\mathrm{Im}\xi - (\mathrm{Im}\eta)^{\mathrm{T}}\mathrm{Re}\xi\right]},
\end{aligned} \tag{7.69}$$

式中 $\mathrm{Re}\eta = (\eta_{11}, \eta_{12}, \cdots, \eta_{1n})^{\mathrm{T}}$, $\mathrm{Im}\eta = (\eta_{21}, \eta_{22}, \cdots, \eta_{2n})^{\mathrm{T}}$, $\mathrm{Re}\xi = (\xi_{11}, \xi_{12}, \cdots, \xi_{1n})^{\mathrm{T}}$, $\mathrm{Im}\xi = (\xi_{21}, \xi_{22}, \cdots, \xi_{2n})^{\mathrm{T}}$. 从式 (7.69) 看出 ${}_n\langle\xi\ |\eta\rangle_n$ 是傅里叶变换核, 所以 $|\xi\rangle_n$ 是 $|\eta\rangle_n$ 的共轭态 . $|\xi\rangle_n$ 满足本征方程:

$$(\hat{X}_A + \hat{X}_B)|\xi\rangle_n = \sqrt{2}(\mathrm{Re}\xi)|\xi\rangle_n, \tag{7.70}$$

$$(\hat{P}_A - \hat{P}_B)|\xi\rangle_n = \sqrt{2}(\mathrm{Im}\xi)|\xi\rangle_n. \tag{7.71}$$

利用式 (7.69), 知 $U(M)$ 在表象 $|\xi\rangle_n$ 中为

$$\begin{aligned}
U(M) &= \sqrt{\det(M^\dagger M)}\int \frac{\mathrm{d}^2\eta}{\pi^n}|M\eta\rangle_{n\ n}\langle\eta| \\
&= \sqrt{\det(M^\dagger M)}\int \frac{\mathrm{d}^2\eta}{\pi^n}\int \frac{\mathrm{d}^2\xi}{(2\pi)^n}\frac{\mathrm{d}^2\xi'}{(2\pi)^n}|\xi\rangle_{nn}\langle\xi'| \\
&\quad \times \mathrm{e}^{-\mathrm{i}\left[(\mathrm{Re}\,M\eta)^{\mathrm{T}}\mathrm{Im}\,\xi - (\mathrm{Im}\,M\eta)^{\mathrm{T}}\mathrm{Re}\,\xi - \mathrm{Re}\,\eta^{\mathrm{T}}\mathrm{Im}\,\xi' + \mathrm{Im}\,\eta^{\mathrm{T}}\mathrm{Re}\,\xi'\right]} \\
&= \sqrt{\det(M^\dagger M)}\int \frac{\mathrm{d}^2\xi}{(2\pi)^n}\frac{\mathrm{d}^2\xi'}{(2\pi)^n}|\xi\rangle_{n\ n}\langle\xi'|\frac{(2\pi)^{2n}}{\pi^n}\delta\left(\xi' - M^\dagger\xi\right) \\
&= \sqrt{\det(M^\dagger M)}\int \frac{\mathrm{d}^2\xi}{\pi^n}|\xi\rangle_{n\ n}\left\langle M^\dagger\xi\right|.
\end{aligned} \tag{7.72}$$

因此, $\hat{X}_A + \hat{X}_B$ 和 $\hat{P}_A - \hat{P}_B$ 对于 $U(M)$ 有变换形式:

$$\begin{aligned}
U^\dagger(M)(\hat{X}_A + \hat{X}_B)U(M) &= \sqrt{\det(M^\dagger M)}U^\dagger(M)(\hat{X}_A + \hat{X}_B)\int \frac{\mathrm{d}^2\xi}{\pi^n}|\xi\rangle_{n\ n}\left\langle M^\dagger\xi\right| \\
&= \sqrt{\det(M^\dagger M)}U^\dagger(M)\int \frac{\mathrm{d}^2\xi}{\pi^n}\sqrt{2}\mathrm{Re}\,\xi\,|\xi\rangle_{n\ n}\left\langle M^\dagger\xi\right| \\
&= N_1^{\mathrm{T}}\left(\hat{X}_A + \hat{X}_B\right) + N_2^{\mathrm{T}}(\hat{P}_A - \hat{P}_B),
\end{aligned} \tag{7.73}$$

$$
\begin{aligned}
U^{\dagger}(M)(\hat{P}_A-\hat{P}_B)U(M) &= \sqrt{\det(M^{\dagger}M)}U^{\dagger}(M)(\hat{P}_A-\hat{P}_B)\int\frac{\mathrm{d}^2\xi}{\pi^n}|\xi\rangle_{n\ n}\langle M^{\dagger}\xi| \\
&= \sqrt{\det(M^{\dagger}M)}U^{\dagger}(M)\int\frac{\mathrm{d}^2\xi}{\pi^n}\sqrt{2}\mathrm{Im}\,\xi\,|\xi\rangle_{n\ n}\langle M^{\dagger}\xi| \\
&= N_1^{\mathrm{T}}(\hat{P}_A-\hat{P}_B)-N_2^{\mathrm{T}}(\hat{X}_A+\hat{X}_B).
\end{aligned} \tag{7.74}
$$

类似于式 (7.61), 联合式 (7.73) 与 (7.74), 有

$$
U(M)O'U^{\dagger}(M)=N^{\dagger}O', \tag{7.75}
$$

式中

$$
O'=(\hat{X}_A+\hat{X}_B)+\mathrm{i}(\hat{P}_A-\hat{P}_B). \tag{7.76}
$$

7.2.4　$U(M)$ 的紧致形式与物理意义

基于式 (7.59), (7.60), (7.73) 与 (7.74), 我们写下 $U(M)$ 引起的关于 $A^{\dagger},A$, $B^{\dagger}$, B 的变换：

$$
\begin{aligned}
&U^{\dagger}(M)\left(A^{\dagger\mathrm{T}},B^{\dagger\mathrm{T}},A^{\mathrm{T}},B^{\mathrm{T}}\right)U(M) \\
&=\left(A^{\dagger\mathrm{T}},B^{\dagger\mathrm{T}},A^{\mathrm{T}},B^{\mathrm{T}}\right)\begin{pmatrix}
\dfrac{M^{\dagger}+N}{2} & 0 & 0 & \dfrac{N-M^{\dagger}}{2} \\
0 & \dfrac{M^{\mathrm{T}}+N^{*}}{2} & \dfrac{N^{*}-M^{\mathrm{T}}}{2} & 0 \\
0 & \dfrac{N^{*}-M^{\mathrm{T}}}{2} & \dfrac{M^{\mathrm{T}}+N^{*}}{2} & 0 \\
\dfrac{N-M^{\dagger}}{2} & 0 & 0 & \dfrac{M^{\dagger}+N}{2}
\end{pmatrix}.
\end{aligned} \tag{7.77}
$$

根据文献 [23] 阐述的关于多模玻色算符变换的理论, 我们直接得到 $U(M)$ 的紧致形式

$$
U(M)=\exp\left[-\frac{1}{2}\left(A^{\dagger\mathrm{T}},B^{\dagger\mathrm{T}},A^{\mathrm{T}},B^{\mathrm{T}}\right)\varGamma\left(A^{\dagger\mathrm{T}},B^{\dagger\mathrm{T}},A^{\mathrm{T}},B^{\mathrm{T}}\right)^{\mathrm{T}}\right], \tag{7.78}
$$

其中

$$
\Gamma=\ln\begin{pmatrix}
\frac{M^\dagger+N}{2} & 0 & 0 & \frac{N-M^\dagger}{2}\\
0 & \frac{M^{\mathrm{T}}+N^*}{2} & \frac{N^*-M^{\mathrm{T}}}{2} & 0\\
0 & \frac{N^*-M^{\mathrm{T}}}{2} & \frac{M^{\mathrm{T}}+N^*}{2} & 0\\
\frac{N-M^\dagger}{2} & 0 & 0 & \frac{M^\dagger+N}{2}
\end{pmatrix}\begin{pmatrix}
0 & 0 & 1 & 0\\
0 & 0 & 0 & 1\\
-1 & 0 & 0 & 0\\
0 & -1 & 0 & 0
\end{pmatrix}
$$

$$
=\ln\gamma\cdot\begin{pmatrix}
0 & 0 & 1 & 0\\
0 & 0 & 0 & 1\\
-1 & 0 & 0 & 0\\
0 & -1 & 0 & 0
\end{pmatrix}. \tag{7.79}
$$

注意到 γ 可以由矩阵 R 实现对角化:

$$
\gamma=R\begin{pmatrix}
M^\dagger & 0 & 0 & 0\\
0 & M^{\mathrm{T}} & 0 & 0\\
0 & 0 & N^* & 0\\
0 & 0 & 0 & N
\end{pmatrix}R^{-1}, \tag{7.80}
$$

其中

$$
R=\begin{pmatrix}
\frac{1}{\sqrt{2}} & 0 & 0 & \frac{1}{\sqrt{2}}\\
0 & \frac{1}{\sqrt{2}} & \frac{1}{\sqrt{2}} & 0\\
0 & \frac{-1}{\sqrt{2}} & \frac{1}{\sqrt{2}} & 0\\
\frac{-1}{\sqrt{2}} & 0 & 0 & \frac{1}{\sqrt{2}}
\end{pmatrix} \tag{7.81}
$$

是一个正交矩阵, 于是可算出 $\ln\gamma$, 代回式 (7.80), 可得矩阵 Γ 的确定形式:

$$\Gamma=\begin{pmatrix} 0 & \dfrac{\ln M+\ln M^{\dagger}}{2} & \dfrac{\ln M^{\dagger}-\ln M}{2} & 0 \\ \dfrac{\ln M^{\mathrm{T}}+\ln M^{*}}{2} & 0 & 0 & \dfrac{\ln M^{\mathrm{T}}-\ln M^{*}}{2} \\ \dfrac{\ln M^{*}-\ln M^{\mathrm{T}}}{2} & 0 & 0 & -\dfrac{\ln M^{*}+\ln M^{\mathrm{T}}}{2} \\ 0 & \dfrac{\ln M-\ln M^{\dagger}}{2} & -\dfrac{\ln M+\ln M^{\dagger}}{2} & 0 \end{pmatrix}. \tag{7.82}$$

从而式 (7.79) 变为

$$\begin{aligned} U(M)=\exp\bigg(&B^{\mathrm{T}}\frac{\ln M+\ln M^{\dagger}}{2}A-A^{\dagger\mathrm{T}}\frac{\ln M+\ln M^{\dagger}}{2}B^{\dagger} \\ &+A^{\dagger\mathrm{T}}\frac{\ln M-\ln M^{\dagger}}{2}A-B^{\mathrm{T}}\frac{\ln M-\ln M^{\dagger}}{2}B^{\dagger}\bigg). \end{aligned} \tag{7.83}$$

为方便起见, 令 $\Lambda=\dfrac{\ln M+\ln M^{\dagger}}{2}$ 作为 $\ln M$ 的厄米部分, $\mathrm{i}\Theta=\dfrac{\ln M-\ln M^{\dagger}}{2}$ 作为 $\ln M$ 的反厄米部分, 即

$$\Lambda^{\dagger}=\Lambda,\quad \Theta^{\dagger}=\Theta,\quad \ln M=\Lambda+\mathrm{i}\Theta, \tag{7.84}$$

则式 (7.83) 变为

$$U(M)=\exp\left[B^{\mathrm{T}}\Lambda A-A^{\dagger\mathrm{T}}\Lambda B^{\dagger}+\mathrm{i}\left(A^{\dagger\mathrm{T}}\Theta A-B^{\mathrm{T}}\Theta B^{\dagger}\right)\right]. \tag{7.85}$$

由于 Λ, Θ 是厄米的, 所以能够找到 $n\times n$ 幺正矩阵 u_1,u_2, 分别使得 Λ,Θ 对角化, 即

$$u_1\Lambda u_1^{\dagger}=\operatorname{diag}\{\lambda_1,\cdots,\lambda_n\},\quad u_2\Theta u_2^{\dagger}=\operatorname{diag}\{\theta_1,\cdots,\theta_n\}. \tag{7.86}$$

如果 $\Theta=0$, 这意味着 $M=\exp(\Lambda)$ 是正定的, 则

$$\begin{aligned} U(M)&=\exp\left(B^{\mathrm{T}}\Lambda A-A^{\dagger\mathrm{T}}\Lambda B^{\dagger}\right) \\ &=\exp\left[-\sum_{j=1}^{n}\lambda_j(A_j'^{\dagger}B_j'^{\dagger}-A_j'B_j')\right] \\ &=\prod_{j=1}^{n}\exp[-\lambda_j(A_j'^{\dagger}B_j'^{\dagger}-A_j'B_j')], \end{aligned} \tag{7.87}$$

式中 $A'=u_1A, B'=u_1^*B$, 满足

$$
\begin{aligned}
&[A_i', A_j'] = [B_i', B_j'] = 0,\\
&[B_i', A_j^{\dagger\prime}] = [A_i', B_j^{\dagger\prime}] = 0,\\
&[A_i', A_j^{\dagger\prime}] = [B_i', B_j^{\dagger\prime}] = \delta_{ij}.
\end{aligned} \tag{7.88}
$$

把式 (7.87) 与 (7.44) 作比较, 发现 $U(M)$ 描述的是在新模 A' 与 B' 之间的纯压缩, 其压缩参数为 $-\lambda_j$.

类似地, 如果 $\Lambda=0$, 这意味着 $M=\exp(\mathrm{i}\Theta)$ 是幺正的, 则有

$$
\begin{aligned}
U(M) &= \exp\left[\mathrm{i}\left(A^{\dagger\mathrm{T}}\Theta A - B^{\mathrm{T}}\Theta B^{\dagger}\right)\right]\\
&= \exp\left[\mathrm{i}\sum_{j=1}^{n}\theta_j(A_j''^{\dagger}A_j'' - B_j''^{\dagger}B_j'')\right]\\
&= \prod_{j=1}^{n}\exp\left[\mathrm{i}\theta_j(A_j''^{\dagger}A_j'' - B_j''^{\dagger}B_j'')\right],
\end{aligned} \tag{7.89}
$$

式中 $A''=u_2A, B''=u_2^*B$, 满足

$$
\begin{aligned}
&[A_i'', A_j''] = [B_i'', B_j''] = 0,\\
&[B_i'', A_j^{\dagger\prime\prime}] = [A_i'', B_j^{\dagger\prime\prime}] = 0,\\
&[A_i'', A_j^{\dagger\prime\prime}] = [B_i'', B_j^{\dagger\prime\prime}] = \delta_{ij}.
\end{aligned} \tag{7.90}
$$

式 (7.89) 表明, 如果 $\Lambda=0$, 则 $U(M)$ 描述的是新模 A'', B'' 相反方向的同时相移, 相角为 θ_j. 对于一般情况, 即 $\Lambda\neq 0$ 和 $\Theta\neq 0$, $U(M)$ 描述混合效应, 既有压缩也有相移.

7.2.5 $2n$ 模压缩态的压缩性质

理论上, 将 $2n$ 模压缩算符 $U(M)$ 作用到真空态上就能获得 $2n$ 模压缩真空态, 即

$$
\begin{aligned}
U(M)|00\rangle &= \frac{2^n\sqrt{\det(M^{\dagger}M)}}{\det(I+M^{\dagger}M)}\mathrm{e}^{A^{\dagger\mathrm{T}}[1-2M(I+M^{\dagger}M)^{-1}M^{\dagger}]B^{\dagger}}|00\rangle\\
&\equiv \|00\rangle.
\end{aligned} \tag{7.91}
$$

根据多模光场的两正交分量的定义:

$$Y_1 = \frac{1}{2\sqrt{n}}\sum_{i=1}^{2n}\hat{X}_i,\quad Y_2 = \frac{1}{2\sqrt{n}}\sum_{i=1}^{2n}\hat{P}_i\quad ([Y_1,Y_2]=\mathrm{i}/2), \tag{7.92}$$

得它们在态 $\|00\rangle$ 的涨落为

$$(\Delta Y_i)^2 = \langle 00||Y_i^2||00\rangle - (\langle 00||Y_i||00\rangle)^2\quad (i=1,2). \tag{7.93}$$

从式 (7.60) 和 (7.73), 有

$$\begin{aligned}
\langle 00\|\,Y_1\,\|00\rangle &= \langle 00|\,U^\dagger(M)Y_1U(M)|00\rangle \\
&= \frac{1}{2\sqrt{n}}\sum_{j=1}^{n}\langle 00|\,U^\dagger(M)(\hat{X}_A+\hat{X}_B)_jU(M)|00\rangle \\
&= \frac{1}{2\sqrt{n}}\sum_{j,k=1}^{n}\langle 00|\,(N_1^{\mathrm{T}})_{jk}(\hat{X}_A+\hat{X}_B)_k+(N_2^{\mathrm{T}})_{jk}(\hat{P}_A-\hat{P}_B)_k|00\rangle \\
&= 0, \qquad (7.94)\\
\langle 00\|\,Y_2\,\|00\rangle &= \langle 00\|\,U^\dagger(M)Y_2U(M)\,\|00\rangle \\
&= \frac{1}{2\sqrt{n}}\sum_{j=1}^{n}\langle 00|\,U^\dagger(M)(\hat{P}_A+\hat{P}_B)_jU(M)|00\rangle \\
&= \frac{1}{2\sqrt{n}}\sum_{j,k=1}^{n}\langle 00|\,(M_1)_{jk}(\hat{P}_A+\hat{P}_B)_k+(M_2)_{jk}(\hat{X}_A-\hat{X}_B)_k|00\rangle \\
&= 0. \qquad (7.95)
\end{aligned}$$

因此

$$\begin{aligned}
(\Delta Y_1)^2 &= \langle 00||Y_1^2||00\rangle \\
&= \frac{1}{4n}\langle 00|\,U^\dagger(M)\left[\sum_{k=1}^{n}(\hat{X}_A+\hat{X}_B)_k\right]^2U(M)|00\rangle \\
&= \frac{1}{4n}\sum_{j,k,\alpha,\beta=1}^{n}\langle 00|\left[(N_1^{\mathrm{T}})_{j\alpha}(\hat{X}_A+\hat{X}_B)_\alpha+(N_2^{\mathrm{T}})_{j\alpha}(\hat{P}_A-\hat{P}_B)_\alpha\right] \\
&\quad\times[(N_1^{\mathrm{T}})_{k\beta}(\hat{X}_A+\hat{X}_B)_\beta+(N_2^{\mathrm{T}})_{k\beta}(\hat{P}_A-\hat{P}_B)_\beta]|00\rangle
\end{aligned}$$

$$
\begin{aligned}
&= \frac{1}{4n} \sum_{j,k,\alpha,\beta=1}^{n} (N_1^{\mathrm{T}})_{j\alpha}(N_1^{\mathrm{T}})_{k\beta} \langle 00|(\hat{X}_A+\hat{X}_B)_\alpha(\hat{X}_A+\hat{X}_B)_\beta|00\rangle \\
&\quad + \frac{1}{4n} \sum_{j,k,\alpha,\beta=1}^{n} (N_2^{\mathrm{T}})_{j\alpha}(N_2^{\mathrm{T}})_{k\beta} \langle 00|(\hat{P}_A-\hat{P}_B)_\alpha(\hat{P}_A-\hat{P}_B)_\beta|00\rangle \\
&\quad + \frac{1}{4n} \sum_{j,k,\alpha,\beta=1}^{n} (N_1^{\mathrm{T}})_{j\alpha}(N_2^{\mathrm{T}})_{k\beta} \langle 00|(\hat{X}_A+\hat{X}_B)_\alpha(\hat{P}_A-\hat{P}_B)_\beta|00\rangle \\
&\quad + \frac{1}{4n} \sum_{j,k,\alpha,\beta=1}^{n} (N_2^{\mathrm{T}})_{j\alpha}(N_1^{\mathrm{T}})_{k\beta} \langle 00|(\hat{P}_A-\hat{P}_B)_\alpha(\hat{X}_A+\hat{X}_B)_\beta|00\rangle \\
&= \frac{1}{4n} \sum_{j,k,\alpha=1}^{n} [(N_1^{\mathrm{T}})_{j\alpha}(N_1^{\mathrm{T}})_{k\alpha}+(N_2^{\mathrm{T}})_{j\alpha}(N_2^{\mathrm{T}})_{k\alpha}] \\
&= \frac{1}{4n} \sum_{j,k=1}^{n} \left(N_1^{\mathrm{T}}N_1+N_2^{\mathrm{T}}N_2\right)_{jk} \\
&= \frac{1}{4n} \sum_{j,k=1}^{n} \left(N^\dagger N\right)_{jk},
\end{aligned} \tag{7.96}
$$

这里利用了恒等式:

$$
\begin{aligned}
&\langle 00|(\hat{X}_A+\hat{X}_B)_\alpha(\hat{X}_A+\hat{X}_B)_\beta|00\rangle = \delta_{\alpha\beta}, \\
&\langle 00|(\hat{P}_A-\hat{P}_B)_\alpha(\hat{P}_A-\hat{P}_B)_\beta|00\rangle = \delta_{\alpha\beta}, \\
&\langle 00|(\hat{X}_A+\hat{X}_B)_\alpha(\hat{P}_A-\hat{P}_B)_\beta|00\rangle = 0, \\
&\langle 00|(\hat{P}_A-\hat{P}_B)_\alpha(\hat{X}_A+\hat{X}_B)_\beta|00\rangle = 0.
\end{aligned} \tag{7.97}
$$

类似可得

$$
\begin{aligned}
(\Delta Y_2)^2 &= \langle 00||Y_2^2||00\rangle = \frac{1}{4n}\langle 00||\left[\sum_{k=1}^{n}(\hat{P}_A+\hat{P}_B)_k\right]^2||00\rangle \\
&= \frac{1}{4n} \sum_{j,k,,\alpha,\beta=1}^{n} \langle 00|[(M_1)_{j\alpha}(\hat{P}_A+\hat{P}_B)_\alpha+(M_2)_{j\alpha}(\hat{X}_A-\hat{X}_B)_\alpha] \\
&\quad \times [(M_1)_{k\beta}(\hat{P}_A+\hat{P}_B)_\beta+M_{2k\beta}(\hat{X}_A-\hat{X}_B)_\beta]|00\rangle \\
&= \frac{1}{4n} \sum_{j,k,\alpha,\beta=1}^{n} M_{1j\alpha}(M_1)_{k\beta} \langle 00|(\hat{P}_A+\hat{P}_B)_\alpha(\hat{P}_A+\hat{P}_B)_\beta|00\rangle
\end{aligned}
$$

$$
\begin{aligned}
&+\frac{1}{4n}\sum_{j,k,\alpha,\beta=1}^{n}(M_2)_{j\alpha}(M_2)_{k\beta}\langle 00|(\hat{X}_A-\hat{X}_B)_\alpha(\hat{X}_A-\hat{X}_B)_\beta|00\rangle\\
&+\frac{1}{4n}\sum_{j,k,\alpha,\beta=1}^{n}(M_1)_{j\alpha}(M_2)_{k\beta}\langle 00|(\hat{P}_A+\hat{P}_B)_\alpha(\hat{X}_A-\hat{X}_B)_\beta|00\rangle\\
&+\frac{1}{4n}\sum_{j,k,\alpha,\beta=1}^{n}(M_2)_{j\alpha}(M_1)_{k\beta}\langle 00|(\hat{X}_A-\hat{X}_B)_\alpha(\hat{P}_A+\hat{P}_B)_\beta|00\rangle\\
=&\frac{1}{4n}\sum_{j,k,\alpha=1}^{n}((M_1)_{j\alpha}(M_1)_{k\alpha}+(M_2)_{j\alpha}(M_2)_{k\alpha})\\
=&\frac{1}{4n}\sum_{j,k=1}^{n}\left(M_1M_1^{\mathrm{T}}+M_2M_2^{\mathrm{T}}\right)_{jk}=\frac{1}{4n}\sum_{j,k=1}^{n}\left(MM^{\dagger}\right)_{jk},
\end{aligned}
\tag{7.98}
$$

这里已考虑了

$$
\begin{aligned}
&\langle 00|(\hat{P}_A+\hat{P}_B)_\alpha(\hat{P}_A+\hat{P}_B)_\beta|00\rangle=\delta_{\alpha\beta},\\
&\langle 00|(\hat{X}_A-\hat{X}_B)_\alpha(\hat{X}_A-\hat{X}_B)_\beta|00\rangle=\delta_{\alpha\beta},\\
&\langle 00|(\hat{P}_A+\hat{P}_B)_\alpha(\hat{X}_A-\hat{X}_B)_\beta|00\rangle=0,\\
&\langle 00|(\hat{X}_A-\hat{X}_B)_\alpha(\hat{P}_A+\hat{P}_B)_\beta|00\rangle=0.
\end{aligned}
\tag{7.99}
$$

对于任意一个正定的矩阵 $S=u^{\dagger}\mathrm{diag}\{s_1,\cdots,s_n\}u$, 其中 u 是一个幺正矩阵, s_i 是 S 的本征值, 有

$$
\sum_{i,j=1}^{n}S_{ij}=\sum_{i,j,k,l=1}^{n}u_{ki}^{*}s_k\delta_{kl}u_{lj}=\sum_{i,j,k=1}^{n}s_ku_{ki}^{*}u_{kj}=\sum_{k=1}^{n}s_kc_k,
\tag{7.100}
$$

这里已定义 n 个非负数:

$$
c_i=\sum_{l,j=1}^{n}u_{il}^{*}u_{ij}=\left|\sum_{l=1}^{n}u_{il}\right|^2\geqslant 0,
\tag{7.101}
$$

c_i 满足

$$
\sum_{i=1}^{n}c_i=\sum_{i,j,k=1}^{n}u_{ki}^{*}u_{kj}=\sum_{i,j=1}^{n}\delta_{ij}=n.
\tag{7.102}
$$

从而有

$$
\left[\sum_{i,j=1}^{n}\left(S^{-1}\right)_{ij}\right]\left(\sum_{i,j=1}^{n}S_{ij}\right)=\left(\sum_{i=1}^{n}\frac{1}{s_i}c_i\right)\left(\sum_{i=1}^{n}s_ic_i\right)=\sum_{i=1}^{n}c_i^2+\sum_{i>j}^{n}\left(\frac{s_i}{s_j}+\frac{s_j}{s_i}\right)c_ic_j
$$

$$
\begin{aligned}
&= \left(\sum_{i=1}^{n} c_i\right)^2 + \sum_{i>j}^{n}\left(\sqrt{\frac{s_i}{s_j}} - \sqrt{\frac{s_j}{s_i}}\right)^2 c_i c_j \\
&= n^2 + \sum_{i>j}^{n}\left(\sqrt{\frac{s_i}{s_j}} - \sqrt{\frac{s_j}{s_i}}\right)^2 c_i c_j \\
&\geqslant n^2.
\end{aligned} \tag{7.103}
$$

因此, 从式 (7.96) 与 (7.98) 得到 (注意 $N \equiv M^{-1}$)

$$
\begin{aligned}
(\Delta Y_1)^2(\Delta Y_2)^2 &= \left[\frac{1}{4n}\sum_{j,k=1}^{n}\left(N^\dagger N\right)_{jk}\right]\left[\frac{1}{4n}\sum_{j,k=1}^{n}\left(MM^\dagger\right)_{jk}\right] \\
&= \left(\frac{1}{4n}\right)^2\left[\sum_{j,k=1}^{n}\left(\left(MM^\dagger\right)^{-1}\right)_{jk}\right]\left[\sum_{j,k=1}^{n}\left(MM^\dagger\right)_{jk}\right] \\
&\geqslant \left(\frac{1}{4n}\right)^2 n^2 = \frac{1}{16},
\end{aligned} \tag{7.104}
$$

这里考虑了 $MM^\dagger = S$, 这是一个正定矩阵.

参考文献

[1] Mandel L, Wolf E. Optical Coherence and Quantum Optics [M]. Cambridge: Cambridge University Press, 1995.

[2] Loudon R, Knight P L. Squeezed light [J]. J. Mod. Opt., 1987, 34: 709.

[3] Dodonov V V. Nonclassical states in quantum optics–a 'squeezed' review of the first 75 years [J]. J. Opt. B: Quantum Semiclass. Opt., 2002, 4: R1~R33.

[4] Xue X X, Fan H Y, Hu L Y, et al. New 3-mode squeezing operator and squeezed vacuum state in 3-wave mixing [J]. To be published.

[5] Xue X X, Hu L Y, Fan H Y. The N-mode squeezed state with enhanced squeezing [J]. Chin. Phys. B, 2009, 18 (12): 5139~5143.

[6] Hu L Y, Fan H Y. New n-mode squeezing operator and squeezed states with standard squeezing [J]. Europhys. Lett., 2009, 85 (6): 60001.

[7] Fan H Y, Yu G C. Three-mode squeezed vacuum state in Fock space as an entangled state [J]. Phys. Rev. A, 2002, 65: 033829.

[8] Fan H Y. Quantum-mechanical unitary operators gained via integrations over a type of ket-bra operators [J]. Europhys. Lett., 1992, 17 (4): 285~290.

[9] Fan H Y. Normally ordering some multimode exponential operators by virtue of the IWOP technique [J]. J. Phys. A: Math. Gen., 1990, 23: 1833~1839.

[10] Fan H Y, Zhang Y. Common eigenkets of three-particle compatible observables [J]. Phys. Rev. A, 1998, 57: 3225~3228.

[11] Wódkiewicz K, Eberly J H. Coherent states, squeezed fluctuations, and the SU(2) and SU(1,1) groups in quantum-optics applications [J]. J. Opt. Soc. Am. B, 1985, 2 (3): 458~466.

[12] Gerry C C. Correlated two-mode SU(1,1) coherent states: nonclassical properties [J]. J. Opt. Soc. Am. B, 1991, 8 (3): 685~690.

[13] Wu C F, Chen J L, Kwek L C, et al. Continuous multipartite entangled state in Wigner representation and violation of the Żukowski-Brukner inequality [J]. Phys. Rev. A, 2005, 71: 022110.

[14] Jiang N Q. The n-partite entangled Wigner operator and its applications in Wigner function [J]. J. Opt. B: Quantum Semiclass. Opt., 2005, 7: 264~267.

[15] Li H M, Yuan H C. Multi-mode Einstein Podolsky Rosen entangled state representation and its applications [J]. Commun. Theor. Phys., 2008, 50 (3): 615~618.

[16] Xu Y J, Fan H Y, Liu Q Y. Effective approach to constructing n-mode Wigner operator in the entangled state representation [J]. Int. J. Theor. Phys., 2009, 48: 2050~2060.

[17] Yuan H C, Li H M, Fan H Y. Generalized multi-mode bosonic realization of the su(1,1) algebra and its corresponding squeezing operator [J]. J. Phys. A: Math. Theor., 2010, 43: 075304.

[18] Hong C K, Mandel L. Higher-order squeezing of a quantum field [J]. Phys. Rev. Lett., 1985, 54: 323~325.

[19] Hong C K, Mandel L. Generation of higher-order squeezing of quantum electromagnetic fields [J]. Phys. Rev. A, 1985, 32: 974~982.

[20] Banaszek K, Wódkiewicz K. Nonlocality of the Einstein-Podolsky-Rosen state in the Wigner representation [J]. Phys. Rev. A, 1998, 58: 4345~4347.

[21] Jeong H, An N B. Greenberger-Horne-Zeilinger-type and W-type entangled coherent states: Generation and Bell-type inequality tests without photon counting [J]. Phys. Rev. A, 2006, 74: 022104.

[22] Chen J H, Fan H Y, Ren G. Multipartite entangled state representation and squeezing of the n-pair entangled state [J]. J. Phys. A: Math. Thoer., 2010, 43: 255302.

[23] Fan H Y. Newton-Leibniz integration for ket-bra operators (II)—Application in deriving density operator and generalized partition function formula [J]. Ann. Phys., 2007, 322 (4): 866~885.

第 8 章　相干态, 混沌光场和压缩态在振幅阻尼通道中的退相干

自然界中任何系统都不能绝对地与外界环境隔离. 系统与环境不可避免的耦合总有噪声产生, 在量子信息论中, 这就是退相干. 退相干在很多场合是可以利用的.

举例来说, 设系统的初态为纯态 (一个量子比特)$|\psi\rangle = \alpha|0\rangle + \beta|1\rangle$ ($|\alpha|^2 + |\beta|^2 = 1$), 密度矩阵为 $\rho = |\psi\rangle\langle\psi|$, 而环境是一个单量子比特 $|0\rangle$, 系统与环境的相互作用由一个与非门代表, 初始密度矩阵在 $|0\rangle$ 与 $|1\rangle$ 基上为

$$\rho = |\psi\rangle\langle\psi| = \begin{pmatrix} |\alpha|^2 & \alpha\beta^* \\ \alpha^*\beta & |\beta|^2 \end{pmatrix}.$$

其中非对角元代表相干, 它是由 $|\psi\rangle$ 中 $|0\rangle$ 与 $|1\rangle$ 的交叠引起的. 系统与环境相互作用使得系统 – 环境的状态从 $|\psi\rangle \otimes |0\rangle$ 变成 (由与非门作用)

$$\alpha|00\rangle + \beta|11\rangle \equiv |\phi\rangle;$$

而最终的密度矩阵 (经过对环境的求迹后) 变为

$$\rho' = \widetilde{\mathrm{tr}}(|\phi\rangle\langle\phi|) = \begin{pmatrix} |\alpha|^2 & 0 \\ 0 & |\beta|^2 \end{pmatrix},$$

此即退相干. 从 ρ 变为 ρ' 在理论上希望找到一个算符 M_n, 使得

$$\rho \mapsto \rho' = \sum_{n=0} M_n \rho M_n^\dagger,$$

其中 $\sum\limits_{n=0} M_n M_n^\dagger = 1$, M_n 称为克劳斯 (Kraus) 算符 [1,2].

本章介绍范洪义、胡利云通过引入热纠缠态表象求若干连续变量系统的退相干过程的克劳斯算符的方法, 以及研究粒子数态、混沌光场和压缩态等在振幅阻尼通道中的退相干, 并给出它们的解析解. 这为量子退相干的研究——主方程的求解——提供了新的思路.

8.1 在振幅阻尼通道中的密度算符的和表示

在量子光学中研究振幅衰减模型是一个基本而重要的问题, 相应的密度算符主方程为 [3~5]

$$\frac{\mathrm{d}\rho}{\mathrm{d}t}=\kappa\left(2a\rho a^{\dagger}-a^{\dagger}a\rho-\rho a^{\dagger}a\right), \tag{8.1}$$

式中 κ 为衰减率. 为了直接求解它, 我们引入下面的双模纠缠态表象 [6]:

$$|\eta\rangle=\exp\left(-\frac{1}{2}|\eta|^{2}+\eta a^{\dagger}-\eta^{*}\tilde{a}^{\dagger}+a^{\dagger}\tilde{a}^{\dagger}\right)|0\tilde{0}\rangle, \tag{8.2}$$

其中 $\tilde{a}^{\dagger}$ 是一个虚模, 它伴随着现实的模 $a^{\dagger}$, 它们是相互独立的, 即 $\left[\tilde{a},\tilde{a}^{\dagger}\right]=\left[a,a^{\dagger}\right]=1$, 作用在真空上, 有

$$\tilde{a}|0\tilde{0}\rangle=a|0\tilde{0}\rangle=0. \tag{8.3}$$

当取 $\eta=0$ 时, 式 (8.2) 变成

$$|\eta=0\rangle=\mathrm{e}^{a^{\dagger}\tilde{a}^{\dagger}}|0\tilde{0}\rangle\equiv|I\rangle. \tag{8.4}$$

易得 $|I\rangle$ 有以下性质:

$$a|I\rangle=\tilde{a}^{\dagger}|I\rangle,\quad a^{\dagger}|I\rangle=\tilde{a}|I\rangle,\quad (a^{\dagger}a)^{n}|I\rangle=(\tilde{a}^{\dagger}\tilde{a})^{n}|I\rangle. \tag{8.5}$$

这是一个特别重要的性质, 即在态 $|I\rangle$ 下, 可以将两个希尔伯特空间中的产生算符和湮灭算符进行互换, 其对应关系为

$$a\leftrightarrow\tilde{a}^{\dagger},\quad a^{\dagger}\leftrightarrow\tilde{a},\quad a^{\dagger}a\leftrightarrow\tilde{a}^{\dagger}\tilde{a}. \tag{8.6}$$

这点对于我们转化密度算符运动方程为普通函数方程并直接求解密度主方程起到至关重要的作用 [7,8].

将密度矩阵主方程 (8.1) 两边作用到 $|I\rangle$ 上, 并记 $|\rho\rangle=\rho|I\rangle$, 这里不难看出, ρ 右边的所有产生算符 $a^\dagger$ 和湮灭算符 a 都转换为虚空间的湮灭算符 $\tilde{a}$ 和产生算符 $\tilde{a}^\dagger$. 由于它们与实空间的算符 ρ 相互对易, 故可以移到 ρ 的左边, 则有

$$\begin{aligned}\frac{\mathrm{d}}{\mathrm{d}t}|\rho\rangle&=\kappa\left(2a\rho a^\dagger-a^\dagger a\rho-\rho a^\dagger a\right)|I\rangle\\&=\kappa\left(2a\tilde{a}-a^\dagger a-\tilde{a}^\dagger\tilde{a}\right)|\rho\rangle.\end{aligned}\tag{8.7}$$

方程 (8.7) 的解为

$$|\rho\rangle=\exp\left[\kappa t\left(2a\tilde{a}-a^\dagger a-\tilde{a}^\dagger\tilde{a}\right)\right]|\rho_0\rangle,\tag{8.8}$$

式中 $|\rho_0\rangle=\rho_0|I\rangle$. 注意到上式中的算符满足下面的对易关系:

$$\left[a\tilde{a},a^\dagger a\right]=\left[a\tilde{a},\tilde{a}^\dagger\tilde{a}\right]=\tilde{a}a,\quad\left[\frac{a^\dagger a+\tilde{a}^\dagger\tilde{a}}{2},a\tilde{a}\right]=-\tilde{a}a,\tag{8.9}$$

再利用算符等式

$$\mathrm{e}^{\lambda(A+\sigma B)}=\mathrm{e}^{\lambda A}\exp\left[\sigma\left(1-\mathrm{e}^{-\lambda\tau}\right)B/\tau\right]\tag{8.10}$$

(这里要求 $[A,B]=\tau B$), 得到

$$\exp\left[\kappa t\left(2a\tilde{a}-a^\dagger a-\tilde{a}^\dagger\tilde{a}\right)\right]=\exp\left[-\kappa t\left(a^\dagger a+\tilde{a}^\dagger\tilde{a}\right)\right]\exp\left(Ta\tilde{a}\right),\tag{8.11}$$

这里

$$T=1-\mathrm{e}^{-2\kappa t}.\tag{8.12}$$

然后, 将式 (8.11) 代入式 (8.8), 有

$$\begin{aligned}|\rho\rangle&=\exp\left[-\kappa t\left(a^\dagger a+\tilde{a}^\dagger\tilde{a}\right)\right]\sum_{n=0}^{+\infty}\frac{T^n}{n!}a^n\tilde{a}^n|\rho_0\rangle\\&=\mathrm{e}^{-\kappa t a^\dagger a}\sum_{n=0}^{+\infty}\frac{T^n}{n!}a^n\rho_0 a^{\dagger n}\mathrm{e}^{-\kappa t\tilde{a}^\dagger\tilde{a}}|I\rangle\\&=\sum_{n=0}^{+\infty}\frac{T^n}{n!}\mathrm{e}^{-\kappa t a^\dagger a}a^n\rho_0 a^{\dagger n}\mathrm{e}^{-\kappa t a^\dagger a}|I\rangle.\end{aligned}\tag{8.13}$$

这样就导出

$$\rho(t) = \sum_{n=0}^{+\infty} \frac{T^n}{n!} \mathrm{e}^{-\kappa t a^\dagger a} a^n \rho_0 a^{\dagger n} \mathrm{e}^{-\kappa t a^\dagger a} = \sum_{n=0}^{+\infty} M_n \rho_0 M_n^\dagger, \tag{8.14}$$

其中克劳斯算符为

$$M_n = \sqrt{\frac{T^n}{n!}} \mathrm{e}^{-\kappa t a^\dagger a} a^n. \tag{8.15}$$

这就是在振幅阻尼通道中的密度算符的和表示. 可以利用

$$\mathrm{e}^{\lambda a^\dagger a} =: \exp\left[\left(\mathrm{e}^\lambda - 1\right) a^\dagger a\right] : \tag{8.16}$$

和

$$\mathrm{e}^{\lambda a^\dagger a} a \mathrm{e}^{-\lambda a^\dagger a} = a \mathrm{e}^{-\lambda}, \tag{8.17}$$

证明

$$\begin{aligned}\sum_{n=0}^{+\infty} M_n^\dagger M_n &= \sum_{n=0}^{+\infty} \frac{T^n}{n!} a^{\dagger n} \mathrm{e}^{-2\kappa t a^\dagger a} a^n = \sum_{n=0}^{+\infty} \frac{T^n}{n!} \mathrm{e}^{2n\kappa t} : a^{\dagger n} a^n : \mathrm{e}^{-2\kappa t a^\dagger a} \\ &= : \mathrm{e}^{T \mathrm{e}^{2\kappa t} a^\dagger a} : \mathrm{e}^{-2\kappa t a^\dagger a} = : \mathrm{e}^{(\mathrm{e}^{2\kappa t} - 1) a^\dagger a} : \mathrm{e}^{-2\kappa t a^\dagger a} = 1,\end{aligned} \tag{8.18}$$

所以保迹条件成立, 即

$$\mathrm{tr}\left[\rho(t)\right] = \mathrm{tr}\left(\sum_{n=0}^{+\infty} M_n \rho_0 M_n^\dagger\right) = \mathrm{tr}\,\rho_0. \tag{8.19}$$

因此, 对于给定的初态 ρ_0, 密度算符 $\rho(t)$ 可通过式 (8.14) 计算得到.

8.2 粒子数态演化为二项式混态

现在我们考虑初态为一纯粒子数态的情况, 即 $\rho_0 = |m\rangle\langle m|$, 看看它在振幅阻尼通道中是怎么演化的. 结果发现 $\rho_0 = |m\rangle\langle m|$ 将演化为一个二项式混态密度算符. 为此, 我们先简要回顾一下二项式态 [9]. 它是粒子数态的一种叠加态, 即

$$|\sigma, M\rangle = \sum_{n=0}^{M} \beta_n^M |n\rangle \quad (0 < \sigma < 1), \tag{8.20}$$

式中

$$\beta_n^M \equiv \sqrt{\binom{M}{n}\sigma^n(1-\sigma)^{M-n}}, \tag{8.21}$$

σ 称为二项式参数. 由于 $\sum\limits_{n=0}^{M}\left(\beta_n^M\right)^2=1$, 它是一个二项式分布, 故 $|\sigma,M\rangle$ 是归一化的. 从数学统计来看, 当 $\sigma\to 0$, 而 $M\to+\infty$ 时, 该二项式分布就变成了泊松分布, 所以二项式态是介于相干态与粒子数态之间的态. 二项式态展现了反聚束性质与亚泊松分布, 这是因为

$$\langle\sigma,M|\,a^\dagger a\,|\sigma,M\rangle=\sigma M, \tag{8.22}$$

$$\langle\sigma,M|\,(a^\dagger a)^2\,|\sigma,M\rangle=(\sigma M)^2+\sigma(1-\sigma)M, \tag{8.23}$$

$$\frac{\langle\sigma,M|\,(a^\dagger a)^2\,|\sigma,M\rangle-(\langle\sigma,M|\,a^\dagger a\,|\sigma,M\rangle)^2}{\langle\sigma,M|\,a^\dagger a\,|\sigma,M\rangle}=1-\sigma<1, \tag{8.24}$$

它的二阶相干度为

$$\frac{\langle\sigma,M|\,(a^\dagger a)^2\,|\sigma,M\rangle}{\langle\sigma,M|\,a^\dagger a\,|\sigma,M\rangle^2}-\frac{1}{\langle\sigma,M|\,a^\dagger a\,|\sigma,M\rangle}=1-\frac{1}{M}<1, \tag{8.25}$$

相比于相干态较小. 因此, 二项式场的密度算符可表示为

$$\sum_{n=0}^{M}\binom{M}{n}\sigma^n(1-\sigma)^{M-n}\,|n\rangle\langle n|. \tag{8.26}$$

将初态 $\rho_0=|m\rangle\langle m|$ 代入式 (8.14), 并利用

$$a^n\,|m\rangle=\sqrt{\frac{m!}{(m-n)!}}\,|m-n\rangle, \tag{8.27}$$

我们有

$$\begin{aligned}
\rho_m(t)&=\sum_{n=0}^{+\infty}\frac{T^n}{n!}\mathrm{e}^{-\kappa t a^\dagger a}a^n\,|m\rangle\langle m|\,a^{\dagger n}\mathrm{e}^{-\kappa t a^\dagger a}\\
&=\sum_{n=0}^{+\infty}\frac{T^n}{n!}\mathrm{e}^{-\kappa t a^\dagger a}\frac{m!}{(m-n)!}\,|m-n\rangle\langle m-n|\,\mathrm{e}^{-\kappa t a^\dagger a}\\
&=\sum_{n=0}^{+\infty}\frac{T^n}{n!}\mathrm{e}^{-2\kappa t(m-n)}\frac{m!}{(m-n)!}\,|m-n\rangle\langle m-n|
\end{aligned}$$

$$= \sum_{n=0}^{+\infty} \left(1-\mathrm{e}^{-2\kappa t}\right)^n \binom{m}{n} \left(\mathrm{e}^{-2\kappa t}\right)^{m-n} |m-n\rangle \langle m-n|$$

$$= \sum_{n'=0}^{+\infty} \binom{m}{m-n'} \left(\mathrm{e}^{-2\kappa t}\right)^{n'} \left(1-\mathrm{e}^{-2\kappa t}\right)^{m-n'} |n'\rangle \langle n'|. \tag{8.28}$$

注意到 $\binom{m}{m-n'} = \binom{m}{n'}$, 比较式 (8.26) 与 (8.28), 可见 $\rho(t)$ 的确是二项式态 (一个混态), $\mathrm{e}^{-2\kappa t}$ 是二项式参数. 因此, 在经过振幅阻尼通道之后, 混态的光子数分布为

$$\mathrm{tr}\left[\rho_m(t)\, a^\dagger a\right] = \sum_{n=0}^{\infty} \binom{m}{m-n} \left(\mathrm{e}^{-2\kappa t}\right)^n \left(1-\mathrm{e}^{-2\kappa t}\right)^{m-n} \langle n| a^\dagger a |n\rangle$$

$$= m\mathrm{e}^{-2\kappa t}, \tag{8.29}$$

以及

$$\mathrm{tr}[\rho_m(t)\,(a^\dagger a)^2] = \left(m\mathrm{e}^{-2\kappa t}\right)^2 + m\mathrm{e}^{-2\kappa t}\left(1-\mathrm{e}^{-2\kappa t}\right). \tag{8.30}$$

当时间 t 足够长时, $m\mathrm{e}^{-2\kappa t} \to 0$.

8.3　激发相干态的退相干

假设初始态为激发相干态, 它是对相干态进行了连续 m 次单光子激发的结果 [10,11], 即

$$\rho_0 = C_{\alpha,m} a^{\dagger m} |\alpha\rangle \langle\alpha| a^m, \tag{8.31}$$

其中

$$C_{\alpha,m} = [m!\mathrm{L}_m(-|\alpha|^2)]^{-1}, \tag{8.32}$$

$\mathrm{L}_m(x) = \sum_{l=0}^{+\infty} \binom{m}{l} \frac{(-x)^l}{l!}$ 是 m 阶拉盖尔多项式. 将式 (8.31) 代入式 (8.14), 得激发相干态在振幅阻尼通道中的密度算符为

$$\rho_{\alpha,m}(t) = C_{\alpha,m} \sum_{n=0}^{+\infty} \frac{T^n}{n!} G_{m,n}(a, a^\dagger, t), \tag{8.33}$$

式中

$$G_{m,n}(a,a^\dagger,t)=\mathrm{e}^{-\kappa t a^\dagger a}a^n a^{\dagger m}|\alpha\rangle\langle\alpha|a^m a^{\dagger n}\mathrm{e}^{-\kappa t a^\dagger a}. \tag{8.34}$$

为了推导出此密度算符的正规乘积形式, 由

$$\begin{aligned}\mathrm{e}^{t'a}\mathrm{e}^{ta^\dagger}&=\mathrm{e}^{ta^\dagger}\mathrm{e}^{t'a}\mathrm{e}^{tt'}=:\mathrm{e}^{ta^\dagger+t'a+tt'}:\\&=\sum_{m,n=0}\frac{(-\mathrm{i}t)^m(-\mathrm{i}t')^n}{n!m!}:\mathrm{H}_{m,n}(\mathrm{i}a^\dagger,\mathrm{i}a):\\&=\sum_{m,n=0}\frac{t^m t'^n}{n!m!}a^n a^{\dagger m},\end{aligned} \tag{8.35}$$

这里已考虑双变量厄米多项式的母函数:

$$\sum_{m,n=0}\frac{t^m t'^n}{m!n!}\mathrm{H}_{m,n}(x,y)=\mathrm{e}^{-tt'+tx+t'y},\quad \mathrm{H}_{m,n}(x,y)=\left.\frac{\partial^{m+n}}{\partial t^m\partial t'^n}\mathrm{e}^{-tt'+tx+t'y}\right|_{t=t'=0}, \tag{8.36}$$

可得算符恒等式

$$a^n a^{\dagger m}=(-\mathrm{i})^{m+n}:\mathrm{H}_{m,n}(\mathrm{i}a^\dagger,\mathrm{i}a):. \tag{8.37}$$

利用式 (8.37) 及 (8.36), 可将式 (8.34) 进一步写成

$$\begin{aligned}G_{m,n}\left(a,a^\dagger,t\right)&=(-1)^{m+n}\mathrm{e}^{-\kappa t a^\dagger a}\mathrm{H}_{m,n}(\mathrm{i}a^\dagger,\mathrm{i}\alpha)|\alpha\rangle\langle\alpha|\mathrm{H}_{m,n}(\mathrm{i}\alpha^*,\mathrm{i}a)\mathrm{e}^{-\kappa t a^\dagger a}\\&=(-1)^{m+n}\frac{\partial^{m+n}}{\partial\lambda^m\partial\lambda'^n}\frac{\partial^{m+n}}{\partial\tau^m\partial\tau'^n}\mathrm{e}^{-\lambda\lambda'+\mathrm{i}\alpha\lambda'-\tau\tau'+\mathrm{i}\alpha^*\tau}\\&\quad\times\left.\mathrm{e}^{-\kappa t a^\dagger a}\mathrm{e}^{\mathrm{i}\lambda a^\dagger}|\alpha\rangle\langle\alpha|\mathrm{e}^{\mathrm{i}\tau' a}\mathrm{e}^{-\kappa t a^\dagger a}\right|_{\lambda=\lambda'=\tau=\tau'=0}.\end{aligned} \tag{8.38}$$

注意到

$$\mathrm{e}^{-\kappa t a^\dagger a}\mathrm{e}^{\mathrm{i}\lambda a^\dagger}|\alpha\rangle\langle\alpha|\mathrm{e}^{\mathrm{i}\tau' a}\mathrm{e}^{-\kappa t a^\dagger a}=\mathrm{e}^{-|\alpha|^2+\mathrm{i}a^\dagger\lambda\mathrm{e}^{-\kappa t}+a^\dagger\alpha\mathrm{e}^{-\kappa t}}|0\rangle\langle 0|\mathrm{e}^{\mathrm{i}a\tau'\mathrm{e}^{-\kappa t}+a\alpha^*\mathrm{e}^{-\kappa t}},$$

以及真空投影算符的正规乘积表示 $|0\rangle\langle 0|=:\mathrm{e}^{-a^\dagger a}:$, 则式 (8.38) 可写成

$$G_{m,n}(a,a^\dagger,t)=(-1)^{m+n}:\mathrm{e}^{-|\alpha|^2+(\alpha a^\dagger+\alpha^* a)\mathrm{e}^{-\kappa t}}\mathrm{H}_{m,n}(\mathrm{i}a^\dagger\mathrm{e}^{-\kappa t},\mathrm{i}\alpha)\mathrm{H}_{m,n}(\mathrm{i}a\mathrm{e}^{-\kappa t},\mathrm{i}\alpha^*):. \tag{8.39}$$

再利用一个算符恒等式 [12]

$$\sum_{n=0}\frac{z^n}{n!}\mathrm{H}_{m,n}(x,y)\mathrm{H}_{m,n}(x',y')$$

$$=(-z)^m \mathrm{e}^{zyy'}\mathrm{H}_{m,m}\left[\mathrm{i}\left(\sqrt{z}y'-\frac{x}{\sqrt{z}}\right),\mathrm{i}\left(\sqrt{z}y-\frac{x'}{\sqrt{z}}\right)\right], \tag{8.40}$$

可得密度算符 $\rho_{\alpha,m}(t)$ 的正规乘积形式为

$$\begin{aligned}\rho_{\alpha,m}(t)=&\frac{(-T)^m}{m!\mathrm{L}_m(-|\alpha|^2)}:\mathrm{e}^{-(a-\alpha\mathrm{e}^{-\kappa t})(a^\dagger-\alpha^*\mathrm{e}^{-\kappa t})}\\&\times\mathrm{H}_{m,m}\left[\mathrm{i}\left(T\alpha^*+a^\dagger\mathrm{e}^{-\kappa t}\right)T^{-1/2},\mathrm{i}\left(T\alpha+a\mathrm{e}^{-\kappa t}\right)T^{-1/2}\right]:.\end{aligned} \tag{8.41}$$

8.4　混沌光场的演化

当初态是一个混沌光场时, 相应的密度算符是

$$\rho_0=\left(1-\mathrm{e}^f\right)\mathrm{e}^{fa^\dagger a}. \tag{8.42}$$

利用 $\int\frac{\mathrm{d}^2z}{\pi}|z\rangle\langle z|=1$, 可以证明

$$\begin{aligned}\mathrm{tr}\ \rho_0&=\mathrm{tr}\left[(1-\mathrm{e}^f)\mathrm{e}^{fa^\dagger a}\right]\\&=\left(1-\mathrm{e}^f\right)\int\frac{\mathrm{d}^2z}{\pi}\langle z|:\mathrm{e}^{(\mathrm{e}^f-1)a^\dagger a}:|z\rangle\\&=\left(1-\mathrm{e}^f\right)\int\frac{\mathrm{d}^2z}{\pi}\mathrm{e}^{\left(\mathrm{e}^f-1\right)|z|^2}\\&=1\end{aligned} \tag{8.43}$$

和

$$\begin{aligned}(1-\mathrm{e}^f)\mathrm{tr}(\mathrm{e}^{fa^\dagger a}a^\dagger a)&=\left(1-\mathrm{e}^f\right)\frac{\partial}{\partial f}\mathrm{tr}\,\mathrm{e}^{fa^\dagger a}\\&=\left(1-\mathrm{e}^f\right)\frac{\partial}{\partial f}\frac{1}{1-\mathrm{e}^f}\\&=(\mathrm{e}^{-f}-1)^{-1}.\end{aligned} \tag{8.44}$$

因此 $(1-\mathrm{e}^f)\mathrm{e}^{fa^\dagger a}$ 是一个密度算符. 这种光场所对应的哈密顿量 H 为 $\omega\hbar a^\dagger a$, 密度矩阵为 $\mathrm{e}^{-\beta H}$, 这里 $\beta=1/(k_{\mathrm{B}}T_0)$, T_0 为系统的温度. 这样我们可以设在

式 (8.42) 中 $f=-\omega\hbar/(k_{\rm B}T_0)$. 根据玻色统计给出平均光子数 $\bar{n}$:

$$\left(\mathrm{e}^{-f}-1\right)^{-1}=(\mathrm{e}^{\frac{\omega\hbar}{k_{\rm B}T_0}}-1)^{-1}=\bar{n},\quad \frac{\mathrm{e}^f-1}{\mathrm{e}^f+1}=-\frac{1}{2\bar{n}+1}. \tag{8.45}$$

将式 (8.42) 代入式 (8.14), 得

$$\begin{aligned}\rho(t)&=\sum_{n=0}^{+\infty}\frac{T^n}{n!}\mathrm{e}^{-\kappa t a^\dagger a}a^n\left(1-\mathrm{e}^f\right)\mathrm{e}^{fa^\dagger a}a^{\dagger n}\mathrm{e}^{-\kappa t a^\dagger a}\\&=\sum_{n=0}^{+\infty}\frac{T^n}{n!}\left(1-\mathrm{e}^f\right)\mathrm{e}^{2n\kappa t}a^n\mathrm{e}^{\lambda a^\dagger a}a^{\dagger n},\end{aligned} \tag{8.46}$$

式中

$$\lambda=f-2\kappa t. \tag{8.47}$$

利用积分公式

$$\int\frac{\mathrm{d}^2z}{\pi}\exp(\zeta|z|^2+\xi z+\eta z^*)z^nz^{*m}=\mathrm{e}^{-\xi\eta/\zeta}\sum_{l=0}\frac{m!n!\xi^{m-l}\eta^{n-l}}{l!(m-l)!(n-l)!(-\xi)^{m+n-l+1}}, \tag{8.48}$$

以及相干态完备性, 有

$$\begin{aligned}a^n\mathrm{e}^{\lambda a^\dagger a}a^{\dagger n}&=\int\frac{\mathrm{d}^2z}{\pi}a^n\mathrm{e}^{\lambda a^\dagger a}\left|z\right\rangle\left\langle z\right|a^{\dagger n}\\&=\int\frac{\mathrm{d}^2z}{\pi}\mathrm{e}^{-|z|^2/2}a^n\mathrm{e}^{\lambda a^\dagger a}\mathrm{e}^{za^\dagger}\mathrm{e}^{-\lambda a^\dagger a}\left|0\right\rangle\left\langle z\right|z^{*n}\\&=\int\frac{\mathrm{d}^2z}{\pi}\mathrm{e}^{-|z|^2/2}a^n\mathrm{e}^{za^\dagger\mathrm{e}^\lambda}\left|0\right\rangle\left\langle z\right|a^{\dagger n}\\&=\int\frac{\mathrm{d}^2z}{\pi}:\left(z\mathrm{e}^\lambda\right)^nz^{*n}\mathrm{e}^{-|z|^2+za^\dagger\mathrm{e}^\lambda+z^*a-a^\dagger a}:\\&=\mathrm{e}^{\lambda n}:\mathrm{e}^{(\mathrm{e}^\lambda-1)a^\dagger a}\sum_{l=0}^n\frac{(n!)^2\left(a^\dagger a\mathrm{e}^\lambda\right)^{n-l}}{l!\left[(n-l)!\right]^2}:.\end{aligned} \tag{8.49}$$

考虑到拉盖尔多项式

$$\mathrm{L}_n\left(x\right)=\sum_{l=0}^n\frac{(-x)^ln!}{(l!)^2\left(n-l\right)!}, \tag{8.50}$$

式 (8.49) 可改写为

$$a^n\mathrm{e}^{\lambda a^\dagger a}a^{\dagger n}=n!\mathrm{e}^{\lambda n}:\mathrm{e}^{(\mathrm{e}^\lambda-1)a^\dagger a}\mathrm{L}_n\left(-a^\dagger a\mathrm{e}^\lambda\right):. \tag{8.51}$$

将式 (8.51) 代入式 (8.46), 并利用 $\lambda=f-2\kappa t$, $\mathrm{e}^{\lambda}\mathrm{e}^{2\kappa t}=\mathrm{e}^{f}$ 以及拉盖尔多项式的母函数

$$\sum_{n=0}^{+\infty} z^{n}\mathrm{L}_{n}(x)=\frac{1}{1-z}\exp\left(\frac{xz}{z-1}\right), \tag{8.52}$$

$\rho(t)$ 最终变为

$$\begin{aligned}\rho(t)&=\left(1-\mathrm{e}^{f}\right)\sum_{n=0}^{+\infty}\left(\mathrm{e}^{f}T\right)^{n}:\mathrm{L}_{n}\left(-\mathrm{e}^{\lambda}a^{\dagger}a\right)\mathrm{e}^{\left(\mathrm{e}^{\lambda}-1\right)a^{\dagger}a}:\\&=\frac{1-\mathrm{e}^{f}}{1-\mathrm{e}^{f}T}:\mathrm{e}^{\left(\frac{1}{\mathrm{e}^{-\lambda}-T\mathrm{e}^{2\kappa t}}-1\right)a^{\dagger}a}:\\&=\frac{1-\mathrm{e}^{f}}{1-\mathrm{e}^{f}T}\mathrm{e}^{a^{\dagger}a\ln\frac{1}{\mathrm{e}^{-\lambda}-T\mathrm{e}^{2\kappa t}}}\\&=\frac{\left(1-\mathrm{e}^{f}\right)\mathrm{e}^{-a^{\dagger}a\ln\left[\left(\mathrm{e}^{-f}-1\right)\mathrm{e}^{2\kappa t}+1\right]}}{1-\mathrm{e}^{f}\left(1-\mathrm{e}^{-2\kappa t}\right)}.\end{aligned} \tag{8.53}$$

令

$$f'=-\ln\left[\left(\mathrm{e}^{-f}-1\right)\mathrm{e}^{2\kappa t}+1\right], \tag{8.54}$$

则有

$$\begin{aligned}1-\mathrm{e}^{f'}&=1-\frac{1}{\left(\mathrm{e}^{-f}-1\right)\mathrm{e}^{2\kappa t}+1}\\&=\frac{1-\mathrm{e}^{f}}{1-\mathrm{e}^{f}\left(1-\mathrm{e}^{-2\kappa t}\right)}.\end{aligned} \tag{8.55}$$

因而终态可简写为

$$\rho(t)=(1-\mathrm{e}^{f'})\mathrm{e}^{f'a^{\dagger}a}. \tag{8.56}$$

它仍是混沌光场, 只是从原来的 f 变为 f'. 此时平均光子数为

$$\mathrm{tr}\left[a^{\dagger}a\rho(t)\right]=(\mathrm{e}^{-f'}-1)^{-1}=\left(\mathrm{e}^{-f}-1\right)^{-1}\mathrm{e}^{-2\kappa t}, \tag{8.57}$$

光子数以 e 的指数幂减少, 这是正确的. 当 $\mathrm{e}^{-f}-1\sim\mathrm{e}^{-f}$, $\left(\mathrm{e}^{-f}-1\right)\mathrm{e}^{2\kappa t}\geqslant 1$ 时,

$$\rho(t)\approx\frac{1-\mathrm{e}^{f}}{1-\mathrm{e}^{f}\left(1-\mathrm{e}^{-2\kappa t}\right)}\exp[a^{\dagger}a(f-2\kappa t)]. \tag{8.58}$$

8.5 单模压缩真空态的退相干

当 ρ_0 是一个单模压缩真空态的密度算符时,

$$\rho_0 = \operatorname{sech}\lambda \mathrm{e}^{\frac{\tanh\lambda}{2}a^{\dagger 2}} |0\rangle \langle 0| \mathrm{e}^{\frac{\tanh\lambda}{2}a^2}, \tag{8.59}$$

代入式 (8.14), 有

$$\rho_s(t) = \operatorname{sech}\lambda \sum_{n=0}^{+\infty} \frac{T^n}{n!} \mathrm{e}^{-\kappa t a^\dagger a} a^n \mathrm{e}^{\frac{\tanh\lambda}{2}a^{\dagger 2}} |0\rangle \langle 0| \mathrm{e}^{\frac{\tanh\lambda}{2}a^2} a^{\dagger n} \mathrm{e}^{-\kappa t a^\dagger a}. \tag{8.60}$$

根据算符恒等式

$$\mathrm{e}^{\mathrm{i}\lambda\hat{A}} \hat{B} \mathrm{e}^{-\mathrm{i}\lambda\hat{A}} = \hat{B} + \mathrm{i}\lambda[\hat{A},\hat{B}] + \frac{(\mathrm{i}\lambda)^2}{2!}[\hat{A},[\hat{A},\hat{B}]] + \cdots, \tag{8.61}$$

可以导出

$$\begin{aligned} a^n \mathrm{e}^{\frac{\tanh\lambda}{2}a^{\dagger 2}} |0\rangle &= \mathrm{e}^{\frac{\tanh\lambda}{2}a^{\dagger 2}} \mathrm{e}^{-\frac{\tanh\lambda}{2}a^{\dagger 2}} a^n \mathrm{e}^{\frac{\tanh\lambda}{2}a^{\dagger 2}} |0\rangle \\ &= \mathrm{e}^{\frac{\tanh\lambda}{2}a^{\dagger 2}} \left(a + a^\dagger \tanh\lambda\right)^n |0\rangle. \end{aligned} \tag{8.62}$$

进一步化简, 由贝克–豪斯多夫公式

$$\mathrm{e}^{\hat{A}+\hat{B}} = \mathrm{e}^{\hat{A}} \mathrm{e}^{\hat{B}} \mathrm{e}^{-\frac{1}{2}[\hat{A},\hat{B}]} = \mathrm{e}^{\hat{B}} \mathrm{e}^{\hat{A}} \mathrm{e}^{-\frac{1}{2}[\hat{B},\hat{A}]} \tag{8.63}$$

(满足 $[[\hat{A},\hat{B}],\hat{A}] = [[\hat{A},\hat{B}],B] = 0$), 以及单变量厄米多项式 $\mathrm{H}_m(x)$ 的母函数

$$\sum_{m=0}^{+\infty} \frac{t^m}{m!} \mathrm{H}_m(x) = \mathrm{e}^{2tx - t^2}, \quad \mathrm{H}_m(x) = \left.\frac{\partial^m}{\partial t^m} \mathrm{e}^{2tx-t^2}\right|_{t=0}, \tag{8.64}$$

很容易得到

$$\begin{aligned} \mathrm{e}^{\lambda(\mu a + \nu a^\dagger)} &=: \exp\left[\lambda\left(\mu a + \nu a^\dagger\right) + \frac{1}{2}\lambda^2 \mu\nu\right]: \\ &=: \exp\left[2\left(-\mathrm{i}\sqrt{\frac{\mu\nu}{2}}\lambda\right) \frac{\mathrm{i}\left(\mu a + \nu a^\dagger\right)}{\sqrt{2\mu\nu}} - \left(-\mathrm{i}\sqrt{\frac{\mu\nu}{2}}\lambda\right)^2\right]: \end{aligned}$$

$$=\sum_{m=0}^{+\infty}\frac{\left(-\mathrm{i}\sqrt{\mu\nu\lambda/2}\right)^m}{m!}:\mathrm{H}_m\left(\mathrm{i}\frac{\mu a+\nu a^\dagger}{\sqrt{2\mu\nu}}\right):$$

$$=\sum_{m=0}^{+\infty}\frac{\lambda^m}{m!}\left(\mu a+\nu a^\dagger\right)^m, \tag{8.65}$$

所以

$$\left(\mu a+\nu a^\dagger\right)^m=\left(-\mathrm{i}\sqrt{\frac{\mu\nu}{2}}\right)^m:\mathrm{H}_m\left(\mathrm{i}\frac{\mu a+\nu a^\dagger}{\sqrt{2\mu\nu}}\right):. \tag{8.66}$$

有了式 (8.66) 的结果, 式 (8.62) 就变成

$$a^n\mathrm{e}^{\frac{\tanh\lambda}{2}a^{\dagger 2}}|0\rangle=\left(-\mathrm{i}\sqrt{\frac{\tanh\lambda}{2}}\right)^n\mathrm{e}^{\frac{\tanh\lambda}{2}a^{\dagger 2}}\mathrm{H}_n\left(\mathrm{i}\sqrt{\frac{\tanh\lambda}{2}}a^\dagger\right)|0\rangle. \tag{8.67}$$

注意到

$$\mathrm{e}^{-\kappa ta^\dagger a}a^\dagger\mathrm{e}^{\kappa ta^\dagger a}=a^\dagger\mathrm{e}^{-\kappa t},\quad \mathrm{e}^{\kappa ta^\dagger a}a\mathrm{e}^{-\kappa ta^\dagger a}=a\mathrm{e}^{-\kappa t}, \tag{8.68}$$

以及 $|0\rangle\langle 0|=:\mathrm{e}^{-a^\dagger a}:$, 则有

$$\begin{aligned}\rho_s(t)=&\operatorname{sech}\lambda\sum_{n=0}^{+\infty}\frac{(T\tanh\lambda)^n}{2^n n!}\mathrm{e}^{\frac{\mathrm{e}^{-2\kappa t}a^{\dagger 2}\tanh\lambda}{2}}\mathrm{H}_n\left(\mathrm{i}\sqrt{\frac{\tanh\lambda}{2}}a^\dagger\mathrm{e}^{-\kappa t}\right)\\&\times|0\rangle\langle 0|\mathrm{H}_n\left(-\mathrm{i}\sqrt{\frac{\tanh\lambda}{2}}a\mathrm{e}^{-\kappa t}\right)\mathrm{e}^{\frac{\mathrm{e}^{-2\kappa t}a^2\tanh\lambda}{2}}\\=&\operatorname{sech}\lambda\sum_{n=0}^{+\infty}\frac{(T\tanh\lambda)^n}{2^n n!}:\mathrm{e}^{\frac{\mathrm{e}^{-2\kappa t}\left(a^2+a^{\dagger 2}\right)\tanh\lambda}{2}-a^\dagger a}\\&\times\mathrm{H}_n\left(\mathrm{i}\sqrt{\frac{\tanh\lambda}{2}}a^\dagger\mathrm{e}^{-\kappa t}\right)\mathrm{H}_n\left(-\mathrm{i}\sqrt{\frac{\tanh\lambda}{2}}a\mathrm{e}^{-\kappa t}\right):.\end{aligned} \tag{8.69}$$

利用恒等式

$$\sum_{n=0}^{+\infty}\frac{t^n}{2^n n!}\mathrm{H}_n(x)\mathrm{H}_n(y)=\left(1-t^2\right)^{-1/2}\exp\left[\frac{t^2\left(x^2+y^2\right)-2txy}{t^2-1}\right] \tag{8.70}$$

和

$$\mathrm{e}^{\lambda a^\dagger a}=:\mathrm{e}^{\left(\mathrm{e}^\lambda-1\right)a^\dagger a}:, \tag{8.71}$$

式 (8.69) 可简化为

$$\rho_s(t)=\Re\mathrm{e}^{\frac{ß}{2}a^{\dagger 2}}:\mathrm{e}^{\left(ßT'\tanh\lambda-1\right)a^\dagger a}:\mathrm{e}^{\frac{ß}{2}a^2}$$

$$= \Re \mathrm{e}^{\frac{\text{ß}}{2}a^{\dagger 2}} \mathrm{e}^{a^{\dagger}a \ln(\text{ß}T' \tanh\lambda)} \mathrm{e}^{\frac{\text{ß}}{2}a^{2}}, \tag{8.72}$$

其中

$$\Re \equiv \frac{\operatorname{sech}\lambda}{\sqrt{1-T^2\tanh^2\lambda}}, \quad \text{ß} \equiv \frac{\mathrm{e}^{-2\kappa t}\tanh\lambda}{1-T^2\tanh^2\lambda}. \tag{8.73}$$

从式 (8.72) 看出, 初始压缩真空纯态经过振幅阻尼通道之后变成了混态. 当 $\kappa t = 0, T = 0$ 和 $\text{ß} = \tanh\lambda$ 时, 式 (8.72) 就恢复成初始压缩真空态. 由于式 (8.73) 中的 $\mathrm{e}^{-2\kappa t}/(1-T^2\tanh^2\lambda) < 1$, 所以这意味着原始压缩量减少了.

根据式 (8.19), $\operatorname{tr}\rho_s(t) = \operatorname{tr}\rho_0 = 1$. 由式 (8.72) 的结果, 可以验证 $\operatorname{tr}\rho_s(t) = 1$. 事实上, 利用相干态的完备性 $\int \frac{\mathrm{d}^2 z}{\pi} |z\rangle\langle z| = 1$ 以及数学公式

$$\int \frac{\mathrm{d}^2 z}{\pi} \mathrm{e}^{\zeta|z|^2+\xi z+\eta z^*+fz^2+gz^{*2}} = \frac{1}{\sqrt{\zeta^2-4fg}} \mathrm{e}^{\frac{-\zeta\xi\eta+f\eta^2+g\xi^2}{\zeta^2-4fg}}, \tag{8.74}$$

有

$$\begin{aligned} \operatorname{tr}\rho(t) &= \Re \int \frac{\mathrm{d}^2 z}{\pi} \mathrm{e}^{(\text{ß}T\tanh\lambda-1)|z|^2+\frac{\text{ß}}{2}z^{*2}+\frac{\text{ß}}{2}z^2} \\ &= \Re \frac{1}{\sqrt{(\text{ß}T\tanh\lambda-1)^2-\text{ß}^2}} = 1. \end{aligned} \tag{8.75}$$

8.6 热真空态的退相干

热真空态就是由双模压缩算符

$$S(\theta) = \exp\left[\theta\left(a^{\dagger}\tilde{a}^{\dagger} - a\tilde{a}\right)\right] \tag{8.76}$$

作用到真空态 $\left|0\tilde{0}\right\rangle$ 得到的, 即

$$S(\theta)\left|0\tilde{0}\right\rangle = \operatorname{sech}\theta \exp\left(a^{\dagger}\tilde{a}^{\dagger}\tanh\theta\right)\left|0\tilde{0}\right\rangle \equiv |0(\beta)\rangle, \tag{8.77}$$

其中 $\left|\tilde{0}\right\rangle$ 是 “虚” 真空, $\tilde{a}^{\dagger}$ 是附加的虚模. 根据高桥和梅泽的原始想法, 在非零温度 T_0 下的系综平均就等于在纯态 $|0(\beta)\rangle$ 中的平均值, 即

$$\langle 0(\beta)| A |0(\beta)\rangle = \operatorname{tr}(A\mathrm{e}^{-\beta H})/\operatorname{tr}\mathrm{e}^{-\beta H}, \tag{8.78}$$

式中哈密顿量 $H=\omega a^{\dagger}a,\beta=1/(k_{\mathrm{B}}T_0)$. 压缩参数 θ 满足

$$\tanh\theta=\exp\left(-\frac{\hbar\omega}{2k_{\mathrm{B}}T_0}\right), \tag{8.79}$$

这由玻色–爱因斯坦分布决定:

$$n=\left[\exp\left(\frac{\omega\hbar}{k_{\mathrm{B}}T_0}\right)-1\right]^{-1}; \tag{8.80}$$

热光子数的期望值为

$$\langle 0(\beta)|\,a^{\dagger}a\,|0(\beta)\rangle-\sinh^2\theta. \tag{8.81}$$

当初态为一热真空态 $|0\,(\beta)\rangle\,\langle 0\,(\beta)|$ 时, 由式 (8.14), 得终态为

$$\rho\,(t)=\sum_{n=0}^{+\infty}\frac{T^n}{n!}\mathrm{e}^{-\kappa t a^{\dagger}a}a^n\,|0\,(\beta)\rangle\,\langle 0\,(\beta)|\,a^{\dagger n}\mathrm{e}^{-\kappa t a^{\dagger}a}. \tag{8.82}$$

将式 (8.77) 代入式 (8.82), 并利用

$$\begin{aligned}a^n\,|0\,(\beta)\rangle&=a^{n-1}\,\mathrm{sech}\,\theta[a,\mathrm{e}^{a^{\dagger}\tilde{a}^{\dagger}\tanh\theta}]\,\big|0\tilde{0}\big\rangle=\tilde{a}^{\dagger}\tanh\theta a^{n-1}\,|0\,(\beta)\rangle\\&=\left(\tilde{a}^{\dagger}\tanh\theta\right)^n|0\,(\beta)\rangle,\end{aligned} \tag{8.83}$$

得到

$$\begin{aligned}\rho\,(t)&=\sum_{n=0}^{+\infty}\frac{T^n\tanh^{2n}\theta}{n!}\mathrm{e}^{-\kappa t a^{\dagger}a}\tilde{a}^{\dagger n}\,|0\,(\beta)\rangle\,\langle 0\,(\beta)|\,\tilde{a}^n\mathrm{e}^{-\kappa t a^{\dagger}a}\\&=\mathrm{sech}^2\theta\sum_{n=0}^{+\infty}\frac{T^n\tanh^{2n}\theta}{n!}\mathrm{e}^{-\kappa t a^{\dagger}a}\tilde{a}^{\dagger n}\mathrm{e}^{a^{\dagger}\tilde{a}^{\dagger}\tanh\theta}\,\big|0\tilde{0}\big\rangle\,\big\langle 0\tilde{0}\big|\,\mathrm{e}^{a\tilde{a}\tanh\theta}\tilde{a}^n\mathrm{e}^{-\kappa t a^{\dagger}a}.\end{aligned} \tag{8.84}$$

考虑到

$$\mathrm{e}^{-\kappa t a^{\dagger}a}a^{\dagger}\mathrm{e}^{\kappa t a^{\dagger}a}=\mathrm{e}^{-\kappa t}a^{\dagger}, \tag{8.85}$$

则有

$$\rho\,(t)=\mathrm{sech}^2\theta\sum_{n=0}^{+\infty}\frac{T^n\tanh^{2n}\theta}{n!}\tilde{a}^{\dagger n}\mathrm{e}^{\mathrm{e}^{-\kappa t}a^{\dagger}\tilde{a}^{\dagger}\tanh\theta}\,\big|0\tilde{0}\big\rangle\,\big\langle 0\tilde{0}\big|\,\mathrm{e}^{\mathrm{e}^{-\kappa t}a\tilde{a}\tanh\theta}\tilde{a}^n. \tag{8.86}$$

令 $\mathrm{e}^{-\kappa t}\tanh\theta\equiv\tanh\theta'$, 再根据式 (8.79), 得

$$\tanh\theta'=\exp\left(-\frac{\hbar\omega}{2k_{\mathrm{B}}T_0}-\kappa t\right). \tag{8.87}$$

因此, 我们能够引入一个新的与时间有关的热真空态

$$|0(\beta')\rangle=\operatorname{sech}\theta'\mathrm{e}^{\mathrm{e}^{-\kappa t}a^\dagger\tilde{a}^\dagger\tanh\theta}\left|0\tilde{0}\right\rangle=S(\theta')\left|0\tilde{0}\right\rangle, \tag{8.88}$$

式中

$$S(\theta')=\exp\left[\theta'\left(a^\dagger\tilde{a}^\dagger-a\tilde{a}\right)\right]. \tag{8.89}$$

在态 $|0(\beta')\rangle$ 中存在较少的实光子数, 这是由于

$$\langle 0(\beta')|\,a^\dagger a\,|0(\beta')\rangle=\sinh^2\theta'=\frac{\tanh^2\theta}{\mathrm{e}^{2\kappa t}-\tanh^2\theta}<\sinh^2\theta. \tag{8.90}$$

利用式 (8.86), $\rho(t)$ 变成

$$\rho(t)=\frac{\operatorname{sech}^2\theta}{\operatorname{sech}^2\theta'}\sum_{n=0}^{+\infty}\frac{T^n\tanh^{2n}\theta}{n!}\tilde{a}^{\dagger n}\,|0(\beta')\rangle\,\langle 0(\beta')|\,\tilde{a}^n. \tag{8.91}$$

这就暗示了耗散过程, 实光子数减少而虚光子数增加, 因为 $\tilde{a}^{\dagger n}\,|0(\beta')\rangle$ 是 $|0(\beta')\rangle$ 的激发态.

进而, 用正规乘积形式 $\left|0\tilde{0}\right\rangle\left\langle 0\tilde{0}\right|=:\mathrm{e}^{-a^\dagger a-\tilde{a}^\dagger\tilde{a}}:$, 式 (8.81) 可改写成

$$\begin{aligned}\rho(t)&=\frac{\operatorname{sech}^2\theta}{\operatorname{sech}^2\theta'}:\sum_{n=0}^{+\infty}\frac{T^n\tanh^{2n}\theta}{n!}\tilde{a}^{\dagger n}\tilde{a}^n\mathrm{e}^{\mathrm{e}^{-\kappa t}a^\dagger\tilde{a}^\dagger\tanh\theta}\mathrm{e}^{\mathrm{e}^{-\kappa t}a\tilde{a}\tanh\theta-a^\dagger a-\tilde{a}^\dagger\tilde{a}}:\\&=\frac{\operatorname{sech}^2\theta}{\operatorname{sech}^2\theta'}:\mathrm{e}^{\tilde{a}^\dagger\tilde{a}(1-\mathrm{e}^{-2\kappa t})\tanh^2\theta+\mathrm{e}^{-\kappa t}\tanh\theta(a^\dagger\tilde{a}^\dagger+a\tilde{a})-a^\dagger a-\tilde{a}^\dagger\tilde{a}}:\\&=\frac{\operatorname{sech}^2\theta}{\operatorname{sech}^2\theta'}\mathrm{e}^{\mathrm{e}^{-\kappa t}a^\dagger\tilde{a}^\dagger\tanh\theta}\,|0\rangle\,\langle 0|\,\mathrm{e}^{\tilde{a}^\dagger\tilde{a}\ln[(1-\mathrm{e}^{-2\kappa t})\tanh^2\theta]}\mathrm{e}^{\mathrm{e}^{-\kappa t}\tanh\theta a\tilde{a}},\end{aligned} \tag{8.92}$$

式中 $\mathrm{e}^{\tilde{a}^\dagger\tilde{a}\ln[(1-\mathrm{e}^{-2\kappa t})\tanh^2\theta]}$ 可以表示一个与时间有关的虚模混沌光场, 明显不同于最初的纯态 $\left|\tilde{0}\right\rangle\left\langle\tilde{0}\right|$. 将式 (8.92) 与

$$|0(\beta)\rangle\,\langle 0(\beta)|=\operatorname{sech}^2\theta\mathrm{e}^{a^\dagger\tilde{a}^\dagger\tanh\theta}\left|0\tilde{0}\right\rangle\left\langle 0\tilde{0}\right|\mathrm{e}^{\tanh\theta a\tilde{a}}, \tag{8.93}$$

相比较, 我们可以看到一个纯热真空态是怎么演化为相应混态的 [13], 即不仅压缩参数发生了变化 ($\tanh\theta\to\mathrm{e}^{-\kappa t}\tanh\theta$), 而且热真空态 $\left|0\tilde{0}\right\rangle\left\langle 0\tilde{0}\right|$ 也演化成了 $|0\rangle\,\langle 0|\;\mathrm{e}^{\tilde{a}^\dagger\tilde{a}\ln[(1-\mathrm{e}^{-2\kappa t})\tanh^2\theta]}$.

8.7 双模压缩真空态的退相干

本节讨论双模压缩态

$$S(\lambda)00\rangle = \operatorname{sech}\lambda \exp(a^\dagger b^\dagger \tanh\lambda)|00\rangle$$

在振幅衰减通道中的退相干, 这里 a, b 是两个不同模的湮灭算符, $[a, a^\dagger] = 1 = [b, b^\dagger], S(\lambda) = \exp[\lambda(a^\dagger b^\dagger - ab)]$ 是双模压缩算符. 对于双模情形, 方程 (8.14) 应该扩充为

$$\rho(t) = \operatorname{sech}^2\lambda \sum_{m,n=0}^{+\infty} \frac{T^{n+m}}{n!m!} \mathrm{e}^{-\kappa t(a^\dagger a + b^\dagger b)} a^n b^m \rho(0) a^{\dagger n} b^{\dagger m} \mathrm{e}^{-\kappa t(a^\dagger a + b^\dagger b)}. \tag{8.94}$$

当初始态为

$$\rho(0) = \operatorname{sech}^2\lambda \mathrm{e}^{a^\dagger b^\dagger \tanh\lambda}|00\rangle\langle 00|\mathrm{e}^{ab\tanh\lambda} \tag{8.95}$$

时, 将它代入式 (8.94), 得到

$$\begin{aligned}\rho(t) =& \operatorname{sech}^2\lambda \sum_{m,n=0}^{+\infty} \frac{T^{n+m}}{n!m!} \mathrm{e}^{-\kappa t(a^\dagger a + b^\dagger b)} a^n b^m \mathrm{e}^{a^\dagger b^\dagger \tanh\lambda}|00\rangle\langle 00| \\ &\times \mathrm{e}^{ab\tanh\lambda} a^{\dagger n} b^{\dagger m} \mathrm{e}^{-\kappa t(a^\dagger a + b^\dagger b)}.\end{aligned} \tag{8.96}$$

为了化简上式, 注意到

$$a^n b^m \mathrm{e}^{a^\dagger b^\dagger \tanh\lambda}|00\rangle = a^n (a^\dagger \tanh\lambda)^m \mathrm{e}^{a^\dagger b^\dagger \tanh\lambda}|00\rangle, \tag{8.97}$$

利用算符恒等式

$$a^n a^{\dagger m} = (-\mathrm{i})^{m+n} :\mathrm{H}_{m,n}(\mathrm{i}a^\dagger, \mathrm{i}a):, \tag{8.98}$$

就可以把式 (8.97) 改写为

$$a^n b^m \mathrm{e}^{a^\dagger b^\dagger \tanh\lambda}|00\rangle$$

$$
\begin{aligned}
&= (-\mathrm{i})^{m+n}\tanh^m\lambda : \mathrm{H}_{m,n}(\mathrm{i}a^\dagger,\mathrm{i}a) : \mathrm{e}^{a^\dagger b^\dagger \tanh\lambda}|00\rangle \\
&= (-\mathrm{i})^{m+n}\tanh^m\lambda : \sum_{l=0}^{\min(m,n)} \frac{m!n!(-1)^l}{l!(m-l)!(n-l)!}(\mathrm{i}a^\dagger)^{m-l}(\mathrm{i}a)^{n-l} : \\
&\quad \times \mathrm{e}^{a^\dagger b^\dagger \tanh\lambda}|00\rangle \\
&= \tanh^m\lambda \sum_{l=0}^{\min(m,n)} \frac{m!n!(a^\dagger)^{m-l}}{l!(m-l)!(n-l)!}a^{n-l}\mathrm{e}^{a^\dagger b^\dagger \tanh\lambda}|00\rangle \\
&= \tanh^m\lambda \sum_{l=0}^{\min(m,n)} \frac{m!n!(a^\dagger)^{m-l}(b^\dagger\tanh\lambda)^{n-l}}{l!(m-l)!(n-l)!}\mathrm{e}^{a^\dagger b^\dagger \tanh\lambda}|00\rangle \\
&= (-\mathrm{i})^{m+n}\tanh^m\lambda \mathrm{H}_{m,n}(\mathrm{i}a^\dagger,\mathrm{i}b^\dagger\tanh\lambda)\mathrm{e}^{a^\dagger b^\dagger \tanh\lambda}|00\rangle. \qquad (8.99)
\end{aligned}
$$

把式 (8.99) 代入式 (8.96), 并用母函数公式

$$
\sum_{m,n=0}^{+\infty}\frac{t^n s^m}{m!n!}\mathrm{H}_{m,n}(\xi,\eta)\mathrm{H}_{m,n}(\sigma,\kappa) = \frac{1}{1-st}\exp\left(\frac{s\sigma\xi+t\eta\kappa-st\sigma\kappa-st\xi\eta}{1-ts}\right),
$$

以及 $|00\rangle\langle 00| =: \mathrm{e}^{-a^\dagger a-b^\dagger b}:$, 就可得到

$$
\begin{aligned}
\rho(t) &= \mathrm{sech}^2\lambda \sum_{m,n=0}^{+\infty}\frac{T^{n+m}\tanh^{2m}\lambda}{n!m!}\mathrm{e}^{-\kappa t(a^\dagger a+b^\dagger b)}\mathrm{H}_{m,n}(\mathrm{i}a^\dagger,\mathrm{i}b^\dagger\tanh\lambda)\mathrm{e}^{a^\dagger b^\dagger\tanh\lambda}|00\rangle \\
&\quad \times \langle 00|\mathrm{e}^{ab\tanh\lambda}\mathrm{H}_{m,n}(-\mathrm{i}a,-\mathrm{i}b\tanh\lambda)\mathrm{e}^{-t\kappa(a^\dagger a+b^\dagger b)} \\
&= \mathrm{sech}^2\lambda : \sum_{m,n=0}^{+\infty}\frac{T^{n+m}\tanh^{2m}\lambda}{n!m!}\mathrm{H}_{m,n}(\mathrm{i}a^\dagger\mathrm{e}^{-\kappa t},\mathrm{i}b^\dagger\mathrm{e}^{-\kappa t}\tanh\lambda) \\
&\quad \times \mathrm{H}_{m,n}(-\mathrm{i}a\mathrm{e}^{-\kappa t},-\mathrm{i}b\mathrm{e}^{-\kappa t}\tanh\lambda)\mathrm{e}^{(a^\dagger b^\dagger+ab)\mathrm{e}^{-2\kappa t}\tanh\lambda}\mathrm{e}^{-a^\dagger a-b^\dagger b} : \\
&= \frac{\mathrm{sech}^2\lambda}{1-T^2\tanh^2\lambda} : \exp\left\{T\text{ß}\tanh\lambda[a^\dagger a+b^\dagger b+(ab+a^\dagger b^\dagger)T\tanh\lambda]-a^\dagger a-b^\dagger b\right. \\
&\quad \left. +(a^\dagger b^\dagger+ab)\mathrm{e}^{-2\kappa t}\tanh\lambda\right\} : \\
&= \frac{\mathrm{sech}^2\lambda}{1-T^2\tanh^2\lambda} : \exp[K(a^\dagger a+b^\dagger b)+\text{ß}(ab+a^\dagger b^\dagger)], \qquad (8.100)
\end{aligned}
$$

其中

$$
K = \frac{T\tanh^2\lambda-1}{1-T^2\tanh^2\lambda}, \quad \text{ß} = \frac{\mathrm{e}^{-2\kappa t}\tanh\lambda}{1-T^2\tanh^2\lambda}.
$$

式 (8.100) 代表了一个混合态. 特别地, 当 $\kappa t=0$, 式 (8.100) 还原为式 (8.95). 为了验证式 (8.100) 的正确性, 计算 $\operatorname{tr}\rho(t)$, 看它是否等于 1. 利用 $\int\frac{d^2\alpha d^2\beta}{\pi^2}|\alpha,\beta\rangle\langle\alpha,\beta|=1$, 得到

$$\begin{aligned}
\operatorname{tr}\rho(t) &= \frac{\operatorname{sech}^2\lambda}{1-T^2\tanh\lambda}\int\frac{d^2\alpha d^2\beta}{\pi^2}\langle\alpha,\beta| \\
&\quad\times :\exp\left[\frac{T\tanh^2\lambda-1}{1-T^2\tanh^2\lambda}(a^\dagger a+b^\dagger b)+ß(ab+a^\dagger b^\dagger)\right]:|\alpha,\beta\rangle \\
&= \frac{\operatorname{sech}^2\lambda}{1-T^2\tanh\lambda}\int\frac{d^2\alpha d^2\beta}{\pi^2}\exp\left[\frac{T\tanh^2\lambda-1}{1-T^2\tanh^2\lambda}\left(|\alpha|^2+|\beta|^2\right)+ß(\alpha\beta+\alpha^*\beta^*)\right] \\
&= \frac{\operatorname{sech}^2\lambda}{1-T^2\tanh\lambda}\int\frac{d^2\beta}{\pi}\exp\left(\frac{\tanh^2\lambda-1}{1-T^2\tanh^2\lambda}|\beta|^2\right) \\
&= 1,
\end{aligned} \tag{8.101}$$

这正是所期望的. 进一步, 利用 $e^{\lambda a^\dagger a}=:\exp[(e^\lambda-1)a^\dagger a]:$, 可把式 (8.101) 改写为

$$\rho(t)=\frac{\operatorname{sech}^2\lambda}{1-T^2\tanh\lambda}\exp(ßa^\dagger b^\dagger)\exp\left[(a^\dagger a+b^\dagger b)\ln\frac{Te^{-2\kappa t}\tanh^2\lambda}{1-T^2\tanh^2\lambda}\right]\exp(ßab). \tag{8.102}$$

比较式 (8.102) 与 (8.95), 可见压缩量从 $\tanh\lambda$ 变为 $\frac{e^{-2\kappa t}}{1-T^2\tanh^2\lambda}\tanh\lambda$. 由于

$$T=1-e^{-2\kappa t}\quad 及\quad T>T^2\tanh^2\lambda,$$

故有

$$\frac{e^{-2\kappa t}}{1-T^2\tanh^2\lambda}<1,$$

这表明压缩量在此衰减通道中减少了.

由式 (8.103), 我们可以计算 $\rho(t)$ 的光子数分布, 记为 $P(m,n,t)$. 利用 $|m\rangle=\left.\frac{d^m}{d\alpha^m}|\alpha\rangle\right|_{\alpha=0}$, 这里 $|\alpha\rangle$ 是未归一化的相干态, 就有

$$\begin{aligned}
&p(m,n,t) \\
&= \frac{\operatorname{sech}^2\lambda}{1-T^2\tanh^2\lambda}\langle m,n|:\exp\left\{\frac{T\tanh^2\lambda-1}{1-T^2\tanh^2\lambda}(a^\dagger a+b^\dagger b)+ß(ab+a^\dagger b^\dagger)\right\}:|m,n\rangle
\end{aligned}$$

$$
\begin{aligned}
&= \frac{\operatorname{sech}^2\lambda}{\tanh\lambda}\frac{\text{ß}\mathrm{e}^{2\kappa t}}{n!m!}\frac{\mathrm{d}^m}{\mathrm{d}\alpha^m}\frac{\mathrm{d}^m}{\mathrm{d}\beta^{*m}}\frac{\mathrm{d}^n}{\mathrm{d}\alpha'^n}\frac{\mathrm{d}^n}{\mathrm{d}\beta'^{*n}} \\
&\quad \times \langle\beta,\beta'| : \exp\left[\frac{T\tanh^2\lambda-1}{1-T^2\tanh^2\lambda}(a^\dagger a+b^\dagger b)+\text{ß}(ab+a^\dagger b^\dagger)\right] : |\alpha,\alpha'\rangle|_{\alpha,\alpha',\beta,\beta'=0} \\
&= \frac{\operatorname{sech}^2\lambda}{\tanh\lambda}\frac{\text{ß}\mathrm{e}^{2\kappa t}}{n!m!}\frac{\mathrm{d}^m}{\mathrm{d}\alpha^m}\frac{\mathrm{d}^m}{\mathrm{d}\beta'^{*m}}\frac{\mathrm{d}^n}{\mathrm{d}\alpha'^n}\frac{\mathrm{d}^n}{\mathrm{d}\beta'^{*n}} \\
&\quad \times \exp[(\beta^*\alpha+\beta'^*\alpha')\text{ß}T\tanh\lambda+\text{ß}(\alpha\alpha'+\beta^*\beta'^*)]|_{\alpha,\alpha',\beta,\beta=0} \\
&= \frac{\operatorname{sech}^2\lambda}{\tanh\lambda}\frac{\text{ß}\mathrm{e}^{2\kappa t}}{n!m!}\frac{\mathrm{d}^m}{\mathrm{d}\alpha^m}\frac{\mathrm{d}^m}{\mathrm{d}\beta^{*m}}\frac{\mathrm{d}^n}{\mathrm{d}\alpha'^n}\frac{\mathrm{d}^n}{\mathrm{d}\beta'^{*n}} \\
&\quad \times \sum_{l,j,k,p=0}^{+\infty}\frac{(\text{ß}T\tanh\lambda)^{l+k}\text{ß}^{j+p}}{l!k!j!p!}\alpha^{l+j}\beta^{*l+p}(\alpha')^{j+k}(\beta'^*)^{k+p}\bigg|_{\alpha,\alpha',\beta,\beta'=0} \\
&= \frac{\operatorname{sech}^2\lambda}{\tanh\lambda}\text{ß}\mathrm{e}^{2\kappa t}\sum_{p=0}^{\min(m,n)}\frac{m!n!(T\tanh\lambda)^{m+n-2p}\text{ß}^{m+n}}{(p!)^2(m-p)!(n-p)!}.
\end{aligned}
\tag{8.103}
$$

这可归属于雅可比多项式. 关于压缩热态的光子数分布请见文献 [14].

参考文献

[1] Bouwmeester D, Ekert A, Zeilinger A. The Physics of Quantum Information [M]. Berlin: Springer-Verlag, 2000.

[2] Preskill J. Lecture Notes for Physics 229: Quantum Information and Computation [M]. California: California Institution of Technology, 1998.

[3] Wei U. Quantum Dissipative System [M]. Singapore: Word Scientific, 1999.

[4] Louisell W H. Quantum Statistical Properties of Radiation [M]. New York: Wiley, 1973.

[5] Knight P L, Allen L. Concepts of Quantum Optics [M]. A. Wheaton & Co. Ltd., 1983.

[6] Fan H Y, Fan Y. New representation of thermal states in thermal field dynamics [J]. Phys. Lett. A, 1998, 246: 242~246.

[7] Fan H Y, Hu L Y. Operator-sum representation of density operators as solutions to master equations obtained via the entangled state approach [J]. Mod. Phys. Lett. B, 2008, 22: 2435.

[8] Fan H Y, Hu L Y. New approach for solving master equations in quantum optics and quantum statistics by virtue of thermo-entangled state representation [J]. Commun. Theor. Phys., 2009, 51: 729~742.

[9] Stoler D, Saleh B E A, Teich M C. Binomial states of the quantized radiation field [J]. Opt. Acta., 1985, 32: 345~355.

[10] Agarwal G S, Tara K. Nonclassical properties of states generated by the excitations on a coherent state [J]. Phys. Rev. A, 1991, 43: 492~497.

[11] Sivakumar S. Photon-added coherent states as nonlinear coherent states [J]. J. Phys. A Math. Gen., 1999, 32: 3441~3447.

[12] Hu L Y, Fan H Y. Statistical properties of photon-added coherent state in a dissipative channel [J]. Phys. Scr., 2009, 79: 035004.

[13] Wang C C, Fan H Y. Evolution of a thermo vacuum state in a single-mode amplitude dissipative channel [J]. Chin. Phys. Lett., 2010, 27 (11): 110302.

[14] Fan H Y, Zhou J, Xu X X, et al. Photon distribution of a squeezed chaotic state [J]. Chin. Phys. Lett., 2011, 28: 040302.

第 9 章　光子增加 (扣除) 压缩真空态的归一化

量子调控的一个有效手段是利用光信号, 因此光子增加 (或扣除) 光场的量子态的各种性质是近来物理学家关注的热点. 在本章中, 我们用母函数技巧结合 IWOP 技术导出这些态的归一化系数, 便于进一步从理论上研究这些光场的性质以至于加以调控.

9.1　单模光子增加 (扣除) 压缩真空态的归一化——勒让德多项式

近年来, 物理学家关注光子增加 (扣除) 单模压缩真空态与双模压缩真空态, 因为它们呈现很多非经典性质 [1~4]. 通常, 对某一压缩光场的探测可以产生光子扣除压缩态, 而一个原子通过某一压缩光场就能产生光子增加压缩态, 给出这两种态的归一化系数的简洁形式对研究它们的非经典性质非常重要. 下面, 我们采用一种方便、简洁的方法, 即利用勒让德 (Legendre) 多项式的产生函数去推导它们的归一化系数 [5], 这改进了文献 [6,7] 中的方法.

9.1.1　单模光子增加压缩真空态的归一化

单模光子增加压缩真空态的形式为

$$\left|r_+\right\rangle_m \equiv a^{\dagger m} S(r)\left|0\right\rangle = \left(\operatorname{sech}^{1/2} r\right) a^{\dagger m} \mathrm{e}^{a^{\dagger 2} \tanh r/2}\left|0\right\rangle, \tag{9.1}$$

式中 $S(r)$ 是单模压缩算符:

$$S(r) = \mathrm{e}^{r\left(a^{\dagger 2}-a^2\right)/2}. \tag{9.2}$$

为了容易计算出 ${}_m\left\langle r_+ \mid r_+\right\rangle_m$, 我们引进它的产生函数 (母函数)

$$\sum_{m=0}^{+\infty} \frac{t^m}{m!}\, {}_m\left\langle r_+ \mid r_+\right\rangle_m \equiv G. \tag{9.3}$$

将式 (9.1) 代入式 (9.3), 得

$$G = \left\langle 0\right| S^{\dagger}(r) \sum_m^{\infty} \frac{t^m}{m!} \vdots a^m a^{\dagger m} \vdots S(r)\left|0\right\rangle = \left\langle 0\right| S^{\dagger}(r) \vdots \mathrm{e}^{t a a^{\dagger}} \vdots S(r)\left|0\right\rangle, \tag{9.4}$$

这里记号 $\vdots\ \vdots$ 表示反正规排序. 利用算符恒等式

$$\mathrm{e}^{f a^{\dagger} a} = \mathrm{e}^{-f} \vdots \mathrm{e}^{\left(1-\mathrm{e}^{-f}\right) a a^{\dagger}} \vdots, \tag{9.5}$$

能将式 (9.4) 中的 $\vdots\ \vdots$ 移去, 即得

$$G = \frac{1}{1-t}\left\langle 0\right| S^{\dagger}(r) \mathrm{e}^{a^{\dagger} a \ln \frac{1}{1-t}} S(r)\left|0\right\rangle. \tag{9.6}$$

如果把 $S^{\dagger}(r) \mathrm{e}^{a^{\dagger} a \ln \frac{1}{1-t}} S(r)$ 变成正规乘积形式, 那么就立即得到它在真空态的平均值. 为此, 首先我们已经知道 $\mathrm{e}^{f a^{\dagger} a}$ 的外尔编序形式为 [8,9]

$$\mathrm{e}^{f a^{\dagger} a} = \frac{2}{\mathrm{e}^f+1} \begin{array}{c}:\\:\end{array} \exp\left[\frac{\mathrm{e}^f-1}{\mathrm{e}^f+1}\left(\hat{P}^2+\hat{X}^2\right)\right] \begin{array}{c}:\\:\end{array}, \tag{9.7}$$

其中记号 $\begin{array}{c}:\\:\end{array}\ \begin{array}{c}:\\:\end{array}$ 表示外尔编序, $\hat{P} = \left(a-a^{\dagger}\right)/(\sqrt{2}\mathrm{i})$ 与 $\hat{X} = \left(a+a^{\dagger}\right)/\sqrt{2}$ 分别是动量算符与坐标算符 . 值得强调的是, 算符 $\hat{X}$ 和 $\hat{P}$ 在外尔编序记号 $\begin{array}{c}:\\:\end{array}\ \begin{array}{c}:\\:\end{array}$ 中是对易的. 然后, 利用

$$\begin{aligned} &S^{\dagger}(r) a S(r) = a \cosh r + a^{\dagger} \sinh r, \\ &S^{-1} \hat{P} S = \mathrm{e}^{-r} \hat{P}, \quad S \hat{X} S^{-1} = \mathrm{e}^{r} \hat{X}, \end{aligned} \tag{9.8}$$

并考虑外尔编序在相似变换下的序不变性, 得到

$$S^{\dagger}(r)\mathrm{e}^{fa^{\dagger}a}S(r)=\frac{2}{\mathrm{e}^{f}+1}\,\vdots\,\exp\left[\frac{\mathrm{e}^{f}-1}{\mathrm{e}^{f}+1}(\mathrm{e}^{-2r}\hat{P}^{2}+\mathrm{e}^{2r}\hat{X}^{2})\right]\vdots\,, \tag{9.9}$$

这仍然是外尔编序形式. 根据外尔–威格纳量子化规则, 便知一个外尔编序好的算符的经典对应函数只需分别将该算符中含的 $\hat{P}$ 换成 p, $\hat{X}$ 换成 x 就可得到, 因此, $S^{\dagger}(r)\mathrm{e}^{fa^{\dagger}a}S(r)$ 的经典外尔对应是

$$\frac{2}{\mathrm{e}^{f}+1}\exp\left[\frac{\mathrm{e}^{f}-1}{\mathrm{e}^{f}+1}\left(\mathrm{e}^{-2r}p^{2}+\mathrm{e}^{2r}x^{2}\right)\right]. \tag{9.10}$$

外尔–威格纳量子化规则为

$$F(\hat{X},\hat{P})=\int_{-\infty}^{+\infty}\mathrm{d}p\mathrm{d}xf(x,p)\,\Delta(x,p), \tag{9.11}$$

其中 $f(x,p)$ 就是算符 F 的经典对应函数, $\Delta(x,p)$ 是威格纳算符, 其正规乘积形式为

$$\Delta(x,p)=\frac{1}{\pi}:\mathrm{e}^{-(x-\hat{X})^{2}-(p-\hat{P})^{2}}:. \tag{9.12}$$

根据该规则, 将式 (9.10) 和 (9.12) 代入式 (9.11), 我们就能把 $F=S^{\dagger}(r)\mathrm{e}^{fa^{\dagger}a}S(r)$ 变成正规乘积形式:

$$\begin{aligned}S^{\dagger}(r)\mathrm{e}^{fa^{\dagger}a}S(r)&=\frac{1}{\pi}\frac{2}{\mathrm{e}^{f}+1}\int_{-\infty}^{+\infty}\mathrm{d}p\mathrm{d}x\mathrm{e}^{\frac{\mathrm{e}^{f}-1}{\mathrm{e}^{f}+1}(\mathrm{e}^{-2r}p^{2}+\mathrm{e}^{2r}x^{2})}:\mathrm{e}^{-(x-\hat{X})^{2}-(p-\hat{P})^{2}}:\\&=\frac{1}{\sigma_{1}\sigma_{2}(1-\mathrm{e}^{f})}:\exp\left(-\frac{\hat{X}^{2}}{2\sigma_{1}^{2}}-\frac{\hat{P}^{2}}{2\sigma_{2}^{2}}\right):,\end{aligned} \tag{9.13}$$

式中

$$2\sigma_{1}^{2}\equiv(2n+1)\mathrm{e}^{-2r}+1,\quad 2\sigma_{2}^{2}\equiv(2n+1)\mathrm{e}^{2r}+1,\quad n\equiv\frac{1}{\mathrm{e}^{-f}-1}. \tag{9.14}$$

当 $f=\ln\dfrac{1}{1-t}$, $n=-t^{-1}$ 时, 有

$$2\sigma_{1}^{2}=\left(1-\frac{2}{t}\right)\mathrm{e}^{-2r}+1,\quad 2\sigma_{2}^{2}=\left(1-\frac{2}{t}\right)\mathrm{e}^{2r}+1, \tag{9.15}$$

$$\sigma_{2}\sigma_{1}=\pm\frac{1}{2}\sqrt{\left(1-\frac{2}{t}\right)\left(4x^{2}-\frac{2}{t}-1\right)+1}, \tag{9.16}$$

其中已经令 $x=\cosh r$.

基于上面的结果, 将式 (9.6) 中的 G 写成

$$\begin{aligned}G&=\frac{1}{1-t}\frac{1}{\sigma_1\sigma_2\left(1-\mathrm{e}^{\ln\frac{1}{1-t}}\right)}\langle 0|:\exp\left(-\frac{\hat{X}^2}{2\sigma_1^2}-\frac{\hat{P}^2}{2\sigma_2^2}\right):|0\rangle\\&=\frac{1}{1-t}\left(1-\frac{1}{1-t}\right)^{-1}\frac{1}{\sigma_1\sigma_2}\\&=\frac{2}{t\sqrt{(1-2/t)(4x^2-2/t-1)+1}}\\&=\frac{1}{\sqrt{t^2x^2-2x^2t+1}}.\end{aligned}\tag{9.17}$$

把式 (9.17) 与勒让德多项式的产生函数

$$\sum_m^{+\infty}t^m\mathrm{P}_m(x)=\left(1-2xt+t^2\right)^{-1/2}\tag{9.18}$$

相比较, 得

$$G=\sum_m^{+\infty}(xt)^m\mathrm{P}_m(x).\tag{9.19}$$

进一步, 再与式 (9.3) 比较, 就有

$${}_m\langle r_+|r_+\rangle_m=m!x^m\mathrm{P}_m(x).\tag{9.20}$$

从而得到归一化的单模光子增加压缩真空态为 $[m!(\cosh^m r)\mathrm{P}_m(\cosh r)]^{-1/2}\times|r_+\rangle_m$.

9.1.2　单模光子扣除压缩真空态的归一化

现在我们来讨论单模光子扣除压缩真空态, 其定义为

$$|r_-\rangle_m\equiv a^mS(r)|0\rangle=\left(\operatorname{sech}^{1/2}r\right)a^{\dagger m}\mathrm{e}^{a^{\dagger 2}\tanh r/2}|0\rangle.\tag{9.21}$$

类似于上面的计算, 我们也引入相应的产生函数:

$$\sum_{m=0}^{+\infty}\frac{t^m}{m!}{}_m\langle r_-|r_-\rangle_m\equiv W.\tag{9.22}$$

将式 (9.21) 代入式 (9.22), 并利用算符恒等式

$$\mathrm{e}^{fa^\dagger a} =: \mathrm{e}^{\left(\mathrm{e}^{f}-1\right)aa^\dagger} :, \tag{9.23}$$

则有

$$\begin{aligned} W &= \sum_{m}^{+\infty} \frac{t^m}{m!} \langle 0| S^\dagger(r)\, a^{\dagger m} a^m S(r) |0\rangle \\ &= \langle 0| S^\dagger(r) : \mathrm{e}^{ta^\dagger a} : S(r) |0\rangle \\ &= \langle 0| S^\dagger(r)\, \mathrm{e}^{a^\dagger a \ln(1+t)} S(r) |0\rangle . \end{aligned} \tag{9.24}$$

将式 (9.24) 与式 (9.13) 和 (9.14) 相联系, 并在式 (9.14) 中取 $f=\ln(1+t)$, 就有

$$n \equiv \frac{1}{\mathrm{e}^{-f}-1} = -\frac{t+1}{t}, \tag{9.25}$$

$$2\sigma_1^2 = \left(-\frac{2}{t}-1\right)\mathrm{e}^{-2r}+1, \quad 2\sigma_2^2 = \left(-\frac{2}{t}-1\right)\mathrm{e}^{2r}+1, \tag{9.26}$$

以及

$$\sigma_1\sigma_2 = \pm\frac{1}{2}\sqrt{\left(\frac{2}{t}+1\right)\left[\left(\frac{2}{t}+1\right)-2\cosh 2r\right]+1}. \tag{9.27}$$

令 $y=\sinh r$, 利用式 (9.13) 和 (9.27), 我们有

$$\begin{aligned} W &= \langle 0| S^\dagger(r)\, \mathrm{e}^{a^\dagger a \ln(1+t)} S(r) |0\rangle \\ &= -\frac{1}{t}\frac{1}{\sigma_1\sigma_2} \langle 0| : \exp\left(-\frac{X^2}{2\sigma_1^2}-\frac{P^2}{2\sigma_2^2}\right) : |0\rangle \\ &= -\frac{1}{t}\frac{1}{\sigma_1\sigma_2} \\ &= \frac{2}{\sqrt{(2+t)\left[(2+t)-4ty^2-2t\right]+t^2}} \\ &= \frac{-1}{\sqrt{1-2(\mathrm{i}y)(-\mathrm{i}t'')+(-\mathrm{i}t'')^2}}, \end{aligned} \tag{9.28}$$

式中 $t''=ty$. 将式 (9.28) 与 (9.18) 比较, 易得

$$W = \sum_{m}^{+\infty} (-\mathrm{i}t'')^m \mathrm{P}_m(\mathrm{i}y) = \sum_{m=0}^{+\infty} (-\mathrm{i})^m t^m y^m \mathrm{P}_m(\mathrm{i}y). \tag{9.29}$$

从式 (9.22) 看出

$$_m\langle r_-|r_-\rangle_m=(-\mathrm{i})^m m!y^m\mathrm{P}_m(\mathrm{i}y)=m!(-\mathrm{i}\sinh r)^m\mathrm{P}_m(\mathrm{i}\sinh r).\tag{9.30}$$

因此, 归一化的单模光子扣除压缩真空态为 $[m!(-\mathrm{i}\sinh r)^m\mathrm{P}_m(\mathrm{i}\sinh r)]^{-1/2}|r_-\rangle_m$.

9.2　双模光子增加 (扣除) 压缩真空态的归一化——雅可比多项式

上一节讨论了单模情况, 下面自然考虑双模情况. 双模压缩算符 $S_2(\lambda)=\exp[\lambda(a_1^\dagger a_2^\dagger-a_1a_2)]$ 作用到真空态 $|00\rangle$ 上, 就得到双模压缩真空态

$$S_2(\lambda)|00\rangle=\mathrm{sech}\,\lambda\exp(a_1^\dagger a_2^\dagger\tanh\lambda)|00\rangle,\tag{9.31}$$

式中 λ 是压缩参数. 如果在此态连续增加 (扣除) 光子, 便得到光子增加 (扣除) 双模压缩真空态 [10~13]. 以下我们用母函数的方法求其归一化系数, 最终发现它是一个雅可比多项式, 因此还可得到新的雅可比多项式的产生函数 [14].

9.2.1　双模光子扣除压缩真空态的归一化

在理论上, 光子扣除双模压缩真空态是通过湮灭算符 a_1, a_2 连续作用于 $S_2(\lambda)|00\rangle$ 得到的, 定义

$$|\lambda_-\rangle_{m,n}\equiv a_1^n a_2^m S_2(\lambda)|00\rangle,\tag{9.32}$$

这里 $|\lambda\rangle_{m,n}$ 还没有归一化. 根据下面的转换关系:

$$S_2^\dagger a_1S_2=a_1\cosh\lambda+a_2^\dagger\sinh\lambda,\quad S_2^\dagger a_2S_2=a_2\cosh\lambda+a_1^\dagger\sinh\lambda,\tag{9.33}$$

有

$$|\lambda\rangle_{m,n}=S_2S_2^\dagger a_1^n a_2^m S_2|00\rangle$$

$$
\begin{aligned}
&= S_2(a_1\cosh\lambda + a_2^\dagger\sinh\lambda)^n(a_2\cosh\lambda + a_1^\dagger\sinh\lambda)^m|00\rangle \\
&= S_2\sum_{l=0}^{n}\frac{n!}{l!(n-l)!}(a_2^\dagger\sinh\lambda)^{n-l}(a_1\cosh\lambda)^l(a_1^\dagger\sinh\lambda)^m|00\rangle \\
&= S_2\sinh^{n+m}\lambda\sum_{l=0}^{n}\frac{n!\coth^l\lambda}{l!(n-l)!}a_2^{\dagger n-l}a_1^l a_1^{\dagger m}|00\rangle.
\end{aligned}
\tag{9.34}
$$

利用算符恒等式

$$
a^n a^{\dagger m} = (-\mathrm{i})^{m+n} : \mathrm{H}_{m,n}(\mathrm{i}a^\dagger, \mathrm{i}a) : , \tag{9.35}
$$

式中 $\mathrm{H}_{m,n}(\alpha,\beta)$ 是双变量厄米多项式:

$$
\mathrm{H}_{m,n}(\alpha,\beta) = \sum_{l=0}^{\min(m,n)}\frac{(-1)^l n!m!}{l!(n-l)!(m-l)!}\alpha^{m-l}\beta^{n-l}, \tag{9.36}
$$

得到

$$
\begin{aligned}
a_1^l a_1^{\dagger m}|00\rangle &= (-\mathrm{i})^{m+l}\mathrm{H}_{m,l}(\mathrm{i}a_1^\dagger, 0)|00\rangle \\
&= (-\mathrm{i})^{m+l}\sum_{k=0}^{\min(m,l)}\frac{(-1)^l l!m!}{k!(l-k)!(m-k)!}(\mathrm{i}a_1^\dagger)^{m-l}\delta_{lk}|00\rangle \\
&= \frac{m!}{(m-l)!}a_1^{\dagger(m-l)}|00\rangle.
\end{aligned}
\tag{9.37}
$$

将式 (9.37) 代入式 (9.34), 有

$$
|\lambda_-\rangle_{m,n} = S_2 m!n!\sinh^{m+n}\lambda\sum_{l=0}^{\min(m,n)}\frac{\coth^l\lambda}{l!(m-l)!(n-l)!}a_2^{\dagger n-l}a_1^{\dagger m-l}|00\rangle. \tag{9.38}
$$

因此, 它们的内积为

$$
{}_{m,n}\langle\lambda_-|\lambda_-\rangle_{m,n} = (m!n!)^2\sinh^{2(m+n)}\lambda\sum_{l=0}^{\min(m,n)}\frac{\coth^{2l}\lambda}{(m-l)!(n-l)!(l!)^2}. \tag{9.39}
$$

根据雅可比多项式的定义:

$$
\mathrm{P}_n^{(\alpha,\beta)}(x) = \left(\frac{x-1}{2}\right)^n\sum_{s=0}^{n}\binom{n+\alpha}{s}\binom{n+\beta}{n-s}\left(\frac{x+1}{x-1}\right)^s, \tag{9.40}
$$

有

$$\begin{aligned}
\mathrm{P}_n^{(m-n,0)}(\cosh 2\lambda) &= m!n!\sinh^{2n}\lambda\sum_{s=0}^{n}\frac{\coth^{2s}\lambda}{(s!)^2(m-s)!(n-s)!}\quad (m\geqslant n),\\
\mathrm{P}_m^{(n-m,0)}(\cosh 2\lambda) &= m!n!\sinh^{2m}\lambda\sum_{s=0}^{m}\frac{\coth^{2s}\lambda}{(s!)^2(m-s)!(n-s)!}\quad (m< n).
\end{aligned}\tag{9.41}$$

比较式 (9.39) 与 (9.41), 可得

$$\begin{aligned}
{}_{m,n}\langle\lambda_-|\lambda_-\rangle_{m,n} &= m!n!\sinh^{2m}\lambda\mathrm{P}_n^{(m-n,0)}(\cosh 2\lambda)\quad (m\geqslant n),\\
{}_{m,n}\langle\lambda_-|\lambda_-\rangle_{m,n} &= m!n!\sinh^{2n}\lambda\mathrm{P}_n^{(n-m,0)}(\cosh 2\lambda)\quad (m< n).
\end{aligned}\tag{9.42}$$

另外, 由式 (9.32), 我们直接构造 ${}_{m,n}\langle\lambda_-|\lambda_-\rangle_{m,n}$ 的产生函数

$$\begin{aligned}
G_s &\equiv \sum_{n,m}\frac{t^n t'^m}{n!m!}\,{}_{m,n}\langle\lambda_-|\lambda_-\rangle_{m,n}\\
&= \sum_{n,m}^{+\infty}\frac{t^n t'^m}{n!m!}\langle 00|S_2^{-1}a_1^{\dagger n}a_2^{\dagger m}a_1^n a_2^m S_2|00\rangle\\
&= \langle 00|S_2^{-1}:\exp(ta_1^\dagger a_1+t'a_2^\dagger a_2):S_2|00\rangle.
\end{aligned}\tag{9.43}$$

利用

$$\mathrm{e}^{\lambda a^\dagger a} =: \exp\left[(\mathrm{e}^\lambda-1)a^\dagger a\right]:\tag{9.44}$$

和相干态的完备性

$$\int\frac{\mathrm{d}^2z_1\mathrm{d}^2z_2}{\pi^2}\mathrm{e}^{-|z_1|^2-|z_2|^2}\|z_1,z_2\rangle\langle z_1,z_2\|=1,\tag{9.45}$$

式中 $\|z_1,z_2\rangle=\mathrm{e}^{z_1a_1^\dagger+z_2a_2^\dagger}|00\rangle$ 是未归一化的双模相干态, 且 $\langle z_1,z_2\|00\rangle=1$,

$$\mathrm{e}^{fa_1^\dagger a_1}\|z_1\rangle=\left\|z_1\mathrm{e}^f\right\rangle,\tag{9.46}$$

经计算得

$$\begin{aligned}
G_s &= \mathrm{sech}^2\lambda\langle 00|\mathrm{e}^{a_1a_2\tanh\lambda}\mathrm{e}^{a_1^\dagger a_1\ln(1+t)+a_2^\dagger a_2\ln(1+t')}\mathrm{e}^{a_1^\dagger a_2^\dagger\tanh\lambda}|00\rangle\\
&= \mathrm{sech}^2\lambda\int\frac{\mathrm{d}^2z_1\mathrm{d}^2z_2}{\pi^2}\langle 00|\mathrm{e}^{a_1a_2\tanh\lambda}\mathrm{e}^{-|z_1|^2-|z_2|^2}\|z_1(1+t),z_2(1+t')\rangle\\
&\quad\times\langle z_1,z_2\|\mathrm{e}^{a_1^\dagger a_2^\dagger\tanh\lambda}|00\rangle
\end{aligned}$$

$$
\begin{aligned}
&= \operatorname{sech}^2\lambda \int \frac{d^2 z_1 d^2 z_2}{\pi^2} e^{-|z_1|^2-|z_2|^2+z_1 z_2(1+t)(1+t')\tanh\lambda+z_1^* z_2^*\tanh\lambda} \\
&= \frac{1}{\cosh^2\lambda-(1+t)(1+t')\sinh^2\lambda}.
\end{aligned}
\tag{9.47}
$$

最后一步利用了数学积分公式

$$
\int \frac{d^2 z}{\pi}\exp(\zeta|z|^2+\xi z+\eta z^*) = -\frac{1}{\zeta}\exp(-\xi\eta/\zeta) \quad (\operatorname{Re}\zeta<0). \tag{9.48}
$$

将式 (9.42) 代入式 (9.43) 并利用式 (9.47), 我们得到

$$
\begin{aligned}
&\sum_{\substack{n,m=0\\ m\geqslant n}}^{+\infty} t^n t'^m \sinh^{2m}\lambda \mathrm{P}_n^{(m-n,0)}(\cosh 2\lambda) + \sum_{\substack{n,m=0\\ m<n}}^{+\infty} t^n t'^m \sinh^{2n}\lambda \mathrm{P}_m^{(n-m,0)}(\cosh 2\lambda) \\
&= \frac{1}{\cosh^2\lambda-(1+t)(1+t')\sinh^2\lambda}.
\end{aligned}
\tag{9.49}
$$

令 $\cosh 2\lambda = x$, 由式 (9.49), 得到雅可比多项式的新产生函数:

$$
\begin{aligned}
&\sum_{n,m=0,m\geqslant n}^{+\infty} t^n t'^m \left(\frac{x-1}{2}\right)^m \mathrm{P}_n^{(m-n,0)}(x) + \sum_{n,m=0,m<n}^{+\infty} t^n t'^m \left(\frac{x-1}{2}\right)^n \mathrm{P}_m^{(n-m,0)}(x) \\
&= \frac{2}{x+1-(1+t)(1+t')(x-1)}.
\end{aligned}
\tag{9.50}
$$

特别地, 当取 $m=0$, $|\lambda_-\rangle_{0,n} = a_1^n S_2(\lambda)|00\rangle$ 时, 取代式 (9.50) 的应该是

$$
\sum_{n=0}^{+\infty} t^n \mathrm{P}_0^{(n,0)}(x)\left(\frac{x-1}{2}\right)^m = \frac{2}{x+1-(1+t)(x-1)}. \tag{9.51}
$$

这是预期的结果.

9.2.2 双模光子增加压缩真空态的归一化

未归一化的光子增加双模压缩真空态定义为

$$
|\lambda_+\rangle_{n,m} \equiv a_1^{\dagger n} a_2^{\dagger m} S_2(\lambda)|00\rangle. \tag{9.52}
$$

由式 (9.33), 得

$$
|\lambda_+\rangle_{n,m} = S_2 S_2^\dagger a_1^{\dagger n} a_2^{\dagger m} S_2|00\rangle
$$

$$= S_2 \sum_{s=0}^{n} n! \frac{(a_1^\dagger \cosh\lambda)^{n-s}(a_2 \sinh\lambda)^s}{s!(n-s)!}(a_2^\dagger \cosh\lambda)^m |00\rangle . \tag{9.53}$$

利用式 (9.37), 有

$$|\lambda_+\rangle_{n,m} = S_2 m! n! \cosh^{m+n}\lambda \sum_{s=0}^{n} \frac{\tanh^s \lambda}{s!(n-s)!(m-s)!} a_1^{\dagger n-s} a_2^{\dagger m-s} |00\rangle . \tag{9.54}$$

因此, $|\lambda_+\rangle_{n,m}$ 的内积为

$${}_{n,m}\langle\lambda_+|\lambda_+\rangle_{n,m} = (m!n!)^2 \cosh^{2(m+n)}\lambda \sum_{s=0}^{n} \frac{\tanh^{2s}\lambda}{(m-s)!(n-s)!(s!)^2}. \tag{9.55}$$

根据式 (9.40), 上式可表示为

$${}_{n,m}\langle\lambda_+|\lambda_+\rangle_{n,m} = \begin{cases} n!m!\cosh^{2n}\lambda \mathrm{P}_m^{(0,n-m)}(\cosh 2\lambda) & (m < n), \\ n!m!\cosh^{2m}\lambda \mathrm{P}_n^{(0,m-n)}(\cosh 2\lambda) & (m \geqslant n). \end{cases} \tag{9.56}$$

构造如下产生函数:

$$\begin{aligned} G_a &\equiv \sum_{n,m=0}^{+\infty} \frac{t^n t'^m}{n!m!} {}_{n,m}\langle\lambda_+|\lambda_+\rangle_{n,m} \\ &= \sum_{n,m}^{+\infty} \langle 00| \frac{t^n t'^m}{n!m!} S_2^{-1} a_1^n a_2^m a_1^{\dagger n} a_2^{\dagger m} S_2 |00\rangle \\ &= \langle 00| S_2^{-1} \vdots \exp(t a_1 a_1^\dagger + t' a_2 a_2^\dagger) \vdots S_2 |00\rangle , \end{aligned} \tag{9.57}$$

式中 $\vdots\ \vdots$ 表示反正规排序. 再利用 $\mathrm{e}^{\lambda a^\dagger a}$ 的反正规乘积形式

$$\mathrm{e}^{\lambda a^\dagger a} = \mathrm{e}^{-\lambda} \vdots \left[\left(1 - \mathrm{e}^{-\lambda}\right) a a^\dagger\right] \vdots, \tag{9.58}$$

便有

$$\begin{aligned} G_a &= \frac{1}{(1-t)(1-t')} \langle 00| S_2^{-1} \mathrm{e}^{a_1^\dagger a_1 \ln\frac{1}{1-t} + a_2^\dagger a_2 \ln\frac{1}{1-t'}} S_2 |00\rangle \\ &= \frac{\mathrm{sech}^2\lambda}{(1-t)(1-t')} \langle 00| \mathrm{e}^{a_1 a_2 \tanh\lambda} \mathrm{e}^{a_1^\dagger a_1 \ln\frac{1}{1-t} + a_2^\dagger a_2 \ln\frac{1}{1-t'}} \mathrm{e}^{a_1^\dagger a_2^\dagger \tanh\lambda} |00\rangle \\ &= \frac{\mathrm{sech}^2\lambda}{(1-t)(1-t')} \int \frac{\mathrm{d}^2 z_1 \mathrm{d}^2 z_2}{\pi^2} \langle 00| \mathrm{e}^{a_1 a_2 \tanh\lambda} \mathrm{e}^{-|z_1|^2 - |z_2|^2} \left\| z_1 \frac{1}{1-t}, z_2 \frac{1}{1-t'} \right\rangle \end{aligned}$$

$$
\begin{aligned}
&\times \left\langle z_1, z_2 \mathrm{e}^{a_1^\dagger a_2^\dagger \tanh\lambda} \right| 00\rangle \\
&= \frac{\operatorname{sech}^2\lambda}{(1-t)(1-t')} \int \frac{\mathrm{d}^2 z_1 \mathrm{d}^2 z_2}{\pi^2} \mathrm{e}^{-|z_1|^2-|z_2|^2+\frac{z_1 z_2 \tanh\lambda}{(1-t)(1-t')}+z_1^* z_2^* \tanh\lambda} \\
&= \frac{\operatorname{sech}^2\lambda}{(1-t)(1-t')-\tanh^2\lambda}.
\end{aligned} \tag{9.59}
$$

联立式 (9.57) 与 (9.59), 有

$$
G_a \equiv \sum_{n,m=0}^{+\infty} \frac{t^n t'^m}{n!m!} {}_{n,m}\langle \lambda_+ | \lambda_+ \rangle_{n,m} = \frac{\operatorname{sech}^2\lambda}{(1-t)(1-t')-\tanh^2\lambda}, \tag{9.60}
$$

也就是

$$
\begin{aligned}
G_a &\equiv \sum_{n,m=0}^{+\infty} \frac{t^n t'^m}{n!m!} {}_{n,m}\langle \lambda_+ | \lambda_+ \rangle_{n,m} \\
&= \sum_{n,m=0,m\geqslant n}^{+\infty} t^n t'^m \left(\cosh^{2m}\lambda\right) \mathrm{P}_n^{(0,m-n)}(\cosh 2\lambda) \\
&\quad + \sum_{n,m=0,m<n}^{+\infty} t^n t'^m \left(\cosh^{2n}\lambda\right) \mathrm{P}_m^{(0,n-m)}(\cosh 2\lambda) \\
&= \frac{1}{(1-t)(1-t')\cosh^2\lambda - \sinh^2\lambda}.
\end{aligned} \tag{9.61}
$$

令 $\cosh 2\lambda = x$, 从上式得到

$$
\begin{aligned}
&\sum_{n,m=0,m\geqslant n}^{+\infty} t^n t'^m \left(\frac{x+1}{2}\right)^m \mathrm{P}_n^{(0,m-n)}(x) + \sum_{n,m=0,m<n}^{+\infty} t^n t'^m \left(\frac{x+1}{2}\right)^n \mathrm{P}_m^{(0,n-m)}(x) \\
&= \frac{2}{(1-t)(1-t')(x+1)-x+1}.
\end{aligned} \tag{9.62}
$$

这是另一个新的雅可比多项式的产生函数.

当 $m=0$, $|\lambda_+\rangle_{n,0} = a_1^{\dagger n} S_2(\lambda)|00\rangle$ 时, 取代式 (9.62) 的应该是

$$
\sum_{n=0}^{+\infty} t^n \mathrm{P}_n^{(0,-n)}(x) = \frac{2}{(1-t)(x+1)-x+1}. \tag{9.63}
$$

参考文献

[1] Biswas A, Agarwal G S. Nonclassicality and decoherence of photon-subtracted squeezed states [J]. Phys. Rev. A, 2007, 75: 032104.

[2] Liu N L, Sun Z H, Fan H Y. Photon-added squeezed vacuum (one-photon) state as an even (odd) nonlinear coherent state [J]. J. Phys. A: Math. Gen., 2000, 33: 1933~1940.

[3] Hu L Y, Fan H Y. Statistical properties of photon-subtracted squeezed vacuum in thermal environment [J]. J. Opt. Soc. Am. B, 2008, 25 (12): 1955~1964.

[4] Meng X G, Wang J S, Fan H Y. Wigner function and tomogram of the excited squeezed vacuum state [J]. Phys. Lett. A, 2007, 361: 183~189.

[5] Fan H Y, Jiang N Q. New approach for normalizing photon-added and photon-subtracted squeezed states [J]. Chin. Phys. Lett., 2010, 27 (4): 044206.

[6] Zhang Z X, Fan H Y. Properties of states generated by excitations on a squeezed vacuum state [J]. Phys. Lett. A, 1992, 165: 14.

[7] Fan H Y, Hu L Y, Xu X X. Legendre polynomials as the normalization of photon-subtracted squeezed states [J]. Mod. Phys. Lett. A, 2009, 24: 1597.

[8] Fan H Y, Li H Q. Physics of a kind of normally ordered Gaussian operators in quantum optics [J]. Chin. Phys. Lett., 2007, 24: 3322.

[9] Fan H Y, Wang T T, Hu L Y. Normally ordered bivariate-normal-distribution forms of two-mode mixed states with entanglement involved [J]. Chin. Phys. Lett., 2008, 25 (10): 3539.

[10] Opatrný T, Kurizki G, Welsch D G. Improvement on teleportation of continuous variables by photon subtraction via conditional measurement [J]. Phys. Rev. A, 2000, 61: 032302.

[11] Olivares S, Paris M G A. Photon subtracted states and enhancement of nonlocality in the presence of noise [J]. J. Opt. B: Quantum Semiclassical Opt., 2005, 7: S392~S397.

[12] Xue X X, Hu L Y, Fan H Y. On the normalized two-mode photon-subtracted squeezed vacuum state [J]. Mod. Phys. Lett. A, 2009, 24 (32): 2623~2630.

[13] Hu L Y, Xu X X, Fan H Y. Statistical properties of photon-subtracted two-mode squeezed vacuum and its decoherence in thermal environment [J]. J. Opt. Soc. Am. B, 2010, 27 (2): 286.

[14] Fan H Y, et al. New generating function formulas of Jacobi polynomials obtained photon subtracted and photon added two-mode squeezed states [J]. To be published.

第 10 章 原子相干态

原子相干态在一些文献中也称为自旋相干态, 或角动量相干态, 或 SU(2) 相干态, 原因是此态的生成是用 SU(2) 群的生成元实现的.

10.1 原子相干态的施温格玻色子表示

仿照玻色相干态的构造 $\exp(za^\dagger - z^* a)\left|0\right\rangle$, 人们自然会想到用角动量升算符 J_+ 和降算符 J_- 构造:

$$\exp(\mu J_+ - \mu^* J_-)\left|j,-j\right\rangle, \tag{10.1}$$

这称为角动量 (自旋) 相干态 [1~3], 也称为原子相干态 (因为角动量 $J_\pm$ 算符常被用来描述原子能级的升降), $\left|j,-j\right\rangle$ 是最低权态 (角动量值 $j=0,1/2,1,3/2,\cdots$), 降算符 $J_-\left|j,-j\right\rangle=0$. J_+,J_- 满足

$$[J_+,J_-]=2J_z, \quad [J_\pm,J_z]=\mp J_\pm. \tag{10.2}$$

可以证明 [4]

$$\exp(\mu J_+ - \mu^* J_-)\left|j,-j\right\rangle=(1+|\tau|^2)^{-j}\mathrm{e}^{\tau J_+}\left|j,-j\right\rangle\equiv\left|\tau\right\rangle, \tag{10.3}$$

式中 μ 与 τ 的关系为

$$\tau=\mathrm{e}^{-\mathrm{i}\varphi}\tan\frac{\theta}{2}. \tag{10.4}$$

证明 用双模玻色算符可有以下表示 (称为角动量的施温格玻色子算符表示)

$$J_+=a^\dagger b, \quad J_-=ab^\dagger, \quad J_z=\frac{1}{2}\left(a^\dagger a-b^\dagger b\right), \tag{10.5}$$

且 $[a,a^\dagger]=1$, $[b,b^\dagger]=1$, 相应态的 $|j,m\rangle$ 在双模福克空间可表示为

$$\begin{aligned}|j,m\rangle &= \frac{a^{\dagger j+m}b^{\dagger j-m}}{\sqrt{(j+m)!(j-m)!}}|00\rangle \\ &= |j+m\rangle\otimes|j-m\rangle \quad (m=-j,\cdots,j),\end{aligned} \tag{10.6}$$

且 $|j,-j\rangle=|0\rangle\otimes|2j\rangle$. 记 $\mu=\frac{\theta}{2}\mathrm{e}^{-\mathrm{i}\varphi}$, 利用

$$\exp(\mu J_+-\mu^*J_-)a^\dagger\exp(\mu^*J_--\mu J_+)=a^\dagger\cos\frac{\theta}{2}-b^\dagger\mathrm{e}^{\mathrm{i}\varphi}\sin\frac{\theta}{2}, \tag{10.7}$$

$$\exp(\mu J_+-\mu^*J_-)b^\dagger\exp(\mu^*J_--\mu J_+)-b^\dagger\cos\frac{\theta}{2}+a^\dagger\mathrm{e}^{-\mathrm{i}\varphi}\sin\frac{\theta}{2}, \tag{10.8}$$

可得

$$\begin{aligned}\exp(\mu J_+-\mu^*J_-)|j,-j\rangle &= \mathrm{e}^{\mu J_+-\mu^*J_-}|0\rangle\otimes|2j\rangle=\exp(\mu J_+-\mu^*J_-)\frac{b^{\dagger 2j}}{\sqrt{(2j)!}}|00\rangle \\ &= \left(\cos\frac{\theta}{2}\right)^{2j}\frac{1}{\sqrt{(2j)!}}\left(b^\dagger+a^\dagger\mathrm{e}^{-\mathrm{i}\varphi}\tan\frac{\theta}{2}\right)^{2j}|00\rangle \\ &= (1+|\tau|^2)^{-j}\mathrm{e}^{\tau a^\dagger b}\frac{b^{\dagger 2j}}{\sqrt{(2j)!}}\mathrm{e}^{-\tau a^\dagger b}|00\rangle \\ &= (1+|\tau|^2)^{-j}\mathrm{e}^{\tau J_+}|j,-j\rangle\equiv|\tau\rangle,\end{aligned} \tag{10.9}$$

则原子相干态 $|\tau\rangle$ 可表示为

$$|\tau\rangle=\frac{1}{(1+|\tau|^2)^j}\sum_{l=0}^{2j}\sqrt{\frac{(2j)!}{l!(2j-l)!}}\tau^{2j-l}|2j-l\rangle\otimes|l\rangle. \tag{10.10}$$

它具有二项式态的形式. 可证 $|\tau\rangle$ 满足以下本征方程:

$$\begin{aligned}&(J_-+\tau^2J_+)|\tau\rangle=2j\tau|\tau\rangle,\\ &(J_-+\tau J_z)|\tau\rangle=j\tau|\tau\rangle,\\ &(\tau J_+-J_z)|\tau\rangle=j|\tau\rangle.\end{aligned} \tag{10.11}$$

在 j 值的角动量态 $|j,m\rangle$ 张成的子空间中, 可以证明

$$\int\frac{\mathrm{d}\Omega}{4\pi}|\tau\rangle\langle\tau|=\sum_{m=-j}^{j}|j,m\rangle\langle j,m|=1, \tag{10.12}$$

其中 $\mathrm{d}\Omega=\sin\theta\mathrm{d}\theta\mathrm{d}\varphi$. 原子相干态是不正交的, 其内积为

$$\langle\tau'|\,\tau\rangle=\frac{(1+\tau'\tau^*)^{2j}}{(1+|\tau|^2)^j(1+|\tau'|^2)^j}. \tag{10.13}$$

可以利用 IWOP 技术以及 $|00\rangle\langle 00|=:\exp\left(-a^\dagger a-b^\dagger b\right):$, 证明

$$\begin{aligned}\int\frac{\mathrm{d}\Omega}{4\pi}|\tau\rangle\langle\tau|&=\frac{1}{(2j)!}\int_0^\pi\mathrm{d}\theta\sin\theta\int_0^{2\pi}\mathrm{d}\varphi:\left(b^\dagger\cos\frac{\theta}{2}+a^\dagger\mathrm{e}^{-\mathrm{i}\varphi}\sin\frac{\theta}{2}\right)^{2j}\\&\quad\times\left(b\cos\frac{\theta}{2}+a\mathrm{e}^{\mathrm{i}\varphi}\sin\frac{\theta}{2}\right)^{2j}\mathrm{e}^{-a^\dagger a-b^\dagger b}:\\&=\frac{1}{(2j+1)!}:\left(a^\dagger a+b^\dagger b\right)^{2j}\mathrm{e}^{-a^\dagger a-b^\dagger b}:,\end{aligned} \tag{10.14}$$

因而

$$\sum_{2j=0}^{+\infty}(2j+1)\int\frac{\mathrm{d}\Omega}{4\pi}|\tau\rangle\langle\tau|=1\quad(j=0,1/2,1,3/2,\cdots). \tag{10.15}$$

这就意味着原子相干态 $|\tau\rangle$ 在双模福克空间关于 j 求和后对所有 τ 的值构成一个完备空间, 即存在着一个扩展了的完备性 .

最后, 我们也可以表示出在纠缠态表象中的形式. 为此, 可将未归一化的纠缠态 $|\xi\rangle\rangle$ 表示为 $(\xi=\xi_1+\mathrm{i}\xi_2=|\xi|\mathrm{e}^{\mathrm{i}\varphi})$

$$\begin{aligned}|\xi\rangle\rangle&=\exp(\xi a^\dagger+\xi^*b^\dagger-a^\dagger b^\dagger)|00\rangle\\&=\sum_{m,n=0}^{+\infty}\frac{a^{\dagger m}b^{\dagger n}}{m!n!}\mathrm{H}_{m,n}(\xi,\xi^*)|00\rangle\\&=\sum_{m,n=0}^{+\infty}\frac{\mathrm{H}_{m,n}(\xi,\xi^*)}{\sqrt{m!n!}}|m,n\rangle,\end{aligned} \tag{10.16}$$

其中 $|m,n\rangle=\dfrac{a^{\dagger m}b^{\dagger n}}{\sqrt{m!n!}}|00\rangle$ 是双模粒子数态, 也用了双变量厄米多项式 $\mathrm{H}_{m,n}(\xi,\xi^*)$ 的产生函数

$$\sum_{m,n=0}^{+\infty}\frac{t^mt'^n}{m!n!}\mathrm{H}_{m,n}(\xi,\xi^*)=\exp\left(-tt'+t\xi+t'\xi^*\right). \tag{10.17}$$

由式 (10.16), 有

$$\langle\langle\xi|\,m,n\rangle=\frac{1}{\sqrt{m!n!}}\mathrm{H}_{m,n}(\xi,\xi^*). \tag{10.18}$$

再从式 (10.10), 得到

$$\langle\langle\xi\ |\tau\rangle=\frac{\sqrt{(2j)!}}{(1+|\tau|^2)^j}\sum_{l=0}^{2j}\frac{\tau^{2j-l}\mathrm{H}_{2j-l,l}(\xi,\xi^*)}{l!(2j-l)!}. \tag{10.19}$$

10.2 双模光子位相算符的施温格玻色子表示

角动量阶梯算符 J_-, J_+ 分别作用于 J^2 和 J_z 的本征态 $|j,m\rangle$, 得

$$\begin{aligned}J_-|j,m\rangle&=[j(j+1)-m(m-1)]^{1/2}|j,m-1\rangle,\\J_+|j,m\rangle&=[j(j+1)-m(m+1)]^{1/2}|j,m+1\rangle.\end{aligned} \tag{10.20}$$

在施温格玻色子表示中 [5],

$$J^2=\frac{1}{2}(N_1+N_2)\left[\frac{1}{2}(N_1+N_2)+1\right], \tag{10.21}$$

其中 $N_1=a^\dagger a$, $N_2=b^\dagger b$ 是粒子数算符, 即 $a^\dagger a|n_1\rangle=n_1|n_1\rangle, b^\dagger b|n_2\rangle=n_2|n_2\rangle$. 根据式 (10.5), 能验证

$$\left[J^2,J_\pm\right]=0,\quad\left[J^2,J_z\right]=0. \tag{10.22}$$

现在我们用玻色算符来构造角动量理论中的 “位相” 算符 $\mathrm{e}^{\mathrm{i}\phi}$, 它由 $\mathrm{e}^{\mathrm{i}\phi_1}$ 和 $\mathrm{e}^{-\mathrm{i}\phi_2}$ 相乘得到. 由前面的知识, 有

$$\begin{aligned}\mathrm{e}^{\mathrm{i}\phi}&\equiv\mathrm{e}^{\mathrm{i}\phi_1}\mathrm{e}^{-\mathrm{i}\phi_2}\\&=\frac{1}{\sqrt{N_1+1}}ab^\dagger\frac{1}{\sqrt{N_2+1}}=\frac{1}{\sqrt{N_1+1}}J_-\frac{1}{\sqrt{N_2+1}}\end{aligned} \tag{10.23}$$

和

$$\begin{aligned}\mathrm{e}^{-\mathrm{i}\phi}&\equiv\mathrm{e}^{-\mathrm{i}\phi_1}\mathrm{e}^{\mathrm{i}\phi_2}\\&=\frac{1}{\sqrt{N_2+1}}ba^\dagger\frac{1}{\sqrt{N_1+1}}=\frac{1}{\sqrt{N_2+1}}J_+\frac{1}{\sqrt{N_1+1}}.\end{aligned} \tag{10.24}$$

现把 $\mathrm{e}^{\pm\mathrm{i}\phi}$ 分别作用于式 (10.6) 并利用式 (10.20), 有

$$\mathrm{e}^{\mathrm{i}\phi}|j,m\rangle=\frac{1}{\sqrt{j-m+1}}\frac{1}{\sqrt{N_1+1}}[j(j+1)-m(m-1)]^{1/2}|j,m-1\rangle$$

$$= |j,m-1\rangle (1-\delta_{m,-j}), \tag{10.25}$$

$$\mathrm{e}^{-\mathrm{i}\phi}|j,m\rangle = \frac{1}{\sqrt{j+m+1}}\frac{1}{\sqrt{N_2+1}}[j(j+1)-m(m+1)]^{1/2}|j,m+1\rangle$$
$$= |j,m+1\rangle (1-\delta_{mj}). \tag{10.26}$$

可见, 在施温格角动量理论中可以找到类似于量子光学位相算符的一对算符. 这就像 $\mathrm{e}^{\pm\mathrm{i}\phi_1}$ 对 $|n_1\rangle$ 的作用结果:

$$\mathrm{e}^{\mathrm{i}\phi_1}|n_1\rangle = (1-\delta_{n_10})|n_1-1\rangle, \quad \mathrm{e}^{-\mathrm{i}\phi_1}|n_1\rangle = |n_1+1\rangle. \tag{10.27}$$

利用对易关系式 (10.2) 和 (10.22), 求出下列对易关系:

$$\left[J_z,\mathrm{e}^{\mathrm{i}\phi}\right] = \frac{1}{\sqrt{N_1+1}}[J_z,J_-]\frac{1}{\sqrt{N_2+1}} = -\mathrm{e}^{\mathrm{i}\phi}, \tag{10.28}$$

$$\left[J_z,\mathrm{e}^{-\mathrm{i}\phi}\right] = \mathrm{e}^{-\mathrm{i}\phi}. \tag{10.29}$$

注意到

$$\mathrm{e}^{\mathrm{i}\phi_1}\mathrm{e}^{-\mathrm{i}\phi_1} = 1_1, \quad \mathrm{e}^{-\mathrm{i}\phi_1}\mathrm{e}^{\mathrm{i}\phi_1} = 1_1 - |n_1=0\rangle\langle n_1=0|, \tag{10.30}$$

$\mathrm{e}^{\pm\mathrm{i}\phi}$ 也有同样的性质, 即

$$\mathrm{e}^{\mathrm{i}\phi}\mathrm{e}^{-\mathrm{i}\phi} = (1_2 - |n_2=0\rangle\langle n_2=0|)\,1_1, \tag{10.31}$$

$$\mathrm{e}^{-\mathrm{i}\phi}\mathrm{e}^{\mathrm{i}\phi} = (1_1 - |n_1=0\rangle\langle n_1=0|)\,1_2. \tag{10.32}$$

这说明了 $\mathrm{e}^{\mathrm{i}\phi}$ 与 $\mathrm{e}^{-\mathrm{i}\phi}$ 不是互逆关系, 也不是厄米算符. 由于物理可观测量对应厄米算符, 因此构造

$$\cos\phi = \frac{1}{2}(\mathrm{e}^{\mathrm{i}\phi}+\mathrm{e}^{-\mathrm{i}\phi}), \quad \sin\phi = \frac{1}{2\mathrm{i}}(\mathrm{e}^{\mathrm{i}\phi}-\mathrm{e}^{-\mathrm{i}\phi}). \tag{10.33}$$

由式 (10.25) 与 (10.26) 给出

$$\langle j,m-1|\cos\phi|j,m\rangle = \langle j,m|\cos\phi|j,m-1\rangle = \frac{1}{2}, \tag{10.34}$$

$$\langle j,m-1|\sin\phi|j,m\rangle = -\langle j,m|\sin\phi|j,m-1\rangle = \frac{1}{2\mathrm{i}}, \tag{10.35}$$

$$[J_z,\cos\phi] = -\mathrm{i}\sin\phi, \quad [J_z,\sin\phi] = \mathrm{i}\cos\phi. \tag{10.36}$$

根据测不准关系的一般理论, 当两个厄米算符 $\hat{A},\hat{B}$ 的对易子满足 $[\hat{A},\hat{B}]=\mathrm{i}\hat{C}$ 时, $\Delta\hat{A}\Delta\hat{B}\geqslant|\langle\hat{C}\rangle|/2$ 成立. 因此式 (10.36) 给出了角动量第三分量和厄米相算符所满足的测不准关系:

$$\Delta J_z\Delta\cos\phi\geqslant\frac{1}{2}|\langle\sin\phi\rangle|,\quad \Delta J_z\Delta\sin\phi\geqslant\frac{1}{2}|\langle\cos\phi\rangle|. \tag{10.37}$$

我们能够找到位相算符 $\cos\phi$ 的本征态, 它显然可用角动量态 $|j,m\rangle$ 的完备集来展开, $|j,m\rangle$ 所满足的完备性关系是

$$\sum_{j=0}^{+\infty}\sum_{m=-j}^{j}|j,m\rangle\langle j,m|=1. \tag{10.38}$$

由此式及式 (10.25) 与 (10.26), 得

$$\mathrm{e}^{\mathrm{i}\phi}=\mathrm{e}^{\mathrm{i}\phi}\sum_{j=0}^{+\infty}\sum_{m=-j}^{j}|j,m\rangle\langle j,m|=\sum_{j=0}^{+\infty}\sum_{m=-j+1}^{j}|j,m-1\rangle\langle j,m|, \tag{10.39}$$

$$\mathrm{e}^{-\mathrm{i}\phi}=\sum_{j=0}^{+\infty}\sum_{m=-j}^{j-1}|j,m+1\rangle\langle j,m|. \tag{10.40}$$

10.3　原子相干态的相

利用双模粒子数的完备性

$$\sum_{n,m=0}^{+\infty}|n,m\rangle\langle n,m|=1, \tag{10.41}$$

以及 $|n\rangle=a^{\dagger n}/\sqrt{n!}|0\rangle_1, |m\rangle=b^{\dagger m}/\sqrt{m!}|0\rangle_2$, 并考虑 $|00\rangle_{12\ 12}\langle 00|=:\mathrm{e}^{-a^{\dagger}a-b^{\dagger}b}:$, 从式 (10.23) 和 (10.24) 能得到相应正规乘积形式:

$$\begin{aligned}\mathrm{e}^{\mathrm{i}\phi}&=\sum_{n,m=0}^{+\infty}\frac{1}{\sqrt{n+1}}|n,m\rangle\langle n,m|ab^{\dagger}\frac{1}{\sqrt{m+1}}\\&=\sum_{n,m=0}^{+\infty}:\frac{a^{\dagger n+1}a^{n}\mathrm{e}^{-a^{\dagger}a-b^{\dagger}b}b^{\dagger m}b^{m+1}}{n!m!\sqrt{(n+1)(m+1)}}:\end{aligned} \tag{10.42}$$

和

$$\mathrm{e}^{-\mathrm{i}\phi}=\sum_{n,m=0}^{+\infty}:\frac{a^{\dagger n}a^{n+1}\mathrm{e}^{-a^{\dagger}a-b^{\dagger}b}b^{\dagger m+1}b^{m}}{n!m!\sqrt{(n+1)(m+1)}}:. \tag{10.43}$$

为了计算原子相干态的相 $\langle\tau|\mathrm{e}^{\mathrm{i}\phi}|\tau\rangle$, 可利用双模相干态 $|z_1,z_2\rangle$ 与原子相干态 $|\tau\rangle$ 的内积:

$$\langle\tau|\,z_1,z_2\rangle=\frac{1}{\sqrt{(2j)!}}\mathrm{e}^{-\frac{1}{2}(|z_1|^2+|z_2|^2)}\left(z_2\cos\frac{\theta}{2}+z_1\mathrm{e}^{\mathrm{i}\varphi}\sin\frac{\theta}{2}\right)^{2j}. \tag{10.44}$$

根据式 (10.44) 和 (10.42), 就有

$$\begin{aligned}\langle\tau|\mathrm{e}^{\mathrm{i}\phi}|\tau\rangle&=\int\frac{\mathrm{d}^2z_1\mathrm{d}^2z_2\mathrm{d}^2z_1'\mathrm{d}^2z_2'}{\pi^4}\langle\tau|\,z_1,z_2\rangle\langle z_1,z_2|\mathrm{e}^{\mathrm{i}\phi}|z_1',z_2'\rangle\langle z_1',z_2'|\,\tau\rangle\\&=\frac{1}{2(2j)!}\int\frac{\mathrm{d}^2z_1\mathrm{d}^2z_2\mathrm{d}^2z_1'\mathrm{d}^2z_2'}{\pi^4}\sum_{n,m=0}^{+\infty}\frac{z_1^{*n+1}z_1'^{\,n}\mathrm{e}^{-z_1^*z_1'-z_2^*z_2'}z_2^{*m}z_2'^{m+1}}{n!m!\sqrt{(n+1)(m+1)}}\\&\quad\times\exp(-|z_1|^2-|z_2|^2-|z_1'|^2-|z_2'|^2+z_1^*z_1'+z_2^*z_2')\\&\quad\times\left[z_2z_2'\cos^2\frac{\theta}{2}+(z_2z_1'\mathrm{e}^{-\mathrm{i}\varphi}+z_1z_2'\mathrm{e}^{\mathrm{i}\varphi})\sin\frac{\theta}{2}\cos\frac{\theta}{2}+z_1z_1'\sin^2\frac{\theta}{2}\right]^{2j}.\end{aligned} \tag{10.45}$$

再利用积分公式:

$$\int\frac{\mathrm{d}^2z}{\pi}f(z)\mathrm{e}^{h|z|^2+\eta z^*}=\left(-\frac{1}{h}\right)f\left(-\frac{\eta}{h}\right)\quad(\mathrm{Re}\,h<0), \tag{10.46}$$

$$\int\frac{\mathrm{d}^2z}{\pi}z^mz^{*n}\mathrm{e}^{h|z|^2}=\delta_{mn}m!\,(-1)^{m+1}h^{-(m+1)}\quad(\mathrm{Re}\,h<0), \tag{10.47}$$

有

$$\langle\tau|\mathrm{e}^{\mathrm{i}\phi}|\tau\rangle=\sum_{l=0}^{2j-1}\frac{j\,(2j-1)!\left(\cos\dfrac{\theta}{2}\right)^{4j-2l-1}\left(\sin\dfrac{\theta}{2}\right)^{2l+1}\mathrm{e}^{-\mathrm{i}\varphi}}{l!\,(2j-1-l)!\sqrt{(l+1)(2j-l)}}. \tag{10.48}$$

由于

$$\langle\tau|\mathrm{e}^{\mathrm{i}\phi}|\tau\rangle=\left(\langle\tau|\mathrm{e}^{-\mathrm{i}\phi}|\tau\rangle\right)^*, \tag{10.49}$$

由式 (10.33), 有

$$\langle\tau|\cos\phi|\tau\rangle=F(\theta)\cos\varphi, \tag{10.50}$$

式中

$$F(\theta)=\sin\theta\sum_{l=0}^{2j-1}\frac{j\,(2j-1)!\left(\cos\frac{\theta}{2}\right)^{4j-2l-2}\left(\sin\frac{\theta}{2}\right)^{2l}}{l!\,(2j-1-l)!\sqrt{(l+1)(2j-l)}}. \tag{10.51}$$

同样地, 有

$$\langle\tau|\sin\phi|\tau\rangle=-F(\theta)\sin\varphi. \tag{10.52}$$

10.4　从原子相干态到二项式态

本节证明用角动量算符的赫尔斯泰因–普里马科夫 (Holstein-Primakoff(HP)) 实现就可以把原子相干态表达为二项式态的形式. 下面简单介绍什么是 HP 实现. 根据

$$J_{\pm}|j,m\rangle=[j(j+1)-m(m\pm1)]^{1/2}|j,m\pm1\rangle, \tag{10.53}$$

可知当将 $|j,m\rangle$ 简写为 $|m\rangle$ 时, 有

$$\begin{aligned}J_+|m\rangle&=\sqrt{(j+m+1)(j-m)}|m+1\rangle\\&=\sqrt{2j}\sqrt{\left(1-\frac{j-m-1}{2j}\right)(j-m)}|m+1\rangle.\end{aligned} \tag{10.54}$$

记 $n=j-m$, 则 $m\mapsto m+1$ 意味着 $n\mapsto n-1$. 并记 $|m\rangle\mapsto|n\rangle$, 则

$$J_+|n\rangle=\sqrt{2j}\sqrt{\left(1-\frac{n-1}{2j}\right)n}|n-1\rangle. \tag{10.55}$$

与

$$a|n\rangle=\sqrt{n}|n-1\rangle \tag{10.56}$$

比较, 则有

$$J_+|n\rangle=\sqrt{2j-n+1}a|n\rangle, \tag{10.57}$$

即 J_+ 有单模玻色算符实现:

$$J_+\mapsto\sqrt{2j-a^{\dagger}a}a. \tag{10.58}$$

因此

$$J_- \mapsto a^\dagger\sqrt{2j-a^\dagger a}, \quad J_z = j - a^\dagger a. \tag{10.59}$$

在 HP 实现下, 原子相干态表达为 (取 $-\tau = -\sqrt{\sigma/(1-\sigma)}$)

$$\begin{aligned}
\mathrm{e}^{\tau J_-}|j,j\rangle &= \sum_m \frac{(J_-\tau)^m}{m!}|j,j\rangle \\
&= \sum_m \frac{\left(a^\dagger\sqrt{2j-a^\dagger a}\right)^m}{m!}|0\rangle\left(\frac{\sigma}{1-\sigma}\right)^M \\
&= \sum_m^{2j}\left[\begin{pmatrix}2j\\m\end{pmatrix}\sigma^m(1-\sigma)^{2j-m}\right]^{1/2}|m\rangle.
\end{aligned} \tag{10.60}$$

这呈现二项式态的形式, 因为 $|m\rangle$ 的系数是二项式.

10.5 两个玻色—爱因斯坦凝聚体的干涉与原子相干态

原子相干态在实际物理世界中有何用处呢? 一个用处是描述玻色-爱因斯坦凝聚. 两个有交叠的理想玻色-爱因斯坦凝聚体的干涉可以用一个序参量来表示 [6,7], 它由两个分别处于动量态 K_A 和 K_B 的、凝聚密度分别是 n_A, n_B 的凝聚体波函数组成:

$$\psi(r) = \sqrt{n_A}\mathrm{e}^{\mathrm{i}K_A\cdot r}\mathrm{e}^{\mathrm{i}\phi_A} + \sqrt{n_B}\mathrm{e}^{\mathrm{i}K_B\cdot r}\mathrm{e}^{\mathrm{i}\phi_B}, \tag{10.61}$$

因而整个系统的密度

$$n(r) = \left|\sqrt{n_A}\mathrm{e}^{\mathrm{i}K_A\cdot r}\mathrm{e}^{\mathrm{i}\phi_A} + \sqrt{n_B}\mathrm{e}^{\mathrm{i}K_B\cdot r}\mathrm{e}^{\mathrm{i}\phi_B}\right|^2 = n[1 + x\cos(K\cdot r+\phi)]. \tag{10.62}$$

这显示了一个相对相为 $\cos(K\cdot r+\phi)$ 的干涉图样, 式中 $n = n_A + n_B, K = K_B - K_A, \phi = \phi_B - \phi_A$, $x = 2\sqrt{n_A n_B}/n$. 相移 ϕ 是可测的. 文献 [6,7] 指出, $\psi(r)$ 在经过二次量子化变成算符 $\hat{\psi}(r)$ 后再作傅里叶变换, 即得到

$$\hat{\psi}(r) \mapsto \sqrt{\frac{1}{V}}\left(a\mathrm{e}^{\mathrm{i}K_A\cdot r} + b\mathrm{e}^{\mathrm{i}K_B\cdot r}\right) \mapsto \sqrt{\frac{1}{V}}\left(a + b\mathrm{e}^{\mathrm{i}K\cdot r}\right), \tag{10.63}$$

式中 V 代表二次量子化时出现的归一化体积, 则描写两凝聚体密度的物理量被量子化为算符

$$\begin{aligned}\hat{n}(r) &= \hat{\psi}^{\dagger}(r)\hat{\psi}(r) \\ &\mapsto \frac{1}{V}(a^{\dagger}a+b^{\dagger}b+\mathrm{e}^{\mathrm{i}K\cdot r}a^{\dagger}b+\mathrm{e}^{-\mathrm{i}K\cdot r}ab^{\dagger})\equiv\rho.\end{aligned} \tag{10.64}$$

本节我们将用原子相干态的施温格玻色子表示来研究两个玻色–爱因斯坦凝聚体之间的干涉 [8].

我们发现, 有确定值 τ 的原子相干态 $|\tau\rangle$ 可以是式 (10.64) 中的本征态 ρ, 即

$$\rho|\tau\rangle = E|\tau\rangle, \tag{10.65}$$

其中 τ 可取 $\tau_{\pm}=\pm\mathrm{e}^{\mathrm{i}K\cdot r}$, 相应的本征值为

$$E_{+}=\frac{4j}{V},\quad E_{-}=0. \tag{10.66}$$

实际上, 对于 $\tau=\mathrm{e}^{\mathrm{i}K\cdot r}$, 注意

$$\mathrm{e}^{-\tau J_{+}}(a^{\dagger}a+b^{\dagger}b+\mathrm{e}^{\mathrm{i}K\cdot r}a^{\dagger}b+\mathrm{e}^{-\mathrm{i}K\cdot r}ab^{\dagger})\mathrm{e}^{\tau J_{+}}=2b^{\dagger}b+\mathrm{e}^{-\mathrm{i}K\cdot r}ab^{\dagger}, \tag{10.67}$$

以及式 (10.9), 有

$$\begin{aligned}&\frac{1}{V}(a^{\dagger}a+b^{\dagger}b+\mathrm{e}^{\mathrm{i}K\cdot r}a^{\dagger}b+\mathrm{e}^{-\mathrm{i}K\cdot r}ab^{\dagger})\left|\tau=\mathrm{e}^{\mathrm{i}K\cdot r}\right\rangle \\ &=\frac{1}{V(1+|\tau|^{2})^{j}}(a^{\dagger}a+b^{\dagger}b+\mathrm{e}^{\mathrm{i}K\cdot r}a^{\dagger}b+\mathrm{e}^{-\mathrm{i}K\cdot r}ab^{\dagger})\mathrm{e}^{\tau J_{+}}|j,-j\rangle \\ &=\frac{1}{V(1+|\tau|^{2})^{j}}\mathrm{e}^{\tau J_{+}}\left(2b^{\dagger}b+\mathrm{e}^{-\mathrm{i}K\cdot r}J_{-}\right)|j,-j\rangle \\ &=\frac{4j}{V}\left|\tau=\mathrm{e}^{\mathrm{i}K\cdot r}\right\rangle.\end{aligned} \tag{10.68}$$

同样, 对于 $\tau=-\mathrm{e}^{\mathrm{i}K\cdot r}$, 也可以证明

$$\begin{aligned}&\frac{1}{V}(a^{\dagger}a+b^{\dagger}b+\mathrm{e}^{\mathrm{i}K\cdot r}a^{\dagger}b+\mathrm{e}^{-\mathrm{i}K\cdot r}ab^{\dagger})\left|\tau=-\mathrm{e}^{\mathrm{i}K\cdot r}\right\rangle \\ &=\frac{1}{V(1+|\tau|^{2})^{j}}\mathrm{e}^{\tau J_{+}}\left(2a^{\dagger}a+\mathrm{e}^{-\mathrm{i}K\cdot r}J_{-}\right)|j,-j\rangle \\ &=0.\end{aligned} \tag{10.69}$$

在文献 [8] 中, 作者引入了一个 "相态"

$$|\phi\rangle_N = \frac{1}{\sqrt{N!g^N}}\left(a^\dagger + \gamma e^{i\phi} b^\dagger\right)^N |00\rangle \quad (g = 1+\gamma^2), \tag{10.70}$$

并认为它描述有干涉相的凝聚体. 事实上, 可以算得系统的密度在此态中的期望值为

$${}_N\langle\phi|\rho|\phi\rangle_N = \bar{n}\left[1+\bar{x}\cos(K\cdot r+\phi)\right], \tag{10.71}$$

其中

$$\bar{n} = N/V, \quad \bar{x} = 2\gamma/g. \tag{10.72}$$

对照式 (10.62), 我们就可知道 $|\phi\rangle_N$ 给出了正确的干涉态而且它又是一个施温格玻色实现下的原子相干态.

10.6 利用玻色算符表示下的原子相干态对哈密顿量本征态分类

当原子相干态用玻色算符表示后, 它也可以用于光场性质的研究. 例如, 当辐射场的单色光入射到介质中产生的光散射, 可以用哈密顿量

$$H = \omega_1 a^\dagger a + \omega_2 b^\dagger b - i\lambda\left(a^\dagger b - ab^\dagger\right) \tag{10.73}$$

来描述时, 其本征态可用原子相干态来分类. 由于激光可用玻色相干态来描述, 所以施温格表示下的原子相干态可用来描述光场间的相互作用 [9].

10.6.1 原子相干态作为 H 的本征态

现在我们论证取某个 j 值的原子相干态就是上述哈密顿量式 (10.73) 的本征态, 即可以对本征态按 j 值分类, 本征态方程为

$$H|\tau\rangle = E|\tau\rangle. \tag{10.74}$$

为了求解上式, 我们直接利用式 (10.10) 以及关系式

$$a^{\dagger}|n\rangle=\sqrt{n+1}|n+1\rangle,\quad a|n\rangle=\sqrt{n}|n-1\rangle, \tag{10.75}$$

可计算得

$$\begin{aligned}H|\tau\rangle=&\frac{1}{(1+|\tau|^2)^j}\left[\sum_{l=0}^{2j}\sqrt{\frac{(2j)!}{l!(2j-l)!}}[\omega_1(2j-l)+\omega_2 l]\tau^{2j-l}|2j-l\rangle\otimes|l\rangle\right.\\&-\mathrm{i}\lambda\sum_{l=1}^{2j}\sqrt{\frac{(2j)!}{(l-1)!(2j-l+1)!}}(2j-l+1)\tau^{2j-l}|2j-l+1\rangle\otimes|l-1\rangle\\&\left.+\mathrm{i}\lambda\sum_{l=0}^{2j-1}\sqrt{\frac{(2j)!}{(l+1)!(2j-l-1)!}}\tau^{2j-l}(l+1)|2j-l-1\rangle\otimes|l+1\rangle\right].\end{aligned} \tag{10.76}$$

在上式右边的第二项与第三项中, 分别令 $l\mp 1\mapsto l$, 则

$$\begin{aligned}H|\tau\rangle=&\frac{1}{(1+|\tau|^2)^j}\sum_{l=0}^{2j}\sqrt{\frac{(2j)!}{l!(2j-l)!}}\tau^{2j-l}\\&\times\left\{[\omega_1(2j-l)+\omega_2 l]-\mathrm{i}\lambda(2j-l)\frac{1}{\tau}+\mathrm{i}\lambda\tau l\right\}|2j-l\rangle\otimes|l\rangle\\=&\frac{1}{\left(1+|\tau|^2\right)^j}\sum_{l=0}^{2j}\sqrt{\frac{(2j)!}{l!(2j-l)!}}\tau^{2j-l}\\&\times\left\{2\left(\omega_1-\mathrm{i}\frac{\lambda}{\tau}\right)j+\left[(\omega_2-\omega_1)+\mathrm{i}\lambda\left(\tau+\frac{1}{\tau}\right)\right]l\right\}|2j-l\rangle\otimes|l\rangle\\=&2\left(\omega_1-\mathrm{i}\frac{\lambda}{\tau}\right)j|\tau\rangle+\frac{1}{(1+|\tau|^2)^j}\sum_{l=0}^{2j}\sqrt{\frac{(2j)!}{l!(2j-l)!}}\tau^{2j-l}\\&\times\left[(\omega_2-\omega_1)+\mathrm{i}\lambda\left(\tau+\frac{1}{\tau}\right)\right]l|2j-l\rangle\otimes|l\rangle.\end{aligned} \tag{10.77}$$

若下列条件得到满足:

$$\mathrm{i}\lambda\tau^2+\tau(\omega_2-\omega_1)+\mathrm{i}\lambda=0, \tag{10.78}$$

即

$$\tau_{\pm}=\frac{(\omega_1-\omega_2)\pm\sqrt{(\omega_1-\omega_2)^2+4\lambda^2}}{2\mathrm{i}\lambda}, \tag{10.79}$$

则式 (10.10) 中的 $|\tau_\pm\rangle$ 就是哈密顿量 H 的本征态, 相应的本征值为

$$\begin{aligned}E&=2\left(\omega_1-\mathrm{i}\frac{\lambda}{\tau}\right)j\\&=j\left[(\omega_1+\omega_2)\pm\sqrt{(\omega_1-\omega_2)^2+4\lambda^2}\right].\end{aligned}\tag{10.80}$$

特别地, 当 $\omega_1=\omega_2=\omega$ 时, 从式 (10.79) 与 (10.80), 可得知 $\tau_\pm=\mp\mathrm{i}$, $E_\pm=2j(\omega\pm\lambda)$.

对于 $j=1/2$ 的情况, 根据式 (10.10), H 的本征态就是

$$\begin{aligned}|\tau_\pm\rangle_{j=1/2}&=\frac{1}{(1+|\tau_\pm|^2)^{1/2}}(\tau_\pm|1\rangle\otimes|0\rangle+|0\rangle\otimes|1\rangle)\\\stackrel{\omega_1=\omega_2}{\Longrightarrow}\quad|\mathrm{i}_\pm\rangle_{j=1/2}&\equiv\frac{1}{\sqrt{2}}(\mp\mathrm{i}|1\rangle\otimes|0\rangle+|0\rangle\otimes|1\rangle).\end{aligned}\tag{10.81}$$

实际上, 可以检验 $H|\mathrm{i}_+\rangle_{j=1/2}=\dfrac{\omega+\lambda}{\sqrt{2}}(-\mathrm{i}|1,0\rangle+|0,1\rangle)$.

对于 $j=1$ 的情况, 有

$$\begin{aligned}|\tau_\pm\rangle_{j=1}&=\frac{1}{1+|\tau_\pm|^2}\sum_{l=0}^{2}\sqrt{\frac{2!}{l!(2-l)!}}\tau_\pm^{2-l}|2-l\rangle\otimes|l\rangle\\&=\frac{1}{1+|\tau_\pm|^2}\left(\tau_\pm^2|2\rangle\otimes|0\rangle+\sqrt{2}\tau_\pm|1\rangle\otimes|1\rangle+|0\rangle\otimes|2\rangle\right)\\\stackrel{\omega_1=\omega_2}{\Longrightarrow}\quad|\mathrm{i}_\pm\rangle_1&\equiv\frac{1}{2}\left(-|2\rangle\otimes|0\rangle\mp\mathrm{i}\sqrt{2}|1\rangle\otimes|1\rangle+|0\rangle\otimes|2\rangle\right).\end{aligned}\tag{10.82}$$

对于 $j=3/2$ 的情况, 有

$$\begin{aligned}|\tau_\pm\rangle_{j=3/2}&=\frac{1}{(1+|\tau|^2)^{3/2}}(\tau_\pm^3|3\rangle\otimes|0\rangle+\sqrt{3}\tau_\pm^2|2\rangle\otimes|1\rangle+\sqrt{3}\tau_\pm|1\rangle\otimes|2\rangle+|0\rangle\otimes|3\rangle)\\\stackrel{\omega_1=\omega_2}{\Longrightarrow}\quad|\mathrm{i}_\pm\rangle_{j=3/2}&\equiv\frac{1}{2^{3/2}}(\pm\mathrm{i}|3\rangle\otimes|0\rangle-\sqrt{3}|2\rangle\otimes|1\rangle\mp\mathrm{i}\sqrt{3}|1\rangle\otimes|2\rangle+|0\rangle\otimes|3\rangle).\end{aligned}\tag{10.83}$$

对于 $j=2$ 的情况, 有

$$|\tau_\pm\rangle_{j=2}=\frac{1}{(1+|\tau|^2)^2}\sum_{l=0}^{4}\sqrt{\frac{4!}{l!(4-l)!}}\tau_\pm^{4-l}|4-l\rangle\otimes|l\rangle$$

$$= \frac{1}{(1+|\tau|^2)^2}(\tau_\pm^4|4\rangle\otimes|0\rangle + 2\tau_\pm^3|3\rangle\otimes|1\rangle + \sqrt{6}\tau_\pm^2|2\rangle\otimes|2\rangle$$
$$+ 2\tau_\pm|1\rangle\otimes|3\rangle + |0\rangle\otimes|4\rangle)$$
$$\overset{\omega_1=\omega_2}{\Longrightarrow} |\mathrm{i}_\pm\rangle_{j=2} \equiv \frac{1}{4}(|4\rangle\otimes|0\rangle \pm 2\mathrm{i}|3\rangle\otimes|1\rangle - \sqrt{6}|2\rangle\otimes|2\rangle \mp 2\mathrm{i}|1\rangle\otimes|3\rangle + |0\rangle\otimes|4\rangle). \tag{10.84}$$

可见 H 的本征态确实可以用不同 j 值的原子相干态进行分类.

10.6.2　H 的配分函数与内能

由于在原子相干态 $|\tau_\pm\rangle$ 中 H 是对角化的, 我们能直接根据能级差来计算它的配分函数, 即

$$Z_+(\beta) = \mathrm{tr}_+\mathrm{e}^{-\beta H} = \sum_{j=0}^{+\infty} {}_j\langle\tau_+|\mathrm{e}^{-\beta H}|\tau_+\rangle_j$$
$$= \sum_{j=0}^{+\infty}\mathrm{e}^{-\beta A2j} = \left.\frac{1}{\mathrm{e}^\eta - 1}\right|_{\eta=-\beta A} = \frac{1}{\mathrm{e}^{-\beta A}-1} \tag{10.85}$$

和

$$Z_-(\beta) = \mathrm{tr}_-\mathrm{e}^{-\beta H} = \sum_{2j=0}^{+\infty} {}_j\langle\tau_-|\mathrm{e}^{-\beta H}|\tau_-\rangle_j = \frac{1}{\mathrm{e}^{-\beta B}-1}, \tag{10.86}$$

式中求和 $\sum\limits_j^{+\infty}$ 对 $j=0,\frac{1}{2},T,\frac{3}{2},\cdots$ 进行, $\beta = 1/(k_\mathrm{B}T)$. 根据式 (10.86), 得

$$A = \frac{\omega_1+\omega_2+\sqrt{(\omega_1-\omega_2)^2+4\lambda^2}}{2},$$
$$B = \frac{\omega_1+\omega_2-\sqrt{(\omega_1-\omega_2)^2+4\lambda^2}}{2}, \tag{10.87}$$

以上用了 $H|\tau_+\rangle = 2Aj|\tau_+\rangle, H|\tau_-\rangle = 2Bj|\tau_-\rangle$. 因此, 总的配分函数为

$$Z(\beta) = Z_+(\beta)Z_-(\beta) = \frac{1}{\mathrm{e}^{-\beta A}-1}\frac{1}{\mathrm{e}^{-\beta B}-1}, \tag{10.88}$$

相应的系统内能为

$$\begin{aligned}\langle H\rangle_{\mathrm{e}} &= -\frac{\partial}{\partial\beta}\ln Z(\beta) \\ &= -\frac{\partial}{\partial\beta}\left(\ln\frac{1}{\mathrm{e}^{-\beta A}-1}+\ln\frac{1}{\mathrm{e}^{-\beta B}-1}\right) \\ &= \frac{A}{\mathrm{e}^{A\beta}-1}+\frac{B}{\mathrm{e}^{B\beta}-1}.\end{aligned} \tag{10.89}$$

10.7 含时双模耦合振子与原子相干态

含时双模耦合谐振子的哈密顿量为

$$H(t)=\omega_1(t)\,a^\dagger a+\omega_2(t)\,b^\dagger b+\lambda(t)\left(a^\dagger b+b^\dagger a\right), \tag{10.90}$$

其中 $a^\dagger$ $(b^\dagger)$ 和 a (b) 分别是产生算符与湮灭算符, 它们满足对易关系 $\left[a,a^\dagger\right]=1$ 与 $\left[b,b^\dagger\right]=1$; $\omega_1(t)$, $\omega_2(t)$ 以及 $\lambda(t)$ 是时间 t 的任意实函数. 求解这个含时哈密顿量, 我们发现它有原子相干态解.

10.7.1 含时不变量理论

含时哈密顿量的量子系统所满足的薛定谔方程为 $(\hbar=1)$

$$\mathrm{i}\frac{\partial|\psi(t)\rangle_{\mathrm{S}}}{\partial t}=H(t)\,|\psi(t)\rangle_{\mathrm{S}}. \tag{10.91}$$

在文献 [10] 中, 路易斯和里森费尔德对这样的哈密顿量发展了一种含时不变理论, 它的核心是给出了不变算符与薛定谔方程解的一个简单关系, 以及对应于每个本征态的含时相位变换. 记这个含时厄米不变算符为 $I(t)$, 它须满足海森伯方程

$$\frac{\mathrm{d}I(t)}{\mathrm{d}t}\equiv\frac{\partial I(t)}{\partial t}+\frac{1}{\mathrm{i}}\left[I(t),H(t)\right]=0, \tag{10.92}$$

假设 $I(t)$ 的一系列本征态为

$$I(t)\,|\lambda_n,t\rangle=\lambda_n\,|\lambda_n,t\rangle. \tag{10.93}$$

注意, 本征值 λ_n 与时间无关, 即

$$\frac{\partial\lambda_n}{\partial t}=0. \tag{10.94}$$

方程 (10.91) 的解 $|\psi(t)\rangle_{\mathrm{S}}$ 可用这些本征态 $|\lambda_n,t\rangle$ 进行展开. 特别地, 可以存在方程 (10.91) 的一种解: $|\lambda_n,t\rangle_{\mathrm{S}}=\exp[\mathrm{i}\phi_n(t)]|\lambda_n,t\rangle$ $(n=1,2,\cdots)$. 因此, $|\psi(t)\rangle_{\mathrm{S}}$ 可以写成

$$|\psi(t)\rangle_{\mathrm{S}}=\sum_n C_n\exp[\mathrm{i}\phi_n(t)]|\lambda_n,t\rangle, \tag{10.95}$$

式中 C_n 是常数. 将式 (10.95) 代入薛定谔方程 (10.91), 有

$$\frac{\mathrm{d}\phi_n(t)}{\mathrm{d}t}=\langle\lambda_n,t|\left(\mathrm{i}\frac{\partial}{\partial t}-H\right)|\lambda_n,t\rangle, \tag{10.96}$$

由此导出相位角

$$\phi_n(t)=\int_0^t\langle\lambda_n,t'|\left[\mathrm{i}\frac{\partial}{\partial t'}-H(t')\right]|\lambda_n,t'\rangle\,\mathrm{d}t', \tag{10.97}$$

这称为路易斯–里森费尔德 (LR) 相位; 常数 C_n 可以由初始条件来决定:

$$C_n=\langle\lambda_n,t=0|\psi(t=0)\rangle_{\mathrm{S}}. \tag{10.98}$$

联立式 (10.93), (10.95), (10.97) 与 (10.98), 就可以得到薛定谔方程的解. 可见找出在 LR 理论中的厄米算符 $I(t)$ 是关键.

易知, $[I(t),H(t)]\neq0$, 与量子场论中的中介场和入场、出场的相互变换的理论 [12] 相似. 我们寻找一个含时幺正算符 $V(t)$, 满足

$$I_v=V^\dagger(t)I(t)V(t), \tag{10.99}$$

这里 I_v 与时间无关, 即 $\dfrac{\partial I_v}{\partial t}=0$, 它展现了一个 "自由" 场算符的行为:

$$[I_v,H_v(t)]=0, \tag{10.100}$$

其中

$$H_v(t)=V^\dagger(t)H(t)V(t)-\mathrm{i}V^\dagger(t)\frac{\partial V(t)}{\partial t}. \tag{10.101}$$

式 (10.100) 的证明如下: 将 $I(t)=V(t)I_vV^\dagger(t)$ 代入式 (10.92), 有

$$\frac{\partial V(t)}{\partial t}I_vV^\dagger(t)+V(t)I_v\frac{\partial V^\dagger(t)}{\partial t}+\frac{1}{\mathrm{i}}V(t)\left[I_v,V^\dagger(t)H(t)V(t)\right]V^\dagger(t)=0. \tag{10.102}$$

利用 $\dfrac{\partial}{\partial t}\left[V(t)V^{\dagger}(t)\right]=0$, 式 (10.102) 变为

$$\left[I_v, V^{\dagger}(t)H(t)V(t)-V^{\dagger}(t)\mathrm{i}\frac{\partial V(t)}{\partial t}\right]=0, \tag{10.103}$$

即完成了证明.

从式 (10.93) 和 (10.99), 可得

$$I_v|\lambda_n\rangle=\lambda_n|\lambda_n\rangle, \tag{10.104}$$

式中

$$|\lambda_n\rangle=V^{\dagger}(t)|\lambda_n,t\rangle. \tag{10.105}$$

把 $|\lambda_n,t\rangle_{\mathrm{S}}=\exp[\mathrm{i}\phi_n(t)]V(t)|\lambda_n\rangle$ 代入式 (10.91) 和 (10.101), 易得

$$-\dot{\phi}_n(t)|\lambda_n\rangle=H_v(t)|\lambda_n\rangle. \tag{10.106}$$

由上式看, $\dot{\phi}_n(t)$ 似乎是 $H_v(t)$ 的 "本征值". 因此, 一旦找到合适的 $V(t)$ 与 I_v, 就能计算出 $H_v(t)$; 如果再进一步, 能找到 I_v 的本征函数 $|\lambda_n\rangle$, 根据式 (10.105) 和 (10.106) 就能求出方程 (10.91) 的解.

10.7.2 利用含时不变量求解 $H(t)$

对于式 (10.90) 给出的含时双模耦合谐振子的情况, 我们选择含时幺正变换算符 [11]

$$V(t)=\exp[\sigma(t)a^{\dagger}b-\sigma^{*}(t)b^{\dagger}a], \tag{10.107}$$

式中

$$\sigma(t)\equiv\frac{\theta(t)}{2}\mathrm{e}^{-\mathrm{i}\varphi(t)} \tag{10.108}$$

待定. 另外, 选择与时间无关的不变算符

$$I_v=\frac{1}{2}\left(a^{\dagger}a-b^{\dagger}b\right), \tag{10.109}$$

注意 $[I_v,H(t)]\neq 0$. 我们的目的就是要找到适当的函数 $\theta(t)$, $\varphi(t)$ 使式 (10.100) 得到满足. 利用算符恒等式

$$\mathrm{e}^{\hat{A}}\hat{B}\mathrm{e}^{-\hat{A}}=\hat{B}+\frac{1}{1!}[\hat{A},\hat{B}]+\frac{1}{2!}[\hat{A},[\hat{A},\hat{B}]]+\frac{1}{3!}[\hat{A},[\hat{A},[\hat{A},\hat{B}]]]+\cdots, \tag{10.110}$$

计算得

$$\begin{aligned}
V^{\dagger}(t)\,a^{\dagger}aV(t) &= \frac{1+\cos\theta}{2}a^{\dagger}a+\frac{1-\cos\theta}{2}b^{\dagger}b+\frac{\sin\theta}{2}\left(\mathrm{e}^{-\mathrm{i}\varphi}a^{\dagger}b+\mathrm{e}^{\mathrm{i}\varphi}b^{\dagger}a\right),\\
V^{\dagger}(t)\,b^{\dagger}bV(t) &= \frac{1-\cos\theta}{2}a^{\dagger}a+\frac{1+\cos\theta}{2}b^{\dagger}b-\frac{\sin\theta}{2}\left(\mathrm{e}^{-\mathrm{i}\varphi}a^{\dagger}b+\mathrm{e}^{\mathrm{i}\varphi}b^{\dagger}a\right),\\
V^{\dagger}(t)\left(a^{\dagger}b+b^{\dagger}a\right)V(t) &= -\cos\varphi\sin\theta\left(a^{\dagger}a-b^{\dagger}b\right)+\left(\frac{1+\cos\theta}{2}-\frac{1-\cos\theta}{2}\mathrm{e}^{-\mathrm{i}2\varphi}\right)a^{\dagger}b\\
&\quad+\left(\frac{1+\cos\theta}{2}-\frac{1-\cos\theta}{2}\mathrm{e}^{\mathrm{i}2\varphi}\right)b^{\dagger}a. \qquad (10.111)
\end{aligned}$$

令 $\sigma(t)\,a^{\dagger}b-\sigma^{*}(t)\,b^{\dagger}a\equiv L$, $V(t)=\exp[L(t)]$, 再根据式 (10.101), 有

$$\begin{aligned}
V^{\dagger}(t)\,\frac{\partial}{\partial t}V(t) &= \frac{\partial}{\partial t}L+\frac{1}{2!}\left[\frac{\partial}{\partial t}L,L\right]+\frac{1}{3!}\left[\left[\frac{\partial}{\partial t}L,L\right],L\right]+\cdots\\
&= \frac{1-\cos\theta}{2}\mathrm{i}\dot{\varphi}\left(a^{\dagger}a-b^{\dagger}b\right)+\frac{\mathrm{e}^{-\mathrm{i}\varphi}}{2}a^{\dagger}b(\dot{\theta}-\mathrm{i}\dot{\varphi}\sin\theta)\\
&\quad-\frac{\mathrm{e}^{\mathrm{i}\varphi}}{2}b^{\dagger}a(\dot{\theta}+\mathrm{i}\dot{\varphi}\sin\theta). \qquad (10.112)
\end{aligned}$$

联合式 (10.111) 与 (10.112), 得到

$$H_{v}(t)=\alpha(t)\,a^{\dagger}a+\beta(t)\,b^{\dagger}b+\nu(t)\,a^{\dagger}b+\nu^{*}(t)\,b^{\dagger}a, \qquad (10.113)$$

式中

$$\begin{aligned}
\alpha(t) &= \frac{1}{2}(\omega_1+\omega_2)+\frac{\cos\theta}{2}(\omega_1-\omega_2)-\lambda\cos\varphi\sin\theta+\frac{1-\cos\theta}{2}\dot{\varphi},\\
\beta(t) &= \frac{1}{2}(\omega_1+\omega_2)-\frac{\cos\theta}{2}(\omega_1-\omega_2)+\lambda\cos\varphi\sin\theta-\frac{1-\cos\theta}{2}\dot{\varphi},\\
\nu(t) &= \frac{\omega_1-\omega_2}{2}(\sin\theta)\mathrm{e}^{-\mathrm{i}\varphi}+\lambda\frac{1+\cos\theta}{2}-\lambda\frac{1-\cos\theta}{2}\mathrm{e}^{-\mathrm{i}2\varphi}-\frac{\mathrm{e}^{-\mathrm{i}\varphi}}{2}(\dot{\varphi}\sin\theta+\mathrm{i}\dot{\theta}).
\end{aligned} \qquad (10.114)$$

为了保证式 (10.100) 得到满足, 式 (10.113) 中的最后两项应该消失, 即

$$H_{v}(t)=\alpha(t)\,a^{\dagger}a+\beta(t)\,b^{\dagger}b. \qquad (10.115)$$

因此

$$\nu(t)=0. \qquad (10.116)$$

该式是用来约束 $\theta(t)$ 和 $\varphi(t)$ 的. 通过引入 $\kappa=\left(\tan\frac{\theta}{2}\right)\mathrm{e}^{-\mathrm{i}\varphi}$, 则有 $(\sin\theta)\mathrm{e}^{-\mathrm{i}\varphi}=\frac{\kappa}{1+|\kappa|^2}$, $\frac{1+\cos\theta}{2}=\frac{1}{1+|\kappa|^2}$, 以及

$$\frac{\mathrm{e}^{-\mathrm{i}\varphi}}{2}(\dot{\varphi}\sin\theta+\mathrm{i}\dot{\theta})=\frac{\mathrm{i}}{1+|\kappa|^2}\frac{\mathrm{d}\kappa}{\mathrm{d}t}, \tag{10.117}$$

我们得到

$$\nu(t)=-\frac{1}{1+|\kappa|^2}\left[\mathrm{i}\frac{\mathrm{d}\kappa}{\mathrm{d}t}-(\omega_1-\omega_2)\kappa-\lambda+\lambda\kappa^2\right]. \tag{10.118}$$

再由 $\nu(t)=0$, 便得

$$\mathrm{i}\frac{\mathrm{d}\kappa}{\mathrm{d}t}-(\omega_1-\omega_2)\kappa-\lambda+\lambda\kappa^2=0. \tag{10.119}$$

将 $\kappa=\left(\tan\frac{\theta}{2}\right)\mathrm{e}^{-\mathrm{i}\varphi}$ 代入 $\alpha(t)$, 得到

$$\alpha(t)=\frac{(\omega_1+\omega_2)}{2}+\frac{(\omega_1-\omega_2)}{2}\frac{1-|\kappa|^2}{1+|\kappa|^2}-\frac{\lambda(\kappa+\kappa^*)}{1+|\kappa|^2}+\mathrm{i}\frac{\kappa^*\frac{\mathrm{d}\kappa}{\mathrm{d}t}-\kappa\frac{\mathrm{d}\kappa^*}{\mathrm{d}t}}{2\left(1+|\kappa|^2\right)}. \tag{10.120}$$

利用式 (10.119), 导出

$$\mathrm{i}\kappa^*\frac{\mathrm{d}\kappa}{\mathrm{d}t}-\mathrm{i}\kappa\frac{\mathrm{d}\kappa^*}{\mathrm{d}t}=2|\kappa|^2(\omega_1-\omega_2)+\lambda(\kappa+\kappa^*)(1-|\kappa|^2). \tag{10.121}$$

将上式代入式 (10.120), 便知

$$\alpha(t)=\omega_1-\frac{\lambda}{2}(\kappa+\kappa^*). \tag{10.122}$$

由式 (10.114), 有 $\alpha(t)+\beta(t)=\omega_1+\omega_2$, 于是有

$$\beta(t)=\omega_2+\frac{\lambda}{2}(\kappa+\kappa^*). \tag{10.123}$$

当式 (10.117) 满足时, 含时算符 $I(t)$ 可表示为

$$I(t)=V(t)I_vV^\dagger(t)=\frac{\cos\theta}{2}\left(a^\dagger a-b^\dagger b\right)-\frac{\sin\theta}{2}\left(\mathrm{e}^{-\mathrm{i}\varphi}a^\dagger b+\mathrm{e}^{\mathrm{i}\varphi}b^\dagger a\right), \tag{10.124}$$

它是“不变”的. 正如所期望的那样, θ,φ 满足辅助方程 (10.116). I_v 的本征态为

$$I_v|n,l\rangle=\frac{1}{2}(n-l)|n,l\rangle, \tag{10.125}$$

其中 $|n,l\rangle$ 是双模福克态. 或者将 I_v 取为角动量的施温格玻色子表示, 即 I_v 拥有本征矢:

$$I_v\,|j,m\rangle = m\,|j,m\rangle\,, \tag{10.126}$$

式中

$$|j,m\rangle = \frac{a^{\dagger j+m}}{\sqrt{(j+m)!}}\,|0\rangle_a \otimes \frac{b^{\dagger j-m}}{\sqrt{(j-m)!}}\,|0\rangle_b\,. \tag{10.127}$$

从式 (10.105) 看出, $V(t)\,|j,m\rangle$ 也是 $I(t)$ 的本征矢, 相应的本征值也是 m, 即

$$I(t)\exp[\sigma(t)\,a^\dagger b - \sigma^*(t)\,b^\dagger a]\,|j,m\rangle = m\exp[\sigma(t)\,a^\dagger b - \sigma^*(t)\,b^\dagger a]\,|j,m\rangle\,. \tag{10.128}$$

根据式 (10.95), 我们最终得到对于 $H(t)$ 的一个普遍解为

$$|\psi(t)\rangle_{\rm S} = \sum_{j,m} C_{j,m}\exp[\mathrm{i}\phi_{j,m}(t)]\exp[\sigma(t)\,a^\dagger b - \sigma^*(t)\,b^\dagger a]\,|j,m\rangle\,, \tag{10.129}$$

式中

$$C_{j,m} = \langle j,m|\exp[-\sigma(0)\,a^\dagger b + \sigma^*(0)\,b^\dagger a]\,|\psi(t=0)\rangle_{\rm S}\,. \tag{10.130}$$

进一步, 利用式 (10.106) 和 (10.115), 有

$$-\dot{\phi}_{j,m}(t)\,|j,m\rangle = H_v(t)\,|j,m\rangle = [\alpha(t)(j+m) + \beta(t)(j-m)]\,|j,m\rangle\,. \tag{10.131}$$

因此, 得到路易斯–里森费尔德相:

$$\phi_{j,m}(t) = -(j+m)\int_0^t \alpha(t')\mathrm{d}t' - (j-m)\int_0^t \beta(t')\mathrm{d}t'\,, \tag{10.132}$$

或者

$$\phi_{j,m}(t) = -j\int_0^t [\omega_1(t') + \omega_2(t')]\mathrm{d}t' + 2m\int_0^t \left[\lambda(t')\tan\frac{\theta(t')}{2}\cos\varphi(t')\right]\mathrm{d}t'\,, \tag{10.133}$$

其中用了式 (10.122) 和 (10.123) 以及

$$\kappa(t) = \tan\frac{\theta(t)}{2}\mathrm{e}^{-\mathrm{i}\varphi(t)}\,. \tag{10.134}$$

当我们能用参量 $\omega_1(t)$, $\omega_2(t)$ 与 $\lambda(t)$ 表示出 $\tan\dfrac{\theta(t')}{2}\cos\varphi(t')$ 时, 这就意味着能够解出方程 (10.119), 从而给出 $\phi_{j,m}(t)$. 特别地, 当 $m=-j$ 时 , 由式 (10.129), 得到

$$C_{j,-j}\exp[\mathrm{i}\phi_{j,-j}(t)]\exp[\sigma(t)\,a^\dagger b - \sigma^*(t)\,b^\dagger a]\,|j,-j\rangle\,. \tag{10.135}$$

这就是 $H(t)$ 的解, 其中 $\exp[\sigma(t)a^\dagger b-\sigma^*(t)b^\dagger a]|j,-j\rangle\equiv|\sigma\rangle_j$ 就是原子相干态的施温格玻色子表示, 此外, 由式 (10.132) 和 (10.134), 得到

$$\phi_{j,-j}(t)=-2j\int_0^t\left[\omega_2(t)+\frac{\lambda(t)}{2}(\kappa+\kappa^*)\right]\mathrm{d}t'. \tag{10.136}$$

此结果也可以用其他方法求出, 见文献 [13].

10.7.3 不含时耦合谐振子的能谱

若 $\omega_1,\omega_2,\lambda$ 与时间无关, 则得到不含时的哈密顿量

$$H=\omega_1 a^\dagger a+\omega_2 b^\dagger b+\lambda\left(a^\dagger b+b^\dagger a\right). \tag{10.137}$$

根据上面对含时哈密顿量 $H(t)$ 的求解结果, 我们可以求出 H 的能量本征值与本征态.

假定 κ 与时间无关, 则式 (10.119) 退化为

$$\kappa(\omega_1-\omega_2)-\lambda\left(\kappa^2-1\right)=0, \tag{10.138}$$

它的一个解为

$$\kappa=\frac{(\omega_1-\omega_2)-\sqrt{(\omega_1-\omega_2)^2+4\lambda^2}}{2\lambda}. \tag{10.139}$$

将

$$|\Phi\rangle\equiv\exp[\mathrm{i}\phi_{j,m}(t)]\exp(\sigma a^\dagger b-\sigma^* b^\dagger a)|j,m\rangle \tag{10.140}$$

代入薛定谔方程, 有

$$H|\Phi\rangle=\mathrm{i}\frac{\partial}{\partial t}|\Phi\rangle=-\dot{\phi}_{j,m}(t)|\Phi\rangle, \tag{10.141}$$

其中从式 (10.131), (10.139), (10.140) (当 $\varepsilon=\omega_2+(\kappa+\kappa^*)\lambda/2$ 时, 可以重新表示式 (10.134) 中的 $\beta(t)$), 得到

$$\begin{aligned}-\dot{\phi}_{j,m}(t)&=(j+m)\alpha+(j-m)\varepsilon\\&=j(\omega_1+\omega_2)+m(\omega_1-\omega_2-2\lambda\kappa)\\&=j(\omega_1+\omega_2)+m\sqrt{(\omega_1-\omega_2)^2+4\lambda^2}\equiv E_{j,m}.\end{aligned} \tag{10.142}$$

因此 $\exp(\sigma a^\dagger b-\sigma^* b^\dagger a)\,|j,m\rangle$ 是哈密顿量式 (10.137) 的本征矢, 即

$$H\exp(\sigma a^\dagger b-\sigma^* b^\dagger a)\,|j,m\rangle = E_{j,m}\exp(\sigma a^\dagger b-\sigma^* b^\dagger a)\,|j,m\rangle, \tag{10.143}$$

其中 $E_{j,m}$ 是该系统的能量本征值. 可以发现, 当 $m=\pm j$ 时, 这两个本征矢正是原子相干态.

下面计算由哈密顿量式 (110.137) 所描述的热力学系统的配分函数:

$$\begin{aligned}
Z=\operatorname{tr}\mathrm{e}^{-\beta H}&=\sum_{j,m}\exp(-\beta E_{j,m})=\sum_{j,m}\exp\{-\beta\,[(j+m)\,\alpha+(j-m)\,\varepsilon]\}\\
&=\sum_{j=0,\frac{1}{2},1,\cdots}\exp\left[-\beta j\,(\alpha+\varepsilon)\right]\sum_{m=-j}^{j}\exp\left[-\beta m\,(\alpha-\varepsilon)\right]\\
&=\sum_{j=0,\frac{1}{2},1,\cdots}\frac{\exp(-2\beta j\alpha)-\exp\left[\beta\,(\alpha-\varepsilon)\right]\exp(-2\beta j\varepsilon)}{1-\exp\left[-\beta\,(\alpha-\varepsilon)\right]}\\
&=\frac{1}{1-\exp(-\beta\alpha)}\frac{1}{1-\exp(-\beta\varepsilon)},
\end{aligned} \tag{10.144}$$

其中

$$\begin{aligned}
\beta&=\frac{1}{k_{\mathrm{B}}T},\\
\alpha&=\omega_1-\lambda\kappa=\frac{\omega_1+\omega_2+\sqrt{(\omega_1-\omega_2)^2+4\lambda^2}}{2},\\
\varepsilon&=\omega_2+\lambda\kappa=\frac{\omega_1+\omega_2-\sqrt{(\omega_1-\omega_2)^2+4\lambda^2}}{2}.
\end{aligned} \tag{10.145}$$

相应的内能

$$\begin{aligned}
U=-\frac{\partial}{\partial\beta}\ln Z&=\frac{\partial\ln\left[1-\exp(-\beta\alpha)\right]}{\partial\beta}+\frac{\partial\ln\left[1-\exp(-\beta\varepsilon)\right]}{\partial\beta}\\
&=\frac{\alpha}{\mathrm{e}^{\alpha/(k_{\mathrm{B}}T)}-1}+\frac{\varepsilon}{\mathrm{e}^{\varepsilon/(k_{\mathrm{B}}T)}-1};
\end{aligned} \tag{10.146}$$

比热容

$$c=\frac{\partial U}{\partial T}=\frac{\alpha^2\mathrm{e}^{\alpha/(k_{\mathrm{B}}T)}}{T^2k_{\mathrm{B}}\left[\mathrm{e}^{\alpha/(k_{\mathrm{B}}T)}-1\right]^2}+\frac{\varepsilon^2\mathrm{e}^{\varepsilon/(k_{\mathrm{B}}T)}}{T^2k_{\mathrm{B}}\left[\mathrm{e}^{\varepsilon/(k_{\mathrm{B}}T)}-1\right]^2}; \tag{10.147}$$

系统的熵

$$
\begin{aligned}
S &= k_{\mathrm{B}}\left(\ln Z-\beta\frac{\partial}{\partial\beta}\ln Z\right)\\
&= -k_{\mathrm{B}}\ln\left[\left(1-\mathrm{e}^{-\beta\alpha}\right)\left(1-\mathrm{e}^{-\beta\varepsilon}\right)\right]+\frac{\alpha T}{\mathrm{e}^{\alpha/(k_{\mathrm{B}}T)}-1}+\frac{\varepsilon T}{\mathrm{e}^{\varepsilon/(k_{\mathrm{B}}T)}-1}.
\end{aligned}
\tag{10.148}
$$

参考文献

[1] Narducci L M, Bowden C M, Bluemel V, et al. Multitime-correlation functions and the atomic coherent-state representation [J]. Phys. Rev. A, 1975, 11: 973~980.

[2] Agarwal G S. Relation between atomic coherent-state representation, state multipoles, and generalized phase-space distributions [J]. Phys. Rev. A, 1981: 24: 2889.

[3] Radcliffe J M. Some properties of coherent spin states [J]. J. Phys. A, 1971, 4: 313.

[4] Fan H Y, Chen J. Atomic coherent states studied by virtue of the EPR entangled state and their Wigner functions [J]. Eur. Phys. J. D, 2003, 23: 437~442.

[5] Schwinger J. Quantum Theory of Angular Momentum [M]. New York: Academic Press, 1965.

[6] Mullin W J, Krotkov R, Lalo`e F. Evolution of additional (hidden) quantum variables in the interference of Bose-Einstein condensates [J]. Phys. Rev. A, 2006, 74: 023610.

[7] Mullin W J, Krotkov R, Lalo`e F. The origin of the phase in the interference of Bose-Einstein condensates [J]. Am. J. Phys., 2006, 74: 880~887.

[8] Tang X B, Fan H Y. Atomic coherent state, entangled state and phase operator for studying interference between two Bose-Einstein condensates [J]. Commun. Theor. Phys., 2008, 50: 1145~1150.

[9] Fan H Y, Xu X X, Hu L Y. Atomic coherent state in Schwinger bosonic realization for optical Raman coherent effect [J]. To be published.

[10] Lewis H, Riesenfeld W B. An exact quantum theory of the time-dependent harmonic oscillator and of a charged particle in a time-dependent electromagnetic field [J]. J. Math. Phys., 1969, 10: 1458~1473.

[11] Fan H Y, Jiang Z H. Wave functions of time-dependent two coupled oscillators by Lewis Riesenfeld method [J]. Int. J. Mod. Phys. B, 2006, 20 (6): 1087~1096.

[12] Lurié D. Particles and Fields [M]. New York: Wiley, 1968.

[13] Fan H Y, Li C, Jiang Z H. Spin coherent states as energy eigenstates of two coupled oscillators [J]. Phys. Lett. A, 2004, 327: 416~424.

第 11 章　相干纠缠态

本章把相干态表象与纠缠态表象的性质相结合, 提出相干纠缠态表象, 并给出其应用.

11.1　相干纠缠态的新构造

在第 2 章中, 利用 IWOP 技术, 得到了相干态 $|z\rangle$ 的完备性的高斯积分形式

$$\int \frac{\mathrm{d}^2 z}{\pi} |z\rangle \langle z| = \int \frac{\mathrm{d}^2 z}{\pi} :\exp[-(z^* - a^\dagger)(z - a)]: = 1. \tag{11.1}$$

同样, 纠缠态表象 $|\eta\rangle$ 就是相互对易的相对坐标 $\hat{X}_1 - \hat{X}_2$ 和动量 $\hat{P}_1 + \hat{P}_2$ 的共同本征态, 满足

$$(\hat{X}_1 - \hat{X}_2)|\eta\rangle = \sqrt{2}\eta_1 |\eta\rangle, \quad (\hat{P}_1 + \hat{P}_2)|\eta\rangle = \sqrt{2}\eta_2 |\eta\rangle, \tag{11.2}$$

式中 $\eta = \eta_1 + \mathrm{i}\eta_2$, 满足完备性

$$\begin{aligned}\int \frac{\mathrm{d}^2 \eta}{\pi} |\eta\rangle \langle \eta| &= \int \frac{\mathrm{d}^2 \eta}{\pi} :\exp\left[-\left(\eta_1 - \frac{\hat{X}_1 - \hat{X}_2}{\sqrt{2}}\right)^2 - \left(\eta_2 - \frac{\hat{P}_1 + \hat{P}_2}{\sqrt{2}}\right)^2\right]: \\ &= 1.\end{aligned} \tag{11.3}$$

由于

$$\left[\frac{\hat{X}_1 + \hat{X}_2}{\sqrt{2}}, a_1 - a_2\right] = 0, \tag{11.4}$$

这样它们就必然存在共同本征态, 记为 $|x,z\rangle$. 假设它满足下列本征方程:

$$\frac{\hat{X}_1+\hat{X}_2}{\sqrt{2}}|x,z\rangle = x|x,z\rangle, \quad (a_1-a_2)|x,z\rangle = z|x,z\rangle, \tag{11.5}$$

其中 $\hat{X}_j=(a_j+a_j^\dagger)/\sqrt{2}$. 为了找到 $|x,z\rangle$ 的明确表达式, 根据式 (11.1) 和 (11.3) 的正规乘积高斯积分形式, 由式 (11.5), 构造如下正规乘积高斯算符 [1]:

$$:\exp\left\{-\left(x-\frac{\hat{X}_1+\hat{X}_2}{\sqrt{2}}\right)^2-\frac{1}{2}[z-(a_1-a_2)][z^*-(a_1^\dagger-a_2^\dagger)]\right\}: \equiv O(x,z). \tag{11.6}$$

利用积分公式

$$\int\frac{\mathrm{d}^2z}{\pi}\exp(\lambda|z|^2+\mu z+\nu z^*) = -\frac{1}{\lambda}\mathrm{e}^{-\frac{\mu\nu}{\lambda}} \quad (\operatorname{Re}\lambda<0), \tag{11.7}$$

得到它的边缘分布积分分别是

$$\int\frac{\mathrm{d}^2z}{2\pi}O(x,z) = :\exp\left[-\left(x-\frac{\hat{X}_1+\hat{X}_2}{\sqrt{2}}\right)^2\right]:, \tag{11.8}$$

$$\int_{-\infty}^{+\infty}\frac{\mathrm{d}x}{\sqrt{\pi}}O(x,z) = :\exp\left\{-\frac{1}{2}[z-(a_1-a_2)][z^*-(a_1^\dagger-a_2^\dagger)]\right\}:. \tag{11.9}$$

因此, 我们得到

$$\begin{aligned}\int_{-\infty}^{+\infty}\frac{\mathrm{d}x}{\sqrt{\pi}}\int\frac{\mathrm{d}^2z}{2\pi}O(x,z) &= \int_{-\infty}^{+\infty}\frac{\mathrm{d}x}{\sqrt{\pi}}:\exp\left[-\left(x-\frac{\hat{X}_1+\hat{X}_2}{\sqrt{2}}\right)^2\right]: \\ &= 1,\end{aligned} \tag{11.10}$$

也就说明了 $O(x,z)$ 构成一完备系. 根据式 (11.1) 和 (11.3), 必然有

$$O(x,z) = |z,x\rangle\langle z,x|, \tag{11.11}$$

即

$$\int\frac{\mathrm{d}^2z}{2\pi}\int_{-\infty}^{+\infty}\frac{\mathrm{d}x}{\sqrt{\pi}}|z,x\rangle\langle z,x| = 1. \tag{11.12}$$

将 $\hat{X}_j=(a_j+a_j^\dagger)/\sqrt{2}$ 代入式 (11.6), 并利用

$$|00\rangle\langle 00| = :\exp(-a_1^\dagger a_1-a_2^\dagger a_2):, \tag{11.13}$$

能进一步分解算符 $O(x,z)$, 可得 $O(x,z)=|z,x\rangle\langle z,x|$,

$$|z,x\rangle=\exp\left[-\frac{1}{4}|z|^2-\frac{1}{2}x^2+\left(x+\frac{1}{2}z\right)a_1^\dagger+\left(x-\frac{1}{2}z\right)a_2^\dagger-\frac{1}{4}(a_1^\dagger+a_2^\dagger)^2\right]|00\rangle. \tag{11.14}$$

利用公式

$$\left[a_j,f(a_1^\dagger,a_2^\dagger)\right]=\frac{\partial}{\partial a_j^\dagger}f(a_1^\dagger,a_2^\dagger), \tag{11.15}$$

可以得到

$$a_1|z,x\rangle=\left[x+\frac{z}{2}-\frac{1}{2}(a_1^\dagger+a_2^\dagger)\right]|z,x\rangle, \tag{11.16}$$

$$a_2|z,x\rangle=\left[x-\frac{z}{2}-\frac{1}{2}(a_1^\dagger+a_2^\dagger)\right]|z,x\rangle. \tag{11.17}$$

综合上面的两式, 就可得到式 (11.5). 为了考察 $|z,x\rangle$ 的内积, 利用双模相干态完备性以及 δ 函数的极限形式 $\delta(x)=\lim\limits_{\epsilon\mapsto 0}\frac{1}{\sqrt{\pi\epsilon}}\exp(-x^2/\epsilon)$, 有

$$\begin{aligned}\langle z',x'|z,x\rangle&=\int\frac{\mathrm{d}^2\alpha\mathrm{d}^2\beta}{\pi^2}\langle z',x'|\alpha,\beta\rangle\langle\alpha,\beta|z,x\rangle\\&=K\int\frac{\mathrm{d}^2\alpha\mathrm{d}^2\beta}{\pi^2}\exp\left[-|\alpha|^2-|\beta|^2-\frac{1}{4}\left(\alpha^2+\alpha^{*2}+\beta^2+\beta^{*2}\right)\right.\\&\quad+\left(x'+\frac{1}{2}z'^*-\frac{1}{2}\beta\right)\alpha+\left(x+\frac{1}{2}z-\frac{1}{2}\beta^*\right)\alpha^*\\&\quad\left.+\left(x'-\frac{1}{2}z'^*\right)\beta+\left(x-\frac{1}{2}z\right)\beta^*\right]\\&=\sqrt{\pi}\exp\left[-\frac{1}{4}(|z|^2+|z'|^2)+\frac{1}{2}zz'^*\right]\delta(x-x'),\end{aligned} \tag{11.18}$$

式中

$$K=\exp\left[-\frac{1}{4}(|\alpha|^2+|\alpha'|^2)-\frac{1}{2}(x^2+x'^2)\right]. \tag{11.19}$$

从式 (11.10) 与 (11.18) 看出, $|z,x\rangle$ 是一个相干纠缠态表象, 它既具有相干态的性质, 也具有纠缠性.

11.2 基于相干纠缠态表象的算符恒等式

下面基于相干纠缠态表象 $|z,x\rangle$ 的正交性与完备性, 导出关于双模光场正交分量 $(\hat{X}_1+\hat{X}_2)/\sqrt{2}$ 的函数的若干正规乘积展开式 [2,3], 这对于研究场的高阶压缩行为和构建广义压缩态是有用的.

首先求出 $(\hat{X}_1+\hat{X}_2)^n$ 的正规乘积展开. 由式 (11.5) 和完备性式 (11.12) 以及 IWOP 技术, 有

$$\left(\frac{\hat{X}_1+\hat{X}_2}{\sqrt{2}}\right)^n=\int_{-\infty}^{+\infty}\frac{\mathrm{d}x}{\sqrt{\pi}}x^n\int\frac{\mathrm{d}^2 z}{2\pi}|z,x\rangle\langle z,x|. \tag{11.20}$$

用双模真空投影算符的正规乘积式 (11.13) 和相干纠缠态 $|z,x\rangle$ 的表达式 (11.14), 根据式 (11.8) 对 $\int\frac{\mathrm{d}^2 z}{\pi}$ 积分, 立即得到

$$\left(\frac{\hat{X}_1+\hat{X}_2}{\sqrt{2}}\right)^n=\int_{-\infty}^{+\infty}\frac{\mathrm{d}x}{\sqrt{\pi}}x^n:\mathrm{e}^{-\left(x-\frac{\hat{X}_1+\hat{X}_2}{\sqrt{2}}\right)^2}:. \tag{11.21}$$

再利用积分公式

$$\int\frac{\mathrm{d}x}{\sqrt{\pi}}x^m\mathrm{e}^{-\frac{(x-y)^2}{\sigma}}=\frac{(\sqrt{\sigma})^{m+1}}{(2\mathrm{i})^m}\mathrm{H}_m\left(\frac{\mathrm{i}y}{\sqrt{\sigma}}\right), \tag{11.22}$$

可进一步将式 (11.21) 改写成

$$\left(\frac{\hat{X}_1+\hat{X}_2}{\sqrt{2}}\right)^n=\frac{1}{(2\mathrm{i})^n}:\mathrm{H}_n\left(\mathrm{i}\frac{\hat{X}_1+\hat{X}_2}{\sqrt{2}}\right):. \tag{11.23}$$

这就是正规乘积展开式. 由其性质, 可以立即求出它的相干态期望值:

$$\begin{aligned}\langle\alpha,\beta|\left(\frac{\hat{X}_1+\hat{X}_2}{\sqrt{2}}\right)^n|\alpha,\beta\rangle&=\frac{1}{(2\mathrm{i})^n}\langle\alpha,\beta|:\mathrm{H}_n\left(\mathrm{i}\frac{\hat{X}_1+\hat{X}_2}{\sqrt{2}}\right):|\alpha,\beta\rangle\\&=\frac{1}{(2\mathrm{i})^n}\mathrm{H}_n\left(\mathrm{i}\,\mathrm{Re}(\alpha+\beta)\right).\end{aligned}$$

进一步求幺正算符 $\mathrm{e}^{\frac{\mathrm{i}\gamma}{2}(\hat{X}_1+\hat{X}_2)^2}$ 的正规乘积展开. 由式 (11.5) 和完备性式 (11.12), 又可得

$$\mathrm{e}^{\frac{\mathrm{i}\gamma}{2}(\hat{X}_1+\hat{X}_2)^2}=\int_{-\infty}^{+\infty}\frac{\mathrm{d}x}{\sqrt{\pi}}\int\frac{\mathrm{d}^2z}{2\pi}\mathrm{e}^{\frac{\mathrm{i}\gamma}{2}x^2}\left|z,x\right\rangle\left\langle z,x\right|. \tag{11.24}$$

利用 IWOP 技术积分, 得到它的正规乘积展开式:

$$\begin{aligned}\mathrm{e}^{\frac{\mathrm{i}\gamma}{2}(\hat{X}_1+\hat{X}_2)^2}=&\frac{1}{\sqrt{1-\mathrm{i}\gamma}}\mathrm{e}^{\frac{\mathrm{i}\gamma}{4(1-\mathrm{i}\gamma)}(a_1^\dagger+a_2^\dagger)^2}\\&\times:\mathrm{e}^{\frac{\mathrm{i}\gamma}{2(1-\mathrm{i}\gamma)}(a_1^\dagger a_1+a_2^\dagger a_2+a_1^\dagger a_2+a_2^\dagger a_1)-a_1^\dagger a_1-a_2^\dagger a_2}:\mathrm{e}^{\frac{\mathrm{i}\gamma}{4(1-\mathrm{i}\gamma)}(a_1+a_2)^2}.\end{aligned} \tag{11.25}$$

将上式作用于双模真空态, 得到

$$\mathrm{e}^{\frac{\mathrm{i}\gamma}{2}(\hat{X}_1+\hat{X}_2)^2}\left|00\right\rangle=\frac{1}{\sqrt{1-\mathrm{i}\gamma}}\mathrm{e}^{\frac{i\gamma}{4(1-\mathrm{i}\gamma)}(a_1^\dagger+a_2^\dagger)^2}\left|00\right\rangle. \tag{11.26}$$

可见它是一个单 - 双模组合压缩态.

我们又可以计算厄米多项式算符 $\mathrm{H}_n\left((\hat{X}_1+\hat{X}_2)/\sqrt{2}\right)$ 的正规乘积展开. 由式 (11.5) 和完备性式 (11.12) 以及积分公式

$$\int_{-\infty}^{+\infty}\mathrm{d}x\mathrm{e}^{-(x-y)^2}\mathrm{H}_n\left(x\right)=\sqrt{\pi}(2y)^n, \tag{11.27}$$

可得

$$\begin{aligned}\mathrm{H}_n\left(\frac{\hat{X}_1+\hat{X}_2}{\sqrt{2}}\right)&=\int_{-\infty}^{+\infty}\frac{\mathrm{d}x}{\sqrt{\pi}}\mathrm{H}_n\left(x\right)\int\frac{\mathrm{d}^2z}{2\pi}\left|z,x\right\rangle\left\langle z,x\right|\\&=\int_{-\infty}^{+\infty}\frac{\mathrm{d}x}{\sqrt{\pi}}\mathrm{H}_n\left(x\right):\mathrm{e}^{-\left(x-\frac{\hat{X}_1+\hat{X}_2}{\sqrt{2}}\right)^2}:\\&=\sqrt{2^n}:(\hat{X}_1+\hat{X}_2)^n:.\end{aligned} \tag{11.28}$$

由式 (11.28), 进一步导出

$$\begin{aligned}\sum_{n=0}^{+\infty}\frac{(\sqrt{2}t)^n}{n!}\mathrm{H}_n\left(\frac{\hat{X}_1+\hat{X}_2}{\sqrt{2}}\right)&=\sum_{n=0}^{+\infty}\frac{(2t)^n}{n!}:(\hat{X}_1+\hat{X}_2)^n:\\&=:\mathrm{e}^{2t(\hat{X}_1+\hat{X}_2)}:.\end{aligned} \tag{11.29}$$

这是关于厄米多项式的又一个算符恒等式.

最后, 利用积分公式

$$\int \frac{\mathrm{d}^2 z}{\pi} z^n z^{*m} \exp[-|z|^2 + \xi z - \eta z^*] = (-1)^n \mathrm{e}^{-\xi\eta} \mathrm{H}_{m,n}(\xi,\eta), \tag{11.30}$$

式中 $\mathrm{H}_{m,n}(\zeta,\zeta^*)$ 是双变量厄米多项式:

$$\mathrm{H}_{m,n}(\zeta,\zeta^*) = \sum_{l=0}^{\min(m,n)} \frac{m!n!(-1)^l \zeta^{m-l} \zeta^{*n-l}}{l!(m-l)!(n-l)!}, \tag{11.31}$$

我们可以得到

$$\begin{aligned}
&(a_1 - a_2)^n (a_1^\dagger - a_2^\dagger)^m \\
&\quad = (a_1 - a_2)^n \int \frac{\mathrm{d}^2 z}{2\pi} \int_{-\infty}^{+\infty} \frac{\mathrm{d}x}{\sqrt{\pi}} |z,x\rangle \langle z,x| (a_1^\dagger - a_2^\dagger)^m \\
&\quad = \int \frac{\mathrm{d}^2 z}{2\pi} z^n (z^*)^m : \mathrm{e}^{-\frac{1}{2}[z-(a_1-a_2)][z^*-(a_1^\dagger - a_2^\dagger)]} : \\
&\quad = (-\mathrm{i})^{m+n} 2^{(m+n)/2} : \mathrm{H}_{m,n}(\mathrm{i}(a_1^\dagger - a_2^\dagger)/\sqrt{2}, \mathrm{i}(a_1 - a_2)/\sqrt{2}) : .
\end{aligned} \tag{11.32}$$

类似于导出上式的过程, 我们也能够把反正规形式变成正规形式, 如

$$\begin{aligned}
&\vdots \mathrm{H}_{m,n}(a_1 - a_2, a_1^\dagger - a_2^\dagger) \vdots \\
&\quad = \int \frac{\mathrm{d}^2 z}{2\pi} \int_{-\infty}^{+\infty} \frac{\mathrm{d}x}{\sqrt{\pi}} \mathrm{H}_{m,n}(z,z^*) |z,x\rangle \langle z,x| \\
&\quad = \int \frac{\mathrm{d}^2 z}{\pi} \mathrm{H}_{m,n}(z,z^*) : \mathrm{e}^{-\frac{1}{2}[z-(a_1-a_2)][z^*-(a_1^\dagger - a_2^\dagger)]} : \\
&\quad = \frac{\partial^{m+n}}{\partial t^m \partial t'^n} \mathrm{e}^{-tt'} \int \frac{\mathrm{d}^2 z}{\pi} : \\
&\qquad \times \exp\left\{ -\frac{1}{2}|z|^2 + \left[t + \frac{1}{2}(a_1^\dagger - a_2^\dagger)\right] z + \left[t' + \frac{1}{2}(a_1 - a_2)\right] z^* \right. \\
&\qquad \left. - \frac{1}{2}(a_1 - a_2)(a_1^\dagger - a_2^\dagger) \right\} : \bigg|_{t=t'=0} \\
&\quad = 2 \frac{\partial^{m+n}}{\partial t^m \partial t'^n} : \mathrm{e}^{t'(a_1^\dagger - a_2^\dagger) + tt' + t(a_1 - a_2)} : \bigg|_{t=t'=0} \\
&\quad = 2\mathrm{i}^{m+n} \frac{\partial^{m+n}}{\partial t^m \partial t'^n} : \mathrm{e}^{t' \frac{(a_1^\dagger - a_2^\dagger)}{\mathrm{i}} - tt' + t \frac{(a_1 - a_2)}{\mathrm{i}}} : \bigg|_{t=t'=0} \\
&\quad = 2\mathrm{i}^{m+n} : \mathrm{H}_{m,n}\left(-\mathrm{i}(a_1 - a_2), -\mathrm{i}(a_1^\dagger - a_2^\dagger)\right) : ,
\end{aligned} \tag{11.33}$$

这里用到了双变量厄米多项式的产生函数:

$$\mathrm{H}_{m,n}(z,z^*)=\frac{\partial^{m+n}}{\partial t^m\partial t'^n}\,\mathrm{e}^{-tt'+tz+t'z^*}\Big|_{t=t'=0}.$$

式 (11.33) 是一个新的算符恒等式.

11.3 基于相干纠缠态表象的广义 P 表示

由于 $|z,x\rangle$ 具有相干态的性质, 因此它可以被用来作为基矢展开密度算符 $\rho(a_1^\dagger-a_2^\dagger,a_1-a_2)$, 并建立广义 P 表示 [4]:

$$\rho(a_1^\dagger-a_2^\dagger,a_1-a_2)=\int\frac{\mathrm{d}^2z}{2\pi}\int_{-\infty}^{+\infty}\frac{\mathrm{d}x}{\sqrt{\pi}}P(z,z^*)\,|z,x\rangle\,\langle z,x|. \tag{11.34}$$

用 $\langle -z',-x'|$ 和 $|z',x'\rangle$ 夹乘式 (11.34), 并利用式 (11.18), 可得

$$\begin{aligned}&\langle -z',-x'|\,\rho(a_1^\dagger-a_2^\dagger,a_1-a_2)\,|z',x'\rangle\\&=\int\frac{\mathrm{d}^2z}{2\pi}\int_{-\infty}^{+\infty}\frac{\mathrm{d}x}{\sqrt{\pi}}P(z,z^*)\,\langle -z',-x'|\,z,x\rangle\,\langle z,x\,|z',x'\rangle\\&=\int_{-\infty}^{+\infty}\mathrm{d}x\delta(x-x')\delta(x+x')\int\frac{\mathrm{d}^2z}{2\sqrt{\pi}}P(z,z^*)\mathrm{e}^{-\frac{1}{2}|z|^2-\frac{1}{2}|z'|^2+\frac{1}{2}(z^*z'-zz'^*)}\\&=\delta(2x')\int\frac{\mathrm{d}^2z}{2\sqrt{\pi}}P(z,z^*)\mathrm{e}^{-\frac{1}{2}|z|^2-\frac{1}{2}|z'|^2+\frac{1}{2}(z^*z'-zz'^*)}.\end{aligned}\tag{11.35}$$

因为 $(z^*z'-zz'^*)/2$ 是一个纯虚数, 所以可得到上式的傅里叶变换:

$$\begin{aligned}P(z,z^*)=&\frac{1}{2\pi^{3/2}}\mathrm{e}^{\frac{1}{2}|z|^2}\int\mathrm{d}^2z'\mathrm{e}^{\frac{1}{2}|z'|^2-\frac{1}{2}(z^*z'-zz'^*)}\\&\times\int\mathrm{d}x'\,\langle -z',-x'|\,\rho(a_1^\dagger-a_2^\dagger,a_1-a_2)\,|z',x'\rangle.\end{aligned}\tag{11.36}$$

这是对一般 P 表示理论所作的推广.

11.4 阿达马 – 菲涅耳互补变换

在文献 [5,6] 已经知道, 在相干态表象中菲涅耳算符可通过构建下列 ket-bra 积分而得到:

$$F_1(s,r)=\sqrt{s}\int\frac{\mathrm{d}^2z}{\pi}\left|sz-rz^*\right\rangle\langle z|,\tag{11.37}$$

式中

$$\left|sz-rz^*\right\rangle=\exp\left[-\frac{1}{2}|sz-rz^*|^2+(sz-rz^*)a^\dagger\right]|0\rangle.\tag{11.38}$$

菲涅耳算符就是 c 数变换 $z\mapsto sz-rz^*$ 的量子映射. 而连续的阿达马变换也可表示为 [7,8]

$$F=\frac{1}{\sqrt{\pi}\sigma}\int_{-\infty}^{+\infty}\int_{-\infty}^{+\infty}\mathrm{d}x\mathrm{d}y\exp\left(2\mathrm{i}xy/\sigma^2\right)|y\rangle\langle x|,\tag{11.39}$$

其中 σ 是变换尺度, 它是一个 $x\mapsto y$ 并伴随一定尺度变换的量子映射. 上面介绍的两个变换 (菲涅耳变换和阿达马变换) 是相互独立的, 有趣的是, 我们能否将这两个变换结合在一起, 或者说能否建立一个算符能够同时实现菲涅耳变换和阿达马变换, 而且这两个变换分别针对两个独立的光学模式. 答案是肯定的, 本节我们试图建立一个所谓的阿达马 – 菲涅耳互补变换, 它可以起到菲涅耳变换和阿达马变换的双重作用, 而且这两个变换是互补的. 我们将利用相干纠缠态表象和 IWOP 技术去实现之 [9].

11.4.1 阿达马 – 菲涅耳互补变换算符

基于相干纠缠态表象 $|z,x\rangle$, 并受到式 (11.37) 与 (11.39) 的启发, 我们建立如下 ket-bra 型积分:

$$U=\frac{\sqrt{s}}{\sqrt{\pi}\sigma}\int\frac{\mathrm{d}^2z}{\pi}\iint_{-\infty}^{+\infty}\mathrm{d}x\mathrm{d}y\mathrm{e}^{2\mathrm{i}xy/\sigma^2}\left|sz-rz^*,y\right\rangle\langle z,x|,\tag{11.40}$$

称 U 为阿达马 – 菲涅耳互补算符.

将式 (11.14) 代入式 (11.40), 并利用双模真空投影的正规乘积形式 $|00\rangle\langle 00| =: \exp(-a_1^\dagger a_1 - a_2^\dagger a_2):$ 以及 IWOP 技术, 我们得到

$$U = \frac{\sqrt{s}}{\sqrt{\pi}\sigma} : \int \frac{\mathrm{d}^2 z}{\pi} A(z,z^*) \iint_{-\infty}^{+\infty} \mathrm{d}x\mathrm{d}y B(x,y) \mathrm{e}^C : , \tag{11.41}$$

式中

$$A(z,z^*) \equiv \mathrm{e}^{-\frac{|sz-rz^*|^2+|z|^2}{4} + \frac{sz-rz^*}{2}(a_1^\dagger - a_2^\dagger) + \frac{z^*(a_1-a_2)}{2}}, \tag{11.42}$$

$$B(x,y) \equiv \mathrm{e}^{-\frac{y^2+x^2}{2} + y(a_1^\dagger + a_2^\dagger) + x(a_1+a_2) + \frac{2\mathrm{i}xy}{\sigma^2}}, \tag{11.43}$$

$$C \equiv -\frac{(a_1^\dagger + a_2^\dagger)^2 + (a_1+a_2)^2}{4} - a_1^\dagger a_1 - a_2^\dagger a_2. \tag{11.44}$$

现在我们对 : : 里的 $\mathrm{d}x\mathrm{d}y$ 进行积分. 注意 : : 里面所有产生算符和湮灭算符是对易的, 所以它们在积分中可以被视为 c 数:

$$\begin{aligned}
&\iint_{-\infty}^{+\infty} \mathrm{d}x\mathrm{d}y B(x,y) \\
&= \sqrt{2\pi}\sqrt{\frac{2\pi\sigma^4}{(\sigma^4+4)}} \exp\left[\frac{-4\left(a_1^\dagger + a_2^\dagger\right)^2 + 4\mathrm{i}(a_1+a_2)\left(a_1^\dagger + a_2^\dagger\right)\sigma^2 + \sigma^4(a_1+a_2)^2}{2(\sigma^4+4)}\right].
\end{aligned} \tag{11.45}$$

再利用积分公式

$$\int \frac{\mathrm{d}^2 z}{\pi} \mathrm{e}^{\zeta|z|^2 + \xi z + \eta z^* + f z^2 + g z^{*2}} = \frac{1}{\sqrt{\zeta^2 - 4fg}} \mathrm{e}^{\frac{-\zeta\xi\eta + \xi^2 g + \eta^2 f}{\zeta^2 - 4fg}}, \tag{11.46}$$

可得到

$$\begin{aligned}
&\int \frac{\mathrm{d}^2 z}{\pi} A(z,z^*) \\
&= \frac{2}{\sqrt{|s|^2}} \mathrm{e}^{-\frac{s(a_1^\dagger - a_2^\dagger)}{2}(ra_1^\dagger - ra_2^\dagger - a_1 + a_2) + \frac{r^*}{4s^*}(ra_1^\dagger - ra_2^\dagger - a_1 + a_2)^2 + \frac{rs}{4}(a_1^\dagger - a_2^\dagger)^2}.
\end{aligned} \tag{11.47}$$

将式 (11.44), (11.55) 以及 (11.47) 代入式 (11.41) 中的 : : 里, 经过计算, 得到

$$U = \frac{4\sqrt{\pi}\sigma}{\sqrt{s^*}\sqrt{\sigma^4+4}} : \exp\left[-\frac{r}{2s^*}\left(\frac{a_1^\dagger - a_2^\dagger}{\sqrt{2}}\right)^2 + \frac{\sigma^4-4}{2(\sigma^4+4)}\left(\frac{a_1^\dagger + a_2^\dagger}{\sqrt{2}}\right)^2\right.$$

$$+\left(\frac{1}{s^*}-1\right)\frac{(a_1^\dagger-a_2^\dagger)(a_1-a_2)}{2}+\left(\frac{4\mathrm{i}\sigma^2}{\sigma^4+4}-1\right)\frac{(a_1^\dagger+a_2^\dagger)(a_1+a_2)}{2}$$
$$\left.+\frac{r^*}{2s^*}\left(\frac{a_1-a_2}{\sqrt{2}}\right)^2+\frac{\sigma^4-4}{2(\sigma^4+4)}\left(\frac{a_1+a_2}{\sqrt{2}}\right)^2\right]:. \tag{11.48}$$

这是阿达马–菲涅耳互补变换的正规乘积形式.

11.4.2 阿达马–菲涅耳算符的性质

由于

$$\left[\frac{a_1-a_2}{\sqrt{2}},\frac{a_1^\dagger+a_2^\dagger}{\sqrt{2}}\right]=0, \tag{11.49}$$

以及

$$\left[\frac{a_1-a_2}{\sqrt{2}},\frac{a_1^\dagger-a_2^\dagger}{\sqrt{2}}\right]=1,\quad \left[\frac{a_1+a_2}{\sqrt{2}},\frac{a_1^\dagger+a_2^\dagger}{\sqrt{2}}\right]=1, \tag{11.50}$$

可以认为模 $(a_1-a_2)/\sqrt{2}$ 和 $(a_1+a_2)/\sqrt{2}$ 是两个互相对易的模. 再利用算符恒等式

$$\mathrm{e}^{f(a_1^\dagger\pm a_2^\dagger)(a_1\pm a_2)}=:\mathrm{e}^{\frac{1}{2}(\mathrm{e}^{2f}-1)(a_1^\dagger\pm a_2^\dagger)(a_1\pm a_2)}:, \tag{11.51}$$

将式 (11.48) 改写为

$$U=U_2U_1=U_1U_2, \tag{11.52}$$

式中

$$U_1=\frac{4\sqrt{\pi}\sigma}{\sqrt{\sigma^4+4}}\mathrm{e}^{\frac{\sigma^4-4}{2(\sigma^4+4)}\left(\frac{a_1^\dagger+a_2^\dagger}{\sqrt{2}}\right)^2}\mathrm{e}^{\left(\frac{a_1^\dagger+a_2^\dagger}{\sqrt{2}}\right)\left(\frac{a_1+a_2}{\sqrt{2}}\right)\ln\frac{4\mathrm{i}\sigma^2}{\sigma^4+4}}\mathrm{e}^{\frac{\sigma^4-4}{2(\sigma^4+4)}\left(\frac{a_1+a_2}{\sqrt{2}}\right)^2}, \tag{11.53}$$

$$U_2=\mathrm{e}^{-\frac{r}{2s^*}\left(\frac{a_1^\dagger-a_2^\dagger}{\sqrt{2}}\right)^2}\mathrm{e}^{\left[\left(\frac{a_1^\dagger-a_2^\dagger}{\sqrt{2}}\right)\left(\frac{a_1-a_2}{\sqrt{2}}\right)+\frac{1}{2}\right]\ln\frac{1}{s^*}}\mathrm{e}^{\frac{r^*}{2s^*}\left(\frac{a_1-a_2}{\sqrt{2}}\right)^2}. \tag{11.54}$$

从上面的等式看出, U_2 是对应于模 $(a_1-a_2)/\sqrt{2}$ 的菲涅耳算符, 而 U_1 是对应于模 $(a_1+a_2)/\sqrt{2}$ 的阿达马算符; U 是幺正的, 即 $U^\dagger U=UU^\dagger=1$. 在阿达马–菲涅耳算符的变换下, 有

$$\begin{aligned}U\frac{a_1-a_2}{\sqrt{2}}U^{-1}&=U_2\frac{a_1-a_2}{\sqrt{2}}U_2^{-1}=s^*\frac{a_1-a_2}{\sqrt{2}}+r\frac{a_1^\dagger-a_2^\dagger}{\sqrt{2}},\\U\frac{a_1^\dagger-a_2^\dagger}{\sqrt{2}}U^{-1}&=U_2\frac{a_1^\dagger-a_2^\dagger}{\sqrt{2}}U_2^{-1}=r^*\frac{a_1-a_2}{\sqrt{2}}+s\frac{a_1^\dagger-a_2^\dagger}{\sqrt{2}}.\end{aligned} \tag{11.55}$$

由此可见, 阿达马–菲涅耳互补算符对模 $(a_1-a_2)/\sqrt{2}$ 在物理上确实起到了菲涅耳变换的作用.

进一步, 利用式 (11.48), 可以得到

$$\begin{aligned} U\frac{a_1+a_2}{\sqrt{2}}U^{-1} &= U_1\frac{a_1+a_2}{\sqrt{2}}U_1^{-1} \\ &= \frac{1}{4\mathrm{i}\sigma^2}\left[(\sigma^4+4)\frac{a_1+a_2}{\sqrt{2}}-(\sigma^4-4)\frac{a_1^\dagger+a_2^\dagger}{\sqrt{2}}\right], \\ U\frac{a_1^\dagger+a_2^\dagger}{\sqrt{2}}U^{-1} &= U_1\frac{a_1^\dagger+a_2^\dagger}{\sqrt{2}}U_1^{-1} \\ &= \frac{1}{4\mathrm{i}\sigma^2}\left[-(\sigma^4+4)\frac{a_1^\dagger+a_2^\dagger}{\sqrt{2}}+(\sigma^4-4)\frac{a_1+a_2}{\sqrt{2}}\right]. \end{aligned} \tag{11.56}$$

可见阿达马–菲涅耳互补算符对模 $(a_1^\dagger+a_2^\dagger)/\sqrt{2}$ 起到了阿达马变换的作用. 于是阿达马–菲涅耳变换算符对正交分量的作用是

$$\begin{aligned} U\frac{\hat{X}_1+\hat{X}_2}{2}U^{-1} &= \frac{\sigma^2}{4}(\hat{P}_1+\hat{P}_2), \\ U(\hat{P}_1+\hat{P}_2)U^{-1} &= -\frac{4}{\sigma^2}\frac{\hat{X}_1+\hat{X}_2}{2}, \end{aligned} \tag{11.57}$$

其中

$$\hat{X}_j=\frac{a_j+a_j^\dagger}{\sqrt{2}},\quad \hat{P}_j=\frac{a_j-a_j^\dagger}{\sqrt{2}\mathrm{i}}\quad (j=1,2). \tag{11.58}$$

从这里我们看出阿达马–菲涅耳互补算符起到了压缩变换 (参数为 $\sigma^2/4$) 和总动量–质心坐标互换的双重作用. 考虑到总动量–质心坐标互换也可以表示为

$$\begin{aligned} \mathrm{e}^{\mathrm{i}\frac{\pi}{2}(a_1^\dagger a_1+a_2^\dagger a_2)}(\hat{X}_1+\hat{X}_2)\mathrm{e}^{-\mathrm{i}\frac{\pi}{2}(a_1^\dagger a_1+a_2^\dagger a_2)} &= \hat{P}_1+\hat{P}_2, \\ \mathrm{e}^{\mathrm{i}\frac{\pi}{2}(a_1^\dagger a_1+a_2^\dagger a_2)}(\hat{P}_1+\hat{P}_2)\mathrm{e}^{-\mathrm{i}\frac{\pi}{2}(a_1^\dagger a_1+a_2^\dagger a_2)} &= -(\hat{X}_1+\hat{X}_2), \end{aligned} \tag{11.59}$$

而双模压缩算符又可以表示为

$$S_2=\exp\left[\ln\frac{2}{\sigma^2}(a_1^\dagger a_2^\dagger-a_1a_2)\right], \tag{11.60}$$

所以

$$U_1=S_2^{-1}\mathrm{e}^{\mathrm{i}\frac{\pi}{2}(a_1^\dagger a_1+a_2^\dagger a_2)}. \tag{11.61}$$

由式 (11.52) 和 (11.61), 知阿达马–菲涅耳互补算符很自然地就可以表示为

$$U=U_2S_2^{-1}\mathrm{e}^{\mathrm{i}\frac{\pi}{2}(a_1^\dagger a_1+a_2^\dagger a_2)}=S_2^{-1}\mathrm{e}^{\mathrm{i}\frac{\pi}{2}(a_1^\dagger a_1+a_2^\dagger a_2)}U_2, \tag{11.62}$$

即阿达马–菲涅耳算符可以分解为一个菲涅耳算符 U_2、一个双模压缩算符 S_2^{-1} 和一个总动量–质心位置互换算符.

利用 IWOP 技术, 我们引入了阿达马–菲涅耳互补算符. 这个幺正算符可以分别对模 $(a_1-a_2)/\sqrt{2}$ 实现菲涅耳变换和对模 $(a_1+a_2)/\sqrt{2}$ 实现阿达马变换, 而且这两个变换是互补的. 这两个变换可以在相干纠缠态表象中以一个投影算符积分的形式简明地表示出来. 我们还发现这个阿达马–菲涅耳算符可以分解为 $U_2S_2^{-1}\mathrm{e}^{\mathrm{i}\frac{\pi}{2}(a_1^\dagger a_1+a_2^\dagger a_2)}$. 物理上, 模 $(a_1-a_2)/\sqrt{2}$ 和 $(a_1+a_2)/\sqrt{2}$ 可以看做一个对称光分束器的两个独立的出射场. 如果一个光学装置可以被设计为阿达马–菲涅耳互补变换, 则该装置可以直接被用于输出一个光分束器的两个出射场, 并分别对它们实现菲涅耳变换和阿达马变换.

11.5 由非对称光分束器产生的双模相干纠缠态

光分束器是最简单又最常用的无源光学器件, 但它在量子光学实验中有广泛的应用, 甚至可以起到纠缠两束入射光模的效果. 因此, 光分束器被认为是产生双模纠缠态的最简单的光学元件. 设分束器的功能所对应的算符表示为

$$B_{12}(\theta)=\exp[-\theta(a_1^\dagger a_2-a_1a_2^\dagger)]. \tag{11.63}$$

它对入射模 $a_j^\dagger$ $(j=1,2)$ 的作用可以表示成下面的幺正变换:

$$B_{12}(\theta)\begin{pmatrix}a_1^\dagger\\a_2^\dagger\end{pmatrix}B_{12}^{-1}(\theta)=\begin{pmatrix}\cos\theta&\sin\theta\\-\sin\theta&\cos\theta\end{pmatrix}\begin{pmatrix}a_1^\dagger\\a_2^\dagger\end{pmatrix}. \tag{11.64}$$

假设模 1 处在极大压缩态 $|x=0\rangle_1=\exp(-a_1^{\dagger 2}/2)|0\rangle_1$, 模 2 处在真空态 $|0\rangle_2$ 上. 这两个态作为非对称分束器的两个端口的输入态. 经过 $B_{12}(\theta)$ 作用, 取

$\theta=\arccos\dfrac{\mu}{\lambda}$, 并利用式 (11.64), 得输出态为

$$B_{12}(\theta)|x=0\rangle_1\otimes|0\rangle_2=\exp\left[-\frac{1}{2\lambda^2}(\mu a_1^\dagger+\nu a_2^\dagger)^2\right]|00\rangle_{12}, \tag{11.65}$$

式中 $\lambda=\sqrt{\mu^2+\nu^2}$, μ,ν 是两个独立参量, 这是一个双模压缩态. 然后引入两个平移算符:

$$D_1\left(\epsilon_1=\frac{\mu x+\nu z}{\sqrt{2}\lambda}\right)=\exp(\epsilon_1 a_1^\dagger-\epsilon_1^* a_1), \tag{11.66}$$

$$D_2\left(\epsilon_2=\frac{\nu x-\mu z}{\sqrt{2}\lambda}\right)=\exp(\epsilon_2 a_2^\dagger-\epsilon_2^* a_2), \tag{11.67}$$

式中 x 为实数, z 为复数. 将它们作用到式 (11.65) 的右边, 得输出态为

$$\begin{aligned}
&D_1D_2\exp\left[-\frac{1}{2\lambda^2}(\mu a_1^\dagger+\nu a_2^\dagger)^2\right]|00\rangle_{12}\\
&=\exp\left\{-\frac{|\epsilon_1|^2+|\epsilon_2|^2}{2}-\frac{(\mu\epsilon_1^*+\nu\epsilon_2^*)^2}{2\lambda^2}-\frac{(\mu a_1^\dagger+\nu a_2^\dagger)^2}{2\lambda^2}\right.\\
&\quad\left.+\left[\frac{1}{\lambda^2}\left(\mu^2\epsilon_1^*+\mu\nu\epsilon_2^*\right)+\epsilon_1\right]a_1^\dagger+\left[\frac{1}{\lambda^2}\left(\mu\nu\epsilon_1^*+\nu^2\epsilon_2^*\right)+\epsilon_2\right]a_2^\dagger\right\}|00\rangle_{12}\\
&=\exp\left\{-\frac{x^2}{2}-\frac{1}{4}|z|^2+\frac{\sqrt{2}}{\lambda}\left(x\mu+\frac{z\nu}{2}\right)a_1^\dagger\right.\\
&\quad\left.+\frac{\sqrt{2}}{\lambda}\left(x\nu-\frac{z\mu}{2}\right)a_2^\dagger-\frac{1}{2\lambda^2}\left(\mu a_1^\dagger+\nu a_2^\dagger\right)^2\right\}|00\rangle\\
&\equiv|z,x\rangle_{\mu,\nu}.
\end{aligned}\tag{11.68}$$

特别地, 当取 $\mu=\nu$ 时 , 式 (11.68) 退化为相干纠缠态式 (11.14), 所以称 $|z,x\rangle_{\mu,\nu}$ 为带两个独立参量的相干纠缠态, 它是由非对称光分束器产生的 [7].

根据式 (11.15) 以及 $\hat{X}_j=(a_j+a_j^\dagger)/\sqrt{2}$, 可得到 $|z,x\rangle_{\mu,\nu}$ 所满足的本征方程:

$$(\mu\hat{X}_1+\nu\hat{X}_2)|z,x\rangle_{\mu,\nu}=\lambda x|z,x\rangle_{\mu,\nu}, \tag{11.69}$$

$$(\nu a_1-\mu a_2)|z,x\rangle_{\mu,\nu}=\frac{\lambda z}{\sqrt{2}}|z,x\rangle_{\mu,\nu}. \tag{11.70}$$

因此 $|z,x\rangle_{\mu\nu}$ 实际上是 $\mu\hat{X}_1+\nu\hat{X}_2$ 和 $\nu a_1-\mu a_2$ 的共同本征态, 可以验证 $[\mu\hat{X}_1+\nu\hat{X}_2,\ \nu a_1-\mu a_2]=0$.

11.5.1 $|z,x\rangle_{\mu,\nu}$ 的性质

$|z,x\rangle_{\mu,\nu}$ 同样也具有相干态的性质和纠缠性. 可以证明它对于模 z 并不是正交的, 而对于变量 x 是正交的. 利用式 (11.69), 得到下面的矩阵元:

$$\begin{aligned}{}_{\mu,\nu}\langle z',x'|(\mu X_1+\nu X_2)|z,x\rangle_{\mu,\nu} &= {}_{\mu,\nu}\langle z',x'|z,x\rangle_{\mu,\nu}\lambda x' \\ &= {}_{\mu,\nu}\langle z',x'|z,x\rangle_{\mu,\nu}\lambda x,\end{aligned} \tag{11.71}$$

从而有

$${}_{\mu,\nu}\langle z',x'|z,x\rangle_{\mu,\nu}(x'-x)=0. \tag{11.72}$$

为得到 ${}_{\mu,\nu}\langle z',x'|z,x\rangle_{\mu,\nu}$ 的具体形式, 由双模相干态完备性

$$\int\frac{\mathrm{d}^2z_1\mathrm{d}^2z_2}{\pi^2}|z_1,z_2\rangle\langle z_1,z_2|=1$$

以及 δ 函数的极限形式 $\delta(x)=\lim\limits_{\epsilon\mapsto 0}\dfrac{1}{\sqrt{\pi\epsilon}}\exp(-x^2/\epsilon)$, 有

$$\begin{aligned}{}_{\mu,\nu}\langle z',x'|z,x\rangle_{\mu,\nu} &= \int\frac{\mathrm{d}^2z_1\mathrm{d}^2z_2}{\pi^2}\,{}_{\mu,\nu}\langle z',x'|z_1,z_2\rangle\langle z_1,z_2|z,x\rangle_{\mu,\nu} \\ &= \sqrt{\pi}\mathrm{e}^{-\frac{1}{4}\left(|z|^2+|z'|^2\right)+\frac{1}{2}zz'^*}\delta(x'-x).\end{aligned} \tag{11.73}$$

特别地, 当 $z=z'$ 时,

$${}_{\mu,\nu}\langle z,x'|z,x\rangle_{\mu,\nu}=\sqrt{\pi}\delta(x'-x). \tag{11.74}$$

利用 IWOP 技术以及 $|00\rangle\langle 00|=:\exp(-a_1^\dagger a_1-a_2^\dagger a_2):$, 并利用式 (11.68) 积分, 可得

$$\begin{aligned}&\int_{-\infty}^{+\infty}\frac{\mathrm{d}x}{\sqrt{\pi}}\int\frac{\mathrm{d}^2z}{2\pi}|z,x\rangle_{\mu,\nu\;\mu,\nu}\langle z,x| \\ &=\int_{-\infty}^{+\infty}\frac{\mathrm{d}x}{\sqrt{\pi}}\int\frac{\mathrm{d}^2z}{2\pi}:\mathrm{e}^{-\left(x-\frac{\mu X_1+\nu X_2}{\lambda}\right)^2}\mathrm{e}^{-\frac{1}{2}\left[z^*-\frac{\sqrt{2}}{\lambda}(\nu a_1^\dagger-\mu a_2^\dagger)\right]\left[z-\frac{\sqrt{2}}{\lambda}(\nu a_1-\mu a_2)\right]}: \\ &=1.\end{aligned} \tag{11.75}$$

因此, $|z,x\rangle_{\mu,\nu}$ 也具有完备性.

11.5.2 $|z,x\rangle_{\mu,\nu}$ 的共轭态

通过对 $|z,x\rangle_{\mu,\nu}$ 作如下傅里叶变换:

$$\begin{aligned}|\sigma,p\rangle_{\mu,\nu} &\equiv \int_{-\infty}^{+\infty}\frac{\mathrm{d}x}{\sqrt{2\pi}}\mathrm{e}^{\mathrm{i}px}\int_{-\infty}^{+\infty}\frac{\mathrm{d}^2 z}{4\pi}|z,x\rangle_{\mu,\nu}\mathrm{e}^{(z^*\sigma-z\sigma^*)/4}\\ &=\exp\left\{-\frac{1}{2}p^2-\frac{1}{4}|\sigma|^2+\frac{1}{2\lambda^2}(\mu a_1^\dagger+\nu a_2^\dagger)^2\right.\\ &\quad\left.+\frac{1}{\sqrt{2}\lambda}\left[(\sigma\nu+\mathrm{i}2p\mu)a_1^\dagger+(\mathrm{i}2p\nu-\sigma\mu)a_2^\dagger\right]\right\}|00\rangle,\end{aligned}\tag{11.76}$$

也可以证明 $|\sigma,p\rangle_{\mu,\nu}$ 是 $\mu\hat{P}_1+\nu\hat{P}_2$ 与 $\nu a_1-\mu a_2$ 的共同本征态, 即

$$(\mu\hat{P}_1+\nu\hat{P}_2)|\sigma,p\rangle_{\mu,\nu}=\lambda p|\sigma,p\rangle_{\mu,\nu},\tag{11.77}$$

$$(\nu a_1-\mu a_2)|\sigma,p\rangle_{\mu,\nu}=\frac{\lambda\sigma}{\sqrt{2}}|\sigma,p\rangle_{\mu,\nu}.\tag{11.78}$$

利用 IWOP 技术积分, 可得

$$\int\frac{\mathrm{d}^2\sigma}{2\pi}|\sigma,p\rangle_{\mu,\nu\ \mu,\nu}\langle\sigma,p|=:\exp\left[-\left(p-\frac{\mu\hat{P}_1+\nu\hat{P}_2}{\lambda}\right)^2\right]:,\tag{11.79}$$

再对 p 积分, 得完备性

$$\int_{-\infty}^{+\infty}\frac{\mathrm{d}p}{\sqrt{\pi}}\int_{-\infty}^{+\infty}\frac{\mathrm{d}^2\sigma}{2\pi}|\sigma,p\rangle_{\mu\ \nu}\langle\sigma,p|=1.\tag{11.80}$$

因此, 称 $|\sigma,p\rangle_{\mu,\nu}$ 为 $|z,x\rangle_{\mu,\nu}$ 的共轭态 .

11.5.3 $|z,x\rangle_{\mu,\nu}$ 表象中的双模广义压缩算符

在 $|z,x\rangle_{\mu,\nu}$ 表象中, 我们可以导出一些新压缩算符和压缩态. 构建下面的 ket-bra 积分形式:

$$S\equiv\int_{-\infty}^{+\infty}\frac{\mathrm{d}x}{\sqrt{\pi}}\int\frac{\mathrm{d}^2 z}{2\pi}\frac{1}{\sqrt{k}}|z,x/k\rangle_{\mu,\nu\ \mu,\nu}\langle z,x|.\tag{11.81}$$

利用 IWOP 技术、式 (11.68) 和公式 $:\exp\left[\left(\mathrm{e}^{\varsigma}-1\right)a^{\dagger}a\right]: = \mathrm{e}^{\varsigma a^{\dagger}a}$, 直接对式 (11.81) 积分 (令 $k=\mathrm{e}^{\gamma}$), 得

$$S=\operatorname{sech}^{1/2}\gamma\exp\left(-\frac{\tanh\gamma}{2}R^{\dagger 2}\right)\exp\left(R^{\dagger}R\ln\operatorname{sech}\gamma\right)\exp\left(\frac{\tanh\gamma}{2}R^{2}\right), \quad (11.82)$$

式中 $R^{\dagger}=\dfrac{\mu a_1^{\dagger}+\nu a_2^{\dagger}}{\lambda},\lambda=\sqrt{\mu^2+\nu^2}$. 注意

$$\left[R,R^{\dagger}\right]=1, \quad \left[\frac{1}{2}R^2,\frac{1}{2}R^{\dagger 2}\right]=R^{\dagger}R+\frac{1}{2}, \quad (11.83)$$

所以它们组成 su(1,1) 李代数, S 是一个新的具有参量 k 的压缩算符. 从式 (11.74) 和 (11.81), S 有自然的方式压缩 $|z,x\rangle_{\mu,\nu}$, 即

$$S|z,x\rangle_{\mu,\nu}=\frac{1}{\sqrt{k}}|z,x/k\rangle_{\mu,\nu}. \quad (11.84)$$

根据式 (11.82) 和贝克–豪斯多夫公式

$$\mathrm{e}^{\hat{A}}\hat{B}\mathrm{e}^{-\hat{A}}=\hat{B}+[\hat{A},\hat{B}]+\frac{1}{2!}[\hat{A},[\hat{A},\hat{B}]]+\frac{1}{3!}[\hat{A},[\hat{A},[\hat{A},\hat{B}]]]+\cdots, \quad (11.85)$$

有

$$Sa_1S^{-1}=a_1+\frac{\mu}{\lambda}\left[R(\cosh\gamma-1)+R^{\dagger}\sinh\gamma\right], \quad (11.86)$$

$$Sa_2S^{-1}=a_2+\frac{\nu}{\lambda}\left[R(\cosh\gamma-1)+R^{\dagger}\sinh\gamma\right]. \quad (11.87)$$

由此得到

$$S\hat{X}_1S^{-1}=\frac{1}{\lambda^2}\left[\left(\nu^2+\mu^2\mathrm{e}^{\gamma}\right)\hat{X}_1+\mu\nu\left(\mathrm{e}^{\gamma}-1\right)\hat{X}_2\right], \quad (11.88)$$

$$S\hat{X}_2S^{-1}=\frac{1}{\lambda^2}\left[\mu\nu\left(\mathrm{e}^{\gamma}-1\right)\hat{X}_1+\left(\mu^2+\nu^2\mathrm{e}^{\gamma}\right)\hat{X}_2\right]. \quad (11.89)$$

因此, 在 S 变换下, 双模光场的两正交分量分别变为

$$S(\hat{X}_1+\hat{X}_2)S^{-1}=\frac{1}{\lambda^2}\left[(\mu-\nu)(\mu\hat{X}_2-\nu\hat{X}_1)+(\mu+\nu)\mathrm{e}^{\gamma}(\mu\hat{X}_1+\nu\hat{X}_2)\right], \quad (11.90)$$

$$S(\hat{P}_1+\hat{P}_2)S^{-1}=\frac{1}{\lambda^2}\left[(\mu-\nu)(\mu\hat{P}_2-\nu\hat{P}_1)+(\mu+\nu)\mathrm{e}^{-\gamma}(\mu\hat{P}_1+\nu\hat{P}_2)\right]. \quad (11.91)$$

将 S^{-1} 作用于双模真空态, 就得到压缩真空态

$$S^{-1}|00\rangle = \mathrm{sech}^{1/2}\gamma \exp\left(\frac{\tanh\gamma}{2}R^{\dagger 2}\right)|00\rangle \equiv |\,\rangle_\rho. \tag{11.92}$$

在该态中, 两正交分量的期望值分别为

$$_\rho\langle\,|(\hat{X}_1+\hat{X}_2)|\,\rangle_\rho = 0, \quad _\rho\langle\,|(\hat{P}_1+\hat{P}_2)|\,\rangle_\rho = 0. \tag{11.93}$$

因而, 它们的涨落分别为

$$\begin{aligned} _\rho\langle|\Delta(\hat{X}_1+\hat{X}_2)^2|\,\rangle_\rho &= {_\rho\langle\,|(\hat{X}_1+\hat{X}_2)^2|\,\rangle_\rho} \\ &= \frac{1}{2}\left(\mathrm{e}^{2\gamma}+1\right)+\frac{\mu\nu}{\lambda^2}\left(\mathrm{e}^{2\gamma}-1\right), \end{aligned} \tag{11.94}$$

$$\begin{aligned} _\rho\langle\,|\Delta(\hat{P}_1+\hat{P}_2)^2|\,\rangle_\rho &= {_\rho\langle\,|(\hat{P}_1+\hat{P}_2)^2|\,\rangle_\rho} \\ &= \frac{1}{2}\left(\mathrm{e}^{-2\gamma}+1\right)+\frac{\mu\nu}{\lambda^2}\left(\mathrm{e}^{-2\gamma}-1\right), \end{aligned} \tag{11.95}$$

极小不确定关系为

$$\begin{aligned} &\sqrt{\Delta(\hat{X}_1+\hat{X}_2)^2\Delta(\hat{P}_1+\hat{P}_2)^2} \\ &= \frac{1}{2\lambda^2}\sqrt{2\left(\mu^4+\nu^4+6\mu^2\nu^2\right)+\left(\mu^2-\nu^2\right)^2\left(\mathrm{e}^{2\gamma}+\mathrm{e}^{-2\gamma}\right)}. \end{aligned} \tag{11.96}$$

特别地, 当 $\mu=\nu$ 时, $|\,\rangle_\rho$ 变成通常的双模压缩真空态, 上述的式子变为预期的结果, 即

$$_\rho\langle\,|\Delta(\hat{X}_1+\hat{X}_2)^2|\,\rangle_\rho = \mathrm{e}^{2\gamma}, \quad _\rho\langle\,|\Delta(\hat{P}_1+\hat{P}_2)^2|\,\rangle_\rho = \mathrm{e}^{-2\gamma}, \tag{11.97}$$

$$\Delta(\hat{X}_1+\hat{X}_2)\Delta(\hat{P}_1+\hat{P}_2) = 1. \tag{11.98}$$

另外, 由于 $\lambda^2 \geqslant 2\mu\nu$, 从式 (11.94) 和 (11.95), 有

$$_\rho\langle\,|\Delta(\hat{X}_1+\hat{X}_2)^2|\,\rangle_\rho = \mathrm{e}^{2\gamma}\left[\frac{1}{2}+\frac{\mu\nu}{\lambda^2}+\left(\frac{1}{2}-\frac{\mu\nu}{\lambda^2}\right)\mathrm{e}^{-2\gamma}\right] \leqslant \mathrm{e}^{2\gamma}, \tag{11.99}$$

$$_\rho\langle\,|\Delta(\hat{P}_1+\hat{P}_2)^2|\,\rangle_\rho = \left(\frac{1}{2}+\frac{\mu\nu}{\lambda^2}\right)\mathrm{e}^{-2\gamma}+\left(\frac{1}{2}-\frac{\mu\nu}{\lambda^2}\right) \geqslant \mathrm{e}^{-2\gamma}. \tag{11.100}$$

这就意味着, 压缩真空态 $|\rangle_\rho$ 若在一个正交分量显示出比通常双模压缩真空态的压缩增强, 则在另一个正交分量就会减弱.

参考文献

[1] Ma S J, Xu X X. A new approach for constructing new coherent-entangled state representations [J]. Chin. Phys. Lett., 2010, 27 (9): 090304.

[2] Ma S J. Resolution of the unity of normally ordered Gaussian operator form for constructing new quantum mechanical representation [J]. Mod. Phys. Lett. B, 2010, 24 (1): 81~87.

[3] Zhou N R, Jia F, Gong L H. Deriving operator identities by two-mode cohrent-entangled state representation [J]. Acta. Physica Sinica., 2009, 58 (4): 2179~2183.

[4] Fan H Y, Lu H L. New two-mode coherent-entangled state and its application [J]. J. Phys. A: Math. Gen., 2004, 37: 10993.

[5] Fan H Y, Lu H L. Wave-function transformations by general SU(1, 1) single-mode squeezing and analogy to Fresnel transformations in wave optics [J]. Opt. Commun., 2006, 258: 51~58.

[6] Fan H Y, Lu H L. 2-mode Fresnel operator and entangled Fresnel transform [J]. Phys. Lett. A, 2005, 334: 132~136.

[7] Parker S, Bose S, Plenio M B. Entanglement quantification and purification in continuous-variable systems [J]. Phys. Rev. A, 2000, 61: 032305.

[8] Fan H Y, Guo Q. Quantum Hadamard operators and their decomposition derived by virtue of IWOP technique [J]. Commun. Theor. Phys., 2008, 49: 859~862.

[9] Xie C M, Fan H Y. Fresnel-Hadamard complementary transformation in quantum optics [J]. J. Mod. Opt., 2010, 57 (7): 582~586.

[10] Hu L Y, Fan H Y. A new bipartite coherent-entangled state generated by an asymmetric beamsplitter and its applications [J]. J. Phys. B: At. Mol. Opt. Phys., 2007, 40: 2099~2109.

第 12 章　玻色产生算符的本征态及其应用

12.1　玻色产生算符的本征态

大家都熟悉相干态是玻色子湮灭算符的本征右矢. 至于产生算符 $a^\dagger$ 有没有本征右矢, 有两种回答: 一是 $a^\dagger$ 的本征右矢恒为 0; 二是 $a^\dagger$ 不具有归一化的本征态. 持第一种观点的解释见于文献 [1], 但这是不严格的. 事实上, 可以证明 $a^\dagger$ 具有不能归一化的本征右矢, 尽管它是不能在物理仪器及实验中实现的量子态, 但有一些辅助的用处, 因此有必要求出其显示形式[2,3].

令 $|z\rangle_*$ 是 $a^\dagger$ 的本征值为 z 的本征右矢:

$$a^\dagger |z\rangle_* = z|z\rangle_*, \tag{12.1}$$

式中下标 $*$ 表示其附属的态属于 $a^\dagger$ 的右矢. 在坐标表象 $\langle x|$ 中, 建立方程

$$\begin{aligned} z\langle x|z\rangle_* = \langle x|a^\dagger|z\rangle_* &= \frac{1}{\sqrt{2}}\langle x|\hat{X} - \mathrm{i}\hat{P}|z\rangle_* \\ &= \frac{1}{\sqrt{2}}\left(x - \frac{\partial}{\partial x}\right)\langle x|z\rangle_*. \end{aligned} \tag{12.2}$$

由此得到其解为

$$\langle x|z\rangle_* \propto \exp\left(\frac{x^2}{2} - \sqrt{2}xz\right). \tag{12.3}$$

显然它是发散的. 如果换用以下的陈述, 即在福克空间中展开 $|z\rangle_*$:

$$|z\rangle_* = \sum_{n=0}^{+\infty} |n\rangle\langle n|z\rangle_*, \tag{12.4}$$

则由递推关系 $a|n\rangle=\sqrt{n}|n-1\rangle$, 得

$$\begin{aligned}&0=z\langle 0\,|z\rangle_*,\langle 0\,|z\rangle_*=z\langle 1\,|z\rangle_*,\sqrt{2}\langle 1\,|z\rangle_*=z\langle 2\,|z\rangle_*,\cdots,\\&\sqrt{n}\langle n\,|z\rangle_*=z\langle n\,|z\rangle_*\quad(n=1,2,3,\cdots).\end{aligned}\tag{12.5}$$

分析这些递推关系, 可见：当 $z\neq 0$ 时, 所有的系数 $\langle n\,|z\rangle_*$ 均为零.

当 $z=0$ 时, 必须十分小心, 否则将得到不严格的结果. 把方程 $0=z\langle 0\,|z\rangle_*$ 与 $x\delta(x)=0$ 比较, 从递推关系可以导出

$$\langle 0\,|z\rangle_*=\delta(z),\quad \langle 0\,|z\rangle_*=\frac{z^n}{\sqrt{n!}}\langle n\,|z\rangle_*,\tag{12.6}$$

式中 $\delta(z)$ 是广义函数, 它的作用是

$$\oint_C \mathrm{d}z\delta^{(n)}(z-z')\varphi(z)=(-1)^n\varphi^n(z').\tag{12.7}$$

而 $a^\dagger$ 的本征态为

$$|z\rangle_*=\sum_{n=0}^{+\infty}\frac{(-1)^n}{\sqrt{n!}}\delta^{(n)}(z)|n\rangle=\exp\left(-a^\dagger\frac{\partial}{\partial z}\right)\delta(z)|0\rangle,\tag{12.8}$$

式中 $\delta^{(n)}(z)$ 是 $\delta(z)$ 的 n 阶导数, 具有以下性质:

$$z^l\delta^{(n)}(z)=(-1)^l\frac{n!}{(n-l)!}\delta^{(n-l)}(z).\tag{12.9}$$

$|z\rangle_*$ 的性质主要有

$$\langle z\,|z'\rangle_*=\delta(z-z'),\tag{12.10}$$

式中左矢 $\langle z|$ 是未归一化的相干态, 且 $\langle z|=\langle 0|\mathrm{e}^{za}$, 以及

$$\begin{aligned}\oint_C \mathrm{d}z\,|z\rangle_*\langle z|&=\oint_C \mathrm{d}z\sum_{m,n=0}^{+\infty}\frac{(-1)^n z^m\delta^{(n)}(z)}{\sqrt{m!n!}}|m\rangle\langle n|\\&=\sum_{n=0}^{+\infty}|n\rangle\langle n|=1.\end{aligned}\tag{12.11}$$

这就是产生算符本征态与相干态所组成的围道积分的完备性.

12.2　双重围道积分形式的完备性

根据围道积分型 δ 函数的 n 阶导数的定义, 有

$$(-1)^n\oint_C \mathrm{d}z\delta^{(n)}(z)f(z)=\left[f^{(n)}(z)\right]_{z=0}. \tag{12.12}$$

另外, 根据含 $n+1$ 阶极点 (现为 $z=0$) 的留数定理, 有

$$\frac{n!}{2\pi\mathrm{i}}\oint_C \mathrm{d}z\frac{f(z)}{z^{n+1}}=\left[f^{(n)}(z)\right]_{z=0}. \tag{12.13}$$

比较式 (12.12) 和 (12.13), 得

$$(-1)^n\delta^{(n)}(z)=\frac{n!}{2\pi\mathrm{i}}\frac{1}{z^{n+1}}\bigg|_C, \tag{12.14}$$

式中记号 $|_C$ 表示式 (12.14) 只在上述围道积分的意义下能够成立.

由式 (12.8) 的结果及围道积分型的 δ 函数 (式 (12.14)), 知产生算符 $a^\dagger$ 的本征态 $|z\rangle_*$ 可表示为

$$|z\rangle_*=\sum_{n=0}^{+\infty}\frac{(-1)^n\delta^{(n)}(z^*)}{\sqrt{n!}}|n\rangle=\frac{1}{2\pi\mathrm{i}}\sum_{n=0}^{+\infty}\frac{\sqrt{n!}|n\rangle}{z^{*n+1}}\bigg|_{C^*}. \tag{12.15}$$

根据 δ 函数:

$$\delta(z^*)=\frac{1}{2\pi\mathrm{i}z^*}\bigg|_{C^*},\quad \delta^*(z^*)=\frac{1}{2\pi\mathrm{i}z}\bigg|_C=\delta(z), \tag{12.16}$$

其中 C^*, C 代表包围 $z^*=0$ 的逆时针围道, 符号 $|_{C^*}$ 表示此表达式要在围道积分下计算. $|z\rangle_*$ 具有以下性质:

$$a^\dagger|z\rangle_*=z^*|z\rangle_*,\quad {}_*\langle z|a=z_*\langle z|, \tag{12.17}$$

$${}_*\langle z'|z\rangle_*=-\frac{1}{4\pi^2}\sum_{n=0}^{+\infty}\frac{n!}{z'^{n+1}z^{*n+1}}\bigg|_C\bigg|_{C^*}, \tag{12.18}$$

这里 C^*, C' 代表两个独立的围道. 式 (12.18) 的推导中利用了式 (12.15) 和 (12.16) 及粒子数态正交归一性 $\langle n'|n\rangle=\delta_{n'n}$. 引进未归一化的相干态 (湮灭算符

a 的本征态):

$$|z\rangle = e^{aa^\dagger}|0\rangle, \quad a|z\rangle = z|z\rangle, \tag{12.19}$$

$$\langle z'|z\rangle = \exp(z^* z'), \tag{12.20}$$

则由文献 [2,3] 中给出的由 $|z\rangle$ 和 $|z\rangle_*$ 构造的围道积分型完备性条件:

$$\oint_{C^*} |z\rangle_* \langle z| dz^* = 1, \tag{12.21}$$

$$\oint_{C'} |z'\rangle_* \langle z'| dz' = 1, \tag{12.22}$$

我们可以进一步构造一种适合求正规乘积形式的密度算符的广义 P 表示的双重围道积分型完备性条件, 即将式 (12.21) 的两边相应乘式 (12.22) 的两边, 再利用式 (12.20), 得

$$\oint_{C^*}\oint_{C'} |z\rangle_{**}\langle z'| e^{z^* z'} dz^* dz' = 1. \tag{12.23}$$

由于上式中的右矢是 $a^\dagger$ 的本征态, 左矢是 a 的本征态, 所以它适合于对正规乘积形式的密度算符作展开. 如果把式 (12.22) 的两边相应乘式 (12.21) 的两边, 并利用式 (12.18), 则得到另一种双重围道积分型的完备性:

$$-\frac{1}{4\pi^2}\oint_{C^*}\oint_{C'} |z\rangle\langle z'| \sum_{n=0}^{+\infty} \frac{n!}{z'^{n+1} z^{*n+1}} dz' dz^* = 1. \tag{12.24}$$

这适合于对反正规乘积形式的密度算符作展开. 利用求 $m+1$ 阶极点的留数公式

$$\mathrm{Res}[f(z); z_0] = \frac{1}{m!}\lim_{\delta\to\delta_0}\frac{d^m}{dz^m}\left[(z-z_0)^{m+1} f(z)\right] \tag{12.25}$$

和公式 (当围道 C 包含 z_0 时)

$$\oint_C \frac{dz}{(z-z_0)^n} = 2\pi i \delta_{n+1}, \tag{12.26}$$

可以直接验证式 (12.23) 和 (12.24) 的正确性.

12.3 广义 P 表示的构造及其应用

我们将用式 (12.23) 和 (12.24) 作为构造广义 P 表示的出发点. 用完备性式 (12.23) 来构造广义 P 表示, 即密度算符可展开为

$$\rho = \oint_{C^*}\oint_{C'} p(z^*, z')\,|z\rangle_{**}\langle z'|\,\mathrm{e}^{z^* z'}\mathrm{d}z^*\mathrm{d}z' = 1. \tag{12.27}$$

注意, 即使对于同一个 ρ, 由格劳伯给出的 P 表示与式 (12.27) 给出的广义 P 表示也不会相同. 当 ρ 是正规乘积时, 由式 (12.27) 立即可给出广义 P 表示. 例如, 热场的密度算符是

$$\rho_1 = \frac{1}{\langle n\rangle + 1}\exp\left[a^\dagger a \ln\left(1 + 1/\langle n\rangle\right)^{-1}\right], \tag{12.28}$$

这里 $\langle n\rangle$ 是平均光子数. 利用算符恒等式

$$\mathrm{e}^{-\lambda a^\dagger a} =: \exp\left[\left(\mathrm{e}^{-\lambda} - 1\right)a^\dagger a\right]:, \tag{12.29}$$

把式 (12.28) 中的 ρ_1 化为正规乘积:

$$\rho_1 = \frac{1}{\langle n\rangle + 1}:\exp\left[\left(\frac{1}{1 + 1/\langle n\rangle} - 1\right)a^\dagger a\right]:, \tag{12.30}$$

即可由式 (12.27) 得广义 P 表示

$$P_1(z^*, z') = \frac{1}{\langle n\rangle + 1}\exp\left(\frac{1}{1 + 1/\langle n\rangle} - 1\right)z^* z'. \tag{12.31}$$

事实上, 可以验证式 (12.31) 确实是式 (12.30) 的广义 P 表示. 把式 (12.31) 代入式 (12.27) 并积分, 再利用式 (12.15), 得

$$\begin{aligned}\rho_1 &= \oint_{C^*}\oint_{C'}\frac{1}{\langle n\rangle + 1}\mathrm{e}^{\frac{z^* z'}{1 + 1/\langle n\rangle}}\,|z\rangle_{**}\langle z'|\,\mathrm{d}z^*\mathrm{d}z' \\ &= \oint_{C^*}\oint_{C'}\frac{1}{\langle n\rangle + 1}\mathrm{e}^{\frac{z^* z'}{1 + 1/\langle n\rangle}}\left(-\frac{1}{4\pi^2}\right)\sum_{n,m=0}^{+\infty}\frac{a^{\dagger n}|0\rangle\langle 0|a^m}{z'^{n+1}z^{*n+1}}\mathrm{d}z^*\mathrm{d}z',\end{aligned} \tag{12.32}$$

其中利用了

$$|n\rangle=\frac{a^{\dagger n}}{\sqrt{n!}}|0\rangle. \tag{12.33}$$

利用 IWOP 技术以及真空投影算符的正规乘积表达式 $|0\rangle\langle 0|=:\mathrm{e}^{-a^{\dagger}a}:$, 可把式 (12.32) 化为正规乘积下的双重围道积分:

$$\begin{aligned}\rho_1&=\oint_{C^*}\oint_{C'}\left(-\frac{1}{4\pi^2}\right)\frac{1}{\langle n\rangle+1}\mathrm{e}^{\frac{z^*z'}{1+\frac{1}{\langle n\rangle}}}\sum_{n,m=0}^{+\infty}:\mathrm{e}^{-a^{\dagger}a}a^{\dagger n}a^m:(z')^{-m-1}(z^*)^{-n-1}\mathrm{d}z^*\mathrm{d}z'\\&=\frac{1}{2\pi\mathrm{i}\left(\langle n\rangle+1\right)}\oint_{C'}\sum_{n,m=0}^{+\infty}:\mathrm{e}^{-a^{\dagger}a}a^{\dagger n}a^m:\frac{1}{(z')^{m+1}}\left(\frac{\mathrm{d}}{\mathrm{d}z^*}\right)^n\frac{1}{n!}\mathrm{e}^{\frac{z^*z'}{1+1/\langle n\rangle}}\bigg|_{z^*\to 0}\mathrm{d}z'\\&=\frac{1}{2\pi\mathrm{i}\left(\langle n\rangle+1\right)}\oint_{C'}\sum_{n,m=0}^{+\infty}:\mathrm{e}^{-a^{\dagger}a}\frac{a^{\dagger n}a^m}{n!}:\frac{1}{(z')^{m-n+1}}\left(\frac{1}{1+1/\langle n\rangle}\right)^n\mathrm{d}z'\\&=\frac{1}{\langle n\rangle+1}\sum_{m=0}^{+\infty}:\frac{(a^{\dagger}a)^n}{n!}\left(\frac{1}{1+1/\langle n\rangle}\right)^n\mathrm{e}^{-a^{\dagger}a}:\\&=\frac{1}{\langle n\rangle+1}:\exp\left[\left(\frac{1}{1+1/\langle n\rangle}-1\right)a^{\dagger}a\right]:,\end{aligned} \tag{12.34}$$

其中利用了留数定理以及式 (12.25) 和 (12.26). 因此式 (12.31) 是对应于式 (12.27) 的正确的 ρ_1 的广义 P 表示, 而对应于 ρ_1 的格劳伯 P 表示是

$$P(z)=(\pi\langle n\rangle)^{-1}\exp(-|z|^2/\langle n\rangle). \tag{12.35}$$

可见它与式 (12.31) 不同.

本节提出的新广义 P 表示还有另一个优点, 就是当某密度算符的格劳伯 P 表示是奇异的广义函数时, 而其相应的广义 P 表示可以是行为很好的函数. 例如, 当密度算符为

$$\rho_2=|n\rangle\langle n| \tag{12.36}$$

时, 其格劳伯 P 表示为广义函数:

$$P(z)=\frac{n!}{2\pi r\,(2n)!}\mathrm{e}^{r^2}\left(-\frac{\partial}{\partial r}\right)^{2n}\delta(r)\quad(|z|=r), \tag{12.37}$$

而 ρ_2 相应的广义 P 表示为

$$P_2(z^*,z')=\frac{\mathrm{e}^{-z^*z'}(z^*)^n(z')^n}{n!}. \tag{12.38}$$

事实上, 只需把式 (12.36) 改写为正规乘积形式, 即

$$|n\rangle\langle n| =: \mathrm{e}^{-a^{\dagger}a}\frac{a^{\dagger n}a^{m}}{n!}: = \sum_{m=0}^{+\infty}\frac{(-1)^{n}a^{\dagger n+m}a^{n+m}}{m!n!}, \tag{12.39}$$

再在产生算符和湮灭算符之间插入完备条件式 (12.23), 即得式 (12.38). 由式 (12.27) 还可以求得算符 $\hat{O}$ 的期望值:

$$\langle\hat{O}\rangle = \mathrm{tr}(\rho\hat{O}) = \oint_{C^*}\oint_{C'}P(z^*, z')_*\langle z'|\hat{O}|z\rangle_*\mathrm{e}^{z^*z'}\mathrm{d}z^*\mathrm{d}z'. \tag{12.40}$$

由于广义 P 表示不是唯一的, 所以也可以从完备性式 (12.24) 出发来建立其他广义 P 表示, 例如, 可以利用内积式 (12.20) 把式 (12.24) 改写为

$$1 = \oint_{C^*}\oint_{C'}\frac{|z'\rangle\langle z|}{\langle z'|z\rangle}\sum_{n=0}^{+\infty}\left(-\frac{1}{4\pi^2}\right)\frac{n!\mathrm{e}^{z^*z'}}{(z^*z')^{n+1}}\mathrm{d}z^*\mathrm{d}z'. \tag{12.41}$$

这样做的好处是, 上式右边的 $\dfrac{|z\rangle\langle z'|}{\langle z'|z\rangle}$ 具有以下性质:

$$\left(\frac{|z'\rangle\langle z|}{\langle z'|z\rangle}\right)^2 = \frac{|z'\rangle\langle z|}{\langle z'|z\rangle}, \quad \mathrm{tr}\frac{|z'\rangle\langle z|}{\langle z'|z\rangle} = 1, \tag{12.42}$$

即与密度算符的 P 表示 ($\rho = \int\mathrm{d}^2zP(z)\|z\rangle\langle z\|, \|z\rangle$ 为归一化的相干态) 中的投影算符 $\|z\rangle\langle z\|$ 具有相似的性质. 因此, 如果在式 (12.41) 中把恒等算符 I 的广义 P 表示看做 $\sum\limits_{n=0}^{+\infty}\left(-\dfrac{1}{4\pi^2}\right)\dfrac{n!\mathrm{e}^{z^*z'}}{(z^*z')^{n+1}}$, 则由 $1 = \sum\limits_{n}|n\rangle\langle n|$, 从式 (12.41) 立刻得到 $\rho_2 = |n\rangle\langle n|$ 的不同于式 (12.38) 的广义 P 表示为 $\left(-\dfrac{1}{4\pi^2}\right)\dfrac{n!\mathrm{e}^{z^*z'}}{(z^*z')^{n+1}}$, 它也是非奇异的.

以上我们从 a 和 $a^{\dagger}$ 的本征态共同组成的围道积分型完备性出发建立了密度算符的广义 P 表示. 具体用哪一种 P 表示方便, 要视物理系统而定. 值得指出的是, 式 (12.41) 也可以化为正规乘积下围道积分的形式 (格劳伯 P 表示也可以化为正规乘积下的积分形式, 即 $\rho = \int\mathrm{d}^2zP(z)\colon \mathrm{e}^{-|z|^2+z^*a+za^{\dagger}-a^{\dagger}a}\colon$). 预计以上给出的广义 P 表示将对解量子主方程等方面有进一步的用处.

12.4 产生算符的本征态作为一个不可归一化的超奇异的压缩相干态

还可以从压缩相干态的角度来讨论 $a^\dagger$ 的本征右矢. 引入 $a+\zeta a^\dagger$ 的本征矢方程

$$\left(a+\zeta a^\dagger\right)|\alpha,\zeta\rangle=\alpha|\alpha,\zeta\rangle, \tag{12.43}$$

式中 ζ 和 a 皆为复数. 不难导出 $|\alpha,\zeta\rangle$ 是一个压缩相干态:

$$|\alpha,\zeta\rangle=\exp\left(\alpha a^\dagger-\frac{\zeta}{2}a^{\dagger 2}\right)|0\rangle. \tag{12.44}$$

实际上, 它可以由以下算符恒等式看出:

$$\mathrm{e}^{-\alpha a^\dagger+\frac{\zeta}{2}a^{\dagger 2}}\left(a+\zeta a^\dagger\right)\mathrm{e}^{\alpha a^\dagger-\frac{\zeta}{2}a^{\dagger 2}}=a+\alpha I, \tag{12.45}$$

式中 I 是恒等算符. 用厄米多项式可以把 $|\alpha,\zeta\rangle$ 展开为

$$|\alpha,\zeta\rangle=\sum_{n=0}^{+\infty}\frac{\left(\sqrt{2\zeta}\right)^n}{2^n\sqrt{n!}}\mathrm{H}_n\left(\frac{\alpha}{\sqrt{2\zeta}}\right)|n\rangle, \tag{12.46}$$

再利用母函数公式

$$\sum_{n=0}^{+\infty}\frac{t^n}{2^n n!}\mathrm{H}_n(x)\mathrm{H}_n(y)=\frac{1}{\sqrt{1-t^2}}\exp\left[\frac{2xyt-\left(x^2+y^2\right)t^2}{1-t^2}\right]$$
$$\left(|t|^2<1\right), \tag{12.47}$$

可得

$$\langle\alpha',\zeta'|\alpha,\zeta\rangle=\frac{1}{\sqrt{1-\zeta\zeta'}}\exp\left[\frac{2\alpha\alpha'-\left(\zeta'\alpha^2+\zeta\alpha'^2\right)}{2\left(1-\zeta\zeta'\right)}\right]$$
$$\left(|\zeta||\zeta'|<1\right). \tag{12.48}$$

上式也可直接用 IWOP 技术导出. 若把本征矢方程 (12.43) 改写为

$$\left(\frac{1}{\zeta}a+a^{\dagger}\right)\sqrt{\frac{\zeta}{2\pi}}\exp\left[-\frac{\zeta}{2}\left(zI-a^{\dagger}\right)^{2}\right]|0\rangle=z\sqrt{\frac{\zeta}{2\pi}}\exp\left[-\frac{\zeta}{2}\left(zI-a^{\dagger}\right)^{2}\right]|0\rangle, \tag{12.49}$$

则当 $\zeta\mapsto+\infty$ 时, 有

$$a^{\dagger}|z\rangle_{*}=z|z\rangle_{*}, \tag{12.50}$$

式中 $|z\rangle_{*}$ 的定义为

$$\begin{aligned}|z\rangle_{*}&=\lim_{\zeta\mapsto\infty}\sqrt{\frac{\zeta}{2\pi}}\exp\left[-\frac{\zeta}{2}\left(zI-a^{\dagger}\right)^{2}\right]|0\rangle\\&=\delta\left(zI-a^{\dagger}\right)|0\rangle\\&=\sum_{n=0}^{+\infty}\frac{(-1)^{2}}{\sqrt{n!}}\delta^{(n)}(z)|n\rangle,\end{aligned} \tag{12.51}$$

这与式 (12.8) 一致.

产生算符本征态与相干态所组成的围道积分完备性可应用于导出光场的复表示, 也可用于讨论信号分析中的 Z 变换. 这里用式 (12.51) 计算:

$$\begin{aligned}{}_{*}\langle z|\alpha,\zeta\rangle&=\langle 0|\exp\left(-a\frac{\partial}{\partial z}\right)\exp\left(\alpha a^{\dagger}-\frac{\zeta}{2}a^{\dagger 2}\right)|0\rangle\,\delta(z)\\&=\langle 0|\exp\left(\alpha a^{\dagger}-\frac{\zeta}{2}a^{\dagger 2}+\zeta a^{\dagger}\frac{\partial}{\partial z}\right)\exp\left(-a\frac{\partial}{\partial z}\right)|0\rangle\\&\quad\times\exp\left(-a\frac{\partial}{\partial z}-\frac{\zeta}{2}\frac{\partial^{2}}{\partial z^{2}}\right)\delta(z)\\&=\frac{1}{\sqrt{-2\zeta\pi}}\exp\left[\frac{(z-\alpha)^{2}}{2\zeta}\right].\end{aligned} \tag{12.52}$$

在上式的左边代入完备性公式 (12.11) 并展开 (压缩相干态用相干态的路径积分展开), 得

$$|\alpha,\zeta\rangle=\frac{1}{\sqrt{-2\zeta\pi}}\oint_{C}\mathrm{d}z\exp\left[\frac{(z-\alpha)^{2}}{2\zeta}\right]|z\rangle, \tag{12.53}$$

式中积分的路径可以在很大程度上变形, 但是为了使积分收敛, 它必须保证高斯函数 $\exp\left[(z-\alpha)^{2}/(2\zeta)\right]$ 在无穷远处为零.

12.5 玻色产生算符和湮灭算符的逆算符

乍一看, 总可以引入湮灭算符的逆 a^{-1}, 使得 $aa^{-1}=1$. 但是注意

$$a^{-1}a \neq 1, \tag{12.54}$$

这是因为湮灭算符 a 作用到真空态 $|0\rangle$ 上时, $a|0\rangle=0$, 因此 a 只有右逆而无左逆. 这点也可以由 a 在福克空间的矩阵表示看出 [7], 这里不再赘述. 同样, 产生算符 $a^\dagger$ 只有左逆而无右逆:

$$(a^\dagger)^{-1}a^\dagger = 1, \quad a^\dagger(a^\dagger)^{-1} \neq 1. \tag{12.55}$$

还有两个要思考的问题是,

$$(a^\dagger)^{-1} = (a^{-1})^\dagger \tag{12.56}$$

是否成立, 以及

$$a^{-1}|z\rangle = z^{-1}|z\rangle \tag{12.57}$$

在 $z=0$ 时的困难如何克服. 这里 $|z\rangle$ 是未归一化的相干态:

$$|z\rangle = \mathrm{e}^{za^\dagger}|0\rangle, \quad a|z\rangle = z|z\rangle. \tag{12.58}$$

下面先解决第二个问题. 利用粒子数态

$$|n\rangle = \frac{a^{\dagger n}}{\sqrt{n!}}|0\rangle \quad (N|n\rangle = n|n\rangle, N = a^\dagger a) \tag{12.59}$$

的围道积分表达式

$$|n\rangle = \frac{\sqrt{n!}}{2\pi\mathrm{i}}\oint_C \mathrm{d}z \frac{|z\rangle}{z^{n+1}}, \tag{12.60}$$

其中围道 C 包围了 $z=0$ 这一点, 式 (12.60) 的证明用柯西积分公式是很容易得到的. 在围道积分意义下, 我们就有 $a^{-1}|z\rangle = z^{-1}|z\rangle$, 从而有

$$a^{-1}|n\rangle = \frac{\sqrt{n!}}{2\pi\mathrm{i}}\oint_C \mathrm{d}z \frac{1}{z^{n+2}}\mathrm{e}^{za^\dagger}|0\rangle = \frac{1}{\sqrt{n+1}}|n+1\rangle. \tag{12.61}$$

这就是 a^{-1} 作用于粒子数态 $|n\rangle$ 的结果, 它是利用相干态以及围道积分推导出来的. 利用 $|n\rangle$ 的完备性

$$\sum_{n=0}^{+\infty} |n\rangle \langle n| = 1, \tag{12.62}$$

我们可以得到 a^{-1} 的表示:

$$a^{-1} = \sum_{n=0}^{+\infty} \frac{1}{\sqrt{n+1}} |n+1\rangle \langle n|. \tag{12.63}$$

由式 (12.63), 我们就容易求出

$$\begin{aligned} a^{-1}a &= \sum_{n=0}^{+\infty} \frac{1}{\sqrt{n+1}} |n+1\rangle \langle n| a \\ &= \sum_{n=0}^{+\infty} |n+1\rangle \langle n+1| = 1 - |0\rangle \langle 0|. \end{aligned} \tag{12.64}$$

类似地, 利用

$$\langle z| (a^\dagger)^{-1} = \langle z| (z^*)^{-1} \tag{12.65}$$

以及围道积分, 可得 $(a^\dagger)^{-1}$ 的表示为

$$(a^\dagger)^{-1} = \sum_{n=0}^{+\infty} \frac{1}{\sqrt{n+1}} |n\rangle \langle n+1|, \tag{12.66}$$

以及

$$a^\dagger (a^\dagger)^{-1} = \sum_{n=0}^{+\infty} \frac{1}{\sqrt{n+1}} a^\dagger |n\rangle \langle n+1| = 1 - |0\rangle \langle 0|. \tag{12.67}$$

比较式 (12.63) 和 (12.66), 可知式 (12.56) 成立. 由式 (12.64) 和 (12.67), 易证

$$[a, a^{-1}] = |0\rangle \langle 0|, \quad [a^\dagger, (a^\dagger)^{-1}] = -|0\rangle \langle 0|, \tag{12.68}$$

以及

$$\begin{aligned} [a^{-1}, N] &= a^{-1}(aa^\dagger - 1) - a^\dagger a a^{-1} \\ &= (1 - |0\rangle \langle 0|) a^\dagger - a^{-1} - a^\dagger \end{aligned}$$

$$=-a^{-1} \tag{12.69}$$

和

$$\begin{aligned}[(a^\dagger)^{-1},N]&=(a^\dagger)^{-1}a^\dagger a-(aa^\dagger-1)(a^\dagger)^{-1}\\&=a-a(1-|0\rangle\langle 0|)+\left(a^\dagger\right)^{-1}\\&=(a^\dagger)^{-1}.\end{aligned} \tag{12.70}$$

实际上, 可以看出式 (12.69) 和 (12.70) 是

$$[a,N]=a,\quad [a^\dagger,N]=-a^\dagger \tag{12.71}$$

的负幂次推广.

作为逆算符的应用, 相干态 $|z\rangle$ 可以表示为

$$|z\rangle=\sum_{n=0}^{+\infty}(za^{-1})^n|0\rangle. \tag{12.72}$$

事实上, 由 $aa^{-1}=1$, 可以得到

$$a|z\rangle=\sum_{n=1}^{+\infty}z^n(a^{-1})^{n-1}|0\rangle=z|z\rangle. \tag{12.73}$$

由 a^{-1} 的表达式 (12.63), 还可以证明以下重要关系:

$$a^{-n}|0\rangle=\frac{|n\rangle}{\sqrt{n!}}, \tag{12.74}$$

于是粒子数态的完备性可以用逆算符改写为

$$\sum_{n=0}^{+\infty}n!a^{-n}|0\rangle\langle 0|(a^\dagger)^{-n}=1. \tag{12.75}$$

由式 (12.75), 我们可以方便地证明相干态的完备性:

$$\begin{aligned}\int\frac{\mathrm{d}^2z}{\pi}|z\rangle\langle z|\mathrm{e}^{-|z|^2}&=\int\frac{\mathrm{d}^2z}{\pi}\mathrm{e}^{-|z|^2}\sum_{n=0}^{+\infty}(za^{-1})^n|0\rangle\langle 0|\sum_{m=0}^{+\infty}z^{*m}(a^{-1})^{\dagger m}\\&=\sum_{m,n}^{+\infty}n!(a^{-1})^n|0\rangle\langle 0|(a^\dagger)^{-m}\delta_{nm}=1.\end{aligned} \tag{12.76}$$

在上式的证明过程中利用了积分公式

$$\int \frac{\mathrm{d}^2 z}{\pi} z^n z^{*m} \mathrm{e}^{-|z|^2} = n!\delta_{nm}. \tag{12.77}$$

此外, 利用式 (12.75) 还可以简捷地得到很多算符恒等式, 例如, $a^m a^{\dagger m}$ 可化为

$$\begin{aligned} a^m a^{\dagger m} &= \sum_{m=n}^{+\infty} n! a^{-(n-m)} |0\rangle \langle 0| (a^\dagger)^{-(n-m)} \\ &= \sum_{n=0}^{+\infty} (n+m)! a^{-n} |0\rangle \langle 0| (a^\dagger)^{-n} \\ &= (N+1)(N+2)(N+3)\cdots(N+m), \end{aligned} \tag{12.78}$$

其中 $N = a^\dagger a$, 并充分利用了 $a^m a^{-n} = a^{-(n-m)}$ 这一指数上可作加减运算的性质.

最后指出, 关于 a^{-1} 及 $(a^\dagger)^{-1}$ 的性质最先是由福克和狄拉克注意并开展讨论的 [8], 近期的文章可见文献 [9]. 以上的讨论可适合于一般的玻色子算符.

12.6　q 变形玻色产生算符的本征态

现在将玻色产生算符与湮灭算符的对易关系作 q 变形推广. 令 a_q, $a_q^\dagger$, N_q 分别是 q 变形湮灭算符、产生算符以及粒子数算符, 它们满足以下对易关系:

$$a_q a_q^\dagger - q a_q^\dagger a_q = 1, \quad [N_q, a_q^\dagger] = a_q^\dagger, \quad [N_q, a_q] = -a_q, \tag{12.79}$$

其中 q 是参数, N_q 的具体形式为

$$N_q = \sum_{n=1}^{+\infty} \frac{(1-q)^n}{1-q^n} a_q^{\dagger n} a_q^n \quad (0 < q \leqslant 1), \tag{12.80}$$

其相应的粒子数态可表示为

$$|n\rangle_q = \frac{a_q^{\dagger n}}{\sqrt{[n]!}} |0\rangle_q, \quad a_q |0\rangle_q = 0, \tag{12.81}$$

满足

$$
\begin{aligned}
&a_q|n\rangle_q=\sqrt{[n]}\,|n-1\rangle_q\,,\\
&a_q^\dagger|n\rangle_q=\sqrt{[n+1]}\,|n+1\rangle_q\,,\\
&N_q|n\rangle_q=n|n\rangle_q\,,
\end{aligned}
\tag{12.82}
$$

并具有完备性

$$
\sum_{n=0}^{+\infty}|n\rangle_{q\ q}\langle n|=1,
\tag{12.83}
$$

其中

$$
[n]!=[n][n-1]\cdots[1],\quad [1]!=[0]!=1,\quad [n]=\frac{1-q^n}{1-q}.
\tag{12.84}
$$

另外, 在文献 [10] 中, 将 q 变形粒子数算符 N_q 改写成

$$
N_q=A_q^\dagger a_q=a_q^\dagger A_q,
\tag{12.85}
$$

式中算符 $A_q^\dagger$ 的定义为

$$
A_q^\dagger=a_q^\dagger\sum_{n=0}^{+\infty}\frac{(1-q)^{n+1}}{1-q^{n+1}}a_q^{\dagger n}a_q^n,
\tag{12.86}
$$

满足下列对易关系:

$$
\begin{aligned}
&\left[a_q,A_q^\dagger\right]=1, &&\left[A_q,a_q^\dagger\right]=1,\\
&\left[A_q^\dagger,N_q\right]=-A_q^\dagger, &&\left[A_q,N_q\right]=A_q.
\end{aligned}
\tag{12.87}
$$

于是, 根据式 (12.82) 和 (12.85), 可得到

$$
A_q^\dagger|n\rangle_q=\frac{n+1}{\sqrt{[n+1]}}|n+1\rangle_q\,,\quad A_q|n\rangle_q=\frac{n}{\sqrt{[n]}}|n-1\rangle_q\,.
\tag{12.88}
$$

从式 (12.87) 的对易关系, 可看出 $A_q^\dagger$ ($a_q^\dagger$) 和 a_q (A_q) 的作用分别类似于产生算符 $a^\dagger$ 与湮灭算符 a. 从真空态的投影算符正规乘积 $|0\rangle\langle 0|=:\exp\left(-a^\dagger a\right):$, 就可得到 q 变形的真空投影算符的正规乘积形式:

$$
|0\rangle_{q\ q}\langle 0|={}^{\circ}_{\circ}\exp\left(-A_q^\dagger a_q\right){}^{\circ}_{\circ}={}^{*}_{*}\exp\left(-a_q^\dagger A_q\right){}^{*}_{*}.
\tag{12.89}
$$

注意, $\circ\circ\ \circ\circ$ 表示对 $A_q^\dagger$ 与 a_q 的正规乘积, 而 $\ast\ast\ \ast\ast$ 表示对 $a_q^\dagger$ 与 A_q 的正规乘积. 在文献 [11] 中, 给出了 a_q 的本征态, 即 q 变形的玻色子相干态. 本节根据围道积分型的 δ 函数来导出 q 变形的产生算符 $a_q^\dagger$ 的本征态的具体形式 [12].

设 $a_q^\dagger$ 的本征态为 $|z^*\rangle_q$, 它满足本征方程

$$a_q^\dagger |z^*\rangle_q = z^* |z^*\rangle_q. \tag{12.90}$$

根据完备性公式 (12.83), 有

$$|z^*\rangle_q = \sum_{n=0}^{+\infty} |n\rangle_q\, {}_q\langle n|z^*\rangle_q. \tag{12.91}$$

再利用 $a_q^\dagger |n\rangle_q = \sqrt{[n+1]}\,|n+1\rangle_q$, 得到

$$\sum_{n=0}^{+\infty} \sqrt{[n+1]}\,|n+1\rangle_q\, {}_q\langle n|z^*\rangle_q = z^*|z^*\rangle_q = z^*\sum_{n=0}^{+\infty}|n\rangle_q\, {}_q\langle n|z^*\rangle_q, \tag{12.92}$$

于是导出

$$\begin{aligned} &0 = z^*\, {}_q\langle 0|z^*\rangle_q,\ \sqrt{[1]}_q\langle 0|z^*\rangle_q = z^*\, {}_q\langle 1|z^*\rangle_q,\\ &\sqrt{[2]}_q\langle 1|z^*\rangle_q = z^*\, {}_q\langle 2|z^*\rangle_q,\ \cdots,\ \sqrt{[n]}_q\langle n-1|z^*\rangle_q = z^*\, {}_q\langle n|z^*\rangle_q,\ \cdots. \end{aligned} \tag{12.93}$$

根据围道积分型的 δ 函数, 得到

$$\begin{aligned} &{}_q\langle 0|z^*\rangle_q = \delta(z^*),\ {}_q\langle 1|z^*\rangle_q = \frac{\sqrt{[1]!}}{1!}(-1)^1\delta'(z^*),\\ &{}_q\langle 2|z^*\rangle_q = \frac{\sqrt{[2]!}}{2!}(-1)^2\delta^{(2)}(z^*),\ \cdots,\ {}_q\langle n|z^*\rangle_q = \frac{\sqrt{[n]!}}{n!}(-1)^n\delta^{(n)}(z^*). \end{aligned} \tag{12.94}$$

将式 (12.94) 代入式 (12.91), 就得到 q 变形的产生算符的本征态, 即

$$|z^*\rangle_q = \frac{1}{2\pi\mathrm{i}}\sum_{n=0}^{+\infty}\frac{\sqrt{[n]!}\,|n\rangle_q}{(z^*)^{n+1}}\bigg|_{C^*} = \sum_{n=0}^{+\infty}\frac{\sqrt{[n]!}(-1)^n\delta^{(n)}(z^*)\,|n\rangle_q}{n!}\bigg|_{C^*}. \tag{12.95}$$

上式也可以简化为

$$\begin{aligned} |z^*\rangle_q &= \sum_{n=0}^{+\infty}\frac{(-a_q^\dagger)^n}{n!}\frac{\mathrm{d}^n}{\mathrm{d}z^{*n}}\delta(z^*)\,|0\rangle_q\\ &= \exp\left(-a_q^\dagger\frac{\mathrm{d}}{\mathrm{d}z^*}\right)\delta(z^*)\,|0\rangle_q \end{aligned}$$

$$= \delta\left(z^* - a_q^\dagger\right)|0\rangle_q . \tag{12.96}$$

容易证明

$$\begin{aligned} a_q^\dagger |z^*\rangle_q &= \frac{1}{2\pi\mathrm{i}} z^* \sum_{n=0}^{+\infty} \left.\frac{\sqrt{[n+1]!}\,|n+1\rangle_q}{(z^*)^{(n+1)+1}}\right|_{C^*} \\ &= z^* |z^*\rangle_q - z^*\delta(z^*)|0\rangle_q \\ &= z^* |z^*\rangle_q . \end{aligned} \tag{12.97}$$

参考文献

[1] Davydov A S. Quantum Mechanics [M]. Oxford: Pergamon Press, 1976.

[2] Fan H Y, Liu Z W, Ruan T N. Does the creation operator $a^\dagger$ possess eigenvectors [J]. Commun. Theor. Phys., 1984, 3: 175.

[3] Fan H Y, Klauder J R. On the common eigenvectors of two-mode creation operators and the charge operator [J]. Mod. Phys. Lett. A, 1994, 9 (14): 1291~1297.

[4] Fan H Y, W$\grave{}$unsche A. Eigenstates of boson creation operator [J]. Eur. Phys. J. D., 2001, 15: 405~412.

[5] Fan H Y, Xiao M. Dual eigenkets of the Susskind-Glogower phase operator [J]. Phys. Rev. A, 1996, 54: 5295~5298.

[6] Fan H Y, Fu L, W$\grave{}$unsche A. Quantum mechanical version of z-transform related to eigenkets of boson creation operator [J]. Commun. Theor. Phys., 2004, 42: 675~680.

[7] Mehta C L, Roy A K, Saxena G M. Eigenstates of two-photon annihilation operators [J]. Phys. Rev. A, 1992, 46: 1565~1572.

[8] Dirac P A M. Lectures on Quantum Field Thoery [M]. New York: Academic Press, 1966.

[9] Fan H Y. Inverse operators in Fock space studied via a coherent-state approach [J]. Phys. Rev. A, 1993, 47: 4521~4523.

[10] Chaturvedi S, Kapoor A K, Sandhya R, et al. Generalized commutation relations for a single-mode oscillator [J]. Phys. Rev. A, 1991, 43: 4555.

[11] Gray R W, Nelson C A. A completeness relation for the q-analogue coherent states by q-Integration [J]. J. Phys. A: Math. Gen., 1990, 23: L945.

[12] Xu Y J, Song J, Fan H Y, et al. Eigenkets of the q-deformed creation operator [J]. J. Math. Phys., 2010, 51: 092107.

第 13 章 费米子相干态与压缩态

13.1 对于费米系统的 IWOP 技术

以上各章中用到的 IWOP 技术是针对玻色算符的, 那么, 对于费米系统是否也有相应的 IWOP 技术呢? 为此, 记费米产生算符为 $f_i^\dagger$, 湮灭算符为 f_j, 它们满足费米子反对易关系:

$$\{f_i, f_j\} = 0, \quad \{f_i, f_j^\dagger\} = \delta_{ij}. \tag{13.1}$$

令 $|0\rangle_i$ 是费米子真空态, 它满足

$$f_i |0\rangle_i = 0, \quad f_i^\dagger |0\rangle_i = |1\rangle_i, \quad |0\rangle_{i,i}\langle 0| + |1\rangle_{i,i}\langle 1| = 1. \tag{13.2}$$

根据泡利 (Pauli) 不相容原理, $f_i^\dagger |1\rangle_i = 0$. 设 α_i 与 $\bar{\alpha}_i$ 是格拉斯曼 (Grassmann) 数, 满足反对易 c 数的规则与布雷金 (Berezin) 积分规则 [1]:

$$\begin{aligned} &\alpha_i^2 = 0, \quad \{\alpha_i, \alpha_j\} = 0, \quad \{\alpha_i, f_j\} = 0, \quad \{\alpha_i, f_j^\dagger\} = 0, \\ &\int \mathrm{d}\alpha_i = \int \mathrm{d}\bar{\alpha}_i = 0, \int \mathrm{d}\alpha_i \alpha_i = \int \mathrm{d}\bar{\alpha}_i \bar{\alpha}_i = 1, \end{aligned} \tag{13.3}$$

注意, 格拉斯曼数与费米算符是反对易的, 标记 “$-$” 表示对格拉斯曼数的 “复共轭” 操作. 令 $|\alpha_i\rangle$ 是归一化的费米子相干态 [2,3]:

$$\begin{aligned} |\alpha_i\rangle &= \mathrm{e}^{f_i^\dagger \alpha_i - \bar{\alpha}_i f_i} |0\rangle_i = \mathrm{e}^{-\frac{1}{2}\bar{\alpha}_i \alpha_i + f_i^\dagger \alpha_i} |0\rangle_i \equiv \left| \begin{pmatrix} \alpha_i \\ \bar{\alpha}_i \end{pmatrix} \right\rangle, \\ \langle \alpha_i | &= {}_i\langle 0| \mathrm{e}^{-\frac{1}{2}\bar{\alpha}_i \alpha_i + \bar{\alpha}_i f_i}. \end{aligned} \tag{13.4}$$

可见 $|\alpha_i\rangle$ 是湮灭算符的本征态, 即

$$f_j |\alpha_i\rangle = \left[f_j, \mathrm{e}^{-\frac{1}{2}\bar{\alpha}_i \alpha_i + f_i^\dagger \alpha_i} \right] |0\rangle_i = |\alpha_i\rangle \alpha_i. \tag{13.5}$$

受泡利不相容原理的限制, $|\alpha_i\rangle$ 在福克空间中的展开是

$$|\alpha_i\rangle = (|0\rangle + |1\rangle \alpha_i)\mathrm{e}^{-\frac{1}{2}\bar{\alpha}_i\alpha_i}. \tag{13.6}$$

现在我们对费米系统 (费米算符与格拉斯曼数) 引入 IWOP 技术, 它具有以下性质 [4]:

(1) 在正规乘积记号 : : 内, 任何两个费米算符是反对易的, 即它们具有格拉斯曼数的性质.

(2) 费米子真空投影算符 $|0\rangle\langle 0|$ 的正规乘积形式是

$$|0\rangle\langle 0| =: \mathrm{e}^{-f^\dagger f}: . \tag{13.7}$$

事实上, 由泡利原理, $|0\rangle\langle 0| + |1\rangle\langle 1| = 1$ 以及 $f = |0\rangle\langle 1|, f^\dagger = |1\rangle\langle 0|$, 可见

$$|0\rangle\langle 0| = 1 - |1\rangle\langle 1| = 1 - f^\dagger f =: \mathrm{e}^{-f^\dagger f}: . \tag{13.8}$$

(3) 一个 "格拉斯曼数 – 费米 $|1\rangle\langle 1|$ 算符" 对 (GFOP), 如 $\alpha_1 f_1$, 与另一个 GFOP $\alpha_2 f_2$ 在 : : 内是对易的, 即

$$:\alpha_1 f_1 \alpha_2 f_2: \; =: \alpha_2 f_2 \alpha_1 f_1: . \tag{13.9}$$

(4) 可以对 : : 内部的非算符变量积分, 也包括对格拉斯曼数的积分. 例如, 可把费米子相干态的完备性写为

$$\int \mathrm{d}\bar{\alpha}_i \mathrm{d}\alpha_i |\alpha_i\rangle\langle\alpha_i| = \int \mathrm{d}\bar{\alpha}_i \mathrm{d}\alpha_i : \mathrm{e}^{-\bar{\alpha}_i\alpha_i + f_i^\dagger\alpha_i + \bar{\alpha}_i f_i - f_i^\dagger f_i}: \; = 1, \tag{13.10}$$

式中用到了积分公式

$$\int \mathrm{d}\bar{\alpha}_i \mathrm{d}\alpha_i \mathrm{e}^{-\bar{\alpha}_i \Lambda_{ij}\alpha_j + \bar{\tau}_i\alpha_i + \bar{\alpha}_i\tau_i} = (\det\Lambda)\mathrm{e}^{\bar{\tau}_i(\Lambda^{-1})_{ij}\tau_j}, \tag{13.11}$$

其中 τ_i 是格拉斯曼数, Λ 是一个复值矩阵, 重复指标表示从 1 到 n 求和 (爱因斯坦的求和惯例). 另一个有用的积分公式是

$$\begin{aligned}
&\int \prod_{i=1}^{n} \mathrm{d}\bar{\alpha}_i \mathrm{d}\alpha_i \exp\left[\frac{1}{2}\left(\tilde{\alpha}, \bar{\alpha}^{\mathrm{T}}\right)\begin{pmatrix} A_{11} & A_{12} \\ -\tilde{A}_{12} & A_{22} \end{pmatrix}\begin{pmatrix} \alpha \\ \bar{\alpha} \end{pmatrix} + (\zeta, \nu)\begin{pmatrix} \alpha \\ \bar{\alpha} \end{pmatrix}\right] \\
&= \left[\det\begin{pmatrix} A_{11} & A_{12} \\ A_{21} & A_{22} \end{pmatrix}\right]^{\frac{1}{2}} \exp\left[\frac{1}{2}(\zeta, \nu)\begin{pmatrix} A_{11} & A_{12} \\ -\tilde{A}_{12} & A_{22} \end{pmatrix}^{-1}\begin{pmatrix} \tilde{\zeta} \\ \tilde{\nu} \end{pmatrix}\right],
\end{aligned} \tag{13.12}$$

式中 $\alpha \equiv (\alpha_1, \alpha_2, \cdots, \alpha_n)$, T 和 "$\sim$"(本章中) 表示转置操作, (η, ν) 是格拉斯曼数, A_{ij} $(i,j=1,2)$ 是 c 数矩阵元. 注意, 对于一个 $2n \times 2n$ 分区矩阵, 其逆矩阵和行列式分别为

$$\begin{aligned}
&\begin{pmatrix} A & B \\ C & D \end{pmatrix}^{-1} = \begin{pmatrix} \left(A - BD^{-1}C\right)^{-1} & A^{-1}B\left(CA^{-1}B - D\right)^{-1} \\ D^{-1}C\left(BD^{-1}C - A\right)^{-1} & \left(D - CA^{-1}B\right)^{-1} \end{pmatrix}, \\
&\det \begin{pmatrix} A & B \\ C & D \end{pmatrix} = \det A \det\left(D - CA^{-1}B\right).
\end{aligned} \tag{13.13}$$

直接利用式 (13.12) 的结果以及关于费米算符的 IWOP 技术, 可以将下列的反正规乘积形式算符转变成正规乘积形式:

$$\begin{aligned}
&\mathrm{e}^{f_i \sigma_{ij} f_j} \mathrm{e}^{f_i^\dagger \lambda_{ij} f_j^\dagger} \\
&= \int \prod_i \mathrm{d}\bar{\alpha}_i \mathrm{d}\alpha_i \mathrm{e}^{f_i \sigma_{ij} f_j} \left|\alpha\right\rangle \left\langle\alpha\right| \mathrm{e}^{f_i^\dagger \lambda_{ij} f_j^\dagger} \\
&= \int \prod_i \mathrm{d}\bar{\alpha}_i \mathrm{d}\alpha_i \colon \mathrm{e}^{-\bar{\alpha}_i \alpha_i + f_i^\dagger \alpha_i + \bar{\alpha}_i f_i + \alpha_i \sigma_{ij} \alpha_j + \bar{\alpha}_i \lambda_{ij} \bar{\alpha}_j - f_i^\dagger f_i} \colon \\
&= \int \prod_i \mathrm{d}\bar{\alpha}_i \mathrm{d}\alpha_i \colon \exp\left[\frac{1}{2}\left(\tilde{\alpha}, \bar{\alpha}^{\mathrm{T}}\right) \begin{pmatrix} 2\sigma & I \\ -I & 2\lambda \end{pmatrix} \begin{pmatrix} \alpha \\ \bar{\alpha} \end{pmatrix} + \left(f^\dagger, -f\right) \begin{pmatrix} \alpha \\ \bar{\alpha} \end{pmatrix} - f_i^\dagger f_i \right] \colon \\
&= \left[\det \begin{pmatrix} 2\sigma & I \\ -I & 2\lambda \end{pmatrix}\right]^{1/2} \colon \exp\left[\frac{1}{2}\left(f^\dagger, -f\right) \begin{pmatrix} 2\sigma & I \\ -I & 2\lambda \end{pmatrix}^{-1} \begin{pmatrix} \tilde{f}^\dagger \\ -\tilde{f} \end{pmatrix} - f_i^\dagger f_i \right] \colon,
\end{aligned} \tag{13.14}$$

这里 $\left|\alpha\right\rangle$ 表示 n 模相干态. 我们也可以用 IWOP 技术导出正规乘积算符的展开公式

$$\mathrm{e}^{f_i^\dagger \Lambda_{ij} f_j} = \colon \exp\left[f_i^\dagger \left(\mathrm{e}^{\Lambda} - 1\right)_{ij} f_j\right] \colon. \tag{13.15}$$

事实上, 利用 $\exp(f_i^\dagger \Lambda_{ij} f_j)\left|0\right\rangle = \left|0\right\rangle$ 和贝克–豪斯多夫公式, 有

$$\mathrm{e}^{f_i^\dagger \Lambda_{ij} f_j} f_l^\dagger \mathrm{e}^{-f_i^\dagger \Lambda_{ij} a_j} = f_i^\dagger (\mathrm{e}^{\Lambda})_{il}, \quad \mathrm{e}^{f_i^\dagger \Lambda_{ij} f_j} f_l \mathrm{e}^{-f_i^\dagger \Lambda_{ij} f_j} = (\mathrm{e}^{-\Lambda})_{li} f_i. \tag{13.16}$$

从式 (13.10),(13.4) 以及 (13.11), 得到

$$\mathrm{e}^{f_i^\dagger \Lambda_{ij} f_j} = \int \prod_i \mathrm{d}\bar{\alpha}_i \mathrm{d}\alpha_i \mathrm{e}^{f_i^\dagger \Lambda_{ij} f_j} \left|\alpha\right\rangle \left\langle\alpha\right|$$

$$= \int \prod_i \mathrm{d}\bar{\alpha}_i \mathrm{d}\alpha_i \mathrm{e}^{f_i^\dagger \Lambda_{ij} f_j} \mathrm{e}^{f_i^\dagger \alpha_i} \mathrm{e}^{-f_i^\dagger \Lambda_{ij} f_j} \mathrm{e}^{f_i^\dagger \Lambda_{ij} f_j} |0\rangle \langle \alpha| \mathrm{e}^{-\frac{1}{2}\bar{\alpha}_i \alpha_i}$$

$$= \int \prod_i \mathrm{d}\bar{\alpha}_i \mathrm{d}\alpha_i : \mathrm{e}^{-\bar{\alpha}_i \alpha_i + f_i^\dagger (\mathrm{e}^{\Lambda})_{il} \alpha_l + \bar{\alpha}_i f_i - f_i^\dagger f_i} :$$

$$=: \exp[f_i^\dagger (\mathrm{e}^{\Lambda} - 1)_{ij} f_j] : . \tag{13.17}$$

这个公式是非常有用的. 注意, 在费米子相干态表象中,

$$\mathrm{e}^{f_i^\dagger \Lambda_{ij} f_j} |\alpha\rangle = \exp\left[-\bar{\alpha}_i \alpha_i / 2 + f_i^\dagger \left(\mathrm{e}^{\Lambda}\right)_{ij} \alpha_j \right] \Big|0\rangle.$$

13.2 费米子的置换算符

许多关于费米算符的新的量子变换可以通过 IWOP 技术求出, 例如两个费米子的置换算符. 利用双模费米子相干态, 我们构建下面的不对称投影算符:

$$P_{12} \equiv \int \mathrm{d}\bar{\alpha}_1 \mathrm{d}\alpha_1 \int \mathrm{d}\bar{\alpha}_2 \mathrm{d}\alpha_2 |\alpha_2, \alpha_1\rangle \langle \alpha_1, \alpha_2|. \tag{13.18}$$

利用 IWOP 技术对式 (13.18) 积分, 得到

$$P_{12} =: \exp(f_2^\dagger f_1 + f_1^\dagger f_2 - f_1^\dagger f_1 - f_2^\dagger f) : . \tag{13.19}$$

再根据式 (13.17) 可以去掉外面的 : :, 则有

$$P_{12} = \exp\left[\frac{\mathrm{i}\pi}{2} (f_1^\dagger - f_2^\dagger)(f_1 - f_2) \right]. \tag{13.20}$$

它真正实现了下面的变换:

$$P_{12} f_1 P_{12}^{-1} = f_2, \quad P_{12} f_2 P_{12}^{-1} = f_1. \tag{13.21}$$

这说明在费米子相干态表象中, 两体置换幺正算符是格拉斯曼数 $\alpha_1 \leftrightarrow \alpha_2$ 交换的量子映射. 另外, 也可以将式 (13.18) 推广到 n 模相干态来导出 n 个费米子之间的置换算符, 它是一个 n 元置换群. 这对于讨论全同粒子的置换是有用的, 实际上, 对于全同玻色子之间的置换, 也可用玻色子相干态和 IWOP 技术找到相应的置换算符.

13.3　费米子的双模压缩算符

这里, 在费米子相干态表象中讨论 c 数空间中的经典变换的量子映射. 在双模费米子相干态表象中构造如下的 ket-bra 积分型算符:

$$U(r,s)=-\frac{1}{s}\int\prod_{i=1}^{2}\mathrm{d}\bar{\alpha}_i\mathrm{d}\alpha_i\left|V_{r,s}\begin{pmatrix}\alpha_1\\ \bar{\alpha}_1\\ \alpha_2\\ \bar{\alpha}_2\end{pmatrix}\right\rangle\left\langle\begin{pmatrix}\alpha_1\\ \bar{\alpha}_1\\ \alpha_2\\ \bar{\alpha}_2\end{pmatrix}\right|, \tag{13.22}$$

其中因子 $-1/s$ 是根据 $U(r,s)$ 的幺正性而引入的 (在后面就能看出); s,r 是压缩参数, 满足 $|s|^2+|r|^2=1$, 以保证 $U(r,s)$ 具有幺正性; $V_{r,s}$ 是一个 4×4 正交变换矩阵:

$$V_{r,s}=\begin{pmatrix}-s&0&0&-r\\ 0&-s^*&-r^*&0\\ 0&r&-s&0\\ r^*&0&0&-s^*\end{pmatrix},\quad \left|\begin{pmatrix}\alpha_1\\ \bar{\alpha}_1\\ \alpha_2\\ \bar{\alpha}_2\end{pmatrix}\right\rangle\equiv|\alpha_1,\alpha_2\rangle=|\alpha_1\rangle\otimes|\alpha_2\rangle. \tag{13.23}$$

注意, 在式 (13.22) 中的右矢等于

$$\left|\begin{pmatrix}-s\alpha_1-r\bar{\alpha}_2\\ -s^*\bar{\alpha}_1-r^*\alpha_2\\ r\bar{\alpha}_1-s\alpha_2\\ r^*\alpha_1-s^*\bar{\alpha}_2\end{pmatrix}\right\rangle\equiv|-s\alpha_1-r\bar{\alpha}_2\rangle\otimes|r\bar{\alpha}_1-s\alpha_2\rangle. \tag{13.24}$$

利用式 (13.4), (13.5) 以及 IWOP 技术, 对式 (13.22) 进行积分:

$$\begin{aligned}U(r,s)=&-\frac{1}{s}\int\prod_{i=1}^{2}\mathrm{d}\bar{\alpha}_i\mathrm{d}\alpha_i\exp\bigg[-\frac{1}{2}(s^*\bar{\alpha}_1+r^*\alpha_2)(s\alpha_1+r\bar{\alpha}_2)\\ &-\frac{1}{2}(r^*\alpha_1-s^*\bar{\alpha}_2)(r\bar{\alpha}_1-s\alpha_2)-f_1^\dagger(s\alpha_1+r\bar{\alpha}_2)+f_2^\dagger(r\bar{\alpha}_1-s\alpha_2)\bigg]\end{aligned}$$

$$
\begin{aligned}
&\times|00\rangle\langle 00|\exp\left[-\frac{1}{2}(\bar{\alpha}_1\alpha_1+\bar{\alpha}_2\alpha_2)+\bar{\alpha}_1 f_1+\bar{\alpha}_2 f_2\right]\\
&=-\frac{1}{s}\int \mathrm{d}\bar{\alpha}_2\mathrm{d}\alpha_2\int \mathrm{d}\bar{\alpha}_1\mathrm{d}\alpha_1 :\ \exp[-s^*s(\bar{\alpha}_1\alpha_1+\bar{\alpha}_2\alpha_2)-r^*s\alpha_2\alpha_1-s^*r\bar{\alpha}_1\bar{\alpha}_2\\
&\quad -f_1^\dagger(s\alpha_1+r\bar{\alpha})+f_2^\dagger(r\bar{\alpha}_1-s\alpha_2)+\bar{\alpha}_1 f_1+\bar{\alpha}_2 f_2-f_1^\dagger f_1-f_2^\dagger f_2]:\\
&=-s^* :\ \exp\left[\frac{r}{s^*}f_1^\dagger f_2^\dagger+\left(\frac{-1}{s^*}-1\right)(f_1^\dagger f_1+f_2^\dagger f_2)+\frac{r^*}{s^*}f_1 f_2\right]:. \qquad (13.25)
\end{aligned}
$$

为了移去: : , 由式 (13.15), 可将上式拆成

$$
U(r,s)=\exp\left(\frac{r}{s^*}f_1^\dagger f_2^\dagger\right)\exp\left[(f_1^\dagger f_1+f_2^\dagger f_2-1)\ln\left(\frac{-1}{s^*}\right)\right]\exp\left(\frac{r^*}{s^*}f_1 f_2\right). \qquad (13.26)
$$

利用 U 的正规乘积形式 (13.25), 立即导出幺正变换:

$$
f_1'\equiv Uf_1U^{-1}=-s^*f_1+rf_2^\dagger,\quad f_2'\equiv Uf_2U^{-1}=-s^*f_2-rf_1^\dagger. \qquad (13.27)
$$

由于 $|s|^2+|r|^2=1$, 故 $\{f_i',f_j'^\dagger\}=\delta_{ij}$. 对照双模玻色子压缩算符的形式, 式 (13.26) 称为双模压缩算符 $U(r,s)$ 的费米子相干态投影算符表象, 它展现了在格拉斯曼数空间中怎样将一个赝经典 $V_{r,s}$ 变换映射出希尔伯特空间的量子力学算符.

13.4 费米压缩算符的成群性质

费米压缩算符具有成群性质, 即对应于 $U(r,s)$ 形成 SO(4) 群, 其映射 $V_{r,s}$ 也成群. 为证实这一点, 我们必须将两个算符相乘, $U(r_1,s_1)U(r_2,s_2)=U(r_3,s_3)$, 验证相应的 V_{r_3,s_3} 是否满足 $V_{r_3,s_3}=V_{r_1,s_1}V_{r_2,s_2}$. 从式 (13.23) 看, 也就是问

$$
s_3=r_1r_2^*-s_1s_2,\quad r_3=-s_1r_2-r_1s_2^* \qquad (13.28)
$$

是否成立? 根据 $U(r,s)$ 的定义, 有

$$
U(r_1,s_1)U(r_2,s_2)=\frac{1}{s_1s_2}\int\prod_{i=1}^{2}\mathrm{d}\bar{\beta}_i\mathrm{d}\beta_i\left|-s_1\beta_1-r_1\bar{\beta}_2,\ r_1\bar{\beta}_1-s_1\beta_2\right\rangle\langle\beta_1,\beta_2|
$$

$$\times \int \prod_{j=1}^{2} \mathrm{d}\bar{\alpha}_j \mathrm{d}\alpha_j \left| -s_2\alpha_1 - r_2\bar{\alpha}_2,\ r_2\bar{\alpha}_1 - s_2\alpha_2 \right\rangle \langle \alpha_1, \alpha_2 |, \quad (13.29)$$

其中相干态内积为

$$\begin{aligned}
&\langle \beta_1, \beta_2 | -s_2\alpha_1 - r_2\bar{\alpha}_2,\ r_2\bar{\alpha}_1 - s_2\alpha_2 \rangle \\
&= \exp\left\{ -\frac{1}{2}(\bar{\beta}_1\beta_1 + \bar{\beta}_2\beta_2) - \bar{\beta}_1(s_2\alpha_1 + r_2\bar{\alpha}_2) + \bar{\beta}_2(r_2\bar{\alpha}_1 - s_2\alpha_2) \right. \\
&\quad \left. -\frac{1}{2}(s_2^*\bar{\alpha}_1 + r_2^*\alpha_2)(s_2\alpha_1 + r_2\bar{\alpha}_2) - \frac{1}{2}(r_2^*\alpha_1 - s_2^*\bar{\alpha}_2)(r_2\bar{\alpha}_1 - s_2\alpha_2) \right\}. \quad (13.30)
\end{aligned}$$

将式 (13.30) 代入式 (13.29), 有

$$\begin{aligned}
U(r_1, s_1)U(r_2, s_2) = \frac{1}{s_1 s_2} \int \prod_{i=1}^{2} \mathrm{d}\bar{\beta}_i \mathrm{d}\beta_i \mathrm{e}^{-\frac{1}{2}(\bar{\beta}_1\beta_1 + \bar{\beta}_2\beta_2)} \\
\times \left| -s_1\beta_1 - r_1\bar{\beta}_2,\ r_1\bar{\beta}_1 - s_1\beta_2 \right\rangle \langle 00 | J, \quad (13.31)
\end{aligned}$$

式中

$$\begin{aligned}
J \equiv \int \prod_{j=1}^{2} \mathrm{d}\bar{\alpha}_j \mathrm{d}\alpha_j \exp\left[\frac{1}{2}(\alpha_1, \alpha_2, \bar{\alpha}_1, \bar{\alpha}_2) Y (\alpha_1, \alpha_2, \bar{\alpha}_1, \bar{\alpha}_2)^{\mathrm{T}} \right. \\
\left. + (-\bar{\beta}_1 s_2, -\bar{\beta}_2 s_2, \bar{\beta}_2 r_2 - f_1, -\bar{\beta}_1 r_2 - f_2)(\alpha_1, \alpha_2, \bar{\alpha}_1, \bar{\alpha}_2)^{\mathrm{T}} \right], \quad (13.32)
\end{aligned}$$

其中

$$Y \equiv \begin{pmatrix} 0 & r_2^* s_2 & |s_2|^2 & 0 \\ -r_2^* s_2 & 0 & 0 & |s_2|^2 \\ -|s_2|^2 & 0 & 0 & -r_2 s_2^* \\ 0 & -|s_2|^2 & r_2 s_2^* & 0 \end{pmatrix}. \quad (13.33)$$

根据式 (13.13), 能计算出 $\det Y = |s_2|^4$, 以及

$$\begin{pmatrix} -|s_2|^2 & 0 & 0 & -r_2 s_2^* \\ 0 & -|s_2|^2 & r_2 s_2^* & 0 \\ 0 & r_2^* s_2 & |s_2|^2 & 0 \\ -r_2^* s_2 & 0 & 0 & |s_2|^2 \end{pmatrix}^{-1} = \begin{pmatrix} -1 & 0 & 0 & -r_2/s_2 \\ 0 & -1 & r_2/s_2 & 0 \\ 0 & r_2^*/s_2^* & 1 & 0 \\ -r_2^*/s_2^* & 0 & 0 & 1 \end{pmatrix} \equiv \mathcal{K}. \quad (13.34)$$

利用式 (13.12) 对式 (13.32) 积分, 并由式 (13.34) 与 $|s_i|^2+|r_i|^2=1$, 能够导出

$$J=|s_2|^2\exp\left[\frac{1}{2}\left(-\bar{\beta}_1 s_2,-\bar{\beta}_2 s_2,\bar{\beta}_2 r_2-f_1,-\bar{\beta}_1 r_2-f_2\right)\mathcal{K}\begin{pmatrix}\bar{\beta}_2 r_2-f_1\\-\bar{\beta}_1 r_2-f_2\\-\bar{\beta}_1 s_2\\-\bar{\beta}_2 s_2\end{pmatrix}\right]$$

$$=\exp\left[\frac{1}{s_2^*}(\bar{\beta}_1\bar{\beta}_2 r_2+f_2\bar{\beta}_2+f_1\bar{\beta}_1+f_1 f_2 r_2^*)\right].\tag{13.35}$$

再将上式代入式 (13.31), 得

$$\begin{aligned}&U(r_1,s_1)U(r_2,s_2)\\&=\frac{|s_2|^2}{s_1 s_2}:\int\prod_{i=1}^{2}\mathrm{d}\bar{\beta}_i\mathrm{d}\beta_i\exp\left[-\frac{1}{2}(s_1^*\bar{\beta}_1+r_1^*\beta_2)(s_1\beta_1+r_1\bar{\beta}_2)\right.\\&\quad-\frac{1}{2}(r_1^*\beta_1-s_1^*\bar{\beta}_2)(r_1\bar{\beta}_1-s_1\beta_2)\\&\quad-f_1^\dagger(s_1\beta_1+r_1\bar{\beta}_2)+f_2^\dagger(r_1\bar{\beta}_1-s_1\beta_2)-\frac{1}{2}(\bar{\beta}_1\beta_1+\bar{\beta}_2\beta_2)\\&\quad\left.+\frac{1}{s_2^*}(\bar{\beta}_1\bar{\beta}_2 r_2+f_2\bar{\beta}_2+f_1\bar{\beta}_1+f_1 f_2 r_2^*)-f_1^\dagger f_1-f_2^\dagger f_2\right]:\\&=\frac{|s_2|^2}{s_1 s_2}:\int\prod_{i=1}^{2}\mathrm{d}\bar{\beta}_i\mathrm{d}\beta_i\exp\left[\frac{1}{2}\left(\beta_1,\beta_2,\bar{\beta}_1,\bar{\beta}_2\right)Z\left(\beta_1,\beta_2,\bar{\beta}_1,\bar{\beta}_2\right)^{\mathrm{T}}\right.\\&\quad\left.+\left(-f_1^\dagger s_1,-f_2^\dagger s_1,f_2^\dagger r_1+\frac{f_1}{s_2^*},-f_1^\dagger r_1+\frac{f_2}{s_2^*}\right)\left(\beta_1,\beta_2,\bar{\beta}_1,\bar{\beta}_2\right)^{\mathrm{T}}\right]:,\end{aligned}\tag{13.36}$$

式中

$$Z\equiv\begin{pmatrix}0&r_1^*s_1&|s_1|^2&0\\-r_1^*s_1&0&0&|s_1|^2\\-|s_1|^2&0&0&r_2/s_2^*-r_1s_1^*\\0&-|s_1|^2&r_1s_1^*-r_2/s_2^*&0\end{pmatrix}.\tag{13.37}$$

注意, $\det Z=(s_1s_3^*/s_2^*)^2$,

$$\begin{pmatrix}-|s_1|^2&0&0&r_2/s_2^*-r_1s_1^*\\0&-|s_1|^2&r_1s_1^*-r_2/s_2^*&0\\0&r_1^*s_1&|s_1|^2&0\\-r_1^*s_1&0&0&|s_1|^2\end{pmatrix}^{-1}\tag{13.38}$$

$$
= \frac{1}{s_3^*}\begin{pmatrix} s_1^* s_2^* & 0 & 0 & -r_1 s_3^*/s_1 - r_2 s_1^* \\ 0 & s_1^* s_2^* & r_1 s_3^*/s_1 + r_2 s_1^* & 0 \\ 0 & -r_1^* s_2^* & -s_1^* s_2^* & 0 \\ r_1^* s_2^* & 0 & 0 & -s_1^* s_2^* \end{pmatrix} \equiv R.
$$

利用式 (13.38) 对式 (13.36) 积分, 最终结果为

$$
\begin{aligned}
&U(r_1,s_1)U(r_2,s_2) \\
&= -s_3^* \colon \exp\left[\frac{r_3}{s_3^*} f_1^\dagger f_2^\dagger + \left(\frac{-1}{s_3^*} - 1\right)(f_1^\dagger f_1 + f_2^\dagger f_2) + \frac{r_3^*}{s_3^*} f_1 f_2\right]\colon \\
&= U(r_3,s_3).
\end{aligned} \tag{13.39}
$$

可见费米子压缩算符的乘法确实是 SO(4) 群元乘法的表示, 因而也是成群的. 这样一来, 就可以用一个费米子压缩变换来代替多个费米子压缩变换的效果. 此外, 可看出 $V_{r,s}V_{-r,s^*} = V_{-r,s^*}V_{r,s} = I_{4\times 4}, U(r,s)^\dagger = U(-r,s^*)$, $U(r,s)^\dagger U(r,s) = U(r,s)U(r,s)^\dagger = I$.

13.5　指数二次型费米算符及正规乘积形式

现转向讨论多模费米系统, 则相应费米子变换 (这是一个费米子压缩变换的推广) 在算符 W 作用下, 有

$$
WfW^{-1} = fP + f^\dagger L, \quad Wf^\dagger W^{-1} = f^\dagger Q + fN, \tag{13.40}
$$

式中 f 表示多模费米子湮灭算符, $f = (f_1, f_2, \cdots, f_n)$, $f^\dagger = (f_1^\dagger, f_2^\dagger, \cdots, f_n^\dagger)$; Q, N, P 与 L 都是 $n\times n$ 复矩阵. 一般来说, $f^\dagger Q + fN$ 与 $fP + f^\dagger L$ 不是相互厄米共轭的, 尽管相似变换仍保留 f 和 $f^\dagger$ 的反对易关系. 为了简化我们的记号, 记

$$
F = (f^\dagger, f) \equiv (f_1^\dagger, f_2^\dagger, \cdots, f_n^\dagger, f_1, f_2, \cdots, f_n), \quad \widetilde{F} = \begin{pmatrix} \tilde{f}^\dagger \\ \tilde{f} \end{pmatrix}. \tag{13.41}
$$

对于 n 维列矢量 Λ 与 Λ', 首先定义

$$
\{\widetilde{\Lambda}_i, \Lambda'_j\} \equiv \{\widetilde{\Lambda}, \Lambda'\}_{ij} \quad (i,j = 1,2,\cdots,n), \tag{13.42}
$$

所以 $\{\widetilde{\Lambda},\Lambda'\}$ 是一个 $2n\times 2n$ 矩阵. 依据上述记号, 费米子基本反对易关系 $\{f_i,f_j^\dagger\}=\delta_{ij}$ 被改写成

$$\{\widetilde{F},F\}\equiv\{\widetilde{F}_i,F_j\}=\begin{pmatrix}0 & I\\ I & 0\end{pmatrix}_{2n\times 2n}\equiv\Pi, \tag{13.43}$$

其中 I 是 $n\times n$ 单位矩阵. 例如, 根据式 (13.41), $F_{n+1}=f_1$, $\widetilde{F}_1=f_1^\dagger$, 再参考式 (13.42) 与 (13.43), 我们有 $\{f_1^\dagger,f_1\}=\{\widetilde{F}_1,F_{n+1}\}=\{\widetilde{F},F\}_{1,n+1}=\Pi_{1,n+1}=1$. 现将式 (13.40) 写成一个简洁的形式:

$$F'\equiv WFW^{-1}=FM,\quad M\equiv\begin{pmatrix}Q & L\\ N & P\end{pmatrix}. \tag{13.44}$$

能够证明变换矩阵总可以写成这样的形式:

$$M=\begin{pmatrix}0 & I\\ I & 0\end{pmatrix}\Omega, \tag{13.45}$$

式中 Ω 是一个 SO($2n$) 旋转矩阵. 证明如下：由反对易子式 (13.43) 在相似变换下的不变性[5], 有

$$\begin{aligned}\begin{pmatrix}0 & I\\ I & 0\end{pmatrix}_{2n\times 2n}&=\{\widetilde{F},F\}_{2n\times 2n}=\{\widetilde{F}',F'\}=\{\widetilde{M}\widetilde{F},FM\}\\&=\left(\widetilde{M}_{ik}\{\widetilde{F},F\}_{kl}M_{lj}\right)_{2n\times 2n}\\&=\widetilde{M}\{\widetilde{F},F\}M=\widetilde{M}\begin{pmatrix}0 & I\\ I & 0\end{pmatrix}M.\end{aligned} \tag{13.46}$$

如果定义 $\begin{pmatrix}0 & I\\ I & 0\end{pmatrix}M=\Omega$, 则 $(\Omega^{-1})^{\mathrm{T}}=\widetilde{\Omega}^{-1}=\Omega$, 或 $\Omega\widetilde{\Omega}=\widetilde{\Omega}\Omega=I_{2n\times 2n}$, 这就表明 Ω 是一个 SO($2n$) 旋转矩阵. 将式 (13.46) 写成简洁形式, 即

$$\begin{aligned}&Q\widetilde{L}=-L\widetilde{Q},\quad N\widetilde{P}=-P\widetilde{N},\\&Q\widetilde{P}+L\widetilde{N}=I,\quad P\widetilde{Q}+N\widetilde{L}=I;\end{aligned} \tag{13.47}$$

$$\begin{aligned}&\widetilde{Q}N=-\widetilde{N}Q,\quad \widetilde{L}P=-\widetilde{P}L,\\&\widetilde{Q}P+\widetilde{N}L=I,\quad \widetilde{P}Q+\widetilde{L}N=I.\end{aligned} \tag{13.48}$$

实际上, 未归一化密度算符 $\exp(-\beta\mathcal{H})$ 也是一种相似变换, 我们能证明下面的定理:

定理 13.1 对于算符 $\exp(-\beta\mathcal{H})$, 其中 $\mathcal{H}$ 是一个广义多模费米子二次型哈密顿量算符 (这样的哈密顿量被广泛应用于描述超导体和多体系统):

$$\mathcal{H}=\frac{1}{2}(f^{\dagger},f)\varXi\begin{pmatrix}\tilde{f}^{\dagger}\\ \tilde{f}\end{pmatrix}, \tag{13.49}$$

其中 $\varXi$ 必须是一个 $2n\times 2n$ 反对称矩阵:

$$\varXi=\begin{pmatrix}G & S\\ -\tilde{S} & K\end{pmatrix},\quad \widetilde{G}=-G,\quad \widetilde{K}=-K, \tag{13.50}$$

以保证 $\mathcal{H}$ 的厄米性, 如果

$$\exp\left[-\beta\varXi\begin{pmatrix}0 & I\\ I & 0\end{pmatrix}\right]=\begin{pmatrix}Q & L\\ N & P\end{pmatrix}=M, \tag{13.51}$$

则会产生如同式 (13.40) 中 W 生成的变换.

证明 利用算符等式

$$[O_1O_2,O_3]=O_1\{O_2,O_3\}-\{O_1,O_3\}O_2, \tag{13.52}$$

有

$$[f^{\dagger}G\tilde{f}^{\dagger},f_i]=[f_r^{\dagger}G_{rs}f_s^{\dagger},f_i]=2f_r^{\dagger}G_{ri}, \tag{13.53}$$

以及

$$[f^{\dagger}S\tilde{f},f_i]=-f_rS_{ir},\quad [-fS^{\mathrm{T}}\tilde{f}^{\dagger},f_i]=-f_rS_{ir}. \tag{13.54}$$

然后由式 (13.49) 和 (13.50), 得到

$$[\mathcal{H},f_i]=f_r^{\dagger}G_{ri}-f_rS_{ir},\quad [\mathcal{H},f_i^{\dagger}]=f_r^{\dagger}S_{ri}+f_rK_{ri}. \tag{13.55}$$

这些对易关系能用一个简洁矩阵形式来表示:

$$[\mathcal{H},F]=F\varXi\begin{pmatrix}0 & I\\ I & 0\end{pmatrix}. \tag{13.56}$$

于是, 根据贝克–豪斯多夫公式, 可得

$$\exp(-\beta\mathcal{H})F\exp(\beta\mathcal{H}) = F\exp\left[-\beta\Xi\begin{pmatrix}0 & I\\ I & 0\end{pmatrix}\right]. \tag{13.57}$$

因此, 将式 (13.57) 与式 (13.40) 或 (13.44) 相比较, 可得 $\mathrm{e}^{-\beta\mathcal{H}} = W$, 也就是说, 我们能认为 $\mathrm{e}^{-\beta\mathcal{H}}$ 是一个相似变换算符.

定理 13.2 $\exp(-\beta\mathcal{H})$ 有它自身的 n 模费米子相干态表象:

$$\exp(-\beta\mathcal{H}) = \frac{1}{\sqrt{\det Q}}\int\prod_{i=1}^{n}\mathrm{d}\bar{\alpha}_i\mathrm{d}\alpha_i\left|\begin{pmatrix}Q & -L\\ -N & P\end{pmatrix}\begin{pmatrix}\alpha\\ \bar{\alpha}\end{pmatrix}\right\rangle\left\langle\begin{pmatrix}\alpha\\ \bar{\alpha}\end{pmatrix}\right|, \tag{13.58}$$

其中

$$\begin{pmatrix}\alpha\\ \bar{\alpha}\end{pmatrix}^{\mathrm{T}} = (\alpha_1,\alpha_2,\cdots,\alpha_n,\bar{\alpha}_1,\bar{\alpha}_2,\cdots,\bar{\alpha}_n),$$

$\begin{pmatrix}Q & L\\ N & P\end{pmatrix}\equiv M$ 被认为与 $\exp\left[-\beta\Xi\begin{pmatrix}0 & I\\ I & 0\end{pmatrix}\right]$ 是相等的.

证明 如果我们能证明 $\frac{1}{\sqrt{\det Q}}\int\prod_{i=1}^{n}\mathrm{d}\bar{\alpha}_i\mathrm{d}\alpha_i\left|\begin{pmatrix}Q & -L\\ -N & P\end{pmatrix}\begin{pmatrix}\alpha\\ \bar{\alpha}\end{pmatrix}\right\rangle\left\langle\begin{pmatrix}\alpha\\ \bar{\alpha}\end{pmatrix}\right|$ 能生成与式 (13.40) 或 (13.57) 一样的变换, 定理就被证明了. 为了这个目标, 写出式 (13.58) 中右矢的明确形式:

$$\begin{aligned}\left|\begin{pmatrix}Q & -L\\ -N & P\end{pmatrix}\begin{pmatrix}\alpha\\ \bar{\alpha}\end{pmatrix}\right\rangle &\equiv \mathrm{e}^{f^{\dagger}(Q\alpha-L\bar{\alpha})-(-N\alpha+P\bar{\alpha})f}\left|0\right\rangle\\ &= \mathrm{e}^{-\frac{1}{2}\left(\tilde{\alpha}\widetilde{Q}-\bar{\alpha}^{\mathrm{T}}\widetilde{L}\right)(N\alpha-P\bar{\alpha})+f^{\dagger}\left(Q\tilde{\alpha}-L\bar{\alpha}^{\mathrm{T}}\right)}\left|0\right\rangle.\end{aligned} \tag{13.59}$$

注意 $\{\alpha_i, f_j\} = 0$, $\{\alpha_i, \bar{\alpha}_j\} = 0$. 将式 (13.59) 代入式 (13.58) 中, 并利用积分公式 (13.12), 以及

$$\left|0\right\rangle\left\langle 0\right| =: \exp(-f_i^{\dagger}\tilde{f}_i): \equiv: \exp(-f^{\dagger}\tilde{f}):, \tag{13.60}$$

则有

$$\frac{1}{\sqrt{\det Q}}\int\prod_{i=1}^{n}\mathrm{d}\bar{\alpha}_i\mathrm{d}\alpha_i\left|\begin{pmatrix}Q & -L\\ -N & P\end{pmatrix}\begin{pmatrix}\alpha\\ \bar{\alpha}\end{pmatrix}\right\rangle\left\langle\begin{pmatrix}\alpha\\ \bar{\alpha}\end{pmatrix}\right|$$

$$
\begin{aligned}
&= \frac{1}{\sqrt{\det Q}} \int \prod_{i=1}^{n} \mathrm{d}\bar{\alpha}_i \mathrm{d}\alpha_i \colon \exp\left\{ \frac{1}{2} (\tilde{\alpha}, \bar{\alpha}^{\mathrm{T}}) \begin{pmatrix} \widetilde{N}Q & \widetilde{Q}P \\ -\widetilde{P}Q & \widetilde{P}L \end{pmatrix} \begin{pmatrix} \alpha \\ \bar{\alpha} \end{pmatrix} \right. \\
&\quad \left. + (f^\dagger Q, -f - f^\dagger L) \begin{pmatrix} \alpha \\ \bar{\alpha} \end{pmatrix} - f^\dagger \tilde{f} \right\} \colon \\
&= \frac{1}{\sqrt{\det Q}} \det \begin{pmatrix} \widetilde{N}Q & \widetilde{Q}P \\ -\widetilde{P}Q & \widetilde{P}L \end{pmatrix} \colon \exp\left\{ \frac{1}{2} (f^\dagger Q, -f - f^\dagger L) \right. \\
&\quad \left. \times \begin{pmatrix} \widetilde{N}Q & \widetilde{Q}P \\ -\widetilde{P}Q & \widetilde{P}L \end{pmatrix}^{-1} \begin{pmatrix} \widetilde{Q}\tilde{f}^\dagger \\ -\tilde{f} - \widetilde{L}\tilde{f}^\dagger \end{pmatrix} - f^\dagger \tilde{f} \right\} \colon . \qquad (13.61)
\end{aligned}
$$

利用式 (13.13) 和式 (13.47), (13.48) 的正交关系, 计算出

$$
\begin{pmatrix} \widetilde{N}Q & \widetilde{Q}P \\ -\widetilde{P}Q & \widetilde{P}L \end{pmatrix}^{-1} = \begin{pmatrix} Q^{-1}L & -I \\ I & -P^{-1}N \end{pmatrix}, \quad \begin{pmatrix} \widetilde{N}Q & \widetilde{Q}P \\ -\widetilde{P}Q & \widetilde{P}L \end{pmatrix} = \det(QP). \qquad (13.62)
$$

把式 (13.62) 代入式 (13.61), 并利用式 (13.17), 可得

$$
\begin{aligned}
&\frac{1}{\sqrt{\det Q}} \int \prod_{i=1}^{n} \mathrm{d}\bar{\alpha}_i \mathrm{d}\alpha_i \left| \begin{pmatrix} Q & -L \\ -N & P \end{pmatrix} \begin{pmatrix} \alpha \\ \bar{\alpha} \end{pmatrix} \right\rangle \left\langle \begin{pmatrix} \alpha \\ \bar{\alpha} \end{pmatrix} \right| \\
&= \sqrt{\det P} \colon \exp\left[\frac{1}{2} f^\dagger (LP^{-1}) \tilde{f}^\dagger + f^\dagger (\widetilde{P}^{-1} - I) \tilde{f} + \frac{1}{2} f \left(P^{-1}N\right) \tilde{f} \right] \colon \\
&= \sqrt{\det P} \exp\left[\frac{1}{2} f^\dagger \left(LP^{-1}\right) \tilde{f}^\dagger \right] \exp[f^\dagger (\ln \widetilde{P}^{-1}) \tilde{f}] \exp\left[\frac{1}{2} f \left(P^{-1}N\right) \tilde{f} \right] \\
&\equiv \mathcal{W}, \qquad (13.63)
\end{aligned}
$$

进一步得

$$
\begin{aligned}
&\mathcal{W} f \mathcal{W}^{-1} = fP + f^\dagger L, \quad \mathcal{W} f^\dagger \mathcal{W}^{-1} = f^\dagger Q + fN, \\
&\mathcal{W} F \mathcal{W}^{-1} = F \exp\left[-\beta \varXi \begin{pmatrix} 0 & I \\ I & 0 \end{pmatrix} \right].
\end{aligned} \qquad (13.64)
$$

与式 (13.57) 比较, 我们确信式 (13.58) 就是密度算符 $\exp(-\beta\mathcal{H})$ 的正确的费米子相干态表象形式, 而且

$$
\exp\left[-\beta \frac{1}{2} (f^\dagger, f) \varXi \begin{pmatrix} \tilde{f}^\dagger \\ \tilde{f} \end{pmatrix} \right] = \sqrt{\det P} \colon \mathrm{e}^{\frac{1}{2} f^\dagger (LP^{-1}) \tilde{f}^\dagger + f^\dagger (\widetilde{P}^{-1} - I) \tilde{f} + \frac{1}{2} f (P^{-1}N) \tilde{f}} \colon , \qquad (13.65)
$$

其中

$$\begin{pmatrix} Q & L \\ N & P \end{pmatrix} = \exp\left[-\beta\Xi\begin{pmatrix} 0 & I \\ I & 0 \end{pmatrix}\right]. \tag{13.66}$$

最后, 我们总结定理 13.2 的合理性. 方程 (13.58) 和 (13.65) 是两个重要的算符等式. 式 (13.58) 明显地显示了在格拉斯曼数空间的一个 SO$(2n)$ 变换对应着一个量子相似变换算符 $\exp(-\beta\mathcal{H})$, 而 IWOP 技术是连接这两方面的桥梁.

13.6 配分函数和热力学函数

众所周知, 一个单模费米谐振子 $(h=\omega(f_1^\dagger f_1+1/2))$ 在能量表象中导出的配分函数是

$$\mathrm{tr}\,\mathrm{e}^{-\beta h} = \langle 0|\,\mathrm{e}^{-\beta h}\,|0\rangle + \langle 1|\,\mathrm{e}^{-\beta h}\,|1\rangle = \mathrm{e}^{-\frac{1}{2}\beta\omega}\left[1+\exp(-\beta\omega)\right], \tag{13.67}$$

然而, 对于一个广义多模费米子二次型哈密顿量 $\mathcal{H}$, 它所对应的配分函数 $\mathrm{tr}\,\mathrm{e}^{-\beta\mathcal{H}}$ 的具体形式是什么呢? 本节用 $\exp(-\beta\mathcal{H})$ 的相干态表象求系统的配分函数, 而无须事先知道 $\mathcal{H}$ 的能谱.

利用两费米子相干态的内积

$$\langle\alpha'|\,\alpha\rangle = \exp\left[-\frac{1}{2}\left(\bar{\alpha}'^{\mathrm{T}}\alpha' + \bar{\alpha}^{\mathrm{T}}\alpha\right) + \bar{\alpha}'^{\mathrm{T}}\alpha\right] \tag{13.68}$$

和式 (13.65), 我们直接写出密度算符 $\exp(-\beta\mathcal{H})$ 在费米子相干态中的矩阵元:

$$\langle\alpha'|\,\mathrm{e}^{-\beta\mathcal{H}}\,|\alpha\rangle = \sqrt{\det P}\,\mathrm{e}^{\frac{1}{2}\bar{\alpha}'^{\mathrm{T}}\left(LP^{-1}\right)\bar{\alpha}' + \bar{\alpha}'^{\mathrm{T}}(\widetilde{P}^{-1})\alpha + \frac{1}{2}\tilde{\alpha}\left(P^{-1}N\right)\alpha - \frac{1}{2}(\bar{\alpha}'^{\mathrm{T}}\alpha' + \bar{\alpha}^{\mathrm{T}}\alpha)}. \tag{13.69}$$

注意, 在 $|\alpha\rangle$ 表象中求迹应该用公式

$$\mathrm{tr}\left[\exp\left(-\beta\mathcal{H}\right)\right] = \int\prod_{i=1}^{n}\mathrm{d}\bar{\alpha}_i\mathrm{d}\alpha_i\,\langle -\alpha|\exp\left(-\beta\mathcal{H}\right)|\alpha\rangle\,. \tag{13.70}$$

其理由如下: 不失一般性, 考虑 F 是一个单模 (第 j 模) 费米算符 (对于多模情

况, 可类似讨论). 利用费米子相干态的完备性, 有

$$\mathrm{tr}\ F=\sum_{l_j=0}^{1}\langle l_j|\left(F\int \mathrm{d}\bar{\alpha}_j\mathrm{d}\alpha_j\,|\alpha_j\rangle\langle\alpha_j|\right)|l_j\rangle=\sum_{l_j=0}^{1}\int \mathrm{d}\bar{\alpha}_j\mathrm{d}\alpha_j\,\langle l_j|F|\alpha_j\rangle\langle\alpha_j|l_j\rangle, \tag{13.71}$$

式中 $|l_j\rangle$ ($l_j=0,1$) 是费米子粒子数态. 注意到式 (13.6), 则有

$$|\alpha_j\rangle=\exp(-\bar{\alpha}_j\alpha_j)(|0\rangle_j+|1\rangle_j\,\alpha_j), \tag{13.72}$$

$$\langle\alpha_j|0\rangle_j=\exp(-\bar{\alpha}_j\alpha_j),\quad \langle\alpha_j|1\rangle_j=\exp(-\bar{\alpha}_j\alpha_j)\bar{\alpha}_j, \tag{13.73}$$

这里对重复指标 j 不需求和. 将式 (13.72) 代入式 (13.71), 直接计算得

$$\begin{aligned}\mathrm{tr}\,F&=\int \mathrm{d}\bar{\alpha}_j\mathrm{d}\alpha_j\,({}_j\langle 0|F|\alpha_j\rangle+{}_j\langle 1|F|\alpha_j\rangle\,\bar{\alpha}_j)\exp(-\bar{\alpha}_j\alpha_j)\\&=\int \mathrm{d}\bar{\alpha}_j\mathrm{d}\alpha_j\exp(-\bar{\alpha}_j\alpha_j)\,({}_j\langle 0|-\bar{\alpha}_{j\,j}\langle 1|)\,F\,|\alpha_j\rangle\\&=\int \mathrm{d}\bar{\alpha}_i\mathrm{d}\alpha_i\,\langle-\alpha_j|F|\alpha_j\rangle,\end{aligned} \tag{13.74}$$

这里已利用 $\bar{\alpha}_j f_j=-f_j\bar{\alpha}_j$.

然后, 由式 (13.69) 和 (13.13), 有

$$\begin{aligned}\mathrm{tr}\,[\exp(-\beta\mathcal{H})]&=\int\prod_{i=1}^{n}\mathrm{d}\bar{\alpha}_i\mathrm{d}\alpha_i\sqrt{\det P}\,\mathrm{e}^{\frac{1}{2}\bar{\alpha}^{\mathrm{T}}(LP^{-1})\bar{\alpha}-\tilde{\alpha}(\widetilde{P}^{-1}+I)\alpha+\frac{1}{2}\tilde{\alpha}(P^{-1}N)\alpha}\\&=\left[\det P\det\begin{pmatrix}P^{-1}N & P^{-1}+I\\-\widetilde{P}^{-1}-I & LP^{-1}\end{pmatrix}\right]^{\frac{1}{2}}.\end{aligned} \tag{13.75}$$

上式可以被进一步简写为易于记忆的形式, 即:

定理 13.3　基于定理 13.2, 多模费米子二次型哈密顿量 $\mathcal{H}$ 的配分函数为

$$\mathrm{tr}\,[\exp(-\beta\mathcal{H})]=\left(\det\left[\exp\left[\beta\varXi\begin{pmatrix}0 & I\\I & 0\end{pmatrix}\right]+I\right]\right)^{\frac{1}{2}}. \tag{13.76}$$

证明　在式 (13.46) 中, 由 $\widetilde{M}\begin{pmatrix}0 & I\\I & 0\end{pmatrix}M=\begin{pmatrix}0 & I\\I & 0\end{pmatrix}$, 得

$$\exp\left[\beta\varXi\begin{pmatrix}0 & I\\I & 0\end{pmatrix}\right]=M^{-1}=\begin{pmatrix}0 & I\\I & 0\end{pmatrix}\widetilde{M}\begin{pmatrix}0 & I\\I & 0\end{pmatrix}=\begin{pmatrix}\widetilde{P} & \widetilde{L}\\\widetilde{N} & \widetilde{Q}\end{pmatrix}, \tag{13.77}$$

即

$$\det\left[\exp\left[\beta\varXi\begin{pmatrix}0 & I\\ I & 0\end{pmatrix}\right]+I\right]=\det\begin{pmatrix}\widetilde{P}+I & \widetilde{L}\\ \widetilde{N} & \widetilde{Q}+I\end{pmatrix}. \tag{13.78}$$

由式 (13.46), $\widetilde{Q}=P^{-1}(I-N\widetilde{L})$, $P^{-1}N=-\widetilde{N}\widetilde{P}^{-1}$, $\widetilde{P}^{-1}\widetilde{L}=-LP^{-1}$, 对式 (13.78) 执行基本操作而保持其行列式不变, 则有

$$\begin{aligned}\det\left[\exp\left[\beta\varXi\begin{pmatrix}0 & I\\ I & 0\end{pmatrix}\right]+I\right]&=\det\begin{pmatrix}\widetilde{P}+I & \widetilde{L}\\ \widetilde{N} & P^{-1}+I+\widetilde{N}\widetilde{P}^{-1}\widetilde{L}\end{pmatrix}\\&=\det\begin{pmatrix}\widetilde{P}+I & -\widetilde{P}^{-1}\widetilde{L}\\ \widetilde{N} & P^{-1}+I\end{pmatrix}\\&=\det\begin{pmatrix}-\widetilde{N} & P^{-1}+I\\ -(\widetilde{P}+I) & LP^{-1}\end{pmatrix}\\&=\det\left[\begin{pmatrix}-\widetilde{N}\widetilde{P}^{-1} & P^{-1}+I\\ -(\widetilde{P}^{-1}+I) & LP^{-1}\end{pmatrix}\begin{pmatrix}\widetilde{P} & 0\\ 0 & I\end{pmatrix}\right]\\&=\det P\det\begin{pmatrix}P^{-1}N & P^{-1}+I\\ -(\widetilde{P}^{-1}+I) & LP^{-1}\end{pmatrix},\end{aligned} \tag{13.79}$$

于是式 (13.76) 证毕.

特别当 $n=1$ 时,

$$\mathcal{H}\mapsto\omega\left(f_1^\dagger f_1+\frac{1}{2}\right)=\frac{1}{2}(f_1^\dagger,f_1)\begin{pmatrix}0 & \omega\\ -\omega & 0\end{pmatrix}\begin{pmatrix}f_1^\dagger\\ f_1\end{pmatrix}+\omega,$$

式 (13.76) 可以写为

$$\begin{aligned}\mathrm{tr}\,\mathrm{e}^{-\beta\mathcal{H}}&\mapsto\mathrm{e}^{-\beta\omega}\mathrm{tr}\exp\left[-\beta\frac{1}{2}(f_1^\dagger,f_1)\begin{pmatrix}0 & \omega\\ -\omega & 0\end{pmatrix}\begin{pmatrix}f_1^\dagger\\ f_1\end{pmatrix}\right]\\&=\mathrm{e}^{-\beta\omega}\left(\det\left\{\exp\left[\beta\begin{pmatrix}0 & \omega\\ -\omega & 0\end{pmatrix}\varPi\right]+I\right\}\right)^{\frac{1}{2}}\\&=\mathrm{e}^{-\frac{1}{2}\beta\omega}[1+\exp(-\beta\omega)],\end{aligned} \tag{13.80}$$

这就等于式 (13.67), 其中 $\varPi=\begin{pmatrix}0 & I\\ I & 0\end{pmatrix}$. 根据式 (13.76), 可以求出该费米系统

的系综平均能

$$\begin{aligned}\langle E\rangle_{\mathrm{e}} &= -\frac{\partial}{\partial\beta}\ln\{\mathrm{tr}\,[\exp(-\beta\mathcal{H})]\}\\ &= -\frac{1}{2}\mathrm{tr}\left\{\frac{\partial\,[\exp(\beta\Xi\Pi)+I]}{\partial\beta}[\exp(\beta\Xi\Pi)+I]^{-1}\right\}\\ &= -\frac{1}{2}\mathrm{tr}\left\{\Xi\Pi\exp(\beta\Xi\Pi)\,[\exp(\beta\Xi\Pi)+I]^{-1}\right\},\end{aligned}\tag{13.81}$$

考虑到 $\mathrm{tr}\,(\Xi\Pi)=0$, 则上式变成

$$\langle E\rangle_{\mathrm{e}}=\frac{1}{2}\mathrm{tr}\left\{\Xi\Pi\,[\exp(\beta\Xi\Pi)+I]^{-1}\right\}.\tag{13.82}$$

此外, 比热容为

$$c=-\frac{1}{k_{\mathrm{B}}T^2}\frac{\partial}{\partial\beta}\langle E\rangle_{\mathrm{e}}=\frac{1}{2k_{\mathrm{B}}T^2}\mathrm{tr}\left[(\Xi\Pi)^2\frac{\exp(\beta\Xi\Pi)}{[\exp(\beta\Xi\Pi)+I]^2}\right].\tag{13.83}$$

小结以上的过程, 我们看到 IWOP 技术使密度矩阵 $\exp(-\beta\mathcal{H})$ 有一个相干态表示及正规乘积展开, 这进一步说明在量子费米统计方面 IWOP 技术也有用处.

13.7　有限温度下费米系统的极小不确定态

在热场动力学 (TFD) 中, 费米系统 $H=\omega f^\dagger f$ 的热真空态为 [6,7]

$$|0(\beta)\rangle_f=S_f(\theta)\left|0\tilde{0}\right\rangle_f=\frac{1}{\sqrt{1+\mathrm{e}^{-\beta\omega}}}(1+\mathrm{e}^{-\beta\omega/2}f^\dagger\tilde{f}^\dagger)\left|0\tilde{0}\right\rangle_f,\tag{13.84}$$

其中 $\tilde{f},\tilde{f}^\dagger$ 是引入的 “虚模”, 其伴随费米算符为 $f,f^\dagger$, 且满足 $\tilde{f}^2=0,\{\tilde{f},\tilde{f}^\dagger\}=1$, $\{\tilde{f},f\}=0$. $S_f(\theta)$ 的费米–博戈柳博夫变换可分解为

$$\begin{aligned}S_f(\theta)&=\mathrm{e}^{-\theta(\beta)(f\tilde{f}-f^\dagger\tilde{f}^\dagger)}\\ &=\exp(f^\dagger\tilde{f}^\dagger\tan\theta)\exp[(f^\dagger f+\tilde{f}^\dagger f-1)\ln\sec\theta]\exp(-\tilde{f}f\tan\theta).\end{aligned}\tag{13.85}$$

当取 $\tan\theta = \exp(-\beta\omega/2)$ 时, 费米粒子数的平均值为

$$\begin{aligned}{}_f\langle 0(\beta)|\, f^\dagger f\, |0(\beta)\rangle_f &= \frac{1}{1+\mathrm{e}^{-\beta\omega}}\, {}_f\langle 0\tilde{0}|\left[(1+\mathrm{e}^{-\beta\omega/2}\tilde{f}f)f^\dagger f(1+\mathrm{e}^{-\beta\omega/2}f^\dagger\tilde{f}^\dagger)\right]|0\tilde{0}\rangle_f \\ &= \frac{1}{1+\mathrm{e}^{\beta\omega}}.\end{aligned} \tag{13.86}$$

这与熟知的费米统计分布是一样的. 在文献 [8,9] 中, 作者指出有限温度下考虑物理量的测不准关系时, 应该把 "虚模" 的影响考虑在内. 仅对玻色场应考虑如下正交分量:

$$Y_1 \equiv \frac{1}{2}(a^\dagger\tilde{a}^\dagger + a\tilde{a}), \quad Y_2 \equiv \frac{\mathrm{i}}{2}(a^\dagger\tilde{a}^\dagger - a\tilde{a}), \tag{13.87}$$

其对易关系为

$$[Y_1, Y_2] = \frac{1}{2\mathrm{i}}(a^\dagger a + \tilde{a}^\dagger\tilde{a} + 1) \equiv Y_3. \tag{13.88}$$

根据海森伯测不准原理, 有

$$\Delta Y_1 \Delta Y_2 \geqslant \frac{\mathrm{i}}{2}\langle Y_3\rangle. \tag{13.89}$$

如果能导出极小不确定态——热双变量厄米多项式态, 就能使式 (13.89) 取等号. 类似于式 (13.87) 和 (13.89), 我们引入相应的费米算符作为测量费米场的正交分量 [10]:

$$T_1 = \frac{1}{2}(f\tilde{f} + f^\dagger\tilde{f}^\dagger), \quad T_2 = \frac{\mathrm{i}}{2}(f^\dagger\tilde{f}^\dagger - f\tilde{f}), \tag{13.90}$$

满足

$$[T_1, T_2] = -\mathrm{i}T_3, \quad T_3 \equiv \frac{1}{2}(f^\dagger f + \tilde{f}^\dagger\tilde{f} - 1). \tag{13.91}$$

同样有不确定关系

$$\Delta T_1 \Delta T_2 \geqslant \frac{1}{2}\langle T_3\rangle. \tag{13.92}$$

下面的任务就是要求出相应的极小不确定态, 即使得式 (13.92) 取等号. 为此, 令

$$(T_1 + \mathrm{i}\kappa T_2)\,|\psi\rangle_\kappa = \alpha\,|\psi\rangle_\kappa, \tag{13.93}$$

式中 α 是复数, 而 κ 是正数. 为求出态 $|\psi\rangle_\kappa$, 把它改写为

$$|\psi'\rangle = S^{-1}(\eta)\,|\psi\rangle_\kappa \quad (\eta = |\eta|\mathrm{e}^{\mathrm{i}\phi}), \tag{13.94}$$

其中 $S(\eta) = \exp(\eta f^\dagger\tilde{f}^\dagger - \eta^* f\tilde{f})$ 是幺正费米热算符. 根据下列关系:

$$S^{-1}(\eta)\,\tilde{f}^\dagger f^\dagger S(\eta) = -\mathrm{e}^{-\mathrm{i}\phi}T_3\sin 2|\eta| + \cos^2|\eta|\tilde{f}^\dagger f^\dagger - f\tilde{f}\mathrm{e}^{-2\mathrm{i}\phi}\sin^2|\eta|, \tag{13.95}$$

$$S^{-1}(\eta)f\tilde{f}S(\eta)=-\mathrm{e}^{\mathrm{i}\phi}T_3\sin 2|\eta|-\sin^2|\eta|\mathrm{e}^{2\mathrm{i}\phi}\tilde{f}^\dagger f^\dagger+f\tilde{f}\cos^2|\eta|, \tag{13.96}$$

导出 $|\psi'\rangle$ 应满足方程

$$\begin{aligned}&\frac{1}{2}\{-\sin 2|\eta|\left[(1-\kappa)\mathrm{e}^{-\mathrm{i}\phi}+(1+\kappa)\mathrm{e}^{\mathrm{i}\phi}\right]T_3+\left[(1-\kappa)\cos^2|\eta|\right.\\&\left.-(1+\kappa)\sin^2|\eta|\mathrm{e}^{2\mathrm{i}\phi}\right]\tilde{f}^\dagger f^\dagger+\left[(1+\kappa)\cos^2|\eta|-(1-\kappa)\sin^2|\eta|\mathrm{e}^{-2\mathrm{i}\phi}\right]f\tilde{f}\}|\psi'\rangle\\&\quad=\alpha|\psi'\rangle.\end{aligned} \tag{13.97}$$

当

$$\frac{1-\kappa}{1+\kappa}\mathrm{e}^{-2\mathrm{i}\phi}=\tan^2|\eta| \tag{13.98}$$

时, 在式 (13.97) 中含 $\tilde{f}^\dagger f^\dagger$ 的项消失. 然后, 当 $|\kappa|\leqslant 1$ 时, 取 $\phi=0$, 而当 $|\kappa|>1$ 时, 取 $\phi=\pi/2$ 以固定参数 $|\eta|$, 结果有

$$\cos|\eta|=\sqrt{\frac{1+\kappa}{2}},\quad \sin|\eta|=\sqrt{\frac{1-\kappa}{2}}\quad (|\kappa|\leqslant 1), \tag{13.99}$$

$$\cos|\eta|=\sqrt{\frac{1+\kappa}{2\kappa}},\quad \sin|\eta|=\sqrt{\frac{\kappa-1}{2\kappa}}\quad (|\kappa|>1), \tag{13.100}$$

于是, 式 (13.97) 变为

$$(-\sqrt{1-\kappa^2}T_3+\kappa f\tilde{f})|\psi'\rangle=\alpha|\psi'\rangle\quad (|\kappa|\leqslant 1), \tag{13.101}$$

$$(-\mathrm{i}\sqrt{\kappa^2-1}T_3+f\tilde{f})|\psi'\rangle=\alpha|\psi'\rangle\quad (|\kappa|>1). \tag{13.102}$$

利用费米态的完备性, 将 $|\psi'\rangle$ 展开为

$$\begin{aligned}|\psi'\rangle&=\left(|0\tilde{0}\rangle\langle 0\tilde{0}|+|1\tilde{0}\rangle\langle 1\tilde{0}|+|0\tilde{1}\rangle\langle 0\tilde{1}|+|1\tilde{1}\rangle\langle 1\tilde{1}|\right)|\psi'\rangle\\&=\sum_{i,j=0}^{1}C_{ij}|i\tilde{j}\rangle.\end{aligned} \tag{13.103}$$

把式 (13.103) 分别代入式 (13.23) 与 (13.24), 得到:

当 $|\kappa|\leqslant 1$ 时,

$$\begin{cases}\left(\alpha-\dfrac{1}{2}\sqrt{1-\kappa^2}\right)C_{00}-\kappa C_{11}=0,\\ \alpha C_{10}=\alpha C_{01}=0,\\ \left(\alpha+\dfrac{1}{2}\sqrt{1-\kappa^2}\right)C_{11}=0;\end{cases} \tag{13.104}$$

当 $|\kappa|>1$ 时,

$$\left\{\begin{array}{l}\left(\alpha-\dfrac{\mathrm{i}}{2}\sqrt{\kappa^2-1}\right)C_{00}-C_{11}=0,\\ \alpha C_{10}=\alpha C_{01}=0,\\ \left(\alpha+\dfrac{\mathrm{i}}{2}\sqrt{\kappa^2-1}\right)C_{11}=0.\end{array}\right. \tag{13.105}$$

考虑到 $\langle\psi'|\psi'\rangle=1$, 可求出:

当 $|\kappa|\leqslant 1$ 时,

$$\left\{\begin{array}{l}|\psi'\rangle=|0\tilde{0}\rangle,\quad \alpha=\dfrac{1}{2}\sqrt{1-\kappa^2},\quad \text{或}\\ |\psi'\rangle=\kappa|0\tilde{0}\rangle-\sqrt{1-\kappa^2}|1\tilde{1}\rangle,\quad \alpha=-\dfrac{1}{2}\sqrt{1-\kappa^2};\end{array}\right. \tag{13.106}$$

当 $|\kappa|>1$ 时,

$$\left\{\begin{array}{l}|\psi'\rangle=|0\tilde{0}\rangle,\quad \alpha=\dfrac{\mathrm{i}}{2}\sqrt{\kappa^2-1},\quad \text{或}\\ |\psi'\rangle=\dfrac{1}{\kappa}|0\tilde{0}\rangle-\mathrm{i}\dfrac{\sqrt{\kappa^2-1}}{\kappa}|1\tilde{1}\rangle,\quad \alpha=-\dfrac{\mathrm{i}}{2}\sqrt{\kappa^2-1}.\end{array}\right. \tag{13.107}$$

再利用式 (13.94) 和 (13.85), 以上两式分别变为

$$|\psi\rangle_\kappa=S(\eta)|\psi'\rangle=\sqrt{\frac{1+\kappa}{2}}|0\tilde{0}\rangle\pm\sqrt{\frac{1-\kappa}{2}}|1\tilde{1}\rangle,\quad \alpha=\pm\frac{1}{2}\sqrt{1-\kappa^2}\quad(|\kappa|\leqslant 1), \tag{13.108}$$

$$|\psi\rangle_\kappa=\sqrt{\frac{1+\kappa}{2\kappa}}|0\tilde{0}\rangle\pm\mathrm{i}\sqrt{\frac{\kappa-1}{2\kappa}}|1\tilde{1}\rangle,\quad \alpha=\pm\frac{\mathrm{i}}{2}\sqrt{\kappa^2-1}\quad(|\kappa|>1). \tag{13.109}$$

式 (13.108) 与 (13.109) 就是所要求的极小不确定态, 可以验证它们的确满足 $\Delta T_1\Delta T_2=\dfrac{1}{2}\langle T_3\rangle$. 从式 (13.108) 与 (13.109) 看出, 它们都是 $|0\tilde{0}\rangle$ 与 $|1\tilde{1}\rangle$ 的叠加, 而没有 $|1\tilde{0}\rangle$ 与 $|0\tilde{1}\rangle$. 进一步, 将式 (13.108) 改写为

$$|\psi\rangle_\kappa=\sqrt{\frac{1+\kappa}{2}}\exp\left(\pm\sqrt{\frac{1-\kappa}{1+\kappa}}f^\dagger\tilde{f}^\dagger\right)|0\tilde{0}\rangle. \tag{13.110}$$

这就是费米压缩真空态的形式 [11]. 结果发现, 费米压缩真空态就是满足式 (13.92) 的极小不确定态.

参考文献

[1] Berezin F A. The Method of Second Quantization [M]. New York: Academic Press, 1966.

[2] Ohnuki Y, Kashiwa Y. Coherent states of Fermi operators and the path integral [J]. Prog. Theor. Phys., 1978, 60 (2): 548~564.

[3] Klauder J R, Skargerstam B S. Coherent States [M]. Singapore: World Scientific, 1985.

[4] Fan H Y, Newton-Leibniz integration for ket-bra operators (III)—Application in fermionic quantum statistics [J]. Ann. Phys., 2007, 322: 886~902.

[5] Fan H Y. Invariance of Weyl ordering of Fermi operators under similar transformations [J]. Mod. Phys. Lett. A, 2006, 21 (10): 809~820.

[6] Umezawa H H, Matsumoto H, Tachiki M. Thermo Field Dynamics and Condensed States [M]. Amsterdam: North-Holland Publishing Company, 1982.

[7] Mann A, Ravzen M, Umezawa H, et al. Thermal squeezed states in thermo field dynamics and quantum and thermal fluctuations [J]. Phys. Lett. A, 1989, 142: 215~221.

[8] Fan H Y. New minimum uncertainty states for thermo field fynamics [J]. Mod. Phys. Lett. A, 2003, 18 (10): 677~682.

[9] Yuan H C, Xu X X, Fan H Y. New approach to deriving the thermo-minimum uncertainty states and its Wigner function [J]. Mod. Phys. Lett. B, 2010, 24 (25): 2549~2562.

[10] Xue X F, Fan H Y. Thermo minmum uncertainty state for fermionic TFD theory [J]. Mod. Phys. Lett. A, 2007, 22 (36): 2757~2762.

[11] Svozil K. Squeezed fermion states [J]. Phys. Rev. Lett., 1990, 65: 3341~3343.

结　　语

我们已经用有效的方法——有序算符内的积分技术——指出了从相干态到压缩态的捷径, 多角度地介绍和分析了量子力学的这两个重要概念, 给出了它们的应用与推广. 我们在写这本书时, 总觉得有读者在旁边鞭策着, 正如卞之琳在《断章》那首现代诗中所写的那样：

你站在桥上看风景,
看风景的人在楼上看你.
明月装饰了你的窗子,
你装饰了别人的梦.

当我们站在桥上“看”量子力学时, 想必, 能够欣赏量子力学的人也在看着我们 (似乎是某种“纠缠”), 真希望我们的这本书能“装饰了”他们的“梦”. 而这, 又是多么奇妙啊!